EUL VERLAG

Nico Friederich

Spillovereffekte von Testimonialskandalen

Empirische Analyse des Einflusses auf Wettbewerber

Mit einem Geleitwort von Prof. Dr. Michael Paul,
Universität Augsburg

EUL VERLAG

Bibliografische Information der Deutschen Nationalbibliothek

Die Deutsche Nationalbibliothek verzeichnet diese Publikation in der Deutschen Nationalbibliografie; detaillierte bibliografische Daten sind im Internet über <http://dnb.d-nb.de> abrufbar.

Dissertation, Universität Augsburg, 2017

ISBN 978-3-8441-0542-1
1. Auflage Februar 2018

JOSEF EUL VERLAG GmbH
Zeithstr. 356
53721 Siegburg
Tel.: 0 22 05 / 90 10 6-80
Fax: 0 22 05 / 90 10 6-88
E-Mail: info@eul-verlag.de
https://www.eul-verlag.de

Bei der Herstellung unserer Bücher möchten wir die Umwelt schonen. Dieses Buch ist daher auf säurefreiem, 100% chlorfrei gebleichtem, alterungsbeständigem Papier nach DIN 6738 gedruckt.

Soli Deo Gloria

Geleitwort

Testimonials sind weltweit beliebte Instrumente der Marketingkommunikation. Bekannte Beispiele sind Michael Jordan für Nike, Shah Rukh Khan für Pepsi und Thomas Gottschalk für Haribo. Die Chancen für die beworbenen Marken liegen auf der Hand: erhöhte Aufmerksamkeit und Bekanntheit sowie eine Verbesserung des Markenimages. Doch der Einsatz von Testimonials birgt auch Risiken. Der Marke kann ein Imageschaden durch negative Publizität entstehen, wenn das Testimonial zum Beispiel in einen Skandal verwickelt ist.

Die Marketingforschung hat sich in zahlreichen Studien mit den Wirkungen von Testimonials auf Konsumenten und die Performance von Sponsoren befasst. Die finanzmarktbasierte Performance (z.B. Aktienrenditen) ist hierbei von besonderem Interesse, da sie eine umfassende und zukunftsorientierte Einschätzung aller Wirkungen ermöglicht. Studien zeigen, dass sich der Einsatz von Testimonials positiv auf die finanzmarktbasierte Performance von Sponsoren auswirken kann, wobei sich Testimonialskandale negativ auswirken. Wenig Aufmerksamkeit hat die Frage erfahren, welchen Effekt Skandale auf die Performance der direkten Wettbewerber eines Sponsors haben. Können sie von der Schwäche des betroffenen Sponsors profitieren, werden sie in Sippenhaft genommen, oder sind sie gar nicht betroffen? Bislang hat sich nur ein wissenschaftliches Papier im Rahmen einer Fallstudie des Skandals von Tiger Woods damit befasst, so dass eine umfassende und verallgemeinerbare empirische Untersuchung ausstand. An dieser Forschungslücke setzt Herr Friederich mit seiner Arbeit an und leistet somit einen wichtigen originären Beitrag zur internationalen Testimonialforschung und im weiteren Sinne zur allgemeinen Spilloverliteratur und zum Marketing-Finance-Interface. Herr Friederich ist einer der ganz wenigen Marketingforscher weltweit, der auch CFA Charterholder ist, und bringt somit äußerst wichtiges Rüstzeug mit, um erfolgreich an der Schnittstelle zwischen Marketing und Finance zu arbeiten.

Herr Friederich entwickelt in seiner Arbeit ein konzeptuelles Modell des Einflusses von Testimonialskandalen auf Wettbewerber. Zur Herleitung der Modellvariablen bedient er sich auf sehr intelligente Weise sowohl einer ausführlichen Literaturrecherche als auch Interviews mit Experten aus den Bereichen Aktienanalyse, Portfoliomanagement und Wertpapierhandel. Er verdeutlicht dabei, dass es sich bei einem Testimonialskandal aus Aktienmarktsicht um vergleichsweise kleine Ereignisse handelt und oftmals eine große Anzahl an Wettbewerbern betroffen sein können. Obwohl sowohl ein positiver Wettbewerbseffekt als auch ein negativer Sippenhafteffekt eines Testimonialskandals auf Wettbewerber denkbar sind, argumentiert Herr Friederich sehr überzeugend einen negativen Effekt. Außerdem identifiziert er mit der Performance des Sponsors und der Marktkonzentration zwei zentrale Moderatoren und berücksichtigt eine große Anzahl an Kontrollvariablen, die er äußerst systematisch aus der bestehenden Literatur ableitet.

In einer umfassenden empirischen Untersuchung testet Herr Friederich seine Hypothesen äußerst rigoros anhand einer Ereignisstudie und einer multiplen Regression mit Multiway-Clustering. Die Grundgesamtheit bilden alle Unternehmen, die in den USA an einer Börse gehandelt werden (oder über ein ADR-Programm verfügen) und von einem Testimonialskandal betroffen waren. Herr Friederich bestimmt relevante direkte Wettbewerber der betroffenen Sponsoren sehr systematisch auf Basis fünf unterschiedlicher Datenquellen. Alle Hypothesen werden bestätigt, was die Güte der Hypothesenentwicklung unterstreicht. Wie erwartet findet Herr Friederich einen negativen Spillovereffekt der Testimonialskandale auf Wettbewerber, der durch die Performance des Sponsors und die Marktkonzentration moderiert wird. Zusätzlich repliziert er einen negativen Haupteffekt der Testimonialskandale auf die Sponsoren. Herr Friederich validiert alle seine Ergebnisse durch einen systematischen Vergleich mit Ergebnissen vergleichbarer Arbeiten und durch ausführliche Robustheitstests. Abgerundet wird die Arbeit durch nützliche Empfehlungen für Aktienmarktakteure und werbungtreibende Unternehmen.

Zusammenfassend lässt sich sagen, dass die Arbeit von Herr Friederich sowohl für die Marketingforschung als auch für die Praxis höchst relevante Erkenntnisse beinhaltet. Sie belegt erstmalig, dass Testimonialskandale negativ auf die Wettbewerber des betroffenen Sponsors abstrahlen und sie in Sippenhaft genommen werden. Ich wünsche der Arbeit eine breite Akzeptanz und Aufnahme in Forschung und Praxis.

Augsburg, den 12.02.2018 Prof. Dr. Michael Paul

Inhaltsübersicht

Inhaltsverzeichnis

Abbildungsverzeichnis

Tabellenverzeichnis

Abkürzungsverzeichnis

(A)AR	(Average) Abnormal Return
ACC	American Chemistry Council
ADR	American Depositary Receipt
APT	Arbitrage Pricing Theory
ATP	Association of Tennis Professionals
B2B	Business to Business
B2C	Business to Consumer
BMP	Boehmer, Musumeci und Poulsen
C(A)AR	Cumulative (Average) Abnormal Return
CAGR	Compound Annual Growth Rate
CAPM	Capital Asset Pricing Model
d	Handelstage
EBIT	Earnings Before Interest and Taxes
EU	Europäische Union
F&E (R&D)	Forschung und Entwicklung
FIFA	Fédération Internationale de Football Association
FWL	Frisch-Waugh-Lovell
GDP	Gross Domestic Product
H	Hypothese
HHI	Herfindahl-Hirschman Index
ICC	Intraclass Correlation Coefficient
IPO	Initial Public Offering
KBV	Kurs-Buchwert-Verhältnis
LPGA	Ladies Professional Golf Association
M&A	Mergers and Acquisitions
Max.	Maximum
Min.	Minimum
Mio.	Million
MLB	Major League Baseball
MSCI	Morgan Stanley Capital International

NAICS	North American Industry Classification System
NASCAR	National Association for Stock Car Auto Racing
NBA	National Basketball Association
NCAA	National Collegiate Athletic Association
NFL	National Football League
NGO	Non-Governmental Organization
NHL	National Hockey League
n.s.	nicht signifikant
n.v.	nicht verfügbar
OLS	Ordinary Least Squares
ORS	Overall Reputation Score
PGA	Professional Golf Association
ROA	Return on Assets
SAM	Scandia Asset Management
SCP	Structure-Conduct-Performance
S.E.	Standardfehler
SEC	Securities and Exchange Commission
SIC	Standard Industrial Classification
S&P	Standard & Poor's
Std. Abw.	Standardabweichung
US(A)	United States (of America)
USD	US Dollar
VIF	Variance Inflation Factor

Anmerkungen zur Verwendung von Abkürzungen und Fachbegriffen:
Abkürzungen, welche im allgemeinen deutschen Sprachgebrauch üblich sind, werden nicht im Abkürzungsverzeichnis aufgeführt. Englische Fachbegriffe werden verwendet, sofern eine äquivalente deutsche Bezeichnung nicht verfügbar oder üblich ist. Ehemals fremdsprachige Fachbegriffe, die gemäß Duden Eingang in den deutschen Sprachgebrauch gefunden haben (z.B. Cashflow oder Performance), werden nicht übersetzt.

1 Einleitung

1.1 Einführung

"An endorser's negative association or action could create buzz, but in the short term and long term negatively impact the equity of the associated brands." (Deepika Warrier, Vice-President Marketing, PepsiCo)[1]

Der Einsatz von Testimonials zur Bewerbung von Produkten, Dienstleistungen, Marken oder Unternehmen ist eine seit Jahrzehnten etablierte Marketingkommunikationsstrategie. Eines der frühesten Beispiele stammt aus dem neunzehnten Jahrhundert, als Cadbury die Britische Königin Victoria zur Bewerbung seiner Milchschokolade Cocoa gewinnen konnte.[2] Gemäß einer aktuellen Studie von Millward Brown hat die Nutzung von Testimonials zu Werbezwecken auch in den vergangenen Jahren nochmals zugenommen, sodass im Jahr 2014 in durchschnittlich 20% aller Werbespots weltweit Testimonials eingesetzt wurden.[3] Dabei sind starke regionale Unterschiede zu erkennen. Während in westlichen Ländern innerhalb der letzten Dekade der Gebrauch von Testimonials in der Werbung rückläufig war, sind insbesondere in asiatischen Ländern wie Japan, Korea oder China in mehr als einem Drittel der Werbekampagnen Testimonials vertreten.[4] Der globale Anstieg spiegelt sich nicht nur in der Anzahl der Werbekampagnen mit Testimonials wider, sondern auch im hierfür eingesetzten Werbebudget.[5] Beispielsweise gab alleine der Sportartikelhersteller Nike im Zeitraum 2002 bis 2015 ca. acht Milliarden USD für Sponsorenverträge, u.a. mit Sportgrößen wie LeBron James, Tiger Woods oder Michael Jordan aus.[6]

[1] Sangameshwaran (2014).
[2] Vgl. Erdogan (1999), S. 292; Carrillat, d'Astous und Lazure (2013), S. 16.
[3] Vgl. Pringle (2015).
[4] Vgl. Schimmelpfennig und Hollensen (2016), S. 8; Pringle (2015).
[5] Vgl. Boone und Kurtz (2015), S. 539.
[6] Vgl. CNN Money (2015).

Die Sponsoren versprechen sich durch die Verbindung mit der bekannten Persönlichkeit einen positiven Imagetransfer auf das eigene Unternehmen sowie die beworbenen Produkte. Der Wiedererkennungswert und die Beliebtheit der Marke sollen gesteigert und die Kaufabsicht der Konsumenten erhöht werden.[7] Jedoch ist der Einsatz von Testimonials im Rahmen der Marketingkommunikationsstrategie auch mit Risiken verbunden.[8] Insbesondere Testimonialskandale stellen für die Sponsoren ein nicht zu unterschätzendes Gefährdungspotenzial dar. Jüngste Beispiele hierfür sind US-Schwimmstar Ryan Lochte, der fälschlicherweise behauptete, während der Olympischen Sommerspiele 2016 in Brasilien überfallen worden zu sein, um - wie sich durch die Aufnahmen einer Überwachungskamera herausstellte - ein eigenes Vergehen zu kaschieren[9], das Dopinggeständnis der russischen Tennisspielerin Marija Scharapowa[10] oder die homophoben Äußerungen von Boxchampion Manny Pacquiao[11], welche allesamt zur Auflösung bedeutender Werbeverträge durch den jeweiligen Sponsoren führten.

Weshalb die Unternehmen in Teilen äußerst sensibel auf Skandale ihrer Werbeträger reagieren, zeigen die Ergebnisse verschiedener Konsumentenbefragungen. Im Jahr 2010 befragte das Marktforschungsinstitut Harris Interactive über 2.000 Erwachsene in den USA zu deren Wahrnehmung einer von einem Testimonialskandal betroffenen Marke. Dabei gaben 22% der Befragten an, dass sich in Folge des Skandals ihre Einstellung gegenüber der Marke etwas oder stark verschlechtern würde.[12] Zu vergleichbaren Ergebnissen gelangte eine ein Jahr später von Ipsos MORI unter 18.000 Konsumenten weltweit durchgeführte Untersuchung. Durchschnittlich 27% der Teilnehmer antworteten, dass sie mit hoher Wahrscheinlichkeit ein Produkt eines von einem Testimonialskandal betroffenen Herstellers nicht mehr kaufen würden. Zudem gaben 25% aller Befragten (globaler Durchschnitt) an, in der Vergangenheit tatsächlich mit einem Kaufstopp auf einen entsprechenden Skandal reagiert zu haben.[13] Den betroffenen Unternehmen droht im Falle eines Testimonialskandals neben der

---

[7] Vgl. Erdogan (1999), S. 295; Till und Shimp (1998), S. 67; Yannopoulos (2012), S. 25.
[8] Vgl. Carrillat, d'Astous und Lazure (2013), S. 17.
[9] Vgl. Spiegel (2016a).
[10] Vgl. Spiegel (2016b).
[11] Vgl. Kell (2016).
[12] Vgl. Corso (2010).
[13] Vgl. Williams (2011).

möglicherweise längerfristigen Schädigung der Unternehmensreputation demzufolge auch der Verlust von bis zu einem Viertel des Umsatzes.

1.2 Problemstellung und Zielsetzung

Durch die vorstehenden Ausführungen wird deutlich, dass der Einsatz von Testimonials im Rahmen der Marketingkommunikationsstrategie weit verbreitet ist. Zugleich stellen immer wieder auftretende Testimonialskandale ein nicht zu unterschätzendes Risikopotenzial für die Reputation und den Umsatzerlös der betroffenen Unternehmen dar. Im Rahmen mehrerer aktienmarktorientierter Erfolgsanalysen, die ein häufig angewandtes Instrument zur Untersuchung der Auswirkungen singulärer Ereignisse auf die Performance eines Unternehmens darstellen, konnte empirisch gezeigt werden, dass die Aktienkurse der Sponsoren tatsächlich mit einem Kursabschlag auf das für das jeweilige Testimonial negative Ereignis reagieren.[14] Zugleich deuten zahlreiche konzeptionelle wie auch empirische Studien angrenzender Forschungsgebiete darauf hin, dass die Auswirkungen derartiger Ereignisse nicht auf die direkt betroffenen Unternehmen begrenzt bleiben müssen. Beispielsweise konnten sogenannte Spillovereffekte zwischen den mit dem Ereignis in unmittelbarem Zusammenhang stehenden Unternehmen sowie deren Wettbewerbern für die Bekanntgabe einer Produktneueinführung[15], den Rückruf fehlerhafter bzw. schädlicher Produkte[16] oder Skandale im Zusammenhang mit der Finanzberichterstattung[17] gezeigt werden. Diese Arbeiten verdeutlichen, dass Spillovereffekte für die betroffenen Firmen weitreichende Konsequenzen mit direkten Auswirkungen auf die Wahrnehmung der eigenen Unternehmens- oder Produktmarke(n), das Kaufverhalten der Kunden, die Entwicklung wesentlicher Finanzkennzahlen oder die Bewertung an der Börse haben können.

---

[14] Vgl. Bartz, Molchanov und Stork (2013), S. 131 ff.; Louie, Kulik und Jacobson (2001), S. 13 ff.; Russell, Mahar und Drewniak (2005), S. 67 ff.
[15] Vgl. Chen, Ho und Ik (2005), S. 969 ff.; Doukas et al. (2016), S. 394 ff.
[16] Vgl. Ahmed, Gardella und Nanda (2002), S. 21 ff.; Jarrell und Peltzmann (1985), S. 512 ff.
[17] Vgl. Goldman, Peyer und Stefanescu (2012), S. 915 ff.; Kang (2008), S. 537 ff.

Eine zu den Arbeiten angrenzender Forschungsgebiete vergleichbare umfassende empirische Studie zu Spillovereffekten in Folge von Testimonialskandalen liegt bisher nicht vor. Daher können keine wissenschaftlich fundierten Aussagen bezüglich der Implikationen von Testimonialskandalen für die Wettbewerber der Sponsoren getroffen werden. Auch ist nicht ausreichend erforscht, wie der Finanzmarkt die Auswirkungen auf die Wettbewerber bewertet und in Folge dessen deren Aktienkurse steigen, fallen oder gänzlich unberührt bleiben. Bisher nehmen sich lediglich zwei Publikationen dieser Fragestellung an, wobei einzig die Arbeit von Knittel und Stango (2014) die Finanzmarktimplikationen in den Fokus der Betrachtung stellt. Die Autoren untersuchen im Rahmen einer Fallstudie den Untreueskandal des Golfspielers Tiger Woods aus dem Jahr 2009. Während für die Gesamtheit der Wettbewerber dabei kein signifikanter Haupteffekt festgestellt und somit kein Spillover in Folge eines Testimonialskandals gezeigt werden kann, weist die Studie auf die Bedeutung von das Spilloverergebnis beeinflussenden Randbedingungen hin. So zeigen Knittel und Stango (2014), dass die Aktienkurse von Wettbewerbsunternehmen, die selbst nicht mit Testimonials werben, positiv auf den Skandal reagieren und somit eine den Sponsoren entgegengesetzte Kursreaktion aufweisen. Greifen die Wettbewerber jedoch selbst auf das Instrument der Testimonialwerbung zurück, sind auch deren Aktienkurse negativ von dem Skandal betroffen. Die Autoren kommen zu dem Schluss, dass die Verluste der Sponsoren zumindest teilweise in Gewinnen für die Wettbewerber münden. Bezogen auf den Unternehmenswert der beteiligten Firmen bedeutet dies, dass die Bewertung der Sponsoren sinkt, während die der Wettbewerber in Teilen steigt, womit faktisch eine auf den Testimonialskandal zurückzuführende Verschiebung der Bewertung zwischen den Unternehmen stattfindet.[18]

In der zweiten sich mit den Auswirkungen eines Testimonialskandals auf die Wettbewerber befassenden Studie untersuchen Carrillat, d'Astous and Christianis (2014) anhand eines einen prominenten Sportler betreffenden fiktiven Skandals, wie sich die Wahrnehmung der Konsumenten bezüglich der betroffenen Marke sowie zu dieser in direktem Wettbewerb stehenden Marken verändert. Im Ergebnis zeigt die Untersuchung, dass sowohl die Sponsorenmarke als auch die Wettbewerbermarken negativ

---

[18] Vgl. Knittel und Stango (2014), S. 33.

von dem Skandal betroffen sind.[19] Aus dem auf Basis der Konsumentenbeurteilung gezeigten negativen Spillovereffekt kann nur indirekt auf die Auswirkungen des Skandals auf die Aktienkurse der Wettbewerber geschlossen werden. Die Marke eines Unternehmens stellt aus Sicht der Investoren einen Vermögenswert dar, welcher in den Aktienkurs des jeweiligen Unternehmens eingepreist ist.[20] Erfährt dieser Vermögenswert aufgrund eines Skandals eine Wertminderung, so führt dies *ceteris paribus* zu einem verminderten Unternehmenswert und entsprechend sinkenden Aktienkursen. Darüber hinaus gilt es aus der Perspektive der Investoren ein aufgrund des Skandals gegebenenfalls angepasstes Kaufverhalten der Konsumenten zu berücksichtigen. Ein durch die negativere Markenwahrnehmung indizierter, möglicher Nachfragerückgang nach den Produkten der Wettbewerber wirkt sich negativ auf den Cashflow des jeweiligen Unternehmens aus, was wiederum eine Abwertung der Aktienkurse der Wettbewerber impliziert.

Aufgrund dieser im Vergleich der beiden vorgenannten Studien heterogenen Ergebnisse und in Ermangelung einer breit angelegten, eine Vielzahl von Skandalen umfassenden empirischen Analyse kann bis dato keine abschließende Aussage darüber getroffen werden, ob im Falle eines Testimonialskandals der positive oder negative Spillovereffekt auf die Wettbewerber überwiegt. Zudem geben beide Untersuchungen nur eingeschränkten Aufschluss darüber, welche Faktoren das Eintreten und Ausmaß eines Spillovers bedingen. Mögliche Spilloverdeterminanten im Zusammenhang mit Testimonialskandalen sind demzufolge ebenfalls weitestgehend unerforscht.

Vor dem Hintergrund dieser offenen Fragestellungen verfolgt die vorliegende Arbeit die folgenden Ziele: Primäre Zielsetzung ist es, auf Basis einer eine Vielzahl unterschiedlicher Testimonialskandale umfassenden empirischen Analyse herauszufinden, ob die Aktienkurse der Wettbewerber im Durchschnitt positiv oder negativ auf den Skandal reagieren und somit ein dominanter (positiver oder negativer) Spillovereffekt ermittelt werden kann. Durch die möglichst breit angelegte Stichprobe soll sichergestellt werden, dass die Erkenntnisse nicht wie bei einer Fallstudie durch ereig-

[19] Vgl. Carrillat, d'Astous und Christianis (2014), S. 1024 ff.
[20] Vgl. Edeling und Fischer (2016), S. 515.

nisspezifische Sonderfaktoren beeinflusst, sondern in höherem Maße verallgemeinerbar sind. Zudem soll durch die Fokussierung auf Aktienkurse als Bewertungsmaßstab des Spillovers gewährleistet werden, dass die Auswirkungen des Testimonialskandals auf die prognostizierte zukünftige Performance der Wettbewerber möglichst umfassend abgebildet werden.[21] Aufbauend auf der Untersuchung des Haupteffekts sollen mögliche den Spillover beeinflussende Faktoren identifiziert und deren Wirkrichtung sowie Effektstärke empirisch getestet werden. Hierdurch soll ein detaillierteres Verständnis darüber generiert werden, welche Bedingungen für das Zustandekommen eines Spillovers im Rahmen von Testimonialskandalen vorliegen müssen und welche Charakteristika für dessen Ausprägung entscheidend sind. Neben der Untersuchung des Spillovers auf die Wettbewerber sollen auch die Auswirkungen eines Testimonialskandals auf die direkt betroffenen Sponsoren im Sinne einer Replikationsstudie überprüft und somit die Erkenntnisse früherer Arbeiten validiert werden. Bisher existiert nur eine begrenzte Anzahl Studien, die sich mit den Auswirkungen eines Testimonialskandals auf die jeweiligen Sponsoren befassen.[22] Obwohl alle diesbezüglichen Arbeiten im Ergebnis auf die Existenz eines negativen Effektes schließen lassen, ist die statistische Aussagekraft der dabei erzielten Ergebnisse unterschiedlich stark ausgeprägt und wird von den Autoren teilweise selbst bemängelt.[23] Dieser Sachverhalt ist mithin dafür verantwortlich, dass Bergkvist und Zhou (2016) zu weiteren diesbezüglichen Forschungsbeiträgen aufrufen.[24] Im Allgemeinen wird von mehreren Autoren auf die Bedeutung von Replikationsstudien zur Validierung bestehender Forschungsarbeiten, insbesondere in der Marketingforschung, hingewiesen.[25] Johnston (2007) im Speziellen motiviert die verstärkte Replikation marketingbezogener Ereignisstudien.[26]

Die vorliegende Arbeit trägt somit insgesamt zu einem besseren Verständnis der auch durch die Arbeiten von Knittel und Stango (2014) sowie Carrillat, d'Astous und Christianis (2014) nicht abschließenden beantworteten Fragestellung zu den Auswir-

[21] Vgl. Barnett und King (2008), S. 1158.
[22] Vgl. Bartz, Molchanov und Stork (2013); Louie, Kulik und Jacobson (2001); Russell, Mahar und Drewniak (2005); Knittel und Stango (2014).
[23] Vgl. Bartz, Molchanov und Stork (2013), S. 140.
[24] Vgl. Bergkvist und Zhou (2016), S. 648.
[25] Vgl. Darley (2000), S. 121 ff.; Toncar und Munch (2010), S. 71 ff.
[26] Vgl. Johnston (2007), S. 21 f.

kungen von Testimonialskandalen auf die Wettbewerber der betroffenen Firmen bei. Der Einsatz von Testimonials ist ein in der Forschung häufig diskutiertes und im Rahmen einer Vielzahl von Studien analysiertes Marketingkommunikationsinstrument. Das Aufzeigen von Spillovereffekten in Folge von Testimonialskandalen bereichert den wissenschaftlichen Diskurs, da die Betrachtung nicht nur auf ein singuläres Unternehmen beschränkt bleibt. Vielmehr ermöglicht die um unternehmensexterne Effekte erweiterte Betrachtungsweise eine umfassendere Beurteilung der Wirksamkeit von Testimonialwerbung. Die Ergebnisse diesbezüglicher bisheriger Studien können um die Erkenntnisse der Spilloveranalyse erweitert werden. Neben der Relevanz für die Forschung adressiert die Arbeit auch für die Praxis relevante Fragestellungen. Verschiedene Stakeholdergruppen haben ein Interesse an einem umfassenderen Verständnis bezüglich der Auswirkungen von Testimonialskandalen. Marketingmanager beispielsweise benötigen ein tieferes Verständnis, ob, unter welchen Bedingungen und auf Basis welcher Mechanismen ein ein konkurrierendes Unternehmen betreffender Testimonialskandal Chancen für das eigene Unternehmen eröffnet, oder protektive Maßnahmen zum Schutz der eigenen Marke erfordert. In der internen und externen Unternehmenskommunikation kann das Wissen zu den Performanceimplikationen von Testimonialskandalen dazu beitragen, mögliche Effekte auf den Umsatz oder Aktienkurs verursachungsgerecht zu erläutern und damit eine validere Entscheidungsgrundlage zu bieten. Nicht zuletzt benötigen Investoren ein vertieftes Verständnis zu den die Aktienkurse im Falle eines Testimonialskandals beeinflussenden Faktoren, um informierte Kauf- oder Verkaufsentscheidungen treffen zu können.

1.3 Vorgehensweise und Aufbau der Arbeit

Grundlage der empirischen Auswertung zur Beantwortung der Forschungsfragen bildet eine ausführliche Literaturrecherche, bei der neben der relevanten Literatur der Testimonialforschung vor allem die kapitalmarktorientiere Literatur zu Spillovereffekten ausgewertet wird. Aus den Erkenntnissen der Literaturanalyse wird, ergänzt um die Ergebnisse einer Expertenbefragung, das dieser Arbeit zugrundeliegende konzeptionelle Modell entwickelt.

Zur empirischen Überprüfung, inwiefern durch einen Testimonialskandal die Wettbewerber des betroffenen Unternehmens durch mögliche Spillovereffekte beeinflusst werden, wird die Methodik der Ereignisstudie angewandt. Hierbei wird zunächst ermittelt, ob das betrachtete Ereignis einen signifikanten Einfluss auf den Aktienkurs der Wettbewerber hat. Mittels der über eine Vielzahl unterschiedlicher Testimonialskandale ermittelten Kursreaktion in Form einer sogenannten abnormalen Rendite kann festgestellt werden, ob im Durchschnitt ein positiver oder negativer Spillover auf die Wettbewerber vorliegt.[27] Dabei sind die Anwendungsvoraussetzungen der Ereignisstudienmethodik bei der Untersuchung von Testimonialskandalen erfüllt.[28] Zunächst kann davon ausgegangen werden, dass entsprechende Skandale ein für eine Analyse von Spillovereffekten untersuchungswürdiges Ereignis darstellen, da bisherige Forschungsarbeiten einen signifikanten Einfluss eines Testimonialskandals auf die Aktienkurse der direkt betroffenen Sponsoren belegen konnten.[29] Zudem handelt es sich bei Testimonialskandalen um von Investoren nicht antizipierbare Ereignisse, deren zeitliches Auftreten sich aufgrund der hohen medialen Aufmerksamkeit in der Regel genau bestimmen und von anderen Ereignissen abgrenzen lässt.[30]

Durch die bisher beschrieben Vorgehensweise unter Bestimmung abnormaler Renditen kann jedoch lediglich festgestellt werden, ob ein positiver oder negativer Spillover vorliegt und wie stark dieser ausgeprägt ist. Als integraler Bestandteil einer jeden Ereignisstudie schließt sich daher an die Untersuchung des Haupteffekts eine darauf aufbauende Regressionsanalyse an. Durch diese kann aufgezeigt werden, welche Faktoren das Auftreten von Spillovereffekten verstärken oder abschwächen.[31] Abschließend werden die Ergebnisse der empirischen Auswertung vor dem Hintergrund der Erkenntnisse bestehender Forschungsarbeiten diskutiert und eingeordnet.

Zur Umsetzung dieser grundsätzlichen Vorgehensweise wurde die vorliegende Arbeit in sechs Kapitel untergliedert. Im folgenden Kapitel 2 wird die Arbeit zunächst in der Literatur verortet und somit der übergreifende Kontext aufgezeigt. Es folgt eine defini-

---

[27] Vgl. Oxley, Sampson und Silverman (2009), S. 1322.
[28] Zu den allgemeinen Anwendungsvoraussetzungen vgl. McWilliams und Siegel (1997), S. 629 ff.
[29] Vgl. Bartz, Molchanov und Stork (2013), S. 131 ff.; Louie, Kulik und Jacobson (2001), S. 13 ff.; Russell, Mahar und Drewniak (2005), S. 67 ff.
[30] Vgl. Louie, Kulik und Jacobson (2001), S. 16; Russell, Mahar und Drewniak (2005), S. 70.
[31] Vgl. Kothari und Warner (2007), S. 19.

torische Abgrenzung der grundlegenden Begriffe Testimonials, Skandale und Spillovereffekte. Zudem werden zwecks eines verbesserten Verständnisses des Instruments Testimonialwerbung sich aus dem Einsatz von Testimonials ergebende Chancen und Risiken aufgezeigt. Im anschließenden Literaturüberblick werden die für diese Arbeit wesentlichen Erkenntnisse bisheriger Forschung vorgestellt. Neben direkt auf den Einsatz von Testimonials in der Werbung bezogenen (kapitalmarktorientierten) Studien werden empirische Ergebnisse angrenzender Forschungsgebiete zu Spillovereffekten zwischen Unternehmen, insbesondere in Folge reputationsschädigender Ereignisse, dargelegt. Darauf aufbauend wird die im Rahmen dieser Arbeit betrachtete Forschungslücke aus der Literatur abgeleitet und präzisiert.

Kapitel 3 widmet sich der Herleitung der Hypothesen, welche im Rahmen der Ereignisstudie untersucht werden sollen. Das hierbei entwickelte konzeptionelle Modell basiert auf den Ergebnissen von im Vorfeld der Hauptuntersuchung durchgeführten Experteninterviews sowie den Erkenntnissen einer umfassenden Literaturrecherche. Neben den die Hypothesen betreffenden erklärenden Variablen wird die Verwendung verschiedener ereignis-, unternehmens- und umweltspezifischer Kontrollvariablen motiviert.

Im anschließenden Kapitel 4 wird die Untersuchungsmethodik der Ereignisstudie vorgestellt. Orientiert am allgemeinen Ablauf einer Ereignisstudie werden neben den methodischen und mathematischen Grundlagen auch die verschiedenen Gestaltungsvarianten aufgezeigt und deren für die vorliegende Arbeit gewählte Spezifikation näher erläutert. Das Kapitel schließt mit einer Diskussion der Problembereiche des Ereignisstudienansatzes. Neben der Vorbereitung der empirischen Untersuchung dieser Arbeit soll dadurch auch eine informierte Beurteilung der Ergebnisse bisheriger Forschungsarbeiten ermöglicht werden.

Kapitel 5 umfasst die empirische Analyse und stellt somit den Kern der vorliegenden Arbeit dar. Einer detaillierten Beschreibung zur Vorgehensweise bei der Identifikation der interessierenden Ereignisse und Unternehmen folgt eine umfassende Erläuterung zur Operationalisierung der verschiedenen Variablen des konzeptionellen Modells. Dem schließt sich eine deskriptive statistische Voruntersuchung des Datensatzes sowie der zur weiteren Analyse des Spillovers verwendeten Variablen an. Darauf aufbauend werden die Ergebnisse der empirischen Untersuchung vorgestellt. Hierbei wird differenziert zwischen den direkt aus der Ereignisstudie abgeleiteten Erkenntnissen bezüglich des Haupteffekts und den im Rahmen einer multivariaten Querschnittsregression gewonnen Erkenntnissen zu den Spillover beeinflussenden Determinanten. Sowohl für die Analyse der abnormalen Renditen als auch für die nachgelagerte Regressionsanalyse wird eine Untersuchung bezüglich der Robustheit der Ergebnisse vorgenommen. Das Kapitel schließt mit einer Diskussion der durch die beiden empirischen Untersuchungen gewonnenen Erkenntnisse.

Im abschließenden Kapitel 6 werden die Ergebnisse der Arbeit zusammengefasst und deren Implikationen für die Forschung und Praxis dargelegt. Zudem werden die Limitationen der durchgeführten Untersuchungen diskutiert und der sich daraus ergebende weitere Forschungsbedarf bezüglich Spillovereffekten nach Testimonialskandalen abgeleitet.

2 Theoretische Grundlagen zu Spillovereffekten bei Testimonialskandalen

2.1 Verortung in das Marketing-Finance Interface

Die Betriebswirtschaftslehre ist gemäß der etablierten funktionalen Betrachtungsweise in verschiedene Disziplinen untergliedert, welche u.a. die Funktion des Marketings umfassen.[32] Innerhalb der Marketingdisziplin ist der Forschungsbereich des Marketing-Finance Interface angesiedelt, welcher die Schnittstelle zur betriebswirtschaftlichen Disziplin der Finanzwirtschaft bildet.[33] Wie auch in den anderen Forschungsbereichen der Marketingdisziplin[34] haben sich im Zeitverlauf für das Marketing-Finance Interface charakteristische Methoden (z.B. Ereignisstudien) und damit betrachtete Modellvariablen (z.B. Aktienkurse) herausgebildet, wobei im besonderen Fall des Marketing-Finance Interfaces eine starke Anlehnung an die in der Finanzwirtschaft gebräuchlichen Forschungsansätze erfolgte.[35] Dies unterscheidet die Betrachtungsweise des Marketing-Finance Interfaces von anderen, aufgrund des inhaltlichen Fokus (Testimonialskandale) dieser Arbeit nahestehenden Forschungsbereichen wie Werbung und Marketingkommunikation, Konsumentenpsychologie oder Produkt- und Markenmanagement, deren methodisches Vorgehen sich beispielsweise auf Experimente oder Konsumentenbefragungen bezüglich der Wahrnehmung einer Marke stützen.[36]

Die ersten Arbeiten zum Marketing-Finance Interface gehen auf die späten 1980er und frühen 1990er Jahre zurück.[37] Spätestens mit der zunehmenden Etablierung des

---

32 Vgl. Wöhe und Döring (2005), S. 59; Bestmann (2001), S. 5.
Weitere wesentliche betriebswirtschaftliche Disziplinen sind: Materialwirtschaft, Produktionswirtschaft, Finanzwirtschaft, Rechnungswesen, Personalwirtschaft, Unternehmensführung und Organisation.

33 Vgl. Zinkhan und Verbrugge (2000), S. 143.

34 Zu den weiteren Forschungsbereichen der Marketingdisziplin zählen u.a. Werbung und Marketingkommunikation, Pricing, Produkt- und Markenmanagement, Innovation und Neuprodukt-/ Serviceentwicklung, Distributionskanalmanagement, B2B-Marketing, Servicemarketing, Public Sector und Non-Profit Marketing, internationales und interkulturelles Marketing, Marketingstrategie, Marketingtheorie, Konsumentenpsychologie oder Social Media Marketing.

35 Vgl. Srinivasan und Hanssens (2009), S. 293 ff.; Delattre (2007), S. 58.

36 Vgl. beispielhaft Carrillat, d'Astous und Christianis (2014), S. 1024 ff.

37 Vgl. Hyman und Mathur (2005), S. 391.

Shareholder Value Konzepts in der Unternehmenssteuerung erhöhte sich der Druck auf Wissenschaft und Praxis den Wertbeitrag verschiedener Marketingmaßnahmen genauer zu quantifizieren und dadurch die Bedeutung der Marketingfunktion für das Unternehmen herauszustellen.[38] Hauptanliegen der im Marketing-Finance Interface angesiedelten Forschung ist es demnach aufzuzeigen, wie die Marketingfunktion auf den Wert eines Unternehmens Einfluss nimmt. Dies verdeutlicht die von Doyle (2008) entwickelte Definition des (wertorientierten) Marketings: „Marketing is the management process that seeks to maximize returns to shareholders by developing and implementing strategies to build relationships of trust with high value customers and to create a sustainable differential advantage."[39] Traditionell waren sämtliche Marketingaktivitäten auf den Erfolg am Produkt- bzw. Konsumentenmarkt ausgerichtet. Dies zeigte sich auch an den für die Erfolgsmessung verwendeten Kennzahlen wie Umsatzvolumen, Marktanteil oder Kundenzufriedenheit. Die Neuausrichtung am Shareholder Value Konzept und die damit verbundene Erfolgsmessung am Kapitalwert des Cashflows stellte für die Marketingfunktion einen Paradigmenwechsel dar.[40] In der Forschung entstand daraufhin eine wachsende Anzahl an Studien, welche die Auswirkungen verschiedener Marketingaktivitäten auf die Finanzmärkte, zumeist gemessen am Aktienkurs der jeweiligen Unternehmen, untersuchte.[41] Hierunter fallen auch die frühen Arbeiten von Agrawal und Kamakura (1995) sowie Mathur, Mathur und Rangan (1997), die sich mit den Aktienmarktimplikationen von Testimonialwerbung befassen.[42] Diesen Studien liegt die Annahme zugrunde, dass Marketingaktivitäten durch ihren Erfolg oder Misserfolg auf dem Produkt- bzw. Konsumentenmarkt die Performance eines Unternehmens am Aktienmarkt beeinflussen.[43]

Um diesen grundlegenden Mechanismus besser zu verstehen, wurden in der Literatur verschiedene Modelle entwickelt.[44] Dabei wurden mit sogenannten Market-Based

---

[38] Vgl. Doyle (2008), S. 3 ff.; Rust et al. (2004), S. 76; Morgan (2012), S. 102; Verhoef und Pennings (2012), S. 226.

[39] Doyle (2008), S. 74.

[40] Vgl. Srivastava, Shervani und Fahey (1998), S. 2 f.

[41] Vgl. Lovett und MacDonald (2005), S. 476.

[42] Vgl. Agrawal und Kamakura (1995), S. 56 ff.; Mathur, Mathur und Rangan (1997), S. 67 ff.

[43] Vgl. Lovett und MacDonald (2005), S. 476.

[44] Vgl. Akroush (2012), S. 51; Bolton (2004), S. 74; Morgan (2012), S. 104; Ramaswami, Srivastava und Bhargava (2009), S. 101; Rust et al. (2004), S. 77; Srivastava, Shervani und Fahey (1998), S. 8.

Assets[45] (bspw. Kundenstamm, Marken, Distributionskanäle), Marketingkompetenzen (bspw. Kundenorientierung und Marktkenntnis) und Marketingaktionen (bspw. Werbung, Preisaktionen) drei wesentliche marketingbezogene Treiber des Firmenwertes identifiziert.[46] Am Beispiel der Market-Based Assets zeigen Srivastava, Shervani und Fahey (1998), wie diese durch einen beschleunigten Eingang der Cashflows (z.B. durch eine schnellere Reaktion auf Marketingmaßnahmen, schnellere Marktakzeptanz), erhöhte Cashflows (z.B. durch Cross-Selling, geringere Verkaufskosten, Preisaufschläge), verringerte Volatilität der Cashflows (z.B. durch eine Erhöhung der Kundenloyalität und Wechselkosten) und eine nachhaltige Steigerung der Cashflows (z.B. durch eine wachsende Kundenbasis, Markendehnung) zur Wertsteigerung der Unternehmen beitragen können.[47]

Neben diesen zumeist konzeptionellen Arbeiten zum grundsätzlichen Verständnis des Wertbeitrags der Marketingfunktion liefert die Arbeit von Srinivasan und Hanssens (2009) einen systematisierten Überblick zur Forschung im Marketing-Finance Interface. Basierend auf einer Vielzahl im Umfeld des Marketing-Finance Interface veröffentlichten Studien identifizieren die Autoren fünf methodische Ansätze zur Messung der Performancewirkung einer Marketingmaßnahme (Vier-Faktor-Modell, Ereignisstudie, Methode der Kalenderzeitportfolios, Stock Return Response Model, Persistence Modeling). Dabei stehen grundsätzlich vier Indikatoren zur Messung des finanziellen Erfolgs zur Verfügung (Unternehmenswert, Tobin's Q, Kurs-Buchwert-Verhältnis, Aktienrendite). Zudem konnte aufgezeigt werden, zu welchen Marketing Assets (Markenwert, Kundenzufriedenheit, Kundenwert, Produktqualität) sowie Marketingaktionen (Werbung, Preisaktionen, Einführung neuer Distributionskanäle, Neuprodukteinführungen) bereits empirische Befunde zu deren Wirkung auf den Wert der Unternehmen vorliegen.[48] Den insgesamt positiven Beitrag der Marketingfunktion zum Unternehmenswert bestätigen Edeling und Fischer (2016) im Rahmen einer Metaanalyse. Für verschiedene Marketingaktionen (insbesondere Wer-

[45] Zur Verwendung des Begriffs Market-Based Assets in der deutschsprachigen Literatur vgl. Raithel und Scharf (2011), S. 54 ff.; Lockau (2000), S. 12 f.
[46] Vgl. Hanssens, Rust und Srivastava (2009), S. 115 f.
[47] Vgl. Srivastava, Shervani und Fahey (1998), S. 9 ff.
[48] Vgl. Srinivasan und Hanssens (2009), S. 294 ff.

bung, operationalisiert als Werbeausgaben) sowie für kunden- als auch markenbezogene Marketing Assets konnte ein generalisierbarer unternehmenswertsteigernder Effekt empirisch nachgewiesen werden.[49]

Diese Ausführungen verdeutlichen, weshalb die vorliegende Arbeit in die Literatur des Marketing-Finance Interface einzuordnen ist. Innerhalb der von Srinivasan und Hanssens (2009) beschriebenen Systematisierung sind Testimonials dem Bereich der Werbung zuzuordnen und damit als Marketingaktion zu klassifizieren.[50] In Abgrenzung zur traditionellen Marketingforschung oder alternativer Perspektiven wie der des Marketing-Vertrieb Interfaces, welche den Erfolg oder Misserfolg einer Marketingmaßnahme anhand einzelner Kennzahlen wie dem Umsatz bemessen, ermöglicht die Ausrichtung des Marketing-Finance Interface am Shareholder Value Konzept eine umfassendere Analyse der Performanceimplikationen eines Testimonialskandals für die Wettbewerber.[51] Typischerweise wird sich ein Spillovereffekt nicht nur an der Umsatzwirkung manifestieren, sondern auch wesentliche Marketing Assets wie den Markenwert oder die Reputation der Wettbewerber betreffen. Darüber hinaus kann sich ein Testimonialskandal auch auf die durch die Funktion der Finanzwirtschaft fokussierten, im Rahmen einer reinen Umsatzbetrachtung jedoch unbeachteten Werttreiber Kosten und Risiken auswirken.[52] Durch die Betrachtung von Aktienkursen, auf welche im Rahmen von Ereignisstudien üblicherweise abgestellt wird, kann der sich in Folge eines Testimonialskandals ergebene Spillover auf die Wettbewerber gesamthaft abgebildet werden. Die Perspektive des Marketing-Finance Interface ermöglicht demnach eine alle skandalinduzierten Auswirkungen auf die Wettbewerber inkludierende Betrachtung.

Neben der hier im Fokus stehenden disziplinären sowie der nachfolgend noch weiter präzisierten begrifflichen und inhaltlich-thematischen Einordnung der vorliegenden Arbeit soll an dieser Stelle auch auf deren wissenschaftstheoretische Verortung hingewiesen werden. In den Sozialwissenschaften kann dabei grundsätzlich zwischen der positivistisch-empiristischen und der relativistisch-konstruktivistischen Grundkon-

49 Vgl. Edeling und Fischer (2016), S. 515 ff.
50 Vergleiche hierzu die Einordnung der Studie von Mathur, Mathur und Rangan (1997) in Srinivasan und Hanssens (2009), S. 305.
51 Vgl. Verhoef und Pennings (2012), S. 232 ff.
52 Vgl. Verhoef und Pennings (2012), S. 234 f.; Knittel und Stango (2014), S. 33.

zeption differenziert werden.[53] Beide Ansätze unterscheiden sich sowohl bezüglich der ihnen zugrundeliegenden Annahmen und der mit der Forschung verfolgten Zielsetzung als auch in Bezug auf die primär angewandten Forschungsmethoden. So propagiert die positivistisch-empiristisch ausgerichtete Forschung die Existenz einer von der subjektiven Wahrnehmung des in den Prozess der Erkenntnisgewinnung involvierten Forschers unabhängigen Wirklichkeit, welche die relativistisch-konstruktivistische Position negiert.[54] Weiterhin präferieren Vertreter der positivistisch-empiristischen Grundkonzeption quantitative Methoden, welche eine kontrollierte und replizierbare Messung ermöglichen, wohingegen bei dem eher qualitativ ausgerichteten Methodenset der relativistisch-konstruktivistischen Grundkonzeption die Validität der Daten bei einer naturalistisch beobachtenden Messung im Vordergrund steht.[55] Für eine ausführliche Diskussion und Gegenüberstellung beider Grundkonzeptionen wird an dieser Stelle auf die bestehende Literatur, insbesondere die Beiträge von Anderson (1983), Deshpande (1983), Hudson und Ozanne (1988) sowie Peter und Olson (1983) verwiesen.[56] Die vorliegende Arbeit steht in der Tradition der positivistisch-empiristisch ausgerichteten Forschung. Primäre Zielsetzung ist die Überprüfung praxisrelevanter, deduktiv hergeleiteter Hypothesen in Bezug auf die Existenz von Spillovereffekten in Folge von Testimonialskandalen. Wie im Marketing-Finance Interface üblich kommen dabei empirisch-quantitative Methoden unter Verwendung öffentlich verfügbarer und daher replizierbarer Kapitalmarkt- bzw. Unternehmensdaten zum Einsatz. Dies soll eine möglichst realitätsnahe, objektive Analyse des betrachteten Phänomens, unabhängig von der subjektiven Wahrnehmung bzw. Interpretation des Autors ermöglichen.

---

53 Vgl. Peter und Olson (1983), S. 118 f.
Diesen beiden Idealtypen wissenschaftlicher Grundkonzeptionen können weitere Formen wie der logische Empirismus, der kritische Rationalismus, der Positivismus oder der Konstruktivismus und Idealismus zugeordnet werden.

54 Vgl. Peter und Olson (1983), S. 119.

55 Vgl. Deshpande (1983), S. 102 ff.

56 Vgl. Anderson (1983), S. 19ff.; Hudson und Ozanne (1988), S. 509 ff.; Deshpande (1983), S. 103; Peter und Olson (1983), S. 118 ff.

2.2 Definitionen

2.2.1 Testimonials

Im Fokus der vorliegenden Arbeit stehen Testimonials bzw. Celebrity Endorser. Teilweise findet sich der englische Begriff des Celebrity Endorsers auch im deutschen Sprachgebrauch wieder, weshalb an dieser Stelle auf die Unterschiede zum Begriff des Testimonials eingegangenen und auf den weiteren Gebrauch im Rahmen dieser Arbeit hingewiesen werden soll.

Der Begriff *Testimonial* wurde aus dem Wort "testimonium" abgeleitet und kann als Zeugnis, Zeugenaussage oder Beweis interpretiert werden.[57] Im Marketingkontext bezeichnet ein Testimonial allgemein eine Personen, die das beworbene Produkt selbst benutzt und eine auf das Produkt, dessen Qualität und Nutzen bezogene Werbebotschaft überbringt.[58] Es kann dabei zwischen vier verschiedenen Testimonialarten differenziert werden:[59]

- Berühmte Persönlichkeiten
- Experten
- Konsumenten
- Hochrangige Unternehmensvertreter

Demgegenüber ist der Begriff des *Celebrity Endorsers* enger definiert. Der englische Ausdruck Endorsement wird mit "Fürsprechen" oder "Unterstützen" ins Deutsche übertragen.[60] Der vom lateinischen Begriff "celeber" - was mit bekannt oder berühmt übersetzt werden kann - abgeleitete Begriff des Celebrities, bezeichnet eine von den Medien oder der Öffentlichkeit als prominent oder berühmt dargestellte Persönlichkeit.[61] Auf Basis dieser Begrifflichkeiten handelt es sich bei einem Celebrity Endorser also um einen berühmten oder prominenten Fürsprecher. In einer der meistgebrauchten Definitionen beschreibt McCracken (1989) einen Celebrity Endorser in

---

[57] Vgl. Haase (2000), S. 56.
[58] Vgl. Schweiger und Schrattenecker (2005), S. 245; Lauper (2011), S. 56; Sturm (2011), S. 11.
[59] Vgl. Friedman, Termini und Washington (1976), S. 22 f.; Carrillat, d'Astous und Lazure (2013), S. 16.
[60] Vgl. Haase (2000), S. 56.
[61] Vgl. Gutjahr (2015), S. 125.

Anlehnung daran als "any individual who enjoys public recognition and who uses this recognition on behalf of a consumer good by appearing with it in an advertisement."[62] Celebrity Endorsement meint somit die Bewerbung eines Produktes durch eine bekannte bzw. berühmte Persönlichkeit.[63] Dabei muss der Bezug nicht auf ein Produkt limitiert bleiben, sondern kann sich auch auf eine Marke oder ein gesamtes Unternehmen ausdehnen.[64] Bergkvist und Zhou (2016) weisen zudem auf die Aktualisierungsbedürftigkeit der Definition von McCracken (1989) hin, da Celebrity Endorser nicht mehr nur in der klassischen Werbung eingesetzt werden, das beworbene Produktspektrum von Konsumgütern auf Business-to-Business (B2B) Produkte und Dienstleistungen ausgedehnt wurde und neben Firmen auch nicht gewerblich tätige Organisationen wie politische Parteien und Non-profit Organisationen auf das Marketinginstrument zurückgreifen.[65] Die Autoren schlagen daher folgende aktualisierte Definition vor: "A celebrity endorsement is an agreement between an individual who enjoys public recognition (a celebrity) and an entity (e.g., a brand) to use the celebrity for the purpose of promoting the entity."[66]

Insgesamt wird deutlich, dass der Begriff des Testimonials einen Überbegriff darstellt, der den auf berühmte Persönlichkeiten limitierten Begriff des Celebrity Endorsers inkludiert.[67] Inhaltlich und definitorisch stringent wäre der Celebrity Endorser im Deutschen demnach stets als "prominentes Testimonial" zu bezeichnen.[68] Aus Gründen der Einfachheit und in Anlehnung an den allgemeinen Sprachgebrauch wird darauf im weiteren Verlauf dieser Arbeit verzichtet. Der hier verwendete Begriff des Testimonials wird dem des englischen Celebrity Endorsers gleichgesetzt und meint demzufolge immer eine prominente Persönlichkeit, die für ein Produkt, eine Marke oder ein Unternehmen wirbt. Experten, Konsumenten oder hochrangige Unternehmensvertreter fallen dementsprechend nicht unter die für diese Ar-

---

62 McCracken (1989), S. 310.
63 Vgl. Lauper (2011), S. 56.
64 Vgl. hierzu auch Misra und Beatty (1990), S. 159 ff.
65 Vgl. Bergkvist und Zhou (2016), S. 643 f.
66 Bergkvist und Zhou (2016), S. 644.
67 Vgl. Lauper (2011), S. 57.
68 Vgl. Sturm (2011), S. 11.

beit relevante Definition des Testimonials und werden im Folgenden nicht weiter betrachtet.

Die Definition des Testimonials weist auch darauf hin, innerhalb welcher Dimension des klassischen Marketingmix (Kombination verschiedener Marketinginstrumente) das Instrument der Testimonialwerbung anzusiedeln ist. Gemäß des auf McCarthy (1960) zurückgehenden "4Ps"-Konzept kann zwischen folgenden vier Marketinginstrumenten differenziert werden:[69]

- Product (Produkt)
- Price (Preis)
- Promotion (Kommunikation)
- Place (Vertrieb)

Der Einsatz von Testimonials ist, wie auch das Sponsoring oder Public Relations, ein Instrument der Kommunikationspolitik ("purpose of promoting the entity").[70] Gemäß der Definition nach Bruhn (2014) beschäftigt sich die Kommunikationspolitik "mit der Gesamtheit der Kommunikationsinstrumente und -maßnahmen eines Unternehmens, die eingesetzt werden, um das Unternehmen und seine Leistungen den relevanten Zielgruppen der Kommunikation darzustellen und/oder mit den Anspruchsgruppen eines Unternehmens in Interaktion zu treten".[71] Testimonialwerbung ist dabei insbesondere auf die externe Kommunikation, die Leistungsdarstellung gegenüber den Kunden des Unternehmens, ausgerichtet.[72] Testimonialwerbung und Sponsoring sind einander nahestehenden Werbekonzepte, unterscheiden sich jedoch hinsichtlich der eingesetzten Werbeträger, der Erwartungshaltung an diese sowie der dem Sponsoring zugrundeliegenden Förderabsicht.[73] Während Testimonialwerbung auf eine einzelne prominente Persönlichkeit bezogen ist, werden beim Sponsoring zumeist Gruppen, Organisationen oder Ereignisse finanziell oder durch Sach- und Dienstleistungen gefördert. Von Testimonials wird - unter Ausnutzung der Glaubwürdigkeit der bekannten Persönlichkeit - zudem eine klare persönliche Empfehlung zur

[69] Vgl. McCarthy (1960), S. 45.
[70] Vgl. Bruhn (2014), S. 29.
[71] Bruhn (2014), S.199.
[72] Vgl. Bruhn (2014), S. 199 ff.
[73] Für eine Definition von Sponsoring vgl. Bruhn (2014), S. 236.

Nutzung der Produkte einer bestimmten Marke erwartet, was beim Sponsoring nicht der Fall ist.[74] Dem geschuldet gilt Sponsoring auch als eine sogenannte "Below the Line"-Kommunikationsform, während Testimonialwerbung als "Above the Line"-Maßnahme klassifiziert ist.[75] Deutlich wird dies am Beispiel von Fußballweltmeisterschaften. Die FIFA als Organisator des Großereignisses spricht explizit keine Empfehlung zum Kauf der Produkte der Sponsoren aus. Diese profitieren ausschließlich von der hohen medialen Aufmerksamkeit der Wettkämpfe und dem damit verbundenen Zugang zu potenziellen Kunden. So können auch zwei konkurrierende Firmen Sponsor desselben Ereignisses sein. Die einzelnen bei einem Sponsor unter Vertrag stehenden Spieler hingegen stehen als Testimonials für eine bestimmte Marke und sind dazu angehalten diese in der Öffentlichkeit positiv zu repräsentieren bzw. aktiv zu bewerben. Aufgrund möglicher Interessenskonflikte und zur Wahrung der Glaubwürdigkeit werden Testimonials daher in der Regel auch nicht von zwei zueinander in Wettbewerb stehenden Unternehmen gesponsert.[76]

2.2.2 Skandale

Untersuchungsgegenstand der vorliegenden Arbeit sind Skandale von Testimonials. Aufgrund des breiten Alltagsverständnisses des Begriffs "Skandal" und der für die weiteren Analysen großen Bedeutung einer möglichst exakten definitorischen Eingrenzung desselben, soll im Folgenden eine Arbeitsdefinition des Skandalbegriffs hergeleitet werden.[77]

In der Skandalforschung hat sich innerhalb der letzten Jahrzehnte ein weitgehender interdisziplinärer Konsens bezüglich der wesentlichen Merkmale, Rollen der Beteiligten und Phasen eines Skandals herausgebildet.[78] Eine einflussreiche Definition liefert Hondrich (1992), der verschiedene zuvor isoliert betrachtete Elemente eines Skandals als Teil eines sozialen Prozesses verbindet.[79] Bei einem Skandal handelt es

---

74 Vgl. Peuser (2008), S. 83.
75 Vgl. Breuer, Pawlowski und Rumpf (2012), S. 48; Hermanns und Kiendl (2007), S. 310 ff.
76 Vgl. Paronetto (2014).
77 Vgl. Bulkow und Petersen (2011), S. 11.
78 Vgl. Bulkow und Petersen (2011), S. 11.
79 Vgl. Holly (2012), S. 77.

sich demzufolge um "einen sozialen Prozeß, der durch drei Merkmale charakterisiert ist: erstens durch *moralische Verfehlungen*, ganz gleich, ob diese tatsächlich begangen wurden oder hochgestellten Personen oder Institutionen nur unterstellt werden. Zweitens durch die *Enthüllung* einer Verfehlung, die zuvor unbekannt war oder verborgen gehalten wurde. Und drittens durch eine geteilte *Empörung*, die sich aufgrund dieser Enthüllung einstellt [Hervorhebungen im Original]"[80]. Die Betonung einer moralischen Verfehlung deutet dabei darauf hin, dass nicht zwangsweise eine Grenzüberschreitung im legal-juristischen Sinne gegeben sein muss, sondern bereits die Verletzung einer moralischen Norm ausreichend ist. Wie moralische Wertvorstellungen unterliegen Skandale demzufolge sowohl temporären als auch regionalen Begrenzungen.[81]

Die Definition von Hondrich stützen und erweitern Kepplinger und Ehmig (2004), die vier grundlegende Faktoren des Skandalbegriffs benennen. Demnach handelt es sich um einen Skandal, wenn es sich um einen aus der Perspektive des Urteilenden *bedeutsamen Missstand* handelt, welcher allgemein als *vermeidbar* wahrgenommen wird und aus dem *schuldhaften Verhalten* des Verursachers eine öffentliche *Empörung* folgt.[82] Diesen Überlegungen entspricht die in der Skandalforschung vielfach zitierte Skandaltriade von Neckel (1989), welche die drei Akteure eines Skandals sowie deren Interaktion beschreibt. Danach wird dem Skandalierten vom Skandalierer öffentlich einer Verfehlung von allgemeinem Interesse vorgeworfen. Dies führt bei einem oder mehreren Dritten, welchen über das nun zum Skandal werdende Geschehen berichtet wurde, zu einer zunächst nicht näher spezifizierten Reaktion.[83] Nawratil (2006) weist in Abgrenzung hierzu darauf hin, dass eine singuläre, vereinzelte Empörung nicht ausreichend ist, sondern vielmehr ein größerer Personenkreis über die Normverletzung informiert sein muss.[84] Die Berichtsfunktion, welche die zu einem Skandal werdenden Missstände der breiten Öffentlichkeit zugänglich macht, wird dabei in der Regel von den Massenmedien wie Fernsehen,

---

[80] Hondrich (1992), S. 179.
[81] Vgl. Hondrich (2002), S. 9 ff. und S. 24.
[82] Vgl. Kepplinger und Ehmig (2004), S. 363 f.
[83] Vgl. Neckel (1989), S. 58 f.
[84] Vgl. Nawratil (2006), S. 203.

Rundfunk, Print oder Internet wahrgenommen.[85] Die Bedeutung der Rolle des Skandalieres und der Medien unterstreicht Hitzler (1989), indem er "nicht die Verletzung einer sozial gültigen Norm, sondern die akzeptierte *Etikettierung* eines Ereignisses oder Sachverhalts als nicht normkonform [Hervorhebungen im Original]"[86] als weiteres Definitionsmerkmal eines Skandals beschreibt. Eine Normverletzung wird demzufolge dann zum Skandal, wenn sie, explizit mit der Bezeichnung "Skandal" oder eines verwandten Begriffes versehen, als solcher definiert und glaubhaft präsentiert wird.[87]

In der internationalen Literatur findet neben der Skandaldefinition von Adut (2008) "a public event that begins with a formerly private transgression being publicized to external audiences"[88] vor allem die Arbeitsdefinition von Thompson (2000) große Beachtung:[89]

"As a working definition, we could say that 'scandal' refers to actions or events involving certain kinds of transgression which become known to others and are sufficiently serious to elicit a public response. To be more precise, I shall suggest, that in its current usage, 'scandal' refers primarily to actions, events or circumstances which have the following characteristics:

1. their occurrence or existence involves the transgression of certain values, norms or moral codes;
2. their occurrence or existence involves an element of secrecy or concealment, but they are known or strongly believed to exist by individuals other than those directly involved (I shall refer to these individuals as 'non-participants');
3. some non-participants disapprove of the actions or events and may be offended by the transgression;

---

85 Vgl. Burkhardt (2006), S. 115 ff.
86 Hitzler (1989), S. 334.
87 Vgl. Nawratil (2006), S. 204.
88 Adut (2008), S. 11.
89 Thompson (2000), S. 13 f.; zur Anerkennung beider Definitionen vgl. Hannigan et al. (2015), S. 1 ff.; Bryner (2014), S. 7 ff.

4. some non-participants express their disapproval by publicly denouncing the action or events;
5. the disclosure and condemnation of the actions or events may damage the reputation of the individuals responsible for them (although this is not always or necessarily the case, as we shall see)."

Die Übereinstimmung der von Thompson benannten wesentlichen Merkmale eines Skandals mit denen der Skandaltriade nach Neckel verdeutlichet, dass auch international ein weitgehender Konsens bezüglich der definitorischen Abgrenzung des Skandalbegriffs besteht - wenngleich nicht alle Elemente in jeder Definition uniform benannt oder berücksichtigt werden.[90] In der Marketing- bzw. Testimonialforschung wird demnach, trotz der häufigen Verwendung des Begriffs Skandal oder synonymer englischer Bezeichnungen wie z.B. celebrity misbehavior oder negative publicity[91], zumeist auch keine eigene Definition des Skandalbegriffs entwickelt. Einige der wenigen Ausnahmen hierzu bilden White, Goddard und Wilbur (2009), die einen Testimonialskandal als Situation beschreiben, in der "an endorser's image becomes tarnished by allegations of illicit, unethical, unusual, or even slightly unconventional behavior"[92], sowie Hock und Raithel (2014), die eine an der Skandaltriade orientierte Definition des Skandalbegriffs vertreten:[93]

"We will focus our analyses on the four general parties that are involved in negative publicity: the celebrity who caused the negative publicity, the endorsing firm which is affected by it, the media who report about it, and the investors who evaluate the impact of it on the future financial performance of the firm. For the purpose of our study, we define negative celebrity endorser publicity as an event that constitutes a personal action of an endorser that harms *his/her* reputation or credibility and can damage the *endorsing firm* in any way [Hervorhebungen im Original]."

In Summe umfassen wesentliche, den vorgenannten Definitionen gemeine Elemente eines Skandals die Akteure Skandalierte(r), Skandalierer, Dritte und die Berichtsfunk-

---

90 Vgl. Beckmann (2006), S. 62.
91 Vgl. Bartz, Molchanov und Stork (2012), S. 132; Till und Shimp (1998), S. 67; Carrillat, d'Astous und Christianis (2014), S. 1024; Fong und Wyer (2012), S. 885; Roehm und Tybout (2006), S. 366.
92 White, Goddard und Wilbur (2009), S. 323.
93 Hock und Raithel (2014), S. 5 f.

tion sowie ein die Merkmale vermeidbar, bedeutsam und schuldhaft vereinendes Fehlverhalten, welches im Prozessablauf enthüllt, als solches etikettiert wird und zu einer geteilten bzw. öffentlichen Empörung führt. Auf Grundlage des in der Forschung sowohl international als auch interdisziplinär weitgehend einheitlichen Begriffsverständnisses, lässt sich daher die folgende Definition des Skandalbegriffs ableiten, die grundlegend für die weiteren Ausführungen dieser Arbeit ist: Ein Skandal bezeichnet ein als solches bezeichnetes, bedeutsames, vermeidbares und schuldhaftes Fehlverhalten des Skandalierten (hier: Testimonial), dessen Enthüllung durch die Skandalierer, einer breiten Öffentlichkeit durch die Massenmedien zugänglich gemacht, zu einer Empörung bei Dritten (hier z.B.: Konsumenten, Sponsoren, Investoren) führt. Ein solches Ereignis hat dabei das Potenzial, sowohl die Reputation des Testimonials als auch die des Sponsors zu beschädigen.

2.2.3 Spillovereffekte

Der Begriff des Spillovers wird in der betriebswirtschaftlichen Literatur im Allgemeinen sowie in der Marketingliteratur im Besonderen vielfältig verwendet. Innerhalb der Marketingliteratur werden Spillovereffekte beispielsweise zwischen verschiedenen Vertriebs- und Kommunikationskanälen (online vs. offline)[94] oder in Bezug auf die Reichweite von Werbemaßnahmen (insbesondere Werbeausgaben)[95] diskutiert und analysiert. Das genaue Begriffsverständnis ist dabei abhängig vom jeweiligen Kontext, sodass auch die breit anwendbare Definition nach Roehm und Tybout (2006), welche das Konzept des Spillover als "the phenomenon in which information influences beliefs that are not directly addressed in a communication"[96] beschreibt, keine abschließende Definition des Spilloverbegriffes darstellen kann.

Aufgrund ihrer thematischen Ausrichtung sind Studien, welche sich mit Spillovereffekten zwischen Produkten oder Marken befassen, von besonderer Relevanz für die vorliegende Arbeit. Dabei können sich sowohl Übertragungseffekte zwischen verschiedenen Produkten einer Marke(nfamilie) als auch zwischen den unterschiedli-

---

[94] Vgl. Chan, Wu und Xie (2011), S. 837 ff.; Li und Kannan (2014), S. 40 ff.
[95] Vgl. Sahni (2016), S. 459 ff.; Erdem und Sun (2002), S. 408 ff.; Bergen und John (1997), S. 357 ff.
[96] Roehm und Tybout (2006), S. 366; vgl. auch Ahluwalia, Unnava und Burnkrant (2001), S. 458.

chen Marken eines Markenportfolios ergeben.[97] Betroffen sind zudem kooperative Marketingaktivitäten wie Markenallianzen oder Co-Branding.[98] Unter einem Spillover-effekt im engeren Sinne wird daher die "Beeinflussung von Image und Bekanntheitsgrad eines Objekts (in der Regel Produkt oder Produktgruppe) durch ein anderes Objekt und dessen Image (Partizipationseffekt)"[99] verstanden.

Die bisherigen Betrachtungen sind im Wesentlichen auf die Sphäre eines Unternehmens bzw. eines Unternehmensverbundes beschränkt. Spillovereffekte können sich jedoch auch zwischen eigenständig agierenden Unternehmen ergeben - die zumeist zueinander in Wettbewerb stehen und derselben Branche angehören. Diese Effekte können sowohl positiver als auch negativer Natur sein. Eine negative Beeinflussung der üblicherweise konkurrierenden Unternehmen wird dabei als *Sippenhafteffekt* (engl. guilty by association) bezeichnet. Demgegenüber profitieren Unternehmen von Ereignissen oder Aktivitäten eines Wettbewerbers im Rahmen des sogenannten *Wettbewerbseffekts*.[100]

In der Marketingliteratur wird die Beziehung zwischen einem Testimonial und einer Marke bzw. einem Unternehmen auch als eine Form des Co-Brandings beschrieben.[101] Dies ist darauf zurückzuführen, dass viele Stars aufgrund ihres hohen Bekanntheitsgrads eine eigene Marke darstellen, die vergleichbar zu Produkt- oder Unternehmensmarken aufgebaut und entwickelt wird. Eine Untersuchung der Auswirkungen von Testimonialskandalen auf die Wettbewerber[102] der betroffenen Firmen ist daher immer mit zwei Spillovereffekten befasst. Carrillat, d'Astous und Christianis (2014) greifen diesen Sachverhalt auf und beschreiben den Effekt des Testimonialskandals auf den direkt betroffenen Sponsor als Spillovereffekt erster Ordnung. Dessen Wettbewerber werden aufgrund Branchenzugehörigkeit und konkurrierender

[97] Vgl. Roehm und Tybout (2006), S. 366; Krishna und Rajan (2009), S. 1470; Baumeister, Scherer und Wangenheim (2015), S. 557; Lei, Dawar und Lemmink (2008), S. 111 ff.; Balachander und Ghose (2003), S. 5.

[98] Vgl. Allen et al. (2015), S. 650; Votolato und Unnava (2006), S. 196.
Zur Verwendung des Begriffs Co-Branding in der deutschsprachigen Literatur vgl. Baumgarth (2003), S. 36 ff.

[99] Bruhn (2013), S. 137.

[100] Vgl. Roehm und Tybout (2006), S. 366; Zavyalova et al. (2012), S. 1082; Lang und Stulz (1992), S. 47 ff.

[101] Vgl. Ambroise et al. (2014), S. 273 ff.; Seno und Lukas (2007), S. 123.

[102] Im weiteren Verlauf dieser Arbeit wird eine Unterscheidung zwischen direkten und indirekten Wettbewerbern vorgenommen. Zu deren Differenzierung siehe ausführlich Kapitel 3.2.1.

Stellung auf dem Produktmarkt durch den Spillovereffekt zweiter Ordnung ebenfalls durch den Skandal beeinflusst.[103] Da der Fokus dieser Arbeit auf den Auswirkungen von Testimonialskandalen auf die Wettbewerber liegt, wird im Folgenden unter der Bezeichnung Spillover der Effekt zweiter Ordnung zwischen zwei Unternehmen verstanden. Dieser kann dem Grunde nach sowohl als Wettbewerbs- als auch als Sippenhafteffekt ausgeprägt sein.

In der Literatur wurden verschiedene Theorien bzw. Modelle zur Erklärung für das Entstehen von Spillovereffekten entwickelt. Dazu gehören die für diese Arbeit besonders relevanten Accessibility-Diagnosticity Theorie[104], das Modell der Aktivierungsausbreitung, die "Theory of Collective Reputations" sowie das Modell der "Reputation Commons". Eine detailliere Beschreibung dieser Theorien und Erklärungsmodelle sowie eine Erläuterung zu deren Anwendbarkeit in Bezug auf Testimonialskandale folgt in Kapitel 3.2.1.

2.3 Chancen und Risiken der Testimonialwerbung

Grundlegend für das Verständnis der im Rahmen der Literaturanalyse nachfolgend dargestellten Forschungsarbeiten ist u.a. auch eine vertiefte Kenntnis der mit dem Instrument der Testimonialwerbung verbundenen Chancen und Risiken. Um zu verstehen, weshalb die Sponsoren das Risiko eines Testimonialskandals in Kauf nehmen, bedarf es der Kenntnis der seitens der Vertragspartner erhofften positiven Effekte für das eigene Unternehmen.[105] In der Literatur wurde daher eine Reihe möglicher Chancen und Risiken des Marketinginstruments herausgearbeitet, welche in Tabelle 1 zusammengefasst sind.

Unternehmen sehen sich einem zunehmend verstärkten Wettbewerb um die Aufmerksamkeit der Konsumenten ausgesetzt.[106] Durch den Einsatz von Testimonials

---

[103] Vgl. Carrillat, d'Astous und Christianis (2014), S. 1026; Zavyalova et al. (2012), S. 1082.

[104] Aufgrund der auch in deutschen Texten üblichen Bezeichnung als Accessibility-Dignosticity Theorie wird von einer Übersetzung (Zugänglichkeit-Diagnostizität Theorie) abgesehen. Vgl. beispielhaft Diehl (2009), S. 136; Rommelspacher (2012), S. 128.

[105] Vgl. Carrillat, d'Astous und Lazure (2013), S. 16; Zhou und Whitla (2013), S. 1013.

[106] Vgl. Erdogan (1999), S. 295.

kann sich eine Werbekampagne von den anderen auf den Konsumenten einwirkenden Informationen abheben, die Aufmerksamkeit für das beworbene Produkt wird erhöht.[107] Zudem zeigen empirische Studien, dass sich Konsumenten an eine durch ein Testimonial unterstützte Werbeaussage besser zurückerinnern können. Dieser Effekt ist beim Einsatz einer berühmten Persönlichkeit - gegenüber dem Experten oder typischen Konsumenten - besonders stark ausgeprägt.[108]

Chancen	Risiken
Aufmerksamkeit und Bekanntheit der Marke steigern	Imageschaden durch negative Publizität
Glaubwürdigkeit erhöhen	Imagewandel oder nachlassende Popularität des Testimonials
Markenimage verbessern	Hohe Kosten der Testimonialwerbung
Produktabsatz steigern	Multitestimonials
	Pinocchio-Effekt
	Überstrahlungseffekt (Vampire-Effekt)

Tabelle 1: Chancen und Risiken der Testimonialwerbung
Quelle: In Anlehnung an Erdogan (1999), S. 295

Neben dem gesteigerten Erinnerungsvermögen an die spezifische Werbekampagne wirken sich Testimonials darüber hinaus positiv auf das Erinnerungsvermögen bezüglich der beworbenen Marke im Allgemeinen aus.[109] Dies gelingt insbesondere dann, wenn die charakteristischen Eigenschaften und Merkmalen des Testimonials aus Sicht der Konsumenten auf die Marke übertragen werden können und damit eine spezifische Markenpersönlichkeit kreiert wird. In letzter Konsequenz erhofft sich der Konsument durch den Kauf eines durch ein Testimonial beworbenen Produktes die gemäß seiner Auffassung positiven Merkmale des Testimonials auf sich übertragen und dadurch auch von dessen Image im Sinne einer persönlichen Statusaufwertung profitieren zu können.[110] Die Untersuchungen von Kamins und Kollegen zeigen au-

[107] Vgl. Sherman (1985), S. 66 ff.; Belch und Belch (2009), S. 184 ff.
[108] Vgl. Friedman und Friedman (1979), S. 69 ff.
[109] Vgl. Friedman und Friedman (1979), S. 69 ff.; Petty, Cacioppo und Schumann (1983), S. 135 ff.
[110] Vgl. McCracken (1989), S. 314 ff.

ßerdem, dass durch Testimonials die Wahrnehmung bzw. Bewertung der Marke (Markenimage) positiv beeinflusst, die Glaubwürdigkeit einer Werbebotschaft erhöht sowie die Kaufabsicht der Konsumenten und damit der Produktabsatz gesteigert werden kann.[111] Insbesondere letztgenannten, für die Unternehmen besonders bedeutender Aspekt, bestätigen zahlreiche weitere Studien.[112] Aufgrund der beschriebenen Effekte eignet sich der Einsatz eines Testimonial insbesondere bei der Markteinführung eines neuen Produktes oder einer neuen Marke. Das Testimonial generiert Aufmerksamkeit, hilft der Marke in vergleichsweise kurzer Zeit ein spezifisches Image aufzubauen und schafft Vertrauen in die in der Werbebotschaft kommunizierten Produkteigenschaften. Dies kann insbesondere bei der Erschließung eines ausländischen Marktes von Vorteil sein. Durch den Einsatz international bekannter Persönlichkeiten können kultureller Barrieren unterschiedlichster Art effektiv überwunden werden.[113]

Auf der anderen Seite sind testimonialgestützte Werbestrategien auch mit potenziellen Risiken verbunden, welche über die vertraglich vereinbarten, meist substanziellen finanziellen Belastungen hinausgehen.[114] Zunächst riskieren die Sponsoren, dass sich eine das Testimonial betreffende negative Berichterstattung aufgrund persönlicher Verfehlungen negativ auf die Wahrnehmung der beworbenen Marke auswirkt und ein Imageschaden für das Unternehmen entsteht.[115] Zudem können sich die beabsichtigten positiven Effekte auf den Produktabsatz oder das Image der eigenen Marke als weit weniger ausgeprägt als erhofft herausstellen, wenn das Testimonial an Popularität verliert oder sein Image wandelt.[116] Darüber hinaus werben insbesondere sehr populäre Testimonials häufig nicht nur für ein Produkt oder eine bestimmte Marke, sondern stehen bei mehreren Firmen unter Vertrag (sogenannte Multitestimonials). Für den Konsumenten wird es mit steigender Anzahl der beworbenen Produkte bzw. Marken zunehmend schwieriger eine unverkennbare Beziehung zwischen dem Testimonial und den einzelnen Produkten bzw. Marken herzustellen. Bestehen-

[111] Vgl. Kamins et al. (1989), S. 9.
[112] Vgl. Heath, McCarthy und Mothershaugh (1994), S. 520 ff.; Kahle und Homer (1985), S. 954 ff.
[113] Vgl. Erdogan (1999), S. 295 f.
[114] Vgl. Agrawal und Kamakura (1995), S. 56.
[115] Vgl. Miciak und Shanklin (1994), S. 53; Till und Shimp (1998), S. 67 ff.
[116] Vgl. Erdogan (1999), S. 296.

de Studien bestätigen diesbezüglich, dass die positive Wahrnehmung der Werbebotschaft sowie der Kaufabsicht für ein bestimmtes Produkt nachlassen, wenn ein Testimonial mehr als ein Produkt bewirbt.[117] Auch verliert das Testimonial mit steigender Anzahl der beworbenen Produkte bzw. Marken aus Sicht der Konsumenten an Glaubwürdigkeit und Sympathie, da dem Verbraucher vor Augen geführt wird, dass die Motive des Testimonials weniger in einer tatsächlichen Verbundenheit zur Marke sondern vielmehr in der finanziellen Kompensation zu suchen sind (Pinocchio-Effekt).[118] Schließlich kann es, abhängig vom Bekanntheitsgrad des Testimonials, zu der Situation kommen, dass die gesamte Aufmerksamkeit der Konsumenten auf die berühmte Persönlichkeit gerichtet ist und die beworbene Marke dabei kaum oder gar nicht wahrgenommen wird. Auch bei dieser als Überstrahlungs- oder Vampire-Effekt bezeichneten ungewollten Verschiebung des Konsumentenfokus wird die eigentlich beabsichtigte Werbewirkung nicht erreicht.[119]

2.4 Literaturüberblick

2.4.1 Testimonials als Werbeträger

Grundlage der nachfolgend dargestellten Literaturauswertung bildet eine ausführliche Literaturrecherche, für welche im Wesentlichen die Datenbanken EBSCOhost, JSTOR sowie Google Scholar verwendet wurden. Der primäre Suchvorgang bezieht alle bis zur Jahresmitte 2015 veröffentlichten Fachartikel mit ein, wobei zur Abdeckung späterer Zeiträume zudem auf die Alertfunktion der EBSCO Datenbank zurückgegriffen wurde. Im Fokus der Recherche standen dabei zunächst in hochrangigen internationalen Marketing- bzw. Management-Fachzeitschriften[120] publizierte Beiträge zur Testimonial(skandal)- und Spilloverforschung, insbesondere sofern diese - vergleichbar zur vorliegenden Arbeit - sich mit den finanziellen Auswirkungen

[117] Vgl. Mowen und Brown (1981), S. 439 f.; Hung, Chan und Tse (2011), S. 617 ff.
[118] Vgl. Erdogan (1999), S. 296; Tripp, Jensen und Carlson (1994), S. 540 ff.
[119] Vgl. Rossiter und Percy (1997), S. 261.
[120] U.a. Journal of Advertising, Journal of Consumer Research, Journal of Marketing, Journal of Marketing Research, Marketing Letters, Marketing Science, Psychology & Marketing, Academy of Management Journal, Academy of Management Review, Journal of Financial and Quantitative Analysis, Management Science.

des jeweiligen Betrachtungsgegenstandes befassen.[121] Darauf aufbauend wurde eine Auswertung der in den auf diese Weise identifizierten Publikationen referenzierten Quellen vorgenommen, wodurch weitere für die vorliegende Arbeit relevante Studien auch angrenzender Forschungsbereiche ermittelt werden konnten. Darüber hinaus wurden die Ergebnisse der wie vorstehend beschrieben durchgeführten Literaturrecherche mit den Resultaten bestehender Literaturanalysen zur Testimonialforschung[122] oder marketingbezogener Ereignisstudien[123] verglichen und (sofern relevant) entsprechend ergänzt. Insgesamt kann auf Basis dieser Vorgehensweise mit hinreichender Sicherheit gewährleistet werden, dass die für diese Arbeit grundlegende, insbesondere auch die sich mit den finanziellen Auswirkungen von Testimonialskandalen befassende Literatur vollständig berücksichtigt und ausgewertet wurde. Im Folgenden werden die Ergebnisse der Literaturrecherche, getrennt nach den beiden für diese Arbeit grundlegenden Literatursträngen der Testimonial- bzw. Sponsoring- und Spilloverforschung, dargestellt. Bei den kapitalmarktorientierten Studien sollen dabei - vorbereitend für die empirische Analyse der vorliegenden Arbeit - neben den wesentlichen inhaltlichen Erkenntnissen auch die in den jeweiligen Studien angewandten Methoden sowie Modellvariablen herausgestellt werden.

Testimonials als Teil der Marketingkommunikationsstrategie sind der Fokus zahlreicher bestehender Publikationen. In der neuesten verfügbaren Literaturanalyse von Bergkvist und Zhou (2016) betrachten die Forscher insgesamt 126 den Themenkomplex betreffende Studien und identifizieren dabei sechs primäre Forschungsgebiete:[124]

- Häufigkeit Testimonialwerbung: Zumeist deskriptive Analysen der (internationalen) Anwendung und Verbreitung von Testimonialwerbung.

[121] Relevante Suchterme im Bereich der Testimonial(skandal)forschung umfassen u.a. verschiedene Kombinationen der folgenden Schlagworte: celebrity, endorsement, brand ambassador, testimonial, sponsoring, negative publicity/event, scandal, event study, financial implications, performance. Im Bereich der Spilloverforschung wurden u.a. folgende Schlagworte verwendet: spillover, contagion, crisis, negative event, marketing, management, event study, performance.

[122] Vgl. Erdogan (1999), S. 291 ff.; Bergkvist und Zhou (2016), S. 642 ff.; Popescu (2014), S. 119 ff. Amos, Holmes und Strutton (2008), S. 209 ff.; Yannopoulos (2012), S. 24 ff.

[123] Vgl. Delattre (2007), S. 57 ff.; Johnston (2007), S. 1 ff.

[124] Vgl. Bergkvist und Zhou (2016), S. 642 ff.

- Kampagnenmanagement: Beschreibung des Prozesses zur Wahl des "richtigen" Testimonials und Analyse der hierbei relevanten Erfolgsfaktoren.
- Finanzielle Auswirkungen: Analyse der Auswirkungen von Testimonialwerbung auf den Umsatz und Aktienkurs der Sponsoren.
- Überzeugungskraft von Testimonials: Analyse der testimonial-, kontext-, oder zielkundenbezogenen Faktoren (u.a. persönliche Vergehen der Testimonials), welche sich auf den Einfluss des Testimonials auf die Wahrnehmung oder Bewertung der beworbenen Marke auswirken.
- Übertragungseffekte von Testimonial auf Marke: Erforschung des der Übertragung von Merkmalen und Charakteristika des Testimonials auf die beworbenen Marken zugrundeliegenden psychologischen Prozesses.
- Übertragungseffekt von Marke auf Testimonial: Analyse der (Image-) Implikationen des Eingehens eines Testimonialvertrags für die bekannte Persönlichkeit.

Die vorliegende Arbeit ist aufgrund ihrer Fokussierung auf die empirische Untersuchung der Finanzmarktimplikationen von Testimonialskandalen thematisch vorwiegend in den Bereichen finanzielle Auswirkungen und Übertragungseffekte zwischen Testimonial und Marke angesiedelt. Die weiteren Ausführungen zur testimonialbezogenen Literatur beschränken sich deshalb auf diese beiden Forschungsgebiete - wobei der Schwerpunkt im Bereich Übertragungseffekte auf die Untersuchungen zu den Auswirkungen persönlicher Vergehen (Skandale) der Testimonials gelegt wird.[125] Aufgrund der inhaltlichen Nähe zur Testimonialforschung wird die Betrachtung der finanziellen Auswirkungen zudem auf Studien aus dem Bereich des klassischen Sponsorings ausgeweitet.

[125] In der Literatur wurde eine Reihe von Modellen zur Erklärung des Einflusses von Testimonials auf die Wahrnehmung und Bewertung der beworbenen Marke entwickelt. Hierzu zählen das Source Credibility Modell, welches auf die Glaubwürdigkeit der Quelle (des Testimonials) abstellt, das Source Attractiveness Modell, welches die Bedeutung der Attraktivität der Quelle betont, die Match-Up Hypothese, welche den Fit zwischen Testimonial und beworbener Marke in den Mittelpunkt der Betrachtung stellt, sowie das Meaning Transfer Modell, welches die vorgenannten Modelle um eine kulturelle Betrachtungsweise erweitert. Diese Modelle bilden den Kern der Forschung zur Überzeugungskraft von Testimonials (vgl. Bergkvist und Zhou 2016, S. 648) und sind insbesondere auf den Spillover erster Ordnung, d.h. den Einfluss des Testimonials auf den Sponsor, bezogen. Auf eine ausführliche Darstellung dieser Modelle wird im Rahmen dieser Arbeit daher verzichtet und stattdessen auf die Darstellung in Erdogan (1999), S. 297 ff. verwiesen.

2.4.1.1 Auswirkungen auf Konsumentenverhalten

Die Auswirkungen negativer, ein Testimonial betreffender Publizität auf die werbenden Firmen sind Gegenstand einer Vielzahl bestehender Publikationen. Eine hierfür grundlegende Arbeit stammt von Till und Shimp (1998). Im Rahmen dreier experimenteller Studien konnten die Forscher erstmals zeigen, dass sich auf das Testimonial bezogene negative Informationen auch negativ in der Konsumentenwahrnehmung bzw. -bewertung der betroffenen Marken niederschlagen. Auf der Grundlage des assoziativen Netzwerkmodells[126] demonstrieren die Autoren, wie sich durch bestehende assoziative Verknüpfungen zwischen Testimonial und der beworbenen Marke eine durch ein skandalöses Verhalten ausgelöste verschlechterte Bewertung des Testimonials auf die Wahrnehmung der beworbene Marke übertragen kann. Dieser Effekt ist dabei nicht von der Existenz einer stark ausgeprägten assoziativen Verknüpfungen zwischen Marke und Testimonial abhängig, sondern gleichfalls bei einer weniger starken Verbindung beobachtbar.[127]

Die Ergebnisse bezüglich des primären Wirkmechanismus wurden durch zahlreiche weitere Studien bestätigt. Während sich die meisten Arbeiten auf experimenteller Basis der Fragestellung widmen[128], analysieren Fong und Wyer (2012) einen tatsächlichen, die insbesondere im asiatischen Raum bekannten Testimonials Edison Chen und Gillian Chung betreffenden Skandal. Neben dem negativen Einfluss des Skandals auf die Wahrnehmung der Testimonials sowie der beworbenen Marken konnten die Autoren dabei einen darüber hinausgehenden negativen Effekt auf die Kaufabsicht der Konsumenten demonstrieren.[129]

Die Arbeit von Thwaites et al. (2012) erweitert diese Wirkkette, indem zusätzlich der Einfluss des Skandals auf drei der wesentlichen Erfolgsfaktoren eines Testimonialengagements mit in Betracht gezogen wird. Im Ergebnis führt die negative Publizität

---

[126] Vgl. hierzu ausführlich Ormeno (2007), S. 70 f.
[127] Vgl. Till und Shimp (1998), S. 68 ff.
[128] Vgl. Edwards und La Ferle (2009), S. 28 ff.; Louie und Obermiller (2002), S. 41 ff.; Um (2013), S. 536 ff. White, Goddard und Wilbur (2009), S. 322 ff.
[129] Vgl. Fong und Wyer (2012), S. 890 ff.
Auch gemäß Dahlén und Lange (2006), S.388 sind negative Informationen im Allgemeinen "one of the most important factors influencing consumers' buying decisions".

zu einer verschlechterten Bewertung der Attraktivität und Glaubwürdigkeit der bekannten Persönlichkeit, was sich in einer gesamthaft negativeren Wahrnehmung des Testimonials und infolgedessen der beworbenen Marke niederschlägt. Besteht zudem ein hoher Fit zwischen Testimonial und beworbener Marke, wird der negative Effekt des Skandals auf die Bewertung von Attraktivität und Glaubwürdigkeit weiter verstärkt.[130] Das hier beschriebene Grundschema der Wirkkette eines Testimonialskandals ist in Abbildung 1 zusammengefasst.

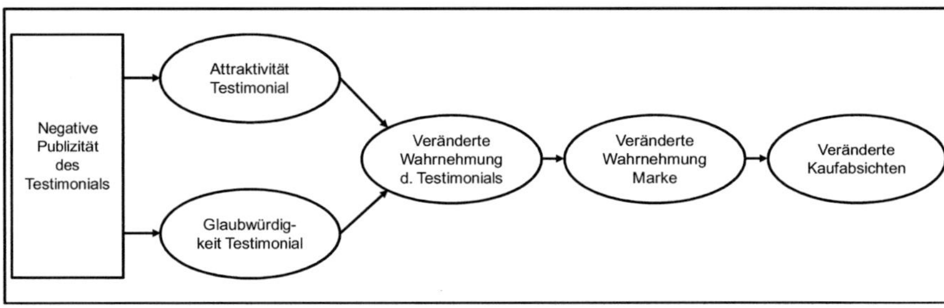

Abbildung 1: Grundschema Wirkkette eines Testimonialskandals
Quelle: In Anlehnung an Fong und Wyer (2012), S. 889

Ausgehend von diesen grundlegenden Erkenntnissen wurden in der Literatur weitere diesen Wirkzusammenhang moderierende Faktoren untersucht. Louie und Obermiller (2002) zeigen im Rahmen ihrer Untersuchung der einem Unternehmen nach einem Testimonialskandal zur Verfügung stehenden Reaktionsstrategien, dass die Bewertung der Unternehmensreputation abhängig ist vom Ausmaß der Schuldhaftigkeit des Testimonials für den Skandal. Nur die von einem Testimonial schuldhaft verursachten negativen Ereignisse schädigen demnach die Reputation des werbenden Unternehmens. Unternehmen können negative Effekte auf die Wahrnehmung der eigenen Reputation abmildern, indem sie sich von einem Testimonial, dem ein hohes Maß an Schuld zugesprochen wird, distanzieren.[131]

Zu vergleichbaren Ergebnissen bezüglich der Wirkung der Schuldhaftigkeit gelangt Akturan (2011). Seine Diskursanalyse von 451 Blogeinträgen in Folge der Entscheidung von Nike, den Testimonialvertrag von Tiger Woods nach dessen Untreue-

[130] Vgl. Thwaites et al. (2012), S. 669 ff.
[131] Vgl. Louie und Obermiller (2002), S. 44 ff.

skandal nicht aufzukündigen, belegt, dass das Maß an Schuld die Wahrnehmung des Testimonials sowie der Marke beeinflusst. Darüber hinaus konnte ein vergleichbarer Effekt für die Schwere des Vergehens identifiziert werden. Je schwerwiegender die Handlung der berühmten Persönlichkeit seitens der Konsumenten wahrgenommen wird, desto negativer ausgeprägt ist die daraus resultierende Bewertung des Testimonials.[132]

Auch die Analysen von Um (2013) stützen die bezüglich der Schuldhaftigkeit des Testimonials dokumentierten Effekte. Die Bewertung eines Testimonialskandals ist abhängig vom Attributionsstil der Konsumenten. Konsumenten mit einem dispositionalen Attributionsstil suchen die Ursache für eine beobachtete Handlung in den Persönlichkeitseigenschaften des Handelnden, während ein situativer Attributionsstil stärker die externen Umstände dafür verantwortlich macht. Der Autor konnte zeigen, dass Konsumenten mit einem vorwiegend dispositionalen Attributionsstil das Testimonial sowie die beworbene Marke nach einem die bekannte Persönlichkeit betreffenden Skandal signifikant negativer bewerten als Konsumenten mit einem situativen Attributionsstil. Wird das Testimonial persönlich für das negative Ereignis verantwortlich gemacht, spiegelt sich dies in einer verschlechterten Wahrnehmung der Person und des Unternehmens wider. Jedoch konnte kein diesbezüglicher darüber hinausgehender Effekt auf die Kaufabsicht der Konsumenten festgestellt werden. Des weiteren zeigt die Studie, dass Konsumenten, die sich stark mit der bekannten Persönlichkeit identifizieren, weniger stark auf den Skandal reagieren und dementsprechend die Wahrnehmung der beworbenen Marke als auch die Kaufabsichten weniger negativ beeinflusst werden. Gleiches gilt für eine bereits vor dem Bekanntwerden der negativen Ereignisse bestehende Bindung zur Marke. Konsumenten mit einer vergleichsweise hohen Bindung zur Marke reagieren weit weniger negativ auf den Testimonialskandal als eine Vergleichsgruppe mit geringerer Bindung - mit entsprechenden Auswirkungen auf die Bewertung der Marke und Kaufabsichten.[133]

---

[132] Vgl. Akturan (2011), S. 1286 ff.
[133] Vgl. Um (2013), S. 535 ff.

In einer Fallstudie von Johnson (2005) konnte anhand zweier tatsächlicher Skandale - betreffend die Testimonials Michael Jackson und Kobe Bryant - der Zusammenhang zwischen dem Grad der Identifikation der Konsumenten mit dem Star und der Reaktion auf das negative Ereignis bestätigt werden. Konsumenten, die sich stark mit dem jeweiligen Testimonial identifizieren, reagieren weitaus weniger negativ auf die belastenden Informationen als Konsumenten, deren Verbindung zur bekannten Persönlichkeit weniger stark ausgeprägt ist. Dieser Zusammenhang wirkt sich sowohl auf die eigene Kaufabsicht als auch auf die Bereitschaft zur Weiterempfehlung des durch das Testimonial beworbenen Produktes aus.[134]

Auch der Effekt einer hohen bzw. niedrigen bestehenden Markenbindung entspricht den Ergebnissen früherer Forschungsarbeiten. Konsumenten mit einer vergleichsweise hohen Bindung gewichten negative, die Marke betreffende Informationen geringer als positive, wodurch deren Einstellung zur Marke durch ein negatives Ereignis weniger stark beeinflusst wird. Ein dem entgegengesetzter Effekt ist für Konsumenten mit niedriger Bindung zu beobachten, welche die Bedeutung negativer Informationen höher gewichten und daher eher zu einem Wechsel zur Konkurrenzmarke neigen.[135]

Neben der Grundeinstellung der Konsumenten zum Testimonial und zur Marke wurden in der Literatur geschlechtsspezifische Unterschiede bei der Bewertung negativer Informationen analysiert. Grundsätzlich schätzen Frauen weibliche Testimonials als vertrauenswürdiger ein und beurteilen Testimonialwerbung im Allgemeinen positiver als Männer. Männer hingegen vertrauen stärker auf die Aussagen männlicher Testimonials. Jedoch konnten keine dem Geschlecht zuzuschreibende Unterschiede bei der Wahrnehmung von Testimonialskandalen identifiziert werden. Konsumenten beiden Geschlechts reagierten auf das negative Ereignis mit einer negativeren Bewertung der bekannten Persönlichkeit als auch der beworbenen Marke.[136]

---

[134] Vgl. Johnson (2005), S. 100.
[135] Vgl. Ahluwalia, Burnkrant und Unnava (2000), S. 211 f.
[136] Vgl. Edwards und La Ferle (2009), S. 28 ff.

Neueste Untersuchungen[137] zeigen außerdem, dass die Beurteilung der negativen Handlung des Testimonials von der individuellen Ausgestaltung eines als "moralische Schlussfolgerung" (sogenanntes Moral Reasoning) bezeichneten, psychologischen Verarbeitungsprozesses abhängig ist. Dabei stehen den Konsumenten drei verschiedene Strategien zum Umgang mit der negativen Information zur Verfügung. Bei der sogenannten moralischen Entkopplung differenzieren die Konsumenten zwischen der moralischen Verfehlung und der auf das Tätigkeitsfeld des Testimonials bezogenen Leistung, während bei der moralischen Kopplung eine derartige Differenzierung nicht stattfindet. Bei der Strategie der sogenannten moralischen Rechtfertigung hingegen tendieren die Konsumenten dazu das moralische Fehlverhalten für sich zu rechtfertigen bzw. stillschweigend zu billigen. Auf Basis dreier Experimente konnte gezeigt werden, dass Konsumenten, die bei der Bewertung eines Testimonialskandals auf die Strategie der moralischen Kopplung zurückgreifen, sowohl das Testimonial als auch die beworbene Marke negativer beurteilen als dies bei der moralischen Entkopplung oder der moralischen Rechtfertigung der Fall ist. Insbesondere bei Verfehlungen, die die beruflichen Leistungen des Testimonials betreffen (z.B. Doping bei Sportlern), neigen Konsumenten zur moralischen Kopplung (mit entsprechenden negativen Auswirkungen auf die Bewertung von Testimonial und Marke), wohingegen ein nicht die berufliche Leistung betreffendes Fehlverhalten im Rahmen der moralischen Entkopplung differenzierter und damit tendenziell milder bewertet wird (die Konsumenten verurteilen das moralische Fehlverhalten, behalten aber ihre positive Einschätzung der beruflichen Leistung des Testimonials bei).[138]

Durch einen Vergleich zwischen den Ländern USA (einem individualistisch geprägtem Kulturraum) und Japan (einem kollektivistisch geprägtem Kulturraum) untersuchen Money, Shimp und Sakano (2006), inwiefern der kulturelle Kontext einen Einfluss auf die Wahrnehmung eines Testimonialskandals und die daraus resultierende Bewertung der beworbenen Marke hat. Dabei differenziert die Studie zudem zwischen einem negativen Verhalten, das sich nur auf das Testimonial selbst auswirkt (self-oriented) und einem Verhalten, das zudem Dritten schadet (other-oriented). Für

---

[137] Vgl. Lee und Kwak (2016), S. 101 ff.
[138] Vgl. Lee und Kwak (2016), S. 101 ff.

die japanischen Konsumenten erwarten die Autoren eine im Vergleich zur amerikanischen Vergleichsgruppe stärker ausgeprägte negative Reaktion auf den Testimonialskandal. Insbesondere bei einem sich auf das gesellschaftliche Kollektiv (Dritte) auswirkenden negativen Verhalten wird im Falle der japanischen Konsumenten von einer verstärkt negativen Wahrnehmung der beworbenen Marke ausgegangen. Für die amerikanischen Konsumenten wird hingegen kein Unterschied bezüglich der Implikationen für das Testimonial selbst oder Dritte erwartet. Entgegen dieser Annahmen konnten im Rahmen der Studie jedoch keine auf dem kulturellen Kontext beruhenden Unterschiede bezüglich der Wahrnehmung der Marke bzw. Kaufabsichten festgestellt werden. Bei Konsumenten beider Kulturräume führte die Information eines das Testimonial selbst negativ betreffenden Verhaltens zu einer erhöhten Kaufabsicht, sowohl gegenüber einer Vergleichsgruppe, bei der das Verhalten des Testimonials Dritte schädigte, als auch einer Kontrollgruppe, die keine Informationen bezüglich eines Testimonialskandals erhielt. Die Autoren führen dieses Resultat auf einen beiden Kulturen gemeinen Sympathieeffekt zurück und schlussfolgern, dass Testimonialskandale nicht unter allen Umständen schädlich für die betroffenen Unternehmen sind.[139] Die Studie steht damit nicht nur im Widerspruch zur allgemeinen Feststellung, dass sich Skandale negativ auf die Wahrnehmung des Testimonial und der beworbenen Marke auswirken, sondern unterscheidet sich bezüglich der Schädigung Dritter auch von den Ergebnissen von Fong und Wyer (2012). Deren Resultate deuten darauf hin, dass die für die veränderte Wahrnehmung des Testimonials relevante Schuldhaftigkeit der berühmten Persönlichkeit stark von den negativen Auswirkungen des Fehlverhaltens auf die Gesellschaft als Ganzes abhängig ist.[140]

Insgesamt - mit Ausnahme der Studie von Money, Shimp und Sakano (2006) - zeigen die bisherigen Untersuchungen zu den Auswirkungen auf das Konsumentenverhalten, dass ein durch ein Testimonial verursachtes negatives Ereignis zu einer verschlechterten Wahrnehmung des Testimonials sowie der von diesem beworbenen Marken führt und infolgedessen die Kaufabsicht der Konsumenten verringert wird. Dieser grundlegende Mechanismus wird wiederum durch verschiedene Faktoren wie der Schuldhaftigkeit des Testimonials, der Schwere des Vergehens, den Grad der

[139] Vgl. Money, Shimp und Sakano (2006), S. 119 f.
[140] Vgl. Fong und Wyer (2012), S. 893.

Identifikation des jeweiligen Konsumenten mit der bekannten Persönlichkeit, der Bindung zur betroffenene Marke oder dem persönlichen Attributionsstil des Konsumenten beeinflusst. Aus der Darstellung der Erkenntnisse zur Kundenwirkung wird deutlich, dass ein Testimonialskandal für das betroffenen Sponsorenunternehmen - in Abhängigkeit der benannten moderierenden Faktoren - doppelt nachteilhaft ist: Nicht nur wird durch das negative Ereignis das Markenimage beschädigt, gleichzeitig lässt die verringerte Kaufbereitschaft einen tatsächlichen monetären Schaden in Form verminderter Umsätze erwarten.[141] Die detaillierte Analyse der sich hieraus ergebenden finanziellen Auswirkungen ist Betrachtungsgegenstand des folgenden Kapitels.

2.4.1.2 Auswirkungen auf Performance der Sponsoren

Empirische Arbeiten zu den finanziellen Auswirkungen von Testimonialwerbung befassen sich im Wesentlichen mit zwei interessierenden Variablen - dem Umsatz oder dem Aktienkurs der werbenden Unternehmen. Insgesamt kann zwischen drei Anlässen differenziert werden, auf Basis oder in Folge derer die finanziellen Auswirkungen gemessen werden:[142]

- Bekanntgabe neuer Testimonialverträge
- Den beruflichen Erfolg des Testimonials betreffende Anlässe
- Negative Publizität bezüglich des Testimonials

Die Ergebnisse der Literaturanalyse zu den Finanzmarktimplikationen eines positiven wie negativen Testimonialereignisses für die Sponsoren sind zusammenfassend in Tabelle 2 dargestellt.

---

[141] Vgl. Louie, Kulik und Jacobson (2001), S. 14.
[142] Vgl. Bergkvist und Zhou (2016), S. 646 f.

Publikation	Ereignis	Stichprobe	Methodik	Abnormale Rendite Sponsoren	Variablen
Agrawal & Kamakura (1995)	Bekanntgabe neuer Testimonialverträge	110 Events zwischen 1980 und 1992	Marktmodell	AAR [0] = +0,44% CAAR [-1;0] = +0,54%	Athletic Shoes Dummy, Soft Drinks Dummy, Sports Celebrity Endorsers Dummy
Bartz, Molchanov & Stork (2013)	Negative Publizität bezüglich des Testimonials	93 Events zwischen 1986 und 2011	Fama-French-Carhart-Vierfaktoren-modell	AAR [2] = -0,27% AAR [5] = -0,40% CAAR [0;+2] = -0,80% CAAR [-10;+10] = -1,56%	Age, Athlete, Decade, Edgy Product, Factiva Count*, Firm Size, Gender, Importance*, Link, Matchup, Media Coverage, Media Drop, Objective, Price-to-Book, Sole Endorser*, Technology Sector, Volume
Ding, Molchanov & Stork (2011)	Bekanntgabe neuer Testimonialverträge	101 Events zwischen 1996 und 2008	Marktmodell	n.s.	Age of Endorsers, Athlete, Firm Size, Gender, Group, In Major Newspaper, Match-Up*, Multiple Endorsee, Multiple Endorser, Price/Book Ratio, Technology Sector*
Elberse & Verleun (2012)	Bekanntgabe neuer Testimonialverträge	341 Events zwischen 1990 und 2008	Marktmodell	AAR [0] = +0,23%	Brand Equity*, Endorsement Fit, Endorsement Global*, Endorser Base*, Endorser Equity*, Endorser Lifecycle, Firm Endorsements*, Firm Scale*
Elberse & Verleun (2012)	Beruflicher Erfolge des Testimonials	596 Events zwischen 1990 und 2008	Marktmodell	AAR [0] = +0,08% CAAR [0;+1] = +0,14%	Brand Equity*, Endorsement Fit*, Endorsement Global*, Endorser Base*, Endorser Equity*, Endorser Lifecycle, Firm Endorsements, Firm Scale*, Major*/Minor Events, Performance Major*, Performance Order
Farrell et al. (2000)	Bekanntgabe neuer Testimonialverträge	3 Events zwischen 1996 und 1998	n.v.	AAR [0] = +1,00%	n.v.
Farrell et al. (2000)	Beruflicher Erfolge des Testimonials	46/135 Events zwischen 1996 und 1998	n.v.	n.v.	End-of Day Finish in Tournament, Industry Control, Top Ten Finish in Tournament
Fizel, McNeil & Smaby (2008)	Bekanntgabe neuer Testimonialverträge	148 Events zwischen 1994 und 2000	Marktmodell	n.s.	Male/Female Dummy, Major/Minor Sports Dummy, Golf Dummy*, Sporting/Non-Sporting Goods Dummy
Hock & Raithel (2014)	Negative Publizität bezüglich des Testimonials	59 Events zwischen 1988 und 2012	Fama-French-Carhart-Vierfaktoren-modell	AAR [0] = -0,38% AAR [11] = 0,33% CAAR [0;+1] = -0,63% CAAR [0;+5] = -0,77% CAAR [0;+10] = -0,99% CAAR [0;+15] = -0,87%	Culpability Factor, Endorser Reaction, Firm Reaction*, Firm Size*, Match Expected/Actual Reaction, Match Firm-Endorser*, Media Attention, Negative Publicity History*, Number of Firms Endorsing*, Publicity Related to Profession*, Subsidiary Brand*, Surprise Factor, Year of Occurrence

Publikation	Ereignis	Stichprobe	Methodik	Abnormale Rendite Sponsoren	Variablen
Hood (2012)	Negative Publizität bezüglich des Testimonials	1 Event in 2009	Marktmodell	n.s.	Congruence Sponsor/Endorser*
Louie, Kulik & Jacobsen (2001)	Negative Publizität bezüglich des Testimonials	52 Events zwischen 1980 und 1994	Marktmodell	n.v.	Event Severity, Interest, Spokesperson Blameworthiness*
Mathur, Mathur & Rangan (1997)	Beruflicher Erfolge des Testimonials	1 Event in 1995	Marktmodell	AAR [0] = +0,82% AAR [-1] = +0,81% CAAR [-2;+2] = +1,99% CAAR [0;+1] = +1,63% CAAR [0;+2] = +1,93%	n.v.
Nicolau & Santa-Maria (2013)	Beruflicher Erfolge des Testimonials	85 Events zwischen 2009 und 2012	Marktmodell	n.v.	Media Coverage, Winning*/Losing Tennis Match
Russell, Mahar & Drewniak (2005)	Beruflicher Erfolge des Testimonials	48 Events zwischen 1996 und 2003	Marktmodell	CAAR [-1;+3] = +1,13%	Key Events*
Russell, Mahar & Drewniak (2005)	Negative Publizität bezüglich des Testimonials	33 Events zwischen 1991 und 2003	Marktmodell	AAR [0] = -0,74%	Key Events*

Nur signifikante abnormale Renditen gelistet
Variablen gem. Bezeichnung des jeweiligen Artikels zur besseren Nachvollziehbarkeit; signifikante Variablen mit * gekennzeichnet

Tabelle 2: Übersicht Ereignisstudien Testimonialforschung
Quelle: Eigene Darstellung

Studien im Zusammenhang mit der Bekanntgabe neuer Testimonialverträge

Die meistbeachtete Arbeit bezüglich der Auswirkungen von Testimonials auf die Aktienkurse der Sponsoren wurde von Agrawal und Kamakura (1995) erstellt. Für eine Stichprobe von 110 Bekanntgaben neuer Testimonialverträge im Zeitraum 1980 bis 1992 konnte im Rahmen einer Ereignisstudie gezeigt werden, dass der Aktienmarkt ein solches Ereignis positiv bewertet. Im Durchschnitt wurde am Tag des Ereignisses eine signifikante abnormale Rendite von 0,44% gemessen und auch das den Vortag mit einschließende kurzfristige Ereignisfenster zeigte eine signifikante positive kumulative abnormale Rendite von 0,54%. Damit konnte erstmals empirisch gezeigt werden, dass der Einsatz von Testimonials durchschnittlich als profitable Kommunikationsstrategie angesehen wird.[143]

Dieses Ergebnis wurde durch mehrere vergleichbare spätere Untersuchungen bestätigt. Im Rahmen einer auf einem einzelnen Testimonial beruhenden Fallstudie untersuchen Farrell et al. (2000), welche finanziellen Auswirkungen die Bekanntgabe eines Sponsorenvertrags mit Tiger Woods für die drei Unternehmen Nike, Fortune Brands und American Express hatte. Für zwei der drei Firmen wurde dabei eine signifikante positive abnormale Rendite von durchschnittlich 1,00% am Ereignistag festgestellt.[144]

Um möglichen Bedenken bezüglich der Validität der Ergebnisse aufgrund des kleinen Datensatzes zu entgegnen, analysieren Elberse und Verleun (2012), ebenfalls auf Basis der Ereignisstudienmethodik, eine große Stichprobe mit 341 Bekanntgaben von Testimonialverträgen mit Sportlern und finden eine signifikante positive abnormale Rendite am Ereignistag von 0,23%. Darüber hinaus ermittelt die Studie für 51 Sponsorenverträge die Auswirkungen auf den Umsatz der beworbenen Marken. Im Durchschnitt konnte dabei eine auf das Testimonial zurückzuführende Erhöhung des Umsatzes um ca. 4,00% belegt werden, was einem durchschnittlichen jährlichen Umsatzplus gegenüber dem auf Basis historischer Daten zu erwartendem Umsatz von über zehn Millionen USD entspricht. Weiterführende Analysen zeigen zudem die Abhängigkeit beider Effekte von der Markenstärke und Bekanntheit des Testimonials.

---

[143] Vgl. Agrawal und Kamakura (1995), S. 56 ff.
[144] Vgl. Farrell et al. (2000), S. 1 ff.

Demnach hat ein sehr bekanntes Testimonial, das eine gut positionierte Marke bewirbt, den größten Effekt auf Aktienkurs und Umsatz des jeweiligen Unternehmens.[145]

Welche Rolle dabei dem Bekanntheitsgrad des Testimonials zukommt, zeigen Fizel, McNeil und Smaby (2008). Ihr Datensatz umfasst 148 verwertbare Bekanntgaben von Testimonialverträgen mit Athleten im Zeitraum 1994 bis 2000, jedoch werden Superstars wie Tiger Woods oder Michael Jordan explizit aus der Studie ausgeschlossen. Für die verbleibenden durchschnittlich bekannten Stars konnte kein signifikanter Effekt auf die Aktienkurse der Sponsoren identifiziert werden. Lediglich für eine Unterstichprobe von Golfsportlern ergab sich eine leicht signifikant positive kumulierte abnormale Rendite von über 2,00%. Die Autoren schlussfolgern, dass der Markt im Falle konventioneller Stars die mit dem Engagement verbundenen Kosten und die für das Unternehmen daraus generierten Umsatz- und Gewinnpotenziale als gleich hoch einschätzt, weshalb sich kein Effekt auf die Aktienkurse ableiten lässt.[146]

Dieselbe Begründung führen Ding, Molchanov und Stork (2011) an, die in ihrer Untersuchung von 101 Bekanntgaben von Testimonialverträgen zwischen 1996 und 2008 ebenfalls keine signifikante Aktienkursreaktion feststellen konnten. Da die Studie jedoch auch Superstars mit einbezieht und nicht nur auf Sportler beschränkt ist, stehen die Ergebnisse in teilweisem Widerspruch zu den Resultaten der vorgenannten Analysen. Ausschließlich für den Technologiesektor betreffende Testimonialverträge konnten positive abnormale Rendite gezeigt werden. Die differierenden Ergebnisse zu vorherigen Studien begründen die Autoren mit im Zeitablauf gestiegenen Kosten und Risiken beim Einsatz von Testimonials.[147]

[145] Vgl. Elberse und Verleun (2012), S. 149 ff.
[146] Vgl. Fizel, McNeil und Smaby (2008), S. 247 ff.
[147] Vgl. Ding, Molchanov und Stork (2011), S. 147 ff.

Studien im Zusammenhang mit den beruflichen Erfolg des Testimonials betreffenden Anlässen

Neben den Arbeiten zu den finanziellen Auswirkungen der Bekanntgabe eines neuen Testimonialvertrages wurden in der Literatur auch die Finanzmarktimplikationen von den beruflichen Erfolg des Testimonials während der Vertragslaufzeit betreffenden Ereignissen vertiefend untersucht. Die erste hierbei relevante Arbeit ist eine Fallstudie von Mathur, Mathur und Rangan (1997), im Rahmen derer die Rückkehr von Michael Jordan zum Basketballsport im Jahr 1995 analysiert wurde. Für die Sponsoren resultierte die positive Nachricht in einer durchschnittlichen Wertsteigerung von ca. 2,00%, was einer Marktwertveränderung des Sponsorenportfolios von mehr als einer Milliarde USD entspricht.[148]

Nicolau und Santa-Maria (2013) fokussieren ihre Betrachtungen auf den spanischen Tennisprofi Rafael Nadal und analysieren den Werteffekt von 85 Tennisspielen während Grand Slam Turnieren auf dessen Sponsoren Banesto und Mapfre. Die Untersuchung zeigt eine signifikant positive Reaktion der Aktienkurse im Fall eines Sieges, wobei die Effektstärke mit zunehmender Anzahl aufeinander folgender Siege zurückgeht. Eine Niederlage hingegen führt zu keinen messbaren Auswirkungen auf den Marktwert der Sponsoren.[149]

Ebenfalls auf einen einzelnen Athleten abstellend, der zur Zeit der Untersuchung zu den führend Testimonials weltweit zählte, analysieren Farrell et al. (2000), wie sich das Abschneiden von Tiger Woods bei 46 Golfturnieren im Zeitraum 1996 bis 1998 auf die Bewertung seiner drei Sponsoren auswirkte. Zumindest für eines der drei Unternehmen (Nike) konnte ein signifikant positiver Einfluss der sportlichen Performance auf den Aktienkurs gezeigt werden.[150]

Chung, Derdenger und Srinivasan (2013) untersuchen gleichfalls die Tiger Woods/ Nike Sponsoringbeziehung, stellen dabei allerdings nicht auf den Aktienkurs des Unternehmens ab, sondern betrachten die Auswirkungen auf den Umsatz und Gewinn der Golfballsparte. Für den Zeitraum 2000 bis 2010 errechnen die Autoren einen auf

148 Vgl. Mathur, Mathur und Rangan (1997), S. 67 ff.
149 Vgl. Nicolau und Santa-Maria (2013), S. 143 ff.
150 Vgl. Farrell et al. (2000), S. 1 ff.

das Testimonial zurückzuführenden zusätzlichen Gewinn von 103 Mio. USD durch einen um 9,9 Millionen Einheiten Golfbälle erhöhten Absatz. Zudem konnte durch die Werbung mit dem bekanntesten Golfprofi jener Zeit ein Preisaufschlag von 2,50% gegenüber dem Wettbewerb durchgesetzt werden. Im Ergebnis konnte Nike rund 57% seiner Sponsoringausgaben in Höhe von 181 Mio. USD alleine durch den erhöhten Absatz der US-Golfsparte wieder einbringen (das weltweite Absatzpotential sowie den Absatz von Kleidung und weiterer Ausrüstungsgegenstände nicht mit inbegriffen). Damit konnte aufgezeigt werden, dass Testimonialwerbung auch basierend auf der dadurch erzielen Umsatzwirkung als eine profitable Marketingkommunikationsstrategie zu werten ist. Die Analyse zeigt zudem, dass der positive Umsatzeffekt nicht ausschließlich auf einem Ausbau des Markanteils zu Lasten des Wettbewerbs (sogenannter business stealing Effekt) beruht, sondern auch auf einen die Gesamtnachfrage nach Golfbällen erweiternden Effekt zurückzuführen ist (Primärnachfrageeffekt).[151]

Auch Elberse und Verleun (2012) befassen sich in einer breit angelegten Studie mit den Auswirkungen sportlichen Erfolgs auf die Bewertung der Sponsoren. Für die zu diesem Zwecke identifizierten 596 Ereignisse konnte eine im Durchschnitt positive (kumulierte) abnormale Rendite von 0,08% am Ereignistag und 0,14% in dem den nachfolgenden Tag mit einbeziehenden Ereignisfenster gezeigt werden. Dabei war der Effekt von bedeutenden Erfolgen (z.B. der Gewinn eines für die jeweilige Sportart wichtigen Turniers, sogenannte First-Tier Championships) deutlich ausgeprägter als bei vergleichbaren weniger wichtigen Ereignissen. Eine gleichgerichtete, signifikante Wirkung konnte auf den Umsatz der Sponsoren dokumentiert werden. Sportlicher Erfolg des Testimonials resultiert in einer Steigerung des Umsatzes um ca. 70.000 USD pro Woche, wobei jeder weitere Erfolg zu einer zusätzlichen, wenngleich weniger starken Umsatzsteigerung führt. Einen im Zeitablauf rückläufigen Effekt konnte jedoch nur für den Umsatz, nicht für die Auswirkungen auf die Aktienkurse festgestellt werden.[152]

---

151 Vgl. Chung, Derdenger und Srinivasan (2013), S. 271 ff.
152 Vgl. Elberse und Verleun (2012), S. 149 ff.

Inhaltlich und methodisch vergleichbar analysieren Russell, Mahar und Drewniak (2005) 48 sich auf die Reputation des jeweiligen Sporttestimonials positiv auswirkende Ereignisse (z.B. der Gewinn bedeutender Titel oder persönlicher Auszeichnungen) im Zeitraum 1996 bis 2003. Im Gegensatz zur Studie von Elberse und Verleun (2012) konnte dabei jedoch kein signifikanter Effekt auf die Aktienkurse am Ereignisdatum oder an einzelnen Tagen innerhalb des elftägigen Ereignisfensters festgestellt werden. Jedoch ergab sich eine signifikant positive kumulierte abnormale Rendite für ein viertägiges Ereignisfenster, womit die Ergebnisse vergleichbarer Studien zumindest teilweise bestätigt werden konnten. Für eine kleinere Stichprobe mit sogenannten "Key Events", bei der nur Ereignisse in Bezug auf als Superstars klassifizierte Testimonials und keine nicht-olympischen Rekorde berücksichtigt wurden, war dieser positive Effekt wie bei Elberse und Verleun (2012) stärker ausgeprägt.[153]

Studien im Zusammenhang mit negativer Publizität bezüglich des Testimonials

Inhaltlich und methodisch der vorliegenden Arbeit am nahestehendsten sind die Untersuchungen von Louie, Kulik und Jacobsen (2001), Russell, Mahar und Drewniak (2005), Bartz, Molchanov und Stork (2013) sowie ein bisher unveröffentlichtes Arbeitspapier von Hock und Raithel (2014). Diese Studien untersuchen im Rahmen von auf einer Vielzahl von Fällen basierenden Ereignisstudien die Auswirkungen von Testimonialskandalen auf die direkt betroffenen Sponsorunternehmen und bilden damit die Grundlage für eine Untersuchung der Auswirkung auf die Wettbewerber. Aufgrund der grundlegenden Bedeutung für die vorliegende Arbeit werden die einzelnen Studien im Folgenden detailliert beschrieben und ausgewertet.

Die erste, von Louie, Kulik und Jacobsen (2001) stammende Arbeit untersucht 52 Ereignisse aus dem Zeitraum 1980 bis 1994. Allerdings schließt die von den Autoren festgelegte Definition eines "undesirable events" auch etwaige Verletzungen von Sportlern oder sonstige mehr oder weniger unverschuldete Ereignisse, die nicht der Skandaldefinition der vorliegenden Arbeit entsprechen, mit ein. Diesen Aspekt berücksichtigend wird eine Differenzierung nach der Schuldhaftigkeit (engl. blameworthiness) des Testimonials für das Negativereignis vorgenommen. Im Ergebnis

[153] Vgl. Russell, Mahar und Drewniak (2005), S. 67 ff.

stellen die Autoren fest, dass durch ein hohes Maß an Schuldhaftigkeit charakterisierte Ereignisse (ab einer Bewertung von 6,16 auf einer Skala von eins bis acht) zu einer negativen Kursreaktion führen, wohingegen Ereignisse, für die die Schuldhaftigkeit des Testimonials als eher gering eingeschätzt wird, einen positiven Effekt auf die Bewertung des Unternehmens haben. Eine ohne diese Unterscheidung vorgenommene, aggregierte Betrachtung aller Ereignisse führte zu keinem signifikanten Ergebnis, da sich die Effekte im Mittel ausgleichen. Über die Auswirkungen weiterer erklärender Variablen wird nur im Rahmen von Sensitivitätsanalysen berichtet - wobei kein Effekt auf die Studienergebnisse festgestellt wurde.[154]

Russell, Mahar und Drewniak (2005) beschäftigen sich ausschließlich mit prominenten Sportlern und untersuchen den Einfluss von positiven als auch negativen Ereignissen auf die Bewertung der Sponsoren. Neben den mit der vorliegenden Arbeit vergleichbaren Skandalen beinhaltet die insgesamt 33 negative Ereignisse (sogenannte "Bad Events") im Zeitraum 1991 bis 2003 umfassende Stichprobe auch Ereignisse wie Verletzungen oder sportlichen Misserfolg. Weiterhin nehmen die Autoren eine Fallunterscheidung gemäß des Bekanntheitsgrades der Sportler und der Einstufung des Schweregrades des Ereignisses vor. Hierzu werden in einer ausschließlich aus als bedeutend deklarierten Ereignissen (sogenannte "Key Events") bestehenden Unterstichprobe jene Ereignisse zusammengefasst, die auf Superstars zurückzuführen und als schwerwiegendes Ereignis kategorisiert sind. Für die alle, auch weniger bedeutende negative Ereignisse umfassende, sogenannte "All Bad Events" Stichprobe wird eine statistisch signifikante negative abnormale Rendite lediglich am Ereignistag festgestellt. Demgegenüber weist die ausschließlich auf bedeutende negative Ereignisse bezogene, sogenannte "Key Bad Events" Stichprobe neben dem Ereignistag auch signifikante kumulative abnormale Renditen für den Zeitraum ein bis zwei Tage nach dem Ereignis auf. Insgesamt stellen die Autoren fest, dass sich Ereignisse, welche die Reputation des Testimonials schädigen, negativ auf die Bewertung der Sponsoren auswirken. Demgegenüber haben von Konsumenten und Investoren positiv wahrgenommene Ereignisse einen positiven Effekt auf

[154] Louie, Kulik und Jacobsen (2001), S. 13 ff.

die Aktienkurse der betroffenen Firmen. Eine detaillierte Analyse der die Kursreaktion beeinflussenden Faktoren wird nicht vorgenommen. Da die ausschließlich auf die sogenannten "Key Events" bezogene Unterstichprobe zudem auf Basis mehrerer Kriterien (Bekanntheitsgrad des Testimonials, Bedeutung bzw. Schweregrad des Ereignisses) gebildet wurde, die keine desaggregierte Betrachtung ermöglichen, können keine weiteren Schlüsse aus der Studie gezogen werden.[155]

Die inhaltliche Zusammensetzung des für die empirische Auswertung der Studie von Bartz, Molchanov und Stork (2013) verwendeten Datensatzes entspricht der der vorliegenden Arbeit. In Abgrenzung zu den beiden zuvor vorgestellten Untersuchungen wird auf Ereignisse abgestellt, die der hier erarbeiteten Skandaldefinition entsprechen. Insgesamt werden 93 Testimonialskandale[156] analysiert, die sich im Zeitraum 1986 bis 2011 ereigneten und Testimonials verschiedenster Lebensbereiche (nicht nur Sportler) betreffen. Basierend auf parametrischen sowie nicht-parametrischen Tests werden mehrere Tage mit signifikanten negativen abnormalen Renditen innerhalb des Ereigniszeitraums identifiziert. Auch weisen einige der über die Zeit aggregierten kumulierten abnormalen Renditen einen statistisch signifikanten negativen Effekt auf. Insgesamt konnte gezeigt werden, dass Testimonialskandale sich negativ auf die Bewertung der direkt betroffenen Unternehmen auswirken. In einer auf diesen Ergebnissen aufbauenden weiterführenden Analyse wurden 17 ereignis-, testimonial- und firmenspezifische Faktoren bezüglich deren Einfluss auf die Ausprägung der abnormalen Renditen geprüft. Diese Untersuchung ergab, dass je öfter ein Testimonial (a) innerhalb der Ereignisperiode oder (b) im Jahr zuvor in den Medien genannte wurde und (c) das Unternehmen zur selben Zeit mehr als ein Testimonial beschäftigte, den Effekt der negativen abnormalen Renditen verstärkt. Jedoch konnte die Robustheit dieser Effekte nicht bestätigt werden. Neben dem Effekt des eigentlichen Testimonialskandals auf die Performance der Sponsoren wurde im Rahmen einer zweiten Ereignisstudie zudem untersucht, ob eine dem Skandal nachgelagerte Beendigung des Sponsorenvertrages zu einer Kursreaktion beim Sponsor führt. Ein

[155] Vgl. Russell, Mahar und Drewniak (2005), S. 67 ff.
[156] Bartz, Molchanov und Stork (2013) bezeichnen Testimonialskandale als "celebrity disgraces".

derartiger Effekt konnte für die 44 Firmen dieser Unterstichprobe jedoch nicht gezeigt werden.[157]

Die bisher nur in Form eines Diskussionspapiers vorliegende Arbeit von Hock und Raithel (2014) nimmt sich dieser Thematik an und untersucht im Besonderen den Einfluss der Reaktion des Sponsors auf die skandalinduzierte Performancewirkung. Für die Studie konnten 59 verwertbare Testimonialskandale in einem Zeitraum von 1988 bis 2012 identifiziert werden. Vergleichbar zu den übrigen hier vorgestellten Untersuchungen weisen die vorläufigen Ergebnisse der Ereignisstudie auf eine signifikante negative abnormale Rendite am Ereignistag sowie für einige der betrachteten kumulierten abnormalen Renditen während der Ereignisperiode hin. Zudem konnte für insgesamt sieben der fünf ereignis-, sechs testimonial-, und fünf firmenbezogenen erklärenden Variablen im Rahmen der nachgelagerten Analysen ein signifikanter Einfluss auf die abnormale Rendite des zwei Tage umfassenden Ereignisfensters identifiziert werden.[158]

Neben den vorstehenden, auf Basis eines eine Vielzahl an Ereignissen umfassenden Datensatzes erstellten Ereignisstudien, analysiert Hood (2012) die Aktienmarktimplikationen eines Testimonialskandals am Fallbeispiel des Tiger Woods Untreueskandals aus dem Jahr 2009. Für ein Portfolio, bestehend aus den sechs wichtigsten Sponsoren des Golfers, konnte dabei keine signifikante Aktienmarktreaktion am oder um das Ereignisdatum ermittelt werden. Jedoch zeigt die Analyse, dass die drei Sponsoren, für die aufgrund ihrer Nähe zum (Golf-)Sport ein stärkerer Fit zwischen Testimonial und Firmenimage abgeleitet wurde, signifikant niedrigere Renditen erzielen als die drei Sponsoren mit einem tendenziell geringeren Fit.[159] Die Studie liefert daher einen Anhaltspunkt dafür, dass der Fit zwischen Testimonial und Sponsor im Falle eines Skandals auch am Aktienmarkt messbare, wertrelevante Auswirkungen haben kann.

---

157 Vgl. Bartz, Molchanov und Stork (2013), S. 131 ff.
158 Vgl. Hock und Raithel (2014), S. 1 ff.
159 Vgl. Hood (2012), S. 543 ff.

Insgesamt lassen die hier vorgestellten Arbeiten erkennen, dass der Einsatz von Testimonials durchschnittlich als profitable Kommunikationsstrategie betrachtet wird und der berufliche Erfolg eines Testimonials einen aus Sicht der Sponsoren zusätzlich wertsteigernden Effekt hat. Demgegenüber haben ein Testimonial negativ betreffende Ereignisse - solange das Verschulden für das negative Ereignis bei der bekannten Persönlichkeit liegt und damit der für diese Arbeit geltenden Skandaldefinition entspricht - einen signifikanten negativen Einfluss auf die Bewertung der betroffenen Sponsoren. Die Marktteilnehmer reagieren demnach mit einer Herabstufung der Börsenbewertung auf erwartungsgemäß verringerte zukünftige Einnahmen der Sponsoren oder eine Erhöhung der Risikoprämie.[160] Bezüglich der Methodik zur Berechnung der abnormalen Renditen innerhalb des Ereignisstudiendesigns wählen die meisten Autoren das Marktmodell, wobei in zwei Studien auch das Fama-French-Carhart-Vierfaktorenmodell angewandt wird.

Die Auswertung der bei der Analyse der abnormalen Renditen eingesetzten Modellvariablen zeigt, dass sich bisher in der Testimonialliteratur noch kein einheitlicher bzw. etablierter Standard der einzubeziehenden erklärenden Faktoren herausgebildet hat, wobei für einige Variablen eine überdurchschnittlich häufige Anwendung zu erkennen ist. So wird der auf der sogenannten Match-Up Hypothese beruhende Fit zwischen Testimonial und Sponsor (in den einzelnen Arbeiten mit Match-Up, Endorsement Fit oder Congruence bezeichnet) in fünf der insgesamt zwölf betrachteten Studien zur Erklärung der Performanceunterschiede herangezogen. Zudem wird für den Bekanntheitsgrad des Testimonials (Endorser Equity, Importance) bzw. die Markenstärke des Sponsors (Brand Equity) sowie dessen Testimonialintensität (Sole Endorser, Multiple Endorsee, Firm Endorsements) kontrolliert und der Einfluss der Medien (Media Coverage, In Major Newspaper, Media Attention) im Regressionsmodell abgebildet. Bezüglich der einzelnen Ereignisse des jeweiligen Datensatzes wird analysiert, ob es sich um ein mehr oder weniger bedeutsames Ereignis handelt (Factiva Count, Major/Minor Event, Key Events), wobei bei negativen Ereignissen insbesondere betrachtet wird, wie schwerwiegend das Vergehen bzw. die Schuldhaftigkeit des Testimonials von den relevanten Stakeholdern eingeschätzt wird

[160] Vgl. Russell, Mahar und Drewniak (2005), S. 67.

(Objective, Culpability Factor, Spokesperson Blameworthiness, Event Severity). Daneben finden Standardkontrollvariabeln wie die Größe der beteiligten Firmen (Firm Size, Firm Scale), deren implizite Bewertung (Price/Book Ratio) sowie Kontrollvariabeln für die Industrie (Soft Drinks/ Athletic Shoes Dummy, Technology Sector, Industry Control, Sporting/Non-Sporting Goods Dummy) und Zeit (Decade, Year of Occurrence) Anwendung. Insgesamt zeigt die Auswertung früherer Arbeiten bezüglich der verwendeten Modellvariablen, dass sich nicht nur deren Auswahl zwischen den einzelnen betrachteten Studien unterscheidet, sondern auch Unterschiede in Bezug auf die jeweils ermittelte Signifikanz sowie Vorgehensweise bei der Operationalisierung vorliegen.

2.4.1.3 Vergleich zum Sponsoring

Wie bereits bei der definitorischen Abgrenzung des Testimonialbegriffs deutlich wurde sind Studien, die sich mit Ereignissen in Bezug auf die weiter gefasste Kategorie des Sponsorings befassen, inhaltlich eng mit den hier vorgestellten Arbeiten zu den Finanzmarktimplikationen von Testimonialwerbung verknüpft. Dies zeigt sich beispielsweise auch an der Literaturübersicht von Delattre (2007), der Ereignisstudien zur Bekanntgabe neuer Testimonialverträge zusammen mit weiteren sponsoringbezogenen Aktivitäten unter der Überschrift "Non-Media Communication" subsummiert.[161] In ähnlicher Weise verfährt Johnston (2007), der in Anlehnung an die von Cornwell, Pruitt, and Clark (2005) vorgebrachte Klassifizierung "non-traditional marketing technique"[162], eine Zusammenfassung diesbezüglicher Marketingaktivitäten als "Sponsorships and Events" vornimmt.[163] Neben der Testimonialwerbung kann eine Unterteilung der in diese Kategorie fallenden Studien in Arbeiten mit Fokus auf Großereignisse (bspw. Olympische Spiele) und Arbeiten in Bezug auf bestimmte Sportarten (bspw. Motorsport) vorgenommen werden.[164]

---

161 Vgl. Delattre (2007), S. 66.
162 Cornwell, Pruitt, und Clark (2005), S. 401.
163 Vgl. Johnston (2007), S. 14 ff.
164 Vgl. Johnston (2007), S. 15.

Publikation	Ereignis	Stichprobe	Methodik	Abnormale Rendite Sponsoren	Variablen
Caldéron-Martinez, Más-Ruiz & Nicolau-Gonzalbez (2005)	Gewerbliches vs. Wöhltätigkeits-Sponsoring	58 Events zwischen 1992 und 2000	Marktmodell	AAR [+2] = +0,75%	Congruence*, Firm Size*, New Event, Philanthropic/Commercial Sponsorship*
Clark, Cornwell & Pruitt (2002)	Stadion-Sponsoring (NFL, NBA, NHL, MLB)	49 Events zwischen 1985 und 2000	Marktmodell	AAR [-5] = +0,70 % AAR [0] = +0,73 % AAR [1] = +0,66 % CAAR [-1;+1] = +1,65 %	Contract Length*, Firm Size*, High Tech Dummy*, Host City Population, Local Sponsor Dummy*, NHL/NBA/NFL Dummy, Winning Percentage*, Yearly Cost/Cash Flow
Clark, Cornwell & Pruitt (2009)	Sponsoring Turniereserien: ATP, PGA, LPGA, NASCAR, NCAA	114 Events zwischen 1990 und 2004	Marktmodell	n.s.	Cash Flow, Congruence Sponsor/Sport*, Firm Size*, High Tech Dummy*, PGA/Bowl/Tennis/LPGA Dummy, Renewal
Cobbs, Groza & Pruitt (2012)	Formel 1 Sponsoring	73 Events in 2007	Marktmodell	CAAR [0;+1] = -0,94% CAAR [0;+10] = -1,81%	Experience in F1 Sponsorship, Firm Size, Functional Relatedness, Level of Investment*, Nationality Congruence*, Partner Performance (Recent/Historic)
Cornwell, Pruitt & Clark (2005)	Sponsoring Sport-Liga (Offizieller Partner): NFL, MLB, NHL, NBA, PGA	53 Events zwischen 1990 und 2003	Marktmodell	CAAR [-2;+2] = +1,11 %	Cash Flow, Congruence Product/Sport*, Firm Size, High Tech Dummy*, Market Share*, NBA*/NFL/NHL*/PGA* Dummy
Cornwell, Pruitt & van Ness (2001)	Motorsport-Sponsoring (Indianapolis 500)	28 Events zwischen 1963/2008	Marktmodell	n.s.	Degree of Congruence Between Sponsor/Event*, Firm Size, First Time Winner*, TV Live Broadcast
Farrell & Frame (1997)	Sponsoring Olympische Spiele von Atlanta	26 Events zwischen 1992 und 1995	Marktmodell	AAR [-4] = 0,43% AAR [2] = -0,43% CAAR [0;+2] = -0,43%	Firm Size, Percentage Insider Ownership, Percentage Outside Blockholders*, Repeated Sponsor, Sponsorship Category
Johnston (2010)	Sport-Sponsoring	51 Events zwischen 1996 und 2002	Marktmodell	AAR [+1] = +0,31% AAR [+4] = +0,10%	Sponsorship Costs, Sponsorship Length*
Mazodier & Rezaee (2013)	Bekanntgabe Sponsoring-Verträge	293 Events in 2010	Marktmodell	AAR [+1] = -0,26% AAR [+2] = -0,23%	Brand Equity, Congruence Sponor/Event, Event Differentiation*, Firm Size, High Tech Dummy, Local/(Inter)National Audience, Philanthropic/Commercial Sponsorship*, Property/Participant Sponsorship, Relative Costs, Renewal, Title Sponsorship, US Dummy*

Publikation	Ereignis	Stichprobe	Methodik	Abnormale Rendite Sponsoren	Variablen
Mishra, Bobinski & Bhabra (1997)	Event-Sponsoring	76 Events zwischen 1986 und 1995	Marktmodell	AAR [0] = +0,56% CAAR [-1;0] = +0,69%	Advertising Expenditure, Firm Size, Return on Assets*
Miyazaki & Morgan (2001)	Sponsoring Olympische Spiele von Atlanta	27 Events zwischen 1992 und 1995	Marktmodell	CAAR [-4;0] = +1,24%	n.v.
Pruitt, Cornwell & Clark (2004)	Motorsport-Sponsoring (NASCAR)	24 Events zwischen 1995 und 2000	Marktmodell	CAAR [-1;0] = +1,13 %	Cash Flow*, Congruence Product/Sport*, Firm Size, Sponsorship Level Corporate/Brand*, Winning Percentage*
Samitas, Kenourgios & Zounis (2008)	Sponsoring Olympische Spiele von Athen	21 Events zwischen 2000 und 2004	Marktmodell	International: CAAR [-5;0] = +6,3% CAAR [5;10] = +7,5% National: CAAR [-5;0] = +10,0% CAAR [5;10] = +9,9%	Firm Size*, National/Internatinal Sponsorship*
Spais & Filis (2006)	Sponsoring Olympische Spiele von Athen	3 Events zwischen 2000 und 2001	Marktmodell	n.s.	n.v.
Spais & Filis (2008)	Sponsoring Fußballclub	1 Event in 2007	n.v.	n.v.	n.v.

Nur signifikante abnormale Renditen gelistet
Variablen gem. Bezeichnung des jeweiligen Artikels zur besseren Nachvollziehbarkeit; signifikante Variablen mit * gekennzeichnet

Tabelle 3: Übersicht Ereignisstudien Sponsoring
Quelle: Eigene Darstellung

Eine Übersicht aller wesentlicher hierzu publizierter Ereignisstudien ist in Tabelle 3 enthalten.[165] Insgesamt unterscheiden sich die Ergebnisse der hier dargestellten Ereignisstudien zur Bekanntgabe von Sponsoringereignissen nur unwesentlich von den bei der Analyse zu neu geschlossenen Testimonialverträgen erzielten Resultaten. So wird zum Beispiel die Bekanntgabe von Stadionsponsoringverträgen mit einem Wertaufschlag von 1,65% am Aktienmarkt honoriert.[166] Sponsoringverträge mit der Autorennserie NASCAR generieren bei den Sponsoren eine durchschnittliche positive abnormale Rendite von 1,13%.[167] Das Sponsoring bedeutender Großereignisse, wie beispielsweise internationaler Turnierserien (z.B. ATP- (Tennis) oder PGA- (Golf) World Tour), hat für die Sponsoren einen positiven Effekt am Aktienmarkt zwischen 0,56% und 0,75% zur Folge.[168] Wenige Studien dokumentieren hingegen einen nicht signifikanten oder sogar entgegengesetzten, negativen Werteffekt. So konnten Clark, Cornwell und Pruitt (2009) den positiven Wertbeitrag des Sponsorings bedeutender Turnierserien aufgrund gegenläufiger Effekte zwischen den einzelnen Sportarten im Durchschnitt nicht bestätigen.[169] Zudem deuten die Berechnungen von Farrell und Frame (1997) auf eine negative abnormale Rendite von -0,43% für die Sponsoren der Olympischen Sommerspiele 1996 in Atlanta hin.[170] Wobei Miyazaki und Morgan (2001) für dasselbe Ereignis und ein vergleichbares Set an Sponsoren eine positive Rendite von 1,24% ermitteln.[171] Gemessen an den im Durchschnitt aller Studien erzielten positiven abnormalen Renditen kann Sponsoring insgesamt jedoch als eine werterhöhende Marketingmaßnahme betrachtet werden.

Vergleichbar zu den Studien der Testimonialforschung dominiert das Marktmodell als relevantes Modell zur Ableitung der für die Durchführung einer Ereignisstudie benötigten erwarteten Renditen. Und auch bezüglich der in den verschiedenen Studien

---

[165] Vergleichbare Übersichten enthalten in Delattre (2007), S. 66; Johnston (2007), S. 15; Reiser (2012), S. 24; Mazodier und Rezaee (2013), S. 589.

[166] Vgl. Clark, Cornwell und Pruitt (2002), S. 16 ff.

[167] Vgl. Pruitt, Cornwell und Clark (2004), S. 281 ff.

[168] Vgl. Mishra, Bobinski und Bhabra (1997), S. 149 ff.; Calderon-Martinez, Mas-Ruiz und Nicolau-Gonzalbez (2005), S. 75 ff.

[169] Vgl. Clark, Cornwell und Pruitt (2009), S. 169 ff.

[170] Vgl. Farrell und Frame (1997), S. 171 ff.

[171] Vgl. Miyazaki und Morgan (2001), S. 9 ff.
Im Rahmen einer Replikationsstudie konnten Deitz, Evans und Hansen (2013), S. 1432 ff. den von Miyazaki und Morgan (2001) dokumentierten positiven Bewertungseffekt nicht bestätigen. Vielmehr stützen deren Resultate die von Farrell und Frame (1997) identifizierten negativen abnormalen Renditen.

eingesetzten Modellvariablen zur Erklärung der Unterschiede in den abnormalen Renditen bestehen Parallelen zu den Arbeiten der Testimonialliteratur. Gemessen an der Häufigkeit der Verwendung in den betrachteten Studien (sieben von 15) kommt insbesondere dem Fit zwischen Sponsor und dem geförderten Event (in den einzelnen Arbeiten benannt als Congruence Sponsor/ Event bzw. Sport oder Functional Relatedness) eine hohe Bedeutung zu. Zudem werden in Übereinstimmung zur Testimonialforschung die Markenstärke des Sponsors (Brand Equity) sowie weitere Standardkontrollvariablen wie die Firmengröße (Firm Size) oder die Industrie (High Tech Dummy) in den Regressionsmodellen abgebildet. Daneben kommen weitere sponsoringspezifische Variablen wie die Unterscheidung zwischen kommerziellem und Wohltätigkeitssponsoring (Philantrophic/ Commercial Sponsorship), die mit dem Sponsoring verbundenen Kosten (Relative Cost, Level of Investment), die Vertragsdauer (Contract/ Sponsorship Length), Variablen zur Erfolgsmessung (Winning Percentage, Partner Performance) und Abbildung der Vorerfahrung des Sponsors (Renewal, Repeated Sponsor, Experience in F1 Sponsorship), die Reichweite der Sponsoringaktivitäten (Local/ National/ International Audience bzw. Sponsorship) sowie Dummy-Variablen für die jeweilige Sportart zum Einsatz. Analog zur Testimonialliteratur ist festzustellen, dass sich in Bezug auf die Auswahl der einzubeziehenden Modellvariablen - mit Ausnahme des Fits zwischen Sponsor und Event und der Kontrollvariable Firmengröße - die einzelnen Studien stark unterscheiden. Zudem weisen die bisher untersuchten Variablen im Quervergleich der betrachteten Arbeiten divergierende Ergebnisse bezügliche der für die jeweiligen Variablen ermittelten Signifikanz auf. Infolgedessen hat sich bisher noch kein Standard der bei der Analyse der abnormalen Renditen in Folge der Bekanntgabe von Sponsoringaktivitäten betrachteten Modellvariablen herausgebildet.

2.4.2 Spillovereffekte zwischen Unternehmen

2.4.2.1 Spillovereffekte in Folge von Marketingaktivitäten

Spillovereffekte zwischen Unternehmen werden in der Literatur auf Basis zahlreicher, unterschiedlicher Anlässe analysiert. Insbesondere die finanzwirtschaftlich orientierte Forschung befasste sich früh mit den finanziellen Auswirkungen eines ein einzelnes

Unternehmen betreffenden Ereignisses auf die mit diesem - beispielsweise über die Zugehörigkeit zur selben Industrie - verbundenen Firmen. Vergleichbar zur vorliegenden Arbeit wird für den empirischen Nachweis eines Spillovers häufig auf die Methodik der Ereignisstudie zurückgegriffen. Im Zentrum der Betrachtung stehen folglich die Aktienkurse der für das Ereignis nicht verantwortlichen Unternehmen. Beispielhaft für Spilloverstudien mit finanzwirtschaftlichem Hintergrund sind Untersuchungen zu Ereignissen wie Fusionen und Übernahmen[172], Management Buyouts[173], Aktienemissionen, -splits oder -rückkäufe[174], grenzüberschreitende Zweitnotierungen[175], Ankündigung oder Änderung von Dividendenzahlungen[176], Bekanntgabe oder Anpassung von Ergebnismeldungen[177], sowie Firmeninsolvenzen[178] und Liquidationsentscheidungen[179].

Aufbauend auf der in der finanzwirtschaftlich orientierten Forschung entwickelten methodischen Vorgehensweise wurde das Phänomen des Spillovers auch verstärkt in der Marketingliteratur analysiert. Tabelle 4 fasst die wesentlichen Merkmale und Ergebnisse der im Rahmen dieser Arbeit betrachteten Studien zu Spillovereffekten im Zusammenhang mit allgemeinen Marketing- bzw. Managementereignissen zusammen.

Die Bekanntgabe von Produktneueinführungen hat ein besonderes Maß an Aufmerksamkeit erfahren. Mehrere Studien zeigen, dass die Markteinführung eines neuen Produktes sich nicht nur positiv auf den Aktienkurs der handelnden Firmen auswirkt, sondern gleichsam der Marktwert der Wettbewerber davon negativ beeinflusst wird. Ursächlich für den negativen Spillover ist ein durch die Marktteilnehmer vorweggenommener Substitutionseffekt, im Zuge dessen das neu eingeführte Produkt die be-

---

172 Vgl. Clougherty und Duso (2009), S. 1365 ff.; Eckbo (1983), S. 241 ff.; Geiger und Schiereck (2014), S. 27 ff.; Gaur, Malhotra und Zhu (2013), S. 215 ff.; Song und Walkling (2000), S. 143 ff.; Stillman (1983), S. 225 ff.; Sonenshine (2011), S. 419 ff.

173 Vgl. Slovin, Sushka und Bendeck (1991), S. 1537 ff.

174 Vgl. Besley, Kohers und Steigner (2007), S. 559 ff.; Caton, Goh und Kohers (2003), S. 51 ff.; Hertzel (1991), S. 707 ff.; Massa, Rehman und Vermaelen (2007), S. 624 ff.; Otchere und Ross (2002), S. 511 ff.

175 Vgl. Melvin und Valero (2009), S. 66 ff.

176 Vgl. Firth (1996), S. 189 ff.; Laux, Starks und Yoon (1998), S. 5 ff.

177 Vgl. Foster (1981), S. 201 ff.; Gleason, Jenkins und Johnson (2008), S. 83 ff.

178 Vgl. Ferris, Jayaraman und Makhija (1997), S. 367 ff.; Haensly, Theis und Swanson (2001), S. 45 ff.; Hertzel et al. (2008), S. 374 ff.; Jayanti und Jayanti (2011), S. 399 ff.; Lang und Stulz (1992), S. 45 ff.; Zhang (2010), S. 1719 ff.

179 Vgl. Akhigbe und Madura (1996), S. 915 ff.

reits vorhandenen Produkte der Wettbewerber ersetzt, was bei diesen zu Umsatz- und Gewinneinbußen führt.[180] Ein negativer Spillovereffekt konnte dabei nicht nur für die eigentliche Bekanntgabe der Produkteinführung, sondern auch für gesamte Innovationsprojekte gezeigt werden. Dazu wurden verschiedene Ereignisse innerhalb der drei Phasen eines Innovationsprojektes (Anbahnung, Entwicklung und Vermarktung - wobei die eigentliche Produkteinführung in die Vermarktungsphase fällt) untersucht und deren Auswirkung auf die Aktienkurse der betroffenen Firmen sowie der Wettbewerber in aggregierter Form betrachtet. Die Ergebnisse zeigen, dass die Wettbewerber in allen drei Phasen signifikant schlechter abschneiden als die das Innovationsprojekt durchführenden Firmen.[181] Verspätete Produkteinführungen hingegen resultieren für die verantwortliche Firma in einem entgegengesetzten, negativen Werteffekt. Allerdings können die Wettbewerber nicht von der für das betroffene Unternehmen negativen Nachricht profitieren. Vielmehr wird auch ihr Aktienkurs im Rahmen eines negativen Ansteckungseffektes belastet.[182]

Neben Produkteinführungen wurden Spillovereffekte zu weiteren marketing- bzw. managementnahen Themengebieten identifiziert. Beispielsweise konnte gezeigt werden, dass die Bekanntgabe von Unternehmensallianzen im Bereich Forschung und Entwicklung (F&E) nicht nur zu einer positiven abnormalen Rendite bei den kooperierenden Firmen führt, sondern auch Auswirkungen auf die Aktienmarktperformance der Wettbewerber hat. Richtung und Stärke des Spillovers sind dabei abhängig von der Art der Allianz (horizontal, grenzüberschreitend), der Wettbewerbsintensität auf dem Produktmarkt oder dem Umfang der in die Allianz einbezogenen künftigen Kooperationsgebiete (nur F&E oder auch Marketing und Produktion).[183]

---

[180] Vgl. Akhigbe (2002), S. 371 ff.; Chen, Ho und Ik (2005), S. 969 ff.; Chen et al. (2002), S: 67 ff; Fosfuri und Giarratana (2009), S. 181 ff.; Doukas et al. (2016), S. 394 ff.; Zantout und Chaganti (1996), S. 49 ff.

[181] Vgl. Sood und Tellis (2009), S. 451.

[182] Vgl. Chen et al. (2007), S. 415 ff.

[183] Vgl. Oxley, Sampson und Silverman (2009), S. 1321 ff.

Publikation	Ereignis	Stichprobe	Methodik	Abnormale Rendite Wettbewerber	Variablen
Akhigbe (2002)	Produktneueinführungen	124 Events zwischen 1970 und 1993	Marktmodell	AAR [-4] = -0,25% AAR [0] = -0,30%	Industry Concentration*, Market Share, Leverage*, Relatedness of Cash Flow Patterns
Chen et al. (2002)	Produktneueinführungen	363 Events zwischen 1991 und 1995	Marktmodell	CAAR [-1;0] = -0,15%	Announcer's CAR*, Competitive Strategy*
Chen et al. (2007)	Verspätete Produkteinführungen	324 Events zwischen 1989 und 1997	Marktmodell	AAR [-1] = -0,16% CAAR [-1;0] = -0,28%	Announcer's CAR*, Contamination Dummy, Delay Information Dummy, Industry Growth*, Market Concentration*, Product Life Cycle Dummy, R&D Intensity, Relative Firm Size, Relative Financial Leverage, Relative Free Cash Flow*, Returns Correlation
Chen, Ho & Ik (2005)	Produktneueinführungen	863 Events zwischen 1987 und 1995	Marktmodell	AAR [0] = -0,07% CAAR [-1;0] = -0,12%	Announcement Frequency*, Announcer's CAR*, Entry Timing Dummy, Firm Size*, Free Cash Flow, High-Technology Industry Dummy, Industry Competition, Industry Dummy, Investment Opportunities*, Leverage, Product Newness Dummy*, R&D Intensity, Single-/ Multiple-Product Announcement Dummy
Doukas et al. (2016)	Produktneueinführungen	270 Events zwischen 1981 und 2010	Methode der markt-adjustierten Renditen	n.s.	Announcer's CAR*, Firm Age, Firm Size, Frequent Announcer Dummy, Industry Dummy, Media Coverage, Positive/Negative Word Content, Product Life Cycle, Year Dummy
Fosfuri & Giarratana (2009)	Produktneueinführungen	n.v.	Fama-French-Dreifaktoren-modell	n.v.	Advertising Intensity, Firm Dummy, Industry Concentration, Leverage, Operating Margin, R&D Intensity, Sales Growth
Gielens et al. (2008)	Markteintritt	1 Event in 1999	Marktmodell	AAR [+1] = -0,34% CAAR [0;+1] = -0,76%	Financia Leverage*, Firm Size*, Geographical Overlap*, Importance of Geographic Overlap*, International Diversity*, Overlap in Assortment*, Overlap in Country of Entry*, Overlap in Positioning*, Presence in Competitive Countries*, Presence in Countries with Price Focus*, Profitability*, Symmetry of Geographic Overlap*

Publikation	Ereignis	Stichprobe	Methodik	Abnormale Rendite Wettbewerber	Variablen
Goins & Gruca (2008)	Mitarbeiterentlassungen	71 Events zwischen 1989 und 1996	n.v.	n.s.	Announcement Leakage, Announcer's CAR*, Layoff Size, Firm Size, Layoff Prevalence*, Merger Related, Prior Market Performance*, Rivalry
Madura, Akhigbe und Bartunek (1995)	Mitarbeiterentlassungen	48 Events zwischen 1984 und 1992	Marktmodell	AAR [0] = 0,22% CAAR [-5;-2] = 0,45%	Firm Size, Geographic Location*, Profitability*
Oxley, Sampson & Silverman (2009)	Unternehmensallianzen	289 Events zwischen 1996 und 2004	Marktmodell	n.s.	Cross-Border Alliance*, Horizontal Alliances, Joint Venture, Partner CAR*, Market Concentration*, Multilateral Alliance, Patent Count*, Prior Alliances Among Partners*, Prior Alliances in Primary SIC, Sales*, R&D Plus*, Technical Overlap Rival/Participant
Sood & Tellis (2009)	Innovationsprojekte	5.481 Events zwischen 1977 und 2006	Fama-French-Carhart-Vierfaktorenmodell	AAR [0] = 0,10% n.s. (Anbahnung) AAR [0] = 0,10% (Entwicklung) AAR [0] = 0,10% (Vermarktung)	n.v.
Zantout & Chaganti (1996)	Produktneueinführungen	108 Events zwischen 1975 und 1992	Marktmodell	CAAR [-1;0] = -0,45%	High Tech Dummy*, Industry Concentration*, Percentage of Industry Output Bougth for Personal Consumption, Relative Firm Size

Nur signifikante abnormale Renditen gelistet
Variablen gem. Bezeichnung des jeweiligen Artikels zur besseren Nachvollziehbarkeit; signifikante Variablen mit * gekennzeichnet

Tabelle 4: Übersicht Ereignisstudien zu Spillovereffekten in Folge von Marketingaktivitäten
Quelle: Eigene Darstellung

Weiterhin wurde im Rahmen einer auf den Einzelhandel bezogenen Fallstudie gezeigt, dass der Markteintritt eines ausländischen Wettbewerbers zu einer signifikanten, im Durchschnitt negativen Aktienmarktreaktion bei den etablierten, lokalen Firmen führt. Der Spillover ist dabei jedoch abhängig vom Grad der Bedrohung für das einzelne Unternehmen - beispielsweise aufgrund eines vergleichbaren Produktangebots oder einer ähnlichen Positionierung - sowie den etablierten Firmen zur Verfügung stehenden finanziellen Ressourcen oder organisatorischen Fähigkeiten.[184] Auch die Bekanntgabe von Mitarbeiterentlassungen hat über die negativen Auswirkung auf die Reputation des betreffenden Unternehmens hinausgehende Folgen für die der selben Industrie angehörenden Firmen. Unterschiedliche Studien gelangen jedoch zu divergierenden Ergebnissen bezüglich der Richtung des Spillovers. So zeigt eine Untersuchung in der Bankenbranche eine positive Aktienmarktreaktion der Wettbewerber eines die Entlassung von Mitarbeitern bekanntgebenden Instituts.[185] Eine vergleichbare Studie zur Öl- und Gas-Industrie dokumentiert hingegen einen negativen Spillovereffekt, sofern bereits der Aktienkurs der verantwortlichen Firma negativ von der Bekanntgabe betroffen war.[186]

Die Bandbreite der sich in Folge derartiger Ereignisse für die Wettbewerber ergebenden Spillovereffekte in Form signifikanter abnormaler Renditen an einzelnen Tagen um das Ereignisdatum liegt zwischen -0,34% und 0,22%. Für kurzfristige Ereignisfenster wurden in den genannten Untersuchungen signifikante kumulierte durchschnittliche abnormale Renditen zwischen -0,76% und 0,45% ermittelt. Erwartungsgemäß zeigen die mit dem Spillover auf die Wettbewerber befassten Studien damit eine im Durchschnitt geringere Effektstärke als die in den vorangehenden Kapiteln 2.4.1.2 und 2.4.1.3 dargestellten Untersuchungen zum Primäreffekt. Zur Ermittlung der innerhalb des Ereignisfensters erwarteten Renditen greifen die Autoren vorwiegend auf die Methodik des Marktmodells zurück, wobei auch das Fama-French-(Carhart)-Drei- bzw. Vierfaktorenmodell sowie die Methode der marktadjustierten Renditen zum Einsatz kommen.

[184] Vgl. Gielens et al. (2008), S. 519 ff.
[185] Vgl. Madura, Akhigbe und Bartunek (1995), S. 187 ff.
[186] Vgl. Goins und Gruca (2008), S. 12 ff.

Aus der Auswertung der in den hier vorgestellten Spilloverstudien verwendeten Modellvariablen können mehrere Erkenntnisse gewonnen werden. Zunächst konnte - in Abgrenzung zur Testimonial- und Spilloverliteratur - ein dominantes Set an erklärenden Variablen identifiziert werden, welches in der Spilloverliteratur vergleichsweise häufig Verwendung findet: Die ereignisinduzierte Performance der für das Ereignis verantwortlichen Firma (Announcer's CAR, Partner CAR) und die in der von dem Ereignis betroffenen Industrie vorherrschende Marktkonzentration (Industry Concentration, Market Concentration, Industry Competition) werden in jeweils sechs der insgesamt zwölf betrachteten Studien als relevante Spilloverdeterminanten eingesetzt. Dabei führen diese Variablen in den bisherigen Arbeiten zudem zu mehrheitlich signifikanten Resultaten. Daneben werden in einzelnen Studien Variablen verwendet, deren Eignung sich aufgrund ihrer konzeptionellen Ausgestaltung insbesondere für den Spilloverkontext ergibt. Beispielhaft sind hier zu nennen die geografische Überschneidung von Wettbewerber und der für das Ereignis verantwortlichen Unternehmung (Geographic Location, Geographical Overlap) sowie die Häufigkeit vergleichbarer Ereignisse innerhalb der betroffenen Industrie in einem dem jeweils betrachteten Ereignis vorgelagerten Zeitraum (Prior Alliances in Primary SIC). Darüber hinaus beschreiben Gielens et al. (2008) mit dem aus mehreren Variablen bestehenden Konstrukt "Seriousness of the Threat" einen der aus der Testimonialliteratur bekannten Variable "Schwere des Vergehens" vergleichbaren Ansatz zur Kontrolle für die Tragweite des Ereignisses (vergleichbar hierzu auch "Layoff Size").[187] Als Standardkontrollvariablen kommen zudem regelmäßig die (relative) Firmengröße (Firm Size, Relative Firm Size, Sales), der Verschuldungsgrad (Leverage, Financial Leverage), die Profitabilität (Profitability, Operating Margin), die dem Unternehmen frei zur Verfügung stehenden Ressourcen (Free Cash Flow), die insbesondere bei der Produktentwicklung relevanten Investitionen in Forschung und Entwicklung (R&D Intensity) sowie die Wachstumsrate (Growth) der betrachteten Firmen und darüber hinaus Dummy-Variablen für die Industrie (High Tech Dummy, Industry Dummy) und Zeit (Year Dummy) zur Anwendung.

---

[187] Vgl. Gielens et al. (2008), S. 520 f.

2.4.2.2 Spillovereffekte in Folge von Reputationskrisen

In der Literatur behandelte Ereignisse, die den in dieser Arbeit im Fokus stehenden Testimonialskandalen inhaltlich nahe stehen, beziehen sich auf sogenannte Unternehmens- bzw. Reputationskrisen. Derartige Krisen werden definiert als "a situation in which important stakeholders negatively re-evaluate their opinions and beliefs about the firm."[188] Gemäß Marcus und Goodman (1991) kann dabei zwischen drei verschiedenen Arten an Unternehmenskrisen differenziert werden: Unfälle, Vorfälle in Bezug auf die Sicherheit der Produkte und die Gesundheit der Kunden sowie Skandale. Wesentliche Unterscheidungsmerkmale zwischen diesen drei Kategorien sind (1) die Folgen für die Betroffenen und (2) der Grad an Verantwortlichkeit des Unternehmens für das negative Ereignis. Bei Unfällen sind die Betroffenen bzw. Opfer meist klar identifizierbar. Jedoch gelingt es Unternehmen häufig die Verantwortlichkeit für den Unfall von sich weisen, da sie sich auf die Zufälligkeit des Ereignisses berufen können. Bei Skandalen hingegen sind die Betroffenen regelmäßig schwerer zu ermitteln als bei Unfällen. Da Skandale jedoch in der Regel die Folge eines konkreten Fehlverhaltens sind, können die Unternehmen ihre Verantwortlichkeit für das Geschehene vergleichsweise seltener abstreiten.[189] In Bezug auf diese beiden Unterscheidungsmerkmale sind Vorfälle betreffend die Sicherheit der Produkte und Gesundheit der Kunden zwischen den beiden Kategorien Unfälle und Skandale angesiedelt.[190] Abbildung 2 verdeutlicht den Zusammenhang. In der Systematisierung von Marcus und Goodman (1991) nicht explizit erwähnt, jedoch auch unter die vorgenannte Definition einer Unternehmenskrise fallend, sind Krisensituationen im Zusammenhang mit öffentlich ausgetragenen Rechtsstreitigkeiten. Auslöser eines Rechtsstreites kann prinzipiell jedes einer der drei benannten Kategorien zugehöriges Ereignis sein, wobei regelmäßig die Feststellung der Verantwortung für das Ereignis das Ziel des Verfahrens ist.

---

[188] Zyglidopoulos und Phillips (1999), S. 335.

[189] Hierin zeigt sich auch ein wesentlicher Unterschied zu Testimonialskandalen, bei denen die Verantwortlichen nicht die Unternehmen selbst, sondern die Testimonials sind. Nur durch die Übertragung des Imageschadens des Testimonials auf den Sponsor im Rahmen des Spillovers erster Ordnung wirkt sich der Skandal einer berühmten Persönlichkeit auf die Reputation des werbenden Unternehmens negativ aus.

[190] Vgl. Marcus und Goodman (1991), S. 284; siehe auch Yu und Lester (2008), S. 95, die zusätzlich die Kategorie "Financial Problems" einführen.

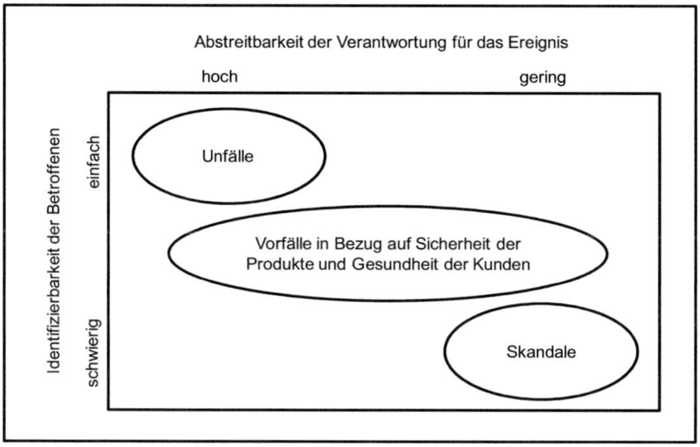

Abbildung 2: Klassifikationsschema Unternehmenskrisen
Quelle: Marcus und Goodman (1991), S. 285

Zu allen drei Kategorien (inklusive Rechtsstreitigkeiten) existieren zahlreiche Studien, die sich mit den finanziellen Auswirkungen entsprechender Ereignisse auf die direkt betroffenen Firmen befassen. Daneben wurden in der Spilloverliteratur die sich aus der Krise eines Unternehmens ergebenden Implikationen für die gesamte Industrie bzw. die Wettbewerber analysiert. Die hierbei einschlägigen Arbeiten werden im Folgenden dargestellt. Die wesentlichen Erkenntnisse der hier betrachteten Spilloverstudien zu Unternehmens- bzw. Reputationskrisen sind zusammenfassend in Tabelle 5 dargestellt.

Spilloverstudien der Kategorie Unfälle

Spilloverstudien zur ersten Kategorie - Unfälle - belegen empirisch, dass neben den den Unfall verursachenden Unternehmen auch die nicht direkt betroffenen Wettbewerber negativ durch das Ereignis beeinflusst werden. Beispielsweise untersuchen Barnett und King (2008) die finanziellen Auswirkungen von 92 Betriebsunfällen in der amerikanischen Chemieindustrie im Zeitraum 1980 bis 2000. Basierend auf der Ereignisstudienmethodik zeigt die Studie, dass die Firmen, in deren Produktionsstätten sich der Unfall zugetragen hat, innerhalb eines Fünftageszeitraums nach dem Ereignis im Durchschnitt eine negative abnormale Rendite von 1,01% aufweisen. Gleichfalls verlieren die Wettbewerbsunternehmen in derselben Industrie nach einem durchschnittlichen Unfall, bei dem zwischen drei und vier Arbeiter verletzt wurden, ca. 0,15% ihres Börsenwertes. Unfälle, die zum Tode eines Mitarbeiters führen, haben darüber hinaus einen um 0,83 Prozentpunkte erhöhten negativen Spillover zur Folge. Die Autoren konnten zudem zeigen, dass Unfälle, die sich zeitlich nach einem für die gesamte Industrie einschneidenden Ereignis (Unfall in Bhopal, Indien) ereigneten, in einen weiter verstärkten negativen Spillovereffekt resultierten. Durch eine von den der betroffenen Industrie zugehörigen Unternehmen freiwillig initiierte Bildung einer Institution zur Selbstregulierung (Responsible Care) können die negativen Auswirkungen für die Wettbewerber jedoch begrenzt werden.[191]

Diestre und Rajagopalan (2014) wählen einen zu der vorstehenden Studie vergleichbaren Kontext und analysieren die finanziellen Auswirkungen von 78 Betriebsunfällen mit einer giftigen Chemikalie im Zeitraum 1997 bis 2005. Abweichend zur in der Spilloverliteratur üblichen Vorgehensweise betrachten die Autoren jedoch nicht potenzielle Spillovereffekt auf die Wettbewerber des durch den Industrieunfall direkt betroffenen Unternehmens, sondern stellen auf Firmen ab, die dieselbe Chemikalie als Inputfaktor für den jeweiligen Produktionsprozess nutzen. Fokus der Untersuchung sind demnach nicht Spillovereffekte zwischen Firmen, die auf dem Produktmarkt in Konkurrenz stehen (Outputperspektive), vielmehr will die Studie zeigen, dass auch die Verwendung gleicher Inputfaktoren Grundlage eines Spillovers sein kann. Im Durchschnitt der Stichprobe verlieren die durch den Unfall mit der giftigen Chemikalie direkt betroffenen Firmen ca. 2,82% ihres Marktwertes. Demgegenüber sinkt der Aktienkurs der dieselbe Chemikalie verwendenden Firmen im Mittel um 0,44% - womit ein negativer Spillover auch auf Grundlage der Inputfaktoren gezeigt werden konnte. Vergleichbar zu Barnett und King (2008) ist der negative Spillovereffekt stärker ausgeprägt, wenn durch den Unfall eine Person schwer verletzt wurde. Zudem konnte im Rahmen der Studie gezeigt werden, dass der negative Spillovereffekt zunimmt, je mehr eine für den Unfall nicht verantwortliche Firma von der jeweiligen Chemikalie als Inputfaktor ihres Produktionsprozesses Gebrauch macht und dass dieser Effekt

[191] Vgl. Barnett und King (2008), S. 1158 ff.

wiederum umso stärker ausgeprägt ist, (a) je stärker der unsachgemäße Gebrauch der Chemikalie bereits vor dem jeweils betrachteten Industrieunfall durch den Regulator sanktioniert war und (b) je ähnlicher sich die für den Unfall verantwortliche und nicht verantwortliche Firma in Bezug auf das übrige Inputportfolio oder die örtliche Nähe sind.[192]

Losgelöst von der Chemieindustrie untersuchen Bosch, Eckard und Singal (1998) 25 Flugzeugunglücke zwischen 1978 und 1996. Durch die Analyse von Spillovereffekten wollen die Forscher herausfinden, ob die von dem Unfall nicht direkt betroffenen Airlines aufgrund wechselnder Kunden von dem Ereignis profitieren können, oder ob allgemeine Sicherheitsbedenken zu einem die Industrie gesamthaft negativ betreffenden Spillover führen. Zunächst zeigt die Studie, dass die in den Unfall direkt involvierten Airlines innerhalb eines dreitägigen Ereignisfensters durchschnittlich 2,67% an Börsenwert verlieren. Dem steht eine signifikante abnormale Rendite der Wettbewerber in Höhe von -0,72% am Tag zwei nach dem Unfall gegenüber. Insgesamt dominiert folglich auch bei Flugzeugunglücken ein die gesamte Industrie betreffender negativer Spillovereffekt. Eine detaillierte Aufarbeitung zeigt jedoch, dass direkt zu den betroffenen Unternehmen in Wettbewerb stehenden Airlines - gemessen am sich überschneidenden Flugangebot - von dem Ereignis profitieren können und signifikant höhere abnormale Renditen erzielen als Wettbewerber, bei denen aufgrund eines sich weniger stark überscheidenden Flugangebots nicht oder nur in geringerem Umfang von einer Umsatzsteigerung aufgrund wechselnder Kunden auszugehen ist.[193]

Spillovereffekte nach Unfällen wurden zudem im Rahmen von Fallstudien untersucht. Gleich zwei Arbeiten widmen sich einem Unfall im "Three Mile Island" Atomkraftwerk im Jahr 1979. Da es sich dabei um den ersten atomaren Unfall in den USA handelte, erhöhte das Ereignis nicht nur die Bedenken gegenüber der neuen Technologie in der Öffentlichkeit, sondern resultierte auch in einer Verschärfung der regulatorischen Anforderungen.[194]

---

[192] Vgl. Diestre und Rajagopalan (2014), S. 1142 ff.
[193] Vgl. Bosch, Eckard und Singal (1998), S. 509 ff.
[194] Vgl. Hill und Schneeweis (1983), S. 1289 ff.; Bowen Castanias und Daley (1983), S. 98 ff.

Publikation	Ereignis	Stichprobe	Methodik	Abnormale Rendite Wettbewerber	Variablen
Ahmed, Gardella & Nanda (2002)	Produktsicherheit und Kundengefährdung	108 Events zwischen 1966 und 1998	Marktmodell	CAAR [1;+5] = 1,65%	n.v.
Barnett & King (2008)	Unfälle	92 Events zwischen 1980 und 2000	Marktmodell	CAAR [0;+5] = -0,15%	Accident-Dummy, Accident in Same SIC*, ACC Member, Employee Injured*, Employee Killed*, Firm-Dummy, Firm Size (Perpetrator/ Competitor)*, Industry-Dummy, Mills Ratio*, Pre-Bhopal*, Perpetrator in ACC*, Perpetrator in Responsible Care*, Post-Responsible Care*, Responsible Care Member, Year-Dummy
Borah & Tellis (2016)	Produktsicherheit und Kundengefährdung	34 Events zwischen 2009 und 2010	Fama-French-Carhart-Vierfaktoren-modell	CAAR [0;+5] = -0,18%	Same/Different Country of Origin*
Bosch, Eckard & Singal (1998)	Unfälle	25 Events zwischen 1978 und 1996	Marktmodell	AAR [2] = -0,72% CAAR [0;+2] = -0,48%	Market-Overlap*,1996 TWA Crash Dummy*
Bowen, Castanias & Daley (1983)	Unfälle	1 Event in 1979	Marktmodell	CAAR [1;+5] = -0,90%	n.v.
Diestre & Rajagopalan (2014)	Unfälle	78 Event zwischen 1997 und 2005	Marktmodell	CAAR [0;+4] = -0,44%	Chemical Regulatory Age, Firm Fines, Firm Size, Geographic Proximity, Industry-Dummy, Industry Usage, Injury*, Input Level Association, Input Level Regulatory Sanctions, Input Portfolio Similarity, Input Usage*, Market Concentration*, Number of Industries*, Responsible Facility's Size, Responsible Firm Public*, Same State, State Regulatory Stringency, Toxicity-Dummy, Year-Dummy
Dowdell, Govindaraj & Jain (1992)	Produktsicherheit und Kundengefährdung	1 Event in 1982	Marktmodell	CAAR [-2;+25] = -11,83%	Pain-Killer Substitute*
Gande & Lewis (2009)	Rechtsstreitigkeiten	605 Events zwischen 1996 und 2003	Marktmodell	CAAR [-10;-2] = -0,99% CAAR [-1;+1] = -0,32% CAAR [-10;+1] = -1,31%	n.v.
Goldman, Peyer & Stefanescu (2012)	Skandale	444 Events zwischen 1976 und 2010	Methode der markt-adjustierten Renditen	CAAR [-1;+1] = -0,54%	Analyst Forecast Dispersion, Bid-Ask-Spread*, CAR Accused Firm*, Durable Industry Dummy*, Earnings Response Coefficient*, Firm Size (Accused Firm/Rival)*, Intangibles Ratio*, Leverage Ratio, Market Concentration*, Market-to-Book-Ratio*, Parrino Index*

Publikation	Ereignis	Stichprobe	Methodik	Abnormale Rendite Wettbewerber	Variablen
Hadlock & Sonti (2012)	Rechtsstreitigkeiten	17 Events zwischen 1999 und 2003	Marktmodell	AAR [0] = -1,14%	Capital Expenditure Growth, Firm Profitability, Firm Size, Leverage, Market Concentration, Sales Growth, Tobin's Q
Hill & Schneeweis (1983)	Unfälle	1 Event in 1979	Marktmodell	AAR_{Monat} [0] = -6,1%	Nuclear* / Non-Nuclear, Other Utilities
Hoffer, Pruitt & Reilly (1988)	Produktsicherheit und Kundengefährdung	29 Events zwischen 1975 und 1981	n.v.	n.s.	n.v.
Jarrell & Peltzman (1985)	Produktsicherheit und Kundengefährdung	32 Events zwischen 1974 und 1982 (Pharmastichprobe) 116 Events zwischen 1967 und 1981 (Automobilstichprobe)	n.v.	CAAR [-4;+5] = -1,17% (Pharmastichprobe) CAAR [-5;+5] = -1,01% (Automobilstichprobe)	n.v.
Kang (2008)	Skandale	30 Events zwischen 1998 bis 2008	Marktmodell	AAR [-1] = -0,36% AAR [0] = -0,67% CAAR [-1;0] = -1,03%	Audit Chair (Accused*/Associated* Firm), Business Relationships, Environmental Uncertainty, Firm Performance, Governance Chair (Accused/Associated* Firm), Independet Board Chair, Industry Under SEC Investigation, Inside Directors (Accused*/Associated Firm), Number of Analysts, Number of Interlocks, Ownership of Inside Directors*, Ownership of Pressure-Resistant Institutional Investors*, Proportion of Independet Directors*, Relative Firm Size, Reputational Penalty Accused Firm, Year*
Yu, Zhang & Zheng (2015)	Skandale	412 Events zwischen 1999 und 2011	Methode der markt-adjustierten Renditen	CAAR [-2;+2] = -0,63% CAAR [-10;-3] = -0,08% CAAR [+3;+10] = -0,24% CAAR [+3;+60] = -0,73%	CAR Scandal Firm*, Firm Size (Rival/Scandal Firm), GDP-Dummy, Industry Dummy, Largest Shareholder Ownership*, Legal-Protection-Dummy*, Leverage Ratio, Outside-Nonmanagement-Blockholdings, Return Correlation, Top-10-Auditor-Dummy, Year Dummy

Nur signifikante abnormale Renditen gelistet
Variablen gem. Bezeichnung des jeweiligen Artikels zur besseren Nachvollziehbarkeit; signifikante Variablen mit * gekennzeichnet

Tabelle 5: Übersicht Ereignisstudien zu Spillovereffekten in Folge von Reputationskrisen
Quelle: Eigene Darstellung

Sowohl Hill und Schneeweis (1983) als auch Bowen, Castanias und Daley (1983) konnten zeigen, dass der Unfall neben dem Betreiber General Public Utilities auch bei weiteren, in Atomenergie investierten Unternehmen der Versorgungswirtschaft zu signifikanten negativen Werteffekten führte.[195] Insgesamt verdeutlichen die vorstehend beschriebenen Untersuchungen, dass bei Ereignissen im Zusammenhang mit Unfällen - nach Auffassung der Marktteilnehmer - mögliche Sicherheitsrisiken sämtliche positiven Effekte eines Marktanteilsgewinns überwiegen, woraus sich ein insgesamt negativer Spillover für die Wettbewerber ableitet.

Spilloverstudien der Kategorie Produktsicherheit & Kundengefährdung

Empirische Befunde zur zweiten Kategorie der Unternehmenskrisen - Vorfälle in Bezug auf die Sicherheit der Produkte und die Gesundheit der Kunden - sind weitaus heterogener als die Ergebnisse der vorgestellten Studien zu den Finanzmarktimplikationen von Industrieunfällen. Die innerhalb dieser Kategorie angesiedelten Arbeiten befassen sich vorwiegend mit Ereignissen betreffend den Rückruf von fehlerhaften oder potenziell aufgrund eines Herstellerfehlers schädlichen Produkten. Eine der ersten Arbeiten zu Spillovereffekten im Zusammenhang mit Produktrückrufen geht auf Jarrell und Peltzman (1985) zurück. Die Studie untersucht Rückrufaktionen in der Pharma- und Automobilindustrie auf Basis der Ereignisstudienmethodik. Betrachtet werden 32 Ereignisse in der Pharmastichprobe im Zeitraum 1974 bis 1982 und 116 Ereignisse in der Automobilstichprobe zwischen 1967 und 1981. Sowohl der Rückruf von Arzneimitteln als auch von Autos führt bei den jeweiligen Herstellern innerhalb eines das Ereignisdatum umschließenden zweiwöchigen Ereignisfensters zu negativen abnormalen Renditen von -6,13% bzw. -1,60%. Der hierbei realisierte Verlust am Aktienmarkt übersteigt nach Berechnung der Autoren deutlich die in direktem Zusammenhang mit dem Rückruf stehenden Kosten, sodass auch der derivative Firmenwert (Goodwill) der betroffenen Unternehmen durch den Imageschaden gemindert wird. Für beide Produktkategorien konnte zudem ein signifikant negativer Spillovereffekt ermittelt werden, der sich sowohl für die Wettbewerber der Pharma- als auch der Automobilunternehmen in einer negativen abnormalen Rendite von ca. -1,00% manifestiert. Die Autoren schlussfolgern daraus, dass jeglicher sich auf die

[195] Vgl. Hill und Schneeweis (1983), S. 1289 ff.; Bowen Castanias und Daley (1983), S. 98 ff.

Wettbewerber potenziell positiv auswirkende Nachfrageeffekt durch einen die gesamte Industrie negativ betreffenden Imageschaden überkompensiert wird.[196]

Jedoch ist anzumerken, dass diese ersten Befunde im Rahmen einer Nachuntersuchung der Automobilstichprobe durch Hoffer, Pruitt und Reilly (1988) in Frage gestellt wurden. Dazu nehmen die Autoren zwei wesentliche Anpassungen des ursprünglichen Datensatzes vor. Zunächst wurden die in die Untersuchung einbezogenen Ereignisse auf Übereinstimmung mit den Kriterien eines Automobilrückrufs abgeglichen, woraufhin 21 Ereignisse ausgeschlossen und 16 neue Rückrufaktionen in den Datensatz aufgenommen wurden. Zudem wurde eine ausführliche Analyse überlappender Ereignisse durchgeführt. Die ursprünglich 66 Ereignisse im Zeitraum 1975 bis 1981 umfassende Stichprobe wurde dadurch auf 29 Beobachtungen reduziert. Auf Basis dieses Datensatzes konnte keine signifikante Aktienmarktreaktion - weder für die rückrufenden Firmen noch deren Wettbewerber - ermittelt werden.[197]

Die ebenfalls auf Automobilrückrufe fokussierte Studie von Borah und Tellis (2016) befasst sich im Kern ihrer Untersuchung mit den Auswirkungen von auf die Rückrufaktion bezogenen Onlinediskussionen in den sozialen Medien. Dabei konnte zunächst gezeigt werden, dass sich auf die rückrufende Marke beziehende negative Onlinediskussionen auch zu vermehrten negativen Diskussionen in Bezug auf die Wettbewerbermarken führen. Dieses "perverse halo" genannte Phänomen ist dabei stärker ausgeprägt, wenn sowohl die rückrufende Marke als auch die Wettbewerbermarke aus demselben Herkunftsland stammen und einen vergleichbaren Marktanteil haben. Darüber hinaus konnte ein Zusammenhang zwischen dem "perverse halo" und der finanziellen Performance der Wettbewerber gezeigt werden. Die im Zusammenhang mit dem Rückruf stehenden negativen Onlinediskussionen bewirkten zumindest bei einem Teil der Wettbewerber einen Rückgang der Umsätze und Aktienkurse und sind damit ein weiterer Beleg für das mögliche Auftreten eines negativen Spillovers.[198]

---

[196] Vgl. Jarrell und Peltzman (1985), S. 515 ff.
[197] Vgl. Hoffer, Pruitt und Reilly (1988), S. 664 ff.
[198] Vgl. Borah und Tellis (2016), S. 143 ff.

Vergleichbar zur Automobilbranche generieren auch weiterführende Studien zur Pharmabranche keine einheitlichen Aussagen bezüglich der Existenz eines vorherrschenden positiven oder negativen Spillovereffekts im Rahmen von Produktrückrufen. Ahmed, Gardella und Nanda (2002) untersuchen 108 Ereignisse zwischen 1966 und 1998, bei denen Medikamente aufgrund gesundheitsschädlicher Wirkungen endgültig vom Markt genommen werden mussten. Für die betroffenen Firmen hat die Rücknahme des Medikaments eine signifikante negative abnormale Rendite von -7,85% in einem den Vortag der Bekanntgabe einschließenden zweitägigen Ereignisfenster zur Folge. Der Wertverlust für die betroffenen Firmen ist dabei geringer, sofern mehrere Firmen ein gleichartiges Medikament zurücknehmen müssen und falls für das betroffene Medikament entsprechende Substitute verfügbar sind. Auch sind die Aktienkurse vergleichsweise großer Firmen deutlich weniger stark von den negativen Schlagzeilen betroffen. Für die direkten Wettbewerber, definiert über das Angebot von Substituten für die zurückgenommenen Medikamente, konnte hingegen für denselben, kurzfristigen Zeitraum um die Bekanntgabe des Ereignisses kein signifikanter Effekt auf die Aktienkurse festgestellt werden. Allerdings verzeichneten die Wettbewerber einen signifikanten Anstieg des Börsenwertes um 1,65% in einem fünftägigen Zeitraum nach dem Ereignisdatum. Die entgegengesetzte Aktienmarktreaktion führen die Autoren auf einen in oligopolistischen Industrien überwiegenden Wettbewerbseffekt zurück, wonach die vergleichsweise wenigen, aber gut positionierten Wettbewerber vom Marktanteilsverlust des durch die Rücknahme negativ betroffenen Unternehmens verstärkt profitieren können.[199]

Anders die Fallstudie von Dowdell, Govindaraj und Jain (1992), welche den Rückruf des Schmerzmittels Tylenol im Jahre 1982 zum Betrachtungsgegenstand hat. Für den Hersteller Johnson & Johnson hatte der aufgrund des Todes mehrerer Patienten notwendige Rückruf verheerende Folgen. Innerhalb weniger Tage verlor die Aktie signifikant an Wert und erzielte eine negative abnormale Rendite von -11,92%. Dieser Verlust dehnte sich innerhalb eines bis zu 25 Tage nach dem Ereignisdatum andauernden Betrachtungszeitraums auf -28,92% aus. Für ein Portfolio, bestehend aus 28 Pharmaunternehmen, konnte hingegen innerhalb des kurzfristigen, viertägigen

[199] Vgl. Ahmed, Gardella und Nanda (2002), S. 21 ff.

Ereignisfensters um das Ereignisdatum kein signifikanter Preiseffekt festgestellt werden. Allerdings verlor auch das Wettbewerberportfolio in dem längerfristigen, bis Tag 25 nach der Bekanntgabe des Rückrufs ausgedehnten Ereignisfensters mit einer abnormalen Rendite von -11,83% deutlich an Wert. Die Aktienkurse der Wettbewerber reagierten demnach nicht auf das eigentliche Tylenol-Ereignis, sondern wurden erst durch die auf das Ereignis folgende verstärkte Regulierung in Mitleidenschaft gezogen. Während im Durchschnitt die gesamte Pharmabranche durch den Spillovereffekt negativ betroffen war, schnitten Wettbewerber, die ein direktes Konkurrenzprodukt zu Tylenol auf dem Markt hatten, signifikant besser ab als Wettbewerber ohne ein entsprechendes Angebot (abnormale Rendite im langfristigen Betrachtungszeitraum -6,17% vs. -15,49%). Trotz der auf die erhöhten regulatorischen Anforderungen zurückzuführenden gesamthaften Verluste konnten demzufolge die produktbezogen direkten Wettbewerber, im Vergleich zu den übrigen Pharmaunternehmen, durch den erwarteten verminderten Wettbewerb auf dem Markt für Schmerzmittel von dem Ereignis profitieren.[200]

Neben der Pharma- und Automobilbranche wurden Produktrückrufaktionen auch für andere Branchen untersucht. Beispielsweise berichten Zavyalova et al. (2012) von negativen Spillovereffekten im Zusammenhang mit entsprechenden Ereignissen in der amerikanischen Spielwarenindustrie. Anstatt Aktienkurse verwendet die Studie jedoch den Tenor der Medienberichterstattung zur Messung des Spillovers. Im Ergebnis zeigt die Untersuchung, dass der Rückruf eines Spielwarenartikels auch bei den nicht direkt bertoffenen Firmen innerhalb derselben Industrie zu einer Zunahme der negativen Berichterstattung führt.[201]

Spilloverstudien der Kategorie Skandale

Studien zur dritten Kategorie der Unternehmenskrisen - Skandale - beschäftigen sich vorwiegend mit den finanziellen Auswirkungen einer falschen Darstellung bei der Finanzberichterstattung oder sonstiger Betrugsfälle. Bei den dabei betrachteten Ereig-

[200] Vgl. Dowdell, Govindaraj und Jain (1992), S. 283 ff.
[201] Vgl. Zavyalova et al. (2012), S. 1079 ff.

nissen liegt die Ursache folglich im Unternehmen selbst bzw. in einer für das Unternehmen handelnden, unternehmensinternen Person begründet, während bei Testimonialskandalen eine Dritte, nicht mit Unternehmensinterna vertraute Person für den Skandal verantwortlich ist. Beispielsweise untersucht Kang (2008) 30 Firmen, die im Zeitraum 1998 bis 2008 des Rechnungslegungsbetrugs beschuldigt wurden. Der Autor vermutet einen negativen Spillover auf Unternehmen, die durch eine personelle Verflechtung auf Management- bzw. Aufsichtsratsebene mit der beschuldigten Firma verbunden sind. Dieser Zusammenhang konnte auf Basis eines 244 Unternehmen umfassenden Datensatzes bestätigt werden. Im Durchschnitt führte die Anschuldigung des Rechnungslegungsbetrugs für die über eine Überkreuzverflechtung mit der beschuldigten Firma verbundenen Unternehmen zu einem signifikant negativen Spillovereffekt in Höhe von -1,03% innerhalb eines zweitägigen Ereignisfensters. Die Wahrscheinlichkeit eines substanziellen negativen Spillovers ist dabei erhöht, wenn sich die personelle Verflechtung auf die Position des Vorsitzenden des Prüfungs- und Corporate Governance-Ausschuss bezieht oder wenn die verbundene Firma durch allgemein schwache Governance-Strukturen gekennzeichnet ist.[202]

Die Arbeit von Goldman, Peyer und Stefanescu (2012) bestätigt im Wesentlichen diese Ergebnisse. Grundlage der Studie ist die Bekanntgabe von behördlichen Untersuchungen aufgrund Rechnungslegungsbetrugs in 444 Fällen im Zeitraum 1976 bis 2010. Abweichend zur Studie von Kang (2008) werden Spillovereffekte jedoch nicht in Bezug auf über eine Überkreuzverflechtung verbundene Unternehmen analysiert. Stattdessen steht ein potenzieller Spillover auf die Unternehmen innerhalb derselben Industrie im Fokus der Betrachtung. Im Ergebnis weisen die Wettbewerber innerhalb eines das Ereignisdatum umschließenden dreitägigen Ereignisfensters eine durchschnittliche negative abnormale Rendite von -0,54% auf. Insgesamt überwiegt demzufolge der negative Ansteckungseffekt den werterhöhenden Wettbewerbseffekt. Darauf aufbauende Analysen zeigen jedoch, dass Wettbewerber in einer weniger kompetitiven Industrie tendenziell von dem den Rivalen negativ beeinflussenden Ereignis profitieren können, indem vermehrt Kunden der beschuldigten Firma abgeworben werden. Handelt es sich allerdings um ein - gemessen an der Ak-

[202] Vgl. Kang (2008), S. 547 ff.

tienkursreaktion der für den Betrug verantwortlichen Firma - sehr schwerwiegendes Ereignis, ist auch der negative Spillover auf die Wettbewerber stärker ausgeprägt. Gleiches gilt für vergleichsweise intransparente Wettbewerber. Aufgrund den Marktteilnehmern nicht zur Verfügung stehender anderslautender Informationen werden die negativen Nachrichten auch als indikativ für den Wettbewerber angesehen, was den negativen Spillovereffekt verstärkt.[203]

Die Untersuchungen von Yu, Zhang und Zheng (2015) erweitern die bisher betrachteten Studien zum Rechnungslegungsbetrug, da neben negativen Ereignissen mit Bezug zur Finanzberichterstattung auch Skandale mit einem von der Rechnungslegung losgelösten Hintergrund (z.B. Korruption, Machtmissbrauch, Insiderhandel, Marktmanipulation, Ordnungswidrigkeiten und andere vergleichbare kriminelle Handlungen) in die Analyse mit einbezogen werden. Basierend auf einer 412 derartige Ereignisse im Zeitraum 1999 bis 2011 umfassenden Stichprobe errechnen die Autoren einen signifikanten negativen Spillovereffekt, sowohl für die gesamte Stichprobe als auch im Rahmen einer nach Ereignissen mit und ohne Finanzbezug separierten Betrachtung. Im Durchschnitt aller einbezogener Skandale ergibt sich dabei für die Wettbewerber eine negative abnormale Rendite von -0,63% innerhalb eines Fünftageszeitraums um das Ereignisdatum. Ereignisse mit Finanzbezug mindern den Wert der Wettbewerber um durchschnittlich -0,40%, während Ereignisse ohne Finanzbezug zu einer Abwertung in Höhe von -0,79% führen. Der Wertverlust für die den Skandal verursachenden Unternehmen beträgt dabei durchschnittlich ca. -5,00%. Die weiteren empirischen Untersuchungen zeigen zudem, dass die Ausprägung des Spillovereffekts abhängig ist von den bei den Wettbewerbern etablierten Corporate Governance Strukturen, den insbesondere in China bedeutenden politischen Verbindungen sowie der abnormalen Rendite der für den Skandal verantwortlichen Firma als Maß für das Ausmaß des Skandals.[204]

Jonsson, Greve und Fujiwara-Greve (2009) befassen sich im Rahmen einer Fallstudie mit zwei aufeinander folgenden, den schwedischen Versicherer Skandia AB be-

---

[203] Vgl. Goldman, Peyer und Stefanescu (2012), S. 916 ff.
[204] Vgl. Yu, Zhang und Zheng (2015), S. 50 ff.

treffenden Skandalen - ebenfalls ohne Rechnungslegungsbezug. Die Skandale unterscheiden sich im Wesentlichen dadurch von den bisher betrachteten Ereignissen, als dass die dem Skandal zugrundeliegenden Handlungen nicht gegen geltendes Recht verstoßen, sondern "lediglich" in der öffentlichen Wahrnehmung als unmoralisch bewertet werden. Der erste Skandal betrifft den Verkauf der Tochtergesellschaft "Skandia Asset Management" ("SAM") an die norwegische Bank DnB im Januar 2002. Grund für die öffentliche Erregung war, dass nach Meinung von Marktbeobachtern durch den Verkauf von SAM die eigenen Kunden der Lebensversicherungssparte, Skandia Life, indirekt geschädigt würden. Der zweite, auf eine Reportage im Oktober 2002 zurückzuführende Skandal steht im Zusammenhang mit der Vergütung des Topmanagements und damit einhergehender Immobiliengeschäfte. So wurde nicht nur das Luxusapartment des Finanzvorstandes auf Kosten der Gesellschaft renoviert, ohne eine wertgleiche Steigerung der Miete vorzunehmen, auch konnte nachgewiesen werden, dass Topmanager - vorbei am öffentlichen Wohnungsmarkt - ihren Kindern Mietwohnungen in Skandia gehörenden Immobilien in zentraler Stockholmer Lage verschafften. Obwohl nicht illegal, manifestierte sich in der öffentlichen Meinung der Eindruck der Selbstbereicherung. Zur Analyse der finanziellen Auswirkungen der Skandale stellen die Autoren auf den Mittelzu bzw. -abfluss (Ordereingang) der Investmentfondssparte - also eines von den Skandalen nicht direkt betroffenen Geschäftsbereichs - bei Skandia und vergleichbaren Unternehmen ab. Das Ergebnis der Untersuchung zeigt, dass auch das Investmentfondsgeschäft anderer schwedischer Versicherungs- und Pensionsgesellschaften von Mittelabflüssen betroffen war. Dabei konzentrierten sich die Verluste auf Zeiten hoher medialer Aufmerksamkeit für den Skandal. Jedoch waren nicht alle Investmentfondsanbieter gleichsam von Verlusten betroffen. Die Investoren wandten sich denjenigen Gesellschaften zu, die die geringste Ähnlichkeit mit Skandia aufweisen. Dementsprechend konnten unabhängige, nicht zu einem Versicherungskonzern gehörige Anbieter sowie Investmentfonds ausländischer Tochtergesellschaften von dem Skandal profitieren. Die Studie zeigt damit, dass sich signifikante negative Spillovereffekte auch auf Basis eines "lediglich" als unmoralisch wahrgenommenen Verhaltens mit begrenzten bzw. keinen ökonomischen Auswirkungen für die Betroffenen ergeben können. Richtung und Ausmaß des Spillovers sind dabei abhängig von der strukturellen Vergleichbarkeit zwischen der den Skandal verursachenden Firma und den zu dieser in Konkurrenz stehenden Unternehmen.[205]

Spilloverstudien der Kategorie Rechtsstreitigkeiten

Nicht direkt in eine der drei vorgenannten Kategorien fallend, aber inhaltlich dennoch eng mit der Thematik verknüpft sind Studien, die sich mit den monetären Auswirkungen von Rechtsstreitigkeiten befassen. Hierbei ist vor allem die viel zitierte Arbeit von Gande und Lewis (2009) von Relevanz, welche 605 von Aktionären initiierte Sammelklagen zwischen 1996 und 2003 zum Untersuchungsgegenstand hat. Im Durchschnitt der Stichprobe ergibt sich für die beklagten Firmen eine negative abnormale Rendite von -4,66% innerhalb eines dreitägigen, den Tag der Klageerhebung umschließenden Ereignisfensters. Ausgehend von der Logik, dass viele Klagen sich auf Ereignisse beziehen, die nicht nur für die direkt betroffene Firma, sondern auch für ähnliche Unternehmen innerhalb derselben Industrie von Relevanz sein können, zeigt die Untersuchung einen signifikanten negativen Spillovereffekt von -0,32% für denselben Zeitraum.[206]

Hadlock und Sonti (2012) beschränken ihre Untersuchung auf Asbest-Klagen, erzielen dabei jedoch gleichgerichtete Ergebnisse. Der hierbei verwendete Datensatz umfasst 17 Ereignisse im Zeitraum 1999 bis 2003, von denen sieben unterschiedliche Firmen mit insgesamt 90 Wettbewerbern betroffen waren. Im Durchschnitt fällt der Aktienkurs der Wettbewerber um ca. 1,00% am Tag des Ereignisses, woraus die Autoren auf einen signifikanten negativen Spillover schließen. Diesen Effekt begründen die Autoren mit der sogenannten "debt-makes-you-aggressive" Hypothese. Die Asbest-Klage führt bei den beklagten Firmen zu einem Anstieg der Verbindlichkeiten, woraufhin diese mit einem aggressiveren Auftreten am Markt reagieren, was sich wiederum negativ auf die Wettbewerber auswirkt. Weiterführende Analysen ergaben, dass die Aktienkurse vergleichsweise kleiner Firmen in durch eine hohe Marktkonzentration charakterisierten Märkten stärker von dem negativen Ereignis beeinflusst

[205] Vgl. Jonsson, Greve und Fujiwara-Greve (2009), S. 195 ff.
[206] Vgl. Gande und Lewis (2009), S. 830 ff.

wurden. Für weitere firmenspezifische Kennzahlen wie dem Verschuldungsgrad, dem Umsatzwachstum oder der Profitabilität konnte jedoch kein signifikanter, den Spillover beeinflussender Effekt festgestellt werden.[207]

Insgesamt weisen die Studien zu Unternehmens- bzw. Reputationskrisen eine gute Vergleichbarkeit zu den in Kapitel 2.4.2.1 vorgestellten Arbeiten auf. Signifikante durchschnittliche abnormale Renditen ergeben sich überwiegend in einem bis zu fünf Tage nach dem Eintritt des jeweiligen Ereignisses erweiterten Beobachtungszeitraum, wobei deren Bandbreite zwischen -1,17% und 1,65% liegt. Der im Vergleich zu den auf allgemeine Marketing- bzw. Managementereignisse fokussierende Arbeiten tendenziell stärker ausgeprägte Spillovereffekt kann damit begründet werden, dass die Kapitalmärkte in der Regel besonders sensitiv auf negative Informationen reagieren[208], sodass sich eine vergleichsweise stärkere Aktienmarktreaktion auf Seiten der von dem negativen Ereignis direkt betroffenen Firmen auch in der Kursbewegung der Wettbewerber widerspiegelt. Zur Berechnung der erwarteten Renditen wird wiederum vorwiegend auf das Marktmodell zurückgegriffen. Zudem finden die Methode der marktadjustierten Renditen sowie das Fama-French-Carhart-Vierfaktorenmodell vereinzelt Anwendung.

Bezüglich der in den einzelnen Studien betrachteten Modellvariablen konnten neben den ereignisspezifischen (bspw. ACC Member, Input Level Regulatory Sanctions, Proportion of Independent Directors oder Top-10-Auditor-Dummy) weitere, vom individuellen Sachverhalt abstrahierbare und daher allgemein anwendbare Variablen zur Erklärung des Spillovers identifiziert werden. Wie bereits in den Studien zu Spillovereffekten in Folge allgemeiner Marketing- bzw. Managementereignisse werden auch hier die abnormale Rendite der für das Ereignis ursächlichen Firma (CAR Accused Firm, Reputational Penalty Accused Firm, CAR Scandal Firm) sowie die in der betroffenen Industrie vorherrschende Marktkonzentration (Market Concentration) überdurchschnittlich häufig als relevante Spilloverdeterminanten betrachtet. Weiterhin werden, vergleichbar zu den in Kapitel 2.4.2.1 analysierten Studien, der Einfluss der geografischen Nähe zwischen Wettbewerber und der für das Ereignis verantwortli-

[207] Vgl. Hadlock und Sonti (2012), S. 179 ff.
[208] Vgl. Chen, Liu und Zhang (2012), S. 126.

chen Firma (Same/Different Country of Origin, Geographic Proximity), die Tragweite bzw. Schwere des Ereignisses (Employee Killed/Injured, Injury) sowie die Vorerfahrung der relevanten Stakeholder mit vergleichbaren Ereignissen innerhalb derselben Industrie (Industry under SEC Investigation) als mögliche, den Spillover beeinflussende Variablen untersucht. Auch gleichen die im Rahmen der hier betrachteten Arbeiten berücksichtigten Standardkontrollvariabeln in Summe den der in den zuvor vorgestellten Ereignisstudien verwendeten, wobei in den einzelnen Studien in der Regel nicht das gesamte Set der zur Verfügung stehenden Kontrollvariablen vollständige abgebildet wird. Zu den wiederkehrend berücksichtigten Kontrollvariablen gehören die Größe der beteiligten Firmen (Firm Size), deren implizite Bewertung (Market-to-Book-Ratio, Tobin's Q), ein Maß für die Profitabilität der individuellen Firma (Firm Profitability, Firm Performance), der Verschuldungsgrad (Leverage, Leverage Ratio), ein Indikator für das Wachstum des Unternehmens (Sales Growth) sowie Kontrollvariablen für die Industrie (Industry Dummy, Durable Industry Dummy) und Zeit (Year Dummy, Year, Pre-Bhopal).

Insgesamt zeigen die hier sowie dem vorangehenden Kapitel ausgewerteten Spilloverstudien, dass auf Basis der Ereignisstudienmethodik signifikante Spillovereffekte auf die Wettbewerber empirisch ermittelt werden können, wobei - wie zu erwarten - die Effektstärke im Vergleich zu dem jeweiligen Primäreffekt auf die verursachende Firma geringer ist. Neben einem Set wiederkehrender Standardkontrollvariablen konnten insbesondere die ereignisinduzierte Performance der für das jeweils betrachtete Ereignis ursächlichen Firma sowie die in der betroffenen Industrie vorherrschende Marktkonzentration als häufig verwendete Spilloverdeterminanten identifiziert werden.

2.4.2.3 Spillovereffekte in Folge von Testimonialwerbung

Empirische Arbeiten, die sich neben den Auswirkungen von testimonialbezogenen Ereignissen auf die Sponsoren auch mit den Folgen für die Wettbewerber befassen, sind rar. Eine Ausnahme stellt die Fallstudie von Mathur, Mathur und Rangan (1997) zur Rückkehr von Michael Jordan zum Basketballsport dar. Die mit dem Ereignis verbundene große Aufmerksamkeit und Popularitätssteigerung des Testimonials sollte sich erwartungsgemäß in einer Umsatzsteigerung der Sponsoren widerspiegeln. Zudem vermuteten die Autoren, dass die Umsatzsteigerung zu Lasten der Wettbewerber ginge und deren Aktienkurse entsprechend fallen sollten. Dieser Effekt konnte jedoch nur eingeschränkt bestätigt werden. Lediglich am Tag fünf nach dem Ereignisdatum wurde eine signifikante abnormale Rendite von minus 1,01% festgestellt. Für alle anderen Tage der Ereignisperiode ergab sich keine signifikante Reaktion der Aktienkurse, am Ereignisdatum selbst wurde sogar eine positive abnormale Rendite erzielt. Auch konnten keine signifikanten kumulierten abnormalen Renditen identifiziert werden. Ein negativer Spillovereffekt in Folge eines für die Sponsoren positiven Ereignisses konnte auf Basis dieser ereignisstudienbasierten Fallstudie demnach nicht eindeutig aufgezeigt werden.[209]

In der bestehenden Literatur konnten zwei Arbeiten identifiziert werden, die sich mit den Auswirkungen von Testimonialskandalen auf die Wettbewerber befassen und somit eine der vorliegenden Arbeit vergleichbare Forschungsfrage zum Thema haben. Beide Studien werden im folgenden ausführlich dargestellt.

Knittel und Stango (2014) untersuchen auf Basis einer Fallstudie, wie sich der Untreueskandal des professionellen Golfspielers Tiger Woods im Jahr 2009 auf die Aktienkurse seiner Sponsoren und deren Wettbewerber auswirkte. Innerhalb der Ereignisperiode verlor das Portfolio der Sponsorfirmen ca. 2,00% an Marktwert, wobei die Hauptsponsoren besonders stark betroffen waren. Die Autoren konnten basierend auf diesem Ergebnis weiterhin zeigen, dass die Auswirkungen auf die Wettbewerber davon abhingen, inwiefern diese selbst Testimonials im Rahmen ihrer Werbestrategie einsetzten. Während Wettbewerber ohne Testimonialverträge (nicht testimonialaffine oder -intensive Wettbewerber) von dem Skandal profitieren konnten, schnitt die Vergleichsgruppe der Wettbewerber mit Testimonialverträgen (testimonialaffine oder -intensive Wettbewerber) signifikant schlechter ab. Daraus wurden zwei Rückschlüsse gezogen. Die positiven abnormalen Renditen der nicht testimonialaffinen Wettbewerber deuten darauf hin, dass diese Unternehmen ihren Marktanteil zu Lasten der Sponsoren ausbauen konnten (business stealing Effekt), was sich positiv auf den Umsatz und infolgedessen auf den Aktienkurs auswirkt. Für

[209] Vgl. Mathur, Mathur und Rangan (1997), S. 67 ff.

testimonialaffine Wettbewerber hingegen wirkt ein durch das Ereignis signalisiertes, erhöhtes Reputationsrisiko wertmindernd. Der Skandal verdeutlicht die mit Testimonialwerbung verbundenen Risiken, was zu einem Kursabschlag gegenüber Unternehmen ohne Testimonialverträgen führt. Zuletzt konnte gezeigt werden, dass die abnormalen Renditen mit der Häufigkeit der den Skandal betreffenden Google-Suchanfragen korreliert sind, wodurch die Bedeutung der einem Ereignis zukommenden öffentlichen Aufmerksamkeit für die Bewertung der betroffenen Unternehmen herausgestellt wird.[210]

Der Forschungsansatz von Carrillat, d'Astous und Christianis (2014) unterscheidet sich stark von der von Knittel und Stango (2014) durchgeführten Ereignisstudie. Im Rahmen einer experimentellen Studie analysieren die Autoren, wie sich durch einen Testimonialskandal die Einstellung von Konsumenten gegenüber der von dem Skandal direkt betroffenen Marke sowie den dazu in (direkter) Konkurrenz stehenden Marken verändert. Hierzu wurden 165 Konsumenten Berichte über fiktive Skandale zweier Sportler (Fußball und Tennis) vorgelegt und deren Einstellung bzw. Zustimmung gegenüber den Sponsor- und Wettbewerbermarken gemessen. Dabei konnte gezeigt werden, dass ein Testimonialskandal sich negativ auf die Wahrnehmung der Sponsorenmarke sowie die Marke eines direkten Wettbewerbers auswirkt. Basierend auf der assoziativen Netzwerktheorie zeigen die Autoren, dass es für die Entstehung eines Spillovers zweiter Ordnung wesentlich ist, dass die Konsumenten mit dem Konzept der Marke des Sponsors vertraut sind und die kognitiven Verbindungen zur Marke des Wettbewerbers stark genug ausgeprägt sind, um einen Spillovereffekt zu bewirken. Dies ist regelmäßig nur bei direkten Wettbewerbern der Fall. Deshalb konnten auch keine Spillovereffekte zweiter Ordnung auf nicht direkt konkurrierende Firmen festgestellt werden. Für deren Entstehen ist folglich die enge Verbundenheit mit einer gemeinsamen Referenzkategorie (im Fall der Untersuchung von Carrillat, d'Astous und Christianis, die Sportart) erforderlich. Insgesamt kann festgestellt werden, dass je stärker zwei konkurrierende Marken über eine gemeinsame Produktkategorie miteinander verbunden sind, desto größer ist die Wahrscheinlichkeit eines

[210] Vgl. Knittel und Stango (2014), S. 21 ff.

negativen Spillovers im Falle eines die Produktkategorie betreffenden Testimonialskandals.[211]

2.4.3 Forschungslücke

Durch die vorstehende Aufarbeitung der Literatur zur Testimonial- und Spilloverforschung konnte gezeigt werden, dass bisherige Untersuchungen zum Effekt von Testimonialskandalen auf die Bewertung der betroffenen Unternehmen sowie deren Wettbewerber keine abschließenden Ergebnisse liefern. Bergkvist und Zhou (2016) resümieren daher in der jüngsten verfügbaren umfassenden Literaturanalyse zum Thema Celebrity Endorsement: "although it seems clear that celebrity endorsements and celebrity behavior can have both positive and negative effects on firm valuation, the exact nature of this relationship seems unclear and there is ample room for more research."[212] Während die empirischen Studien von Louie, Kulik und Jacobsen (2001), Russell, Mahar und Drewniak (2005), Bartz, Molchanov und Stork (2013) sowie Knittel und Stango (2014) allesamt auf einen die Sponsoren betreffenden negativen Bewertungseffekt hindeuten, sind die Auswirkungen auf die Wettbewerber weitgehend unerforscht. Insgesamt existieren bislang nur zwei Arbeiten, welche sich mit den Spillovereffekten eines Testimonialskandals auf die Wettbewerber befassen, die zudem zu keinen einheitlichen Ergebnissen gelangen. Gemäß der Untersuchung von Knittel und Stango (2014) ist die Richtung des Spillovereffekts abhängig von der Testimonialintensität der Wettbewerber. Setzen die Wettbewerber selbst Testimonials zu Werbezwecken ein, überwiegt der negative Ansteckungseffekt, während der die Wettbewerber positiv betreffende Wettbewerbseffekt bei testimonialunaffinen Wettbewerbern dominiert[213]. Demgegenüber lassen die Ergebnisse von Carrillat, d'Astous und Christianis (2014) auf die Dominanz eines negativen Sippenhafteffekts schließen.[214] Damit kann auf Basis der bestehenden Forschungsarbeiten nicht abschließend beurteilt werden, welche Folgen eines Testimonialskandals für die Wettbewerber zu erwarten sind. Diese Forschungslücke adressiert die vorliegende Arbeit.

---

[211] Vgl. Carrillat, d'Astous und Christianis (2014), S. 1024 ff.
[212] Bergkvist und Zhou (2016), S. 648.
[213] Vgl. Knittel und Stango (2014), S. 32 f.
[214] Vgl. Carrillat, d'Astous und Christianis (2014), S. 1032.

Die zu diesem Zwecke durchgeführte empirische Analyse unterscheidet sich darüber hinaus sowohl methodisch als auch bezüglich des Betrachtungsgegenstandes von diesen früheren Untersuchungen. Die Ereignisstudie von Knittel und Stango (2014) betrachtet ein singuläres Ereignis. Eine Verallgemeinerung der Ergebnisse ist daher nicht möglich. Die Autoren vermerken hierzu: "we are still essentially examining a single event: one scandal involving one celebrity endorser and a particular set of sponsors. It would be unwise to extrapolate our findings to the larger population of celebrity endorsers or to other types of scandal. One would need to conduct a broader historical study of many past events to make more general statements about celebrity endorsements and firm value."[215] Die vorliegende Arbeit schließt diese Forschungslücke, indem ein eine Vielzahl von Testimonialskandalen umfassender Datensatz zur Analyse durchschnittlicher Spillovereffekte verwendet wird. Die darin enthaltenen Skandale betreffen nicht nur Testimonials unterschiedlicher Lebensbereiche (u.a. Sport, Musik, Film und Fernsehen) und Popularität (Tiger Woods war zur Zeit des Skandals eines der bestbezahlten Testimonials weltweit[216]), sondern unterscheiden sich auch bezüglich der Skandalursache (u.a. Untreue, Gewalt, Drogen). Ähnliches gilt in Bezug auf die Studie von Carrillat, d'Astous und Christianis (2014), welche ebenfalls ausschließlich Sportstars zum Betrachtungsgegenstand hat. Zudem unterscheidet sich das Forschungsdesign substantiell von der im Rahmen dieser Arbeit durchgeführten Ereignisstudie. Der experimentelle Ansatz untersucht die Auswirkungen des Testimonialskandals auf die Wahrnehmung der betroffenen Marken durch Konsumenten. Die bei einer Ereignisstudie verwendeten Aktienkurse hingegen liefern ein umfassenderes Bild bezüglich der Performancewirkung auf die Wettbewerber. Eine implizite Bewertung des Markenwertes wird durch den Aktienkurs eines Unternehmens ebenso abgebildet wie darüber hinausgehende Umsatz- und Gewinneffekte oder das mit einem Testimonial verbundene finanzielle Risiko. Zudem wird neben der Perspektive der Kunden des Unternehmens die Perspektive weitere Shareholder (z.B. Investoren) mit abgebildet.

[215] Knittel und Stango (2014), S. 22.
[216] Vgl. Hood (2012), S. 543.

2.5 Zwischenfazit

Betrachtungsgegenstand der vorliegenden Arbeit sind Spillovereffekte in Folge von Testimonialskandalen. Ein Testimonial ist eine prominente Persönlichkeit, die für ein Produkt, eine Marke oder ein Unternehmen wirbt. Unter einem Testimonialskandal wird ein als solches bezeichnetes, bedeutsames, vermeidbares und schuldhaftes Fehlverhalten des Testimonials verstandenen, dessen Enthüllung zu einer Empörung bei Dritten führt. Spillovereffekte im Sinne dieser Arbeit bezeichnen die finanziellen Auswirkungen eines entsprechenden Skandals auf die Wettbewerber der von dem jeweiligen Ereignis direkt betroffenen Sponsoren des Testimonials.

Die Auswirkungen negativer, ein Testimonial betreffender Publizität auf die werbenden Firmen sind Gegenstand einer Vielzahl bestehender Publikationen. So konnte gezeigt werden, dass sich Testimonialskandale nicht nur auf die Wahrnehmung der Testimonials sowie der beworbenen Marken negativ auswirken, sondern auch die Kaufabsicht der Konsumenten negativ beeinflussen. Neben der empirischen Analyse der finanziellen Auswirkungen positiver Ereignisse wie der Bekanntgabe neuer Testimonialverträge wurden daher auch die Finanzmarktimplikationen von Testimonialskandalen wissenschaftlich untersucht. Dabei konnte gezeigt werden, dass die Aktien der Sponsoren mit einem Kursabschlag auf ein entsprechendes Ereignis reagieren.

In der empirischen Kapitalmarktforschung werden neben den Auswirkungen eines Ereignisses auf die direkt betroffenen Unternehmen regelmäßig auch die sich für die Unternehmen derselben Industrie ergebenden finanziellen Implikationen ausgewertet. Im Rahmen sogenannter Spilloverstudien konnten sowohl positive (Wettbewerbseffekt) als auch negative (Sippenhafteffekt) Spillovereffekte in Folge verschiedener Reputationskrisen (z.B. Industrieunfälle, Betrugsskandale) empirisch gezeigt werden. Zur Berechnung des Spillovers in Form abnormaler Renditen wird dabei vorwiegend auf die Methodik des Marktmodells zurückgegriffen. Wiederkehrend eingesetzte, den Spillover erklärende Modellvariablen umfassen insbesondere die ereignisinduzierte Performance der für das jeweils betrachtete Ereignis ursächlichen Firma sowie die in der betroffenen Industrie vorherrschende Marktkonzentration. Vergleichbare Untersuchungen in Bezug auf Testimonialskandale sind rar. Lediglich zwei Arbeiten befassen sich mit der Thematik und gelangen dabei zu teilweise gegensätzlichen Ergebnissen. Ziel der vorliegenden Arbeit ist es daher, auf Basis eines großen Datensatzes zu analysieren, inwiefern sich Spillovereffekte auf die Wettbewerber eines von einem Testimonialskandal betroffenen Sponsors ergeben und durch welche Einflussfaktoren deren Richtung und Effektstärke determiniert werden.

3 Zum Einfluss von Testimonialskandalen auf Wettbewerber: Modell- und Hypothesenbildung

3.1 Darstellung des konzeptionellen Modells

Zur Beantwortung der Forschungsfragen wurde auf Basis von Experteninterviews[217] sowie einer ausführlichen Literaturrecherche das in Abbildung 3 dargestellte konzeptionelle Modell entwickelt.

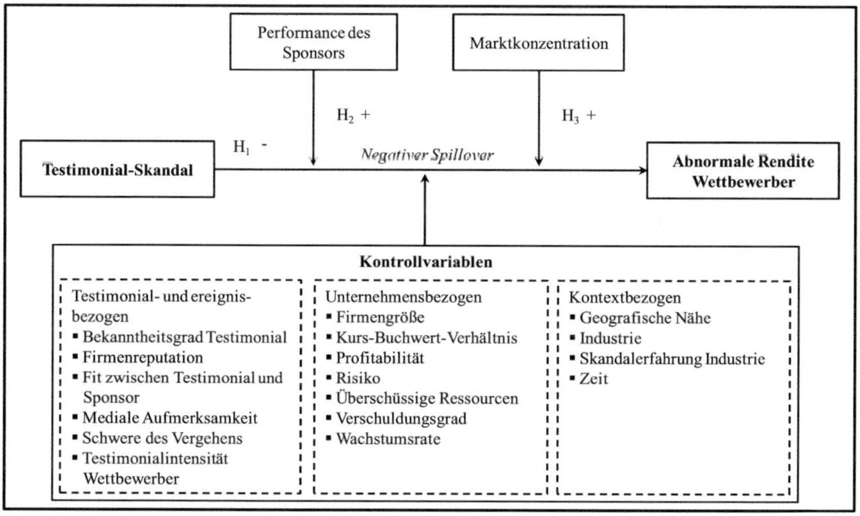

Abbildung 3: Konzeptionelles Modell
Quelle: Eigene Darstellung

Im Fokus der Betrachtung steht die zentrale Frage nach einem in Folge eines Testimonialskandals auftretenden signifikanten Spillovereffekts auf die Wettbewerber (Hypothese 1, zu deren Herleitung siehe Kapitel 3.2.1.). Unter Anwendung der Ereignisstudienmethodik und in Übereinstimmung mit der bestehenden Spilloverliteratur wird der Spillovereffekt zweiter Ordnung als durchschnittliche abnormale Rendite der durch die unterschiedlichen Skandale der Stichprobe betroffenen Wettbewerber

[217] Eine ausführliche Darstellung der Experteninterviews folgt in Kapitel 3.2.2.1.

ermittelt. Bei der Beantwortung der Frage nach den relevanten Determinanten eines Spillovers im Zusammenhang mit Testimonialskandalen sind die beiden Moderatoren Performance des Sponsors und Marktkonzentration hervorzuheben. Wie die weitere Untersuchung zeigt, sind diese insbesondere im hier vorliegenden Fall von für den Kapitalmarkt vergleichsweise kleinen Ereignissen von besonderer Relevanz. Die hierzu entwickelten Hypothesen 2 und 3 werden in den Kapiteln 3.2.2.2 bzw. 3.2.2.3 ausführlich erläutert. Neben den Variablen, für deren Wirkrichtung eine Hypothese abgeleitet wurde, enthält das konzeptionelle Modell eine Reihe literaturbasierter Kontrollvariablen. Diese sind in drei Blöcke unterteilt. Block 1 bezieht sich auf Einflussfaktoren aus der Testimonialliteratur, welche insbesondere bereits bei der Analyse der Auswirkungen eines (negativen) Ereignisses auf die Sponsoren verwendet wurden. Durch deren modelltheoretische Berücksichtigung kann ermittelt werden, inwiefern die Moderatoren des Spillovers erster Ordnung auch für den Spillover zweiter Ordnung von Bedeutung sind. Block 2 enthält auf die Wettbewerber bezogene firmenspezifische Kontrollvariablen, die typischerweise bei einer mehrere Unternehmen vergleichenden Untersuchung Verwendung finden. Durch diese kann für firmenindividuelle Unterschiede kontrolliert werden. In Block 3 sind Faktoren zusammengefasst, die den Kontext des Skandals beschreiben. Eventuelle Unterschiede zwischen einzelnen Skandalen, die auf industrie- oder historienbedingte Einflussfaktoren zurückzuführen sind, werden hierbei adäquat berücksichtigt.

3.2 Herleitung der Hypothesen

3.2.1 Hypothese zum Haupteffekt

Im Rahmen der vorstehenden Literaturanalyse konnte gezeigt werden, dass der Einsatz von Testimonials im Allgemeinen als profitable Werbestrategie wahrgenommen wird. Durch einen erhöhten Produktabsatz sowie Preisaufschläge kann ein positiver, die Kosten der Testimonialwerbung übersteigender Cashflow erzielt werden.[218] In Folge eines Testimonialskandals wird dieser positive in die Aktienkurse der Sponsoren bei Bekanntgabe der Vertragsbeziehung eingepreiste Effekt umgekehrt. Dabei müssen die Investoren sowohl den Rückgang des geplanten Mehrumsatzes als auch

[218] Vgl. Agrawal und Kamakura (1995), S. 60; Chung, Derdenger und Srinivasan (2013), S. 273.

den Effekt einer durch den Skandal beschädigten Marke bzw. Unternehmensreputation mit einbeziehen. Bisherige Studien belegen, dass die Aktienkurse der Sponsoren von einem Testimonialskandal negativ betroffen sind.[219] In vergleichbarer Weise müssen die Marktteilnehmer bewerten, welchen Effekt ein Testimonialskandal auf die Wettbewerber des jeweiligen Sponsors hat. In der Spilloverliteratur wurden hierfür mit dem für den Wettbewerber positiven Wettbewerbseffekt und dem negativen Sippenhafteffekt zwei im Allgemeinen mögliche, gegenläufige Effekte identifiziert.[220]

Wettbewerbseffekt

Der Wettbewerbseffekt wirkt sich auf eine von einem Ereignis direkt betroffene Firma und deren Wettbewerber genau gegensätzlich aus.[221] Kann die direkt betroffene Firma von dem für sie positiven Ereignis profitieren, verlieren die Wettbewerber. Ein negatives Ereignis hingegen führt zu einem Verlust bei der für das Ereignis verantwortlichen Firma und zu einem Gewinn bei den Wettbewerbern. Dieses Grundprinzip lässt sich einfach auf die Situation eines Testimonialskandals anwenden. Testimonialskandale stellen für die Sponsoren ein grundsätzlich negatives Ereignis dar. Führte der Einsatz eines Testimonials ursprünglich dazu, dass der Marktanteil des Sponsors auf Kosten der Wettbewerber ausgebaut werden konnte, wird dieser Effekt in Folge des Skandals umgekehrt.[222] Aktuelle Untersuchungen zeigen, dass rund ein Viertel der Konsumenten tatsächlich vom Kauf eines Produktes einer von einem Testimonialskandal betroffenen Marke absehen.[223] Insofern die Konsumenten nicht gänzlich auf den Kauf eines entsprechenden Produktes verzichten wollen (oder können), wird dies zu einem Anstieg der Nachfrage und infolgedessen des Umsatzes bei den Anbietern von Substituten führen. Die erhöhte Nachfrage nach Produkten der direkten Wettbewerber und der damit verbundene Marktanteilsausbau sind positive Nachrichten für die Investoren der Wettbewerbsfirmen, welche in einem effizienten Kapitalmarkt *ceteris paribus* mit entsprechenden Kursaufschlägen honoriert wer-

[219] Vgl. Bartz, Molchanov und Stork (2013), S. 139 f.
[220] Vgl. Lang und Stulz (1992), S. 47 ff.; Oxley, Sampson und Silverman (2009), S. 1324.
[221] Vgl. Ahmed, Gardella und Nanda (2002), S. 26.
[222] Vgl. Knittel und Stango (2014), S. 33.
[223] Vgl. Williams (2011).

den.[224] Insgesamt wird deutlich, dass die Wettbewerber im Falle eines dominanten Wettbewerbseffekts von der Schwächung der Position des Sponsors und dem darauf zurückzuführenden verminderten Wettbewerb profitieren können.[225] Die Umsatz- als auch Aktienmarktverluste des Sponsors resultieren zumindest teilweise in einem entsprechenden Gewinn auf Seiten der Wettbewerber.[226]

Sippenhafteffekt

Eine gegenläufige Aktienmarktreaktion ergibt sich bei einem dominanten Sippenhafteffekt. Im Gegensatz zum Wettbewerbseffekt führt dieser dazu, dass Sponsor und Wettbewerber gleichfalls negativ von einem entsprechenden Skandal betroffen sind. In der Wissenschaft wurden mit der Accessibility-Diagnosticity Theorie, dem Modell der Aktivierungsausbreitung, der "Theory of Collective Reputations" sowie dem Modell der "Reputation Commons", mehrere, in Teilen interdependente Erklärungsansätze für die Existenz eines (negativen) Spillovers entwickelt:[227]

Auf die Entstehung von positiven wie negativen Spillovereffekten allgemein anwendbare psychologische Erklärungsmodelle sind die von Feldman und Lynch (1988) entwickelte Accessibility-Diagnosticity Theorie[228] sowie das auf Collins und Loftus (1975) zurückzuführende Modell der Aktivierungsausbreitung[229]. Beide Ansätze befassen sich primär mit der Informationsverarbeitung auf der Ebene des einzelnen Konsumenten. Es wird dargelegt wie ein relevantes Ereignis, beispielsweise ein Skandal, nicht nur die Wahrnehmung bzw. Bewertung des Testimonials, sondern auch die der Sponsoren und derer Wettbewerber beeinflussen kann - mit entsprechenden Auswirkungen auf die Kaufabsicht der Konsumenten. Grundannahme der im Rahmen dieser Arbeit im Fokus stehenden Untersuchung der Finanzmarktimplika-

[224] Vgl. Ahmed, Gardella und Nanda (2002), S. 26.
[225] Vgl. Goldman, Peyer und Stefanescu (2012), S. 919.
[226] Vgl. Knittel und Stango (2014), S. 33.
[227] Zur Unterscheidung zwischen den auf dem Prinzip der Kategorisierung beruhenden Theorien und der assoziativen Netzwerktheorie in der Marketingliteratur vgl. auch Lei, Dawar und Lemmink (2008), S. 112.
[228] Vgl. Feldman und Lynch (1988), S. 421 ff.
[229] Vgl. Collins und Loftus (1975), S. 407 ff. sowie Anderson (1983), S. 261 ff.
Teilweise wird das Modell der Aktivierungsausbreitung auch mit der assoziativen Netzwerktheorie gleichgesetzt, vgl. Janakiraman, Sismeiro und Dutta (2009), S. 469; Lei, Dawar und Lemmink (2008), S. 112.

tionen eines entsprechenden Ereignisses ist dabei, dass die Investoren Kenntniss von den Denk- und Verhaltensmustern der Konsumenten haben und diese bei der Kursbewertung adäquat mit einbringen können. Unter der Voraussetzung eines effizienten, d.h. alle für die Preisbildung relevanten Informationen einbeziehenden Marktes kann die Gültigkeit dieses Zusammenhangs zumindest für die Gesamtheit der Investoren als gegeben angenommen werden.[230] Beide Modelle sind daher auch von Relevanz für die in der Kursentwicklung der Wertpapiere manifestierten Einschätzung der Investoren zu den monetären Auswirkungen eines Testimonialskandals auf die Sponsoren und Wettbewerber.

Gemäß des Modelles der Aktivierungsausbreitung wird Wissen zu einem bestimmten Themengebiet innerhalb eines neuronalen Netzwerks in Form von miteinander verbundenen Konzepten (Knotenpunkte) vorgehalten. Wird ein Konzept durch ein bestimmtes auslösendes Ereignis aktiviert, kann dies aufgrund einer bereits bestehenden Verbindung zur Aktivierung weiterer Konzepte führen.[231] So kann beispielsweise ein Testimonialskandal das Konzept der bekannten Persönlichkeit aktivieren, welche über die Testimonialbeziehung mit dem Konzept der beworbenen Marke verbunden ist. Auf diese Verknüpfung ist schließlich der negative Spillover erster Ordnung zurückzuführen.[232] Ob und wie schnell es zu einer Aktivierung zweier verbundener Konzept kommt, hängt davon ab, wie stark die assoziativen Verknüpfungen zwischen den Konzepten ausgeprägt sind. Dies ist wiederum bedingt dadurch, wie häufig die beiden Konzepte in der Vergangenheit gemeinsam aktiviert wurden.[233] Zwischen einem Sponsor und einem Testimonial, das häufig im Zusammenhang mit der beworbenen Marke genannt wird, sollte eine dementsprechend starke assoziative Verknüpfung bestehen.

Auf Basis dieses Grundmodells lässt sich auch der negative Spillover zweiter Ordnung begründen. Die Aktivierung verschiedener, miteinander verbundener Konzepte erfolgt immer dann, wenn die bestehenden Verbindungen zwischen zwei Konzepten

[230] Vgl. Fama (1970), S. 383 ff.
[231] Vgl. Anderson und Pirolli (1984), S. 791; Collins und Loftus (1975), S. 407 ff.
[232] Vgl. Carrillat, d'Astous und Christianis (2014), S. 1026; Till und Shimp (1998), S. 69.
[233] Vgl. Collins und Loftus (1975), S. 407 ff.; Carrillat, d'Astous und Christianis (2014), S. 1026.

ausreichend gefestigt sind. In der Regel ist das Konzept der Marke des Sponsors mit weiteren Konzepten, den Marken der Wettbewerber verbunden. Ein Testimonialskandal aktiviert - entsprechend starke assoziative Verknüpfungen vorausgesetzt - dementsprechend nicht nur das Konzept der Sponsorenmarke, sondern auch die mit dieser verbundenen Konzepte der Wettbewerbermarken. Aus dieser Argumentation wird deutlich, dass ein Spillover zweiter Ordnung nur zu erwarten ist, wenn es sich bei den Wettbewerbern um direkte Konkurrenten handelt, für die eine ausreichend starke Verbindung zum Konzept des Sponsors zu erwarten ist. Für indirekte Wettbewerber dürfte die assoziative Verknüpfung regelmäßig zu schwach ausgeprägt sein.[234] Abbildung 4 verdeutlicht den Zusammenhang.

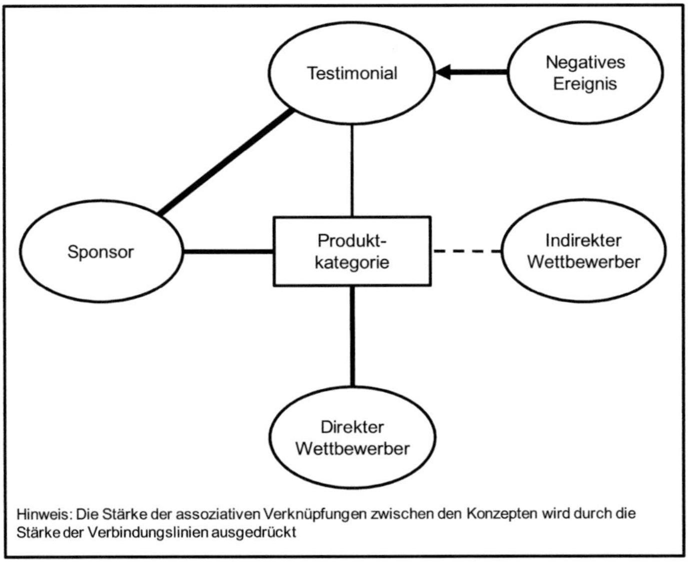

Abbildung 4: Aktivierungsausbreitung bei Testimonialskandalen
Quelle: In Anlehnung an Carrillat, d'Astous und Christianis (2014), S. 1027

In der Marketing- bzw. Managementliteratur wird eine Unterscheidung von direkten und indirekten Wettbewerbern insbesondere im Rahmen der Konkurrenzanalyse dis-

[234] Vgl. Carrillat, d'Astous und Christianis (2014), S. 1026 f.; Borah und Tellis (2016), S. 145; Dahlén und Lange (2006), S. 390; Lei, Dawar und Lemmink (2008), S. 112 f.

kutiert.[235] Wie in Abbildung 5 dargestellt, kann eine diesbezügliche schematische Differenzierung anhand der Dimensionen Produkte und Kunden vorgenommen werden. Direkte Wettbewerber bieten ein zum Sponsor vergleichbares oder zumindest sehr ähnliches Produkt an und richten ihr Leistungsangebot an dieselben Kunden. Indirekte Wettbewerber hingegen offerieren ein nur bedingt vergleichbares Produkt oder fokussieren eine im Vergleich zum Sponsor anders abgegrenzte Zielgruppe.[236] Im Sinne dieser Differenzierung gelten Unilever und Procter & Gamble oder Coca-Cola und PepsiCo als Beispiele für in direktem Wettbewerb zueinander stehende Unternehmen.[237] Für die vorliegende Arbeit ist es von besonderer Bedeutung, dass ein Wettbewerber von den relevanten Stakeholdern (u.a. Konsumenten und Investoren) tatsächlich als ein in direkter Konkurrenz zum jeweiligen Sponsor stehendes Unternehmen wahrgenommen wird. Diesen Aspekt greift Sharp (2009) auf, deren Definition der direkten Wettbewerber neben vorgenannten sachlichen Unterscheidungsmerkmalen auch auf die Wahrnehmung in der Öffentlichkeit abstellt: "[...] direct competitors are the companies readily identified by your customers, named by your trade association, or mentioned in the press in articles about your industry."[238] In Abgrenzung zu indirekten Wettbewerbern zeichnet direkte Wettbewerber demzufolge aus, dass sie mit vergleichbaren Produkten um dieselben Kunden werben und dieser Zusammenhang den relevanten Stakeholdern bekannt und präsent ist.

Die Accessibility-Diagnosticity Theorie erweitert das Modell der Aktivierungsausbreitung um die Perspektive der sogenannten Diagnostizität. Insofern eine Marke A aus Sicht der Konsumenten oder Investoren als ausreichend diagnostisch (d.h. aussagekräftig oder informativ) für eine Marke B wahrgenommen wird, schlussfolgern diese, dass Informationen oder Beobachtungen in Bezug auf Marke A ebenso Gültigkeit in Bezug auf Marke B besitzen. Dies setzt wiederum voraus, dass die Konzepte der

---

[235] Vgl. beispielhaft Bruhn (2015), S. 157.
[236] Vgl. Simon (2008), S. 113.
[237] Vgl. Young und Pagoso (2008), S. 63.
[238] Sharp (2009), S. 69.

Marke A und B zum Zeitpunkt der Beobachtung gemeinsam zugänglich (d.h. aus dem Gedächtnis abrufbar) und damit aktivierbar sind.[239]

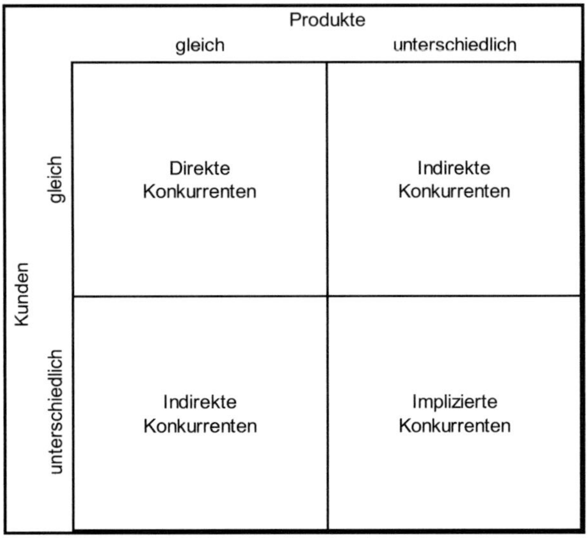

Abbildung 5: Differenzierung direkter / indirekter Wettbewerber
Quelle: In Anlehnung an Simon (2008), S. 113

Neben der aus dem Modell der Aktivierungsausbreitung bekannten Bedingung der Zugänglichkeit (bestehende assoziative Verknüpfung) stellt die Accessibility-Diagnosticity Theorie als zweite Anforderung an das Entstehen eines Spillovers also das Vorliegen ausreichender Diagnostiztät. Angewandt auf den Kontext eines Testimonialskandals bedeutet dies, dass ein negativer Spillover immer dann auftreten kann, wenn das Konzept des Wettbewerbers zusammen mit dem Konzept des Sponsors zum Zeitpunkt des Skandals aktiviert wird (Accessibility) und das Ereignis als diagnostisch für die Wettbewerber wahrgenommen wird - wenn Konsumenten oder Investoren also davon ausgehen, dass ein vergleichbarer Testimonialskandal auch die Wettbewerber betreffen kann (Diagnosticity). Dabei gilt, dass negative Ereignisse im Vergleich zu positiven allgemein eine höhere Diagnostizität aufweisen,

[239] Vgl. Roehm und Tybout (2006), S. 366; Borah und Tellis (2016), S. 144; Dahlén und Lange (2006), S. 389.

was die Wahrscheinlichkeit eines Spillovers erhöht.[240] Die Bedingungen der Accessibilty als auch der Diagnosticity sind in der Regel erfüllt, wenn es sich bei dem von einem Skandal betroffenen Sponsor um ein für die jeweilige (Produkt)Kategorie repräsentatives (d.h. typisches), also in Relation zu den Wettbewerbern vergleichbares Unternehmen handelt, was insbesondere bei direkten Wettbewerbern regelmäßig der Fall ist.[241] Ein Testimonialskandal, welcher ein für die Kategorie repräsentatives Unternehmen betrifft, führt zur Aktivierung der über starke assoziative Verknüpfungen eng mit dem jeweiligen Sponsor verbundenen Konzepte der direkten Wettbewerber. Zudem werden Informationen betreffend ein für die Kategorie repräsentatives Unternehmen, dessen Leistungserbringung per Definition derer der Wettbewerbsunternehmen gleicht, im Allgemeinen als diagnostisch für die Kategorie an sich wahrgenommen.[242] Vor dem Hintergrund, dass direkte Wettbewerber um dieselben Kunden werben, welche unabhängig vom einzelnen Unternehmen durch zielgruppenspezifische Marketingmaßnahmen erreichbar sind, kann diese im Allgemeinen gültige Annahme auch in Bezug auf den Einsatz von Testimonials in der Werbung im Speziellen als gegeben angenommen werden.[243]

Neben den das Phänomen des Spillovers (positiv sowie negativ) im Allgemeinen erklärenden, auf den Informationsverarbeitungsprozess der einzelnen Konsumenten bzw. Investors abstellenden Ansätzen wurden in der Literatur weitere, auf dem Prinzip der Kategorisierung beruhende, insbesondere auch für die Erklärung eines negativen Spillovers geeignete Modelle entwickelt. Diese unterscheiden sich von erstgenannten insbesondere darin, dass nicht die netzwerktheoretische Verbindung zwi-

---

[240] Vgl. Roehm und Tybout (2006), S. 366; Dahlén und Lange (2006), S. 388.
Die höhere Diagnosizität negativer Informationen wird - in Abgrenzung zu positiven - im Allgemeinen mit deren Besonderheit bzw. höheren Eindeutigkeit und dem damit verbundenen höheren Informationsgehalt bei der Kategorisierung/Meinungsbildung begründet. Vgl. hierzu ausführlich Skowronski und Carlston (1987), S. 689ff; Skowronski und Carlston (1989), S. 131ff; Herr, Kardes und Kim (1991), S. 457; Germelmann (2003), S. 80.

[241] Vgl. Janakiraman, Sismeiro und Dutta (2009), S. 469.

[242] Vgl. Roehm und Tybout (2006), S. 366; Borah und Tellis (2016), S. 144; Janakiraman, Sismeiro und Dutta (2009), S. 469 f.

[243] Dies bedeutet wiederum, dass auch wenn Konsumenten oder Investoren sich kein aktuelles Beispiel für den Einsatz eines Testimonials beim Wettbewerber in Erinnerung rufen können, liegt die Vermutung nahe, dass die Wettbewerber zur zielgruppenspezifischen Ansprache der Kunden auf ähnliche Marketingmaßnahmen zurückgreifen, dies in der Vergangenheit getan haben oder zukünftig ggf. beabsichtigen.

schen einzelnen Konzepten (Testimonial - Sponsor - Wettbewerber) im Vordergrund steht, sondern die von einem möglichen Spillover betroffenen Unternehmen als Gruppe gesamthaft betrachtet werden - da beispielsweise eine Differenzierung zwischen den einzelnen Firmen zu aufwendig oder nicht möglich ist. Mit dem Ansatz der sogenannten "Common Third-Party Ties" sowie einem alternativen, auf soziokognitiven Kategorien beruhenden Ansatz stehen hierbei grundsätzlich zwei verschieden theoretisch fundierte Mechanismen zur Verfügung: Der erste Ansatz geht davon aus, dass zwei Firmen durch die gemeinsame Beziehung zu einer dritten Partei miteinander verbunden sind. Beispielhaft können hierzu die Besetzung von Positionen in den Aufsichtsgremien beider Firmen durch dieselbe Person oder die Abschlussprüfung durch dieselbe Wirtschaftsprüfungsgesellschaft genannt werden. Jedoch können auf Basis dieser Begründung keine Spillovereffekte zwischen Firmen erklärt werden, für die eine derartige, für den betrachteten Fall relevante Verbindung durch einen Dritten nicht besteht.[244]

Zur theoretischen Herleitung eines negativen Spillovers in Folge von Testimonialskandalen ist daher vor allem der zweite, auf der Literatur soziokognitiver Kategorien beruhende Ansatz von Relevanz. Unter einer Kategorie wird dabei ein soziokognitives Modell verstanden, welches firmenexterne Stakeholder wie Konsumenten oder Investoren beim Umgang mit Unsicherheit und Komplexität unterstützt. Die Zuordnung vergleichbarer Unternehmen zu einer bestimmten Kategorie ermöglicht es den Stakeholdern schneller und einfacher aus dem Verhalten eines Unternehmens Rückschlüsse auf ein ähnliches zukünftiges Verhalten anderer Unternehmen derselben Kategorie zu ziehen.[245] Desai (2011) beschreibt diesen Zusammenhang in Verbindung mit Reputationskrisen durch die Aussage "audiences use commonalities among organizations to simplify their evaluations when assessing blame".[246] Bei der Beurteilung, inwiefern sich das negative und damit potenziell reputationsschädigende Verhalten eines Unternehmens auf die übrigen Mitglieder derselben Kategorie auswirkt, stützen sich die Stakeholder demnach auf einfach verfügbare Informationen, die ihnen beispielsweise im Zuge der Medienberichterstattung oder eigener Vorkenntnisse

---

[244] Vgl. Diestre und Rajagopalan (2014), S. 1130.
[245] Vgl. Diestre und Rajagopalan (2014), S. 1132; Jonsson, Greve und Fujiwara-Greve (2009), S. 198; Yu, Sengul und Lester (2008), S. 453; Dahlén und Lange (2006), S. 389.
[246] Desai (2011), S. 266.

ohne erweiterten Rechercheaufwand zur Verfügung stehen.[247] In Folge eines Testimonialskandals greifen die Marktteilnehmer auf die Mechanismen der Kategorisierung zurück, um zu bewerten, inwiefern andere Unternehmen einem vergleichbaren Risiko ausgesetzt sind. Die sich daraus ergebende Kategorie wird definiert als "Firmen mit Risiko eines zukünftigen Testimonialskandals".[248] Die Zugehörigkeit zur selben Kategorie kann dabei über die Herstellung ähnlicher Produkte (Substitute) hergeleitet werden - worüber im Gemeinen auch die Zugehörigkeit zur selben Industrie definiert ist. Firmen, welche ähnliche Produkte herstellen, sind häufig durch dieselben Charakteristika gekennzeichnet, verwenden ähnliche Prozesse und weisen homogene Managementpraktiken auf.[249] Die Verwendung ähnlicher Prozesse bezieht sich dabei auf die gesamte Wertschöpfungskette - einschließlich des Marketings.

Zum besseren Verständnis wie sich auf Basis dieser Kategorisierung Spillovereffekte ergeben können eignen sich die von Tirole (1996) entwickelte "Theory of Collective Reputations" sowie das Modell der "Reputation Commons" nach King, Lenox und Barnett (2002).[250] Beide Ansätze gehen davon aus, dass die externen Beobachter das Verhalten der einzelnen Firmen innerhalb einer Kategorie nicht individuell, d.h. unabhängig vom Verhalten der anderen Firmen, beurteilen können. Die Bewertung des Verhaltens einer Firma wirkt sich aufgrund der vorgenommenen Kategorisierung demzufolge immer auch auf die Bewertung der gesamten Kategorie aus. Die daraus abgeleitete Reputation einer Gruppe ist letztlich nur so gut wie die ihrer einzelnen Mitglieder. Wird eine Firma in einen Skandal involviert, schädigt dies nicht nur deren eigenen Reputation, sondern gleichzeitig die der gesamten Gruppe, worauf in letzter Konsequenz alle der Kategorie zugehörigen Firmen von dem Skandal negativ beeinflusst werde.[251] Wie stark ein sich aufgrund der geschädigten Reputation der Kategorie ergebender negativer Spillover ausgeprägt ist hängt dabei auch davon ab, wie ähnlich die der Kategorie angehörenden Unternehmen zu der für das reputationsschädigende Ereignis verantwortlichen Firma sind. Im Allgemeinen gilt, dass Unter-

[247] Vgl. Jonsson, Greve und Fujiwara-Greve (2009), S. 200.
[248] Vgl. Diestre und Rajagopalan (2014), S. 1132; Yu, Sengul und Lester (2008), S. 453.
[249] Vgl. Barnett und King (2008), S. 1152.
[250] Vgl. Tirole (1996), S. 1 ff.; King, Lenox und Barnett (2002), S. 393 ff.
[251] Vgl. Barnett und King (2008), S. 1152.

nehmen, die eine hohe Vergleichbarkeit zur verantwortlichen Firma aufweisen, insbesondere wenn sich diese auf zentrale Aspekte wie wichtige Produktlinien oder das Markenimage bezieht, stärker von einem negativen Spillover in Folge einer die gesamte Kategorie betreffenden Krise betroffen sind.[252] Vergleichbar zu den oben dargestellten netzwerktheoretischen Modellen ist von einem messbaren Spillover in Folge eines Testimonialskandals demnach insbesondere dann auszugehen, wenn es sich bei den mit dem Sponsor über die Zugehörigkeit zur selben Kategorie verbundenen Unternehmen um direkte Wettbewerber handelt. Unter der Annahme einer sich aufgrund der Kategorisierung auf alle (direkten) Wettbewerber erstreckenden Reputationsschädigung können die Wettbewerber nicht in einer dem Wettbewerbseffekt entsprechenden Weise an den Umsatzeinbußen des Sponsors partizipieren. Vielmehr ist die Nachfrage nach den Konkurrenzprodukten im Zuge der auf den Testimonialskandal zurückzuführenden gesamthaft verschlechterten Reputation der Kategorie ebenfalls in Mitleidenschaft gezogen.

Ein weiteres, direkt auf den Aktienmarkt bezogenes Argument für das Entstehen eines negativen Spillovers in Folge von Testimonialskandalen geht aus den Ergebnissen der Untersuchung von Knittel und Stango (2014) hervor. Die für die testimonialintensiven Wettbewerber beobachtete negative Reaktion der Aktienkurse führen die Autoren zurück auf ein von dem Skandal ausgehendes, negatives marktweites Signal bezüglich der mit dem Instrument der Testimonialwerbung verbundenen Risiken.[253] Vergleichbar zu anderen Skandalen, die das Versagen der in einer Organisation etablierten Corporate Governance Strukturen aufdecken und Investoren die Wahrscheinlichkeit eines ähnlichen Fehlverhaltens in den relevanten Peerfirmen überprüfen lassen, kann ein Testimonialskandal dazu führen, dass die Investoren die Effektivität der in den Firmen etablierten Risikomanagementprozesse zur Überwachung des Testimonialrisikos anzweifeln.[254] Den Investoren wird das auf die Testimonials zurückzuführende signifikante, jedoch möglicherweise in den Aktienkursen insgesamt noch nicht (vollständig) eingepreiste Risiko bewusst, weshalb eine Anpassung der verlangten Risikoprämie nicht nur für die Sponsoren, sondern auch für de-

---

[252] Vgl. Desai (2011), S. 266 f.
[253] Vgl. Knittel und Stango (2014), S. 33.
[254] Vgl. Yu, Zhang und Zheng (2015), S. 53; Diestre und Rajagopanlan (2014), S. 1134.

ren Wettbewerber vorgenommen wird. Dies steht im Einklang mit der Feststellung von Popescu (2014), dass (grundlegende) Änderungen in der Wahrnehmung des Testimonialrisikos durch die Marktteilnehmer sich auf den Wert der Unternehmen mit einem potentiellen testimonialbezogenen Reputationsrisiko auswirken können.[255]

Synthese

Die vorstehenden Ausführungen zeigen, dass es im Zusammenhang mit Testimonialskandalen theoriegestützte Argumente sowohl für das Auftreten eines für die Wettbewerber positiven Wettbewerbseffekts als auch eines negativen Sippenhafteffekts gibt. Jedoch konnte durch bisherige Studien lediglich der negative Spillover als Haupteffekt gezeigt werden. Knittel und Stango (2014) dokumentieren einen positiven Spillover ausschließlich für diejenigen Wettbewerber, die selbst keine Testimonials zu Werbezwecken einsetzen. Für die Gesamtheit ihres Datensatzes konnte ein vergleichbarer Effekt nicht gezeigt werden, da testimonialintensive Wettbewerber durch einen Sippenhafteffekt negativ durch den Testimonialskandal beeinflusst wurden.[256] Demgegenüber gelingt es Carrillat, d'Astous und Christianis (2014) auf Basis ihrer Konsumentenbefragung einen negativen Spilloverhaupteffekt für die direkten Wettbewerber eines von einem entsprechenden Skandal negativ beeinflussten Sponsors zu zeigen.[257] Hinzu kommt, dass Investoren im Allgemeinen als risikoavers gelten.[258] Ausgehend von den auf soziokognitiven Kategorien basierenden Erklärungsansätzen zur Existenz von Spillovereffekten in Folge von Unternehmenskrisen stellen Yu, Sengul und Lester (2008) hierzu fest: "When stakeholders conclude that other organizations may face similar crises, they will take action to minimize their downside risk. For example, they may [...] withdraw their investments in these firms."[259] Ein Testimonialskandal ist aus Investorensicht ein mit einem hohen Maß an Unsicherheit verbundenes Ereignis, da die Auswirkungen auf die dem Sponsor nahestehenden Wettbewerbsunternehmen nur schwer zu prognostizieren sind. Dies gilt

[255] Vgl. Popescu (2014), S. 122.
[256] Vgl. Knittel und Stango (2014), S. 33.
[257] Vgl. Carrillat, d'Astous und Christianis (2014), S. 1033.
[258] Vgl. Sharpe (1965), S. 416 ff.
[259] Yu, Sengul und Lester (2008), S. 453.

umso mehr, da diese Unsicherheit nicht ohne eine tiefgründige, zeitaufwändige Analyse behoben werden kann, was insbesondere bei einer Vielzahl von potentiell betroffenen Wettbewerbern nur schwer zeitnah zu realisieren ist. Insofern ist zu erwarten, dass die Mehrheit der Investoren im Zuge des Skandals von einem mit einem aufgrund der Unsicherheit erhöhten Risiko verbundenen Investment in die Aktien der Wettbewerber absieht oder bereits vorhandene Positionen reduziert. Aus der Gesamtbetrachtung dieser Argumente leitet sich daher die Hypothese eines im Durchschnitt negativen Spillovers auf die direkten Wettbewerber in Folge eines Testimonialskandals ab.

Hypothese 1: Testimonialskandale führen zu einem negativen Spillover auf die Wettbewerber der Sponsoren.

3.2.2 Hypothesen zu den Moderationseffekten

3.2.2.1 Vorüberlegungen und Experteninterviews

Bei der Herleitung relevanter Determinanten eines Spillovereffekts in Folge von Testimonialskandalen darf nicht außer Acht gelassen werden, dass das empirische Modell zur Bestimmung des Spillovers auf abnormalen Renditen und damit den Aktienkursen der betrachteten Unternehmen beruht. Folglich muss bei der Hypothesenbildung stets auch die Perspektive der Kapitalmarktteilnehmer Berücksichtigung finden. Aus Sicht des Kapitalmarktes stellt ein durchschnittlicher Testimonialskandal ein vergleichsweise kleines Ereignis dar, welches in Relation zu sogenannten Blockbusterereignissen wie der Bekanntgabe bedeutender Fusionen und Übernahmen oder dem Insolvenzantrag eines Unternehmens nur ein geringes Maß an Aufmerksamkeit auf sich zieht.[260] Aufgrund der Vielzahl von Informationen und Ereignissen, die sich tagtäglich auf die Aktienkurse auswirken, erscheint es unwahrscheinlich, dass die

[260] Beispielsweise zeigen empirische Untersuchungen, dass Unternehmen, die als Ziel eines Übernahmeangebotes genannt werden, allein am Tag der Bekanntgabe eine abnormale Rendite von 3,13% erzielen, vgl. Eckbo (1983), S. 252. Aktien von Firmen, die Insolvenz anmelden müssen, verzeichnen einen durchschnittlichen Verlust von 21,66% innerhalb einen zweitägigen Ereignisfensters, vgl. Lang und Stulz (1992), S. 51. Demgegenüber führt ein durchschnittlicher Testimonialskandal am Tag des Ereignisses lediglich zu einer negativen abnormalen Rendite von -0,29%, vgl. Bartz, Molchanov und Stork (2013), S. 135.
Dabei darf jedoch nicht außer Acht gelassen werden, dass selbst eine geringe relative Veränderung des Aktienkurses bei einem Unternehmen mit einer Marktkapitalisierung von mehreren Milliarden USD einen hohen - auf das Ereignis zurückzuführenden - absoluten Werteffekt impliziert.

Marktteilnehmer die Performanceimplikationen jedes kleineren Ereignisses vollumfänglich analysieren (können) - insbesondere wenn es sich dabei wie im Spilloverkontext um die indirekten Auswirkungen auf die Wettbewerber der für das Ereignis ursächlichen Firma handelt. Daraus kann geschlussfolgert werden, dass relevante Determinanten eines Spillovers, welche auch für vergleichsweise kleine Ereignisse Gültigkeit besitzen, entweder einfach zu beobachten oder Teil des allgemeinen Wissens eines breiten (Investoren)Publikums bezüglich einer Firma oder einer Industrie sein müssen. Um diese Annahmen zu verifizieren, wurden - wie im Folgenden dargestellt - mögliche Spilloverdeterminanten zunächst im Rahmen von Experteninterviews eruiert, bevor die daraus gewonnenen Erkenntnisse vor dem Hintergrund der bereits veröffentlichten Spilloverliteratur gespiegelt wurden.

Das qualitative Experteninterview gilt als ein in der empirischen Forschungspraxis etabliertes Verfahren.[261] Mieg und Brunner (2004) beschreiben die zumeist in Form eines Leitfadeninterviews durchgeführte Befragung von Experten als einen praktikablen Ansatz, um bei "geeigneten Personen zeiteffektiv erfahrungsgestütztes Experten-Wissen abzuholen".[262] Bogner und Menz (2005) differenzieren zwischen drei Typologien des Experteninterviews (explorativ, systematisierend und theoriegenerierend), wobei insbesondere die explorative Form bei der Generierung von Hypothesen zum Einsatz kommt - und damit die Eignung der Methodik des Experteninterviews für die hier relevante Fragestellung verdeutlicht.[263] Bei der Auswahl der Interviewpartner wurde darauf geachtet, ein möglichst breites Spektrum der an den Finanzmärkten vertretenen Akteure abzudecken. So konnten Experten aus den Bereichen Aktienanalyse (sogenanntes Research), mittel- bis langfristig orientiertes Portfoliomanagement sowie dem kurzfristigen Wertpapierhandel (sogenanntes Trading) für die Befragung gewonnen werden. Insgesamt wurden fünf qualitative Interviews im Zeitraum Juni bis Juli 2016 durchgeführt. Im Rahmen einer ersten schriftlichen Kontaktaufnahme wurden die Rahmenbedingungen des Interviews sowie der Hintergrund und die Ziele der Befragung erläutert. Zudem wurde die Anonymität der Per-

[261] Zur Methodik des Experteninterviews vergleiche allgemein Liebold und Trinczek (2009), S. 32 ff. oder Meuser und Nagel (2009), S. 465 ff.
[262] Mieg und Brunner (2004), S. 199.
[263] Vgl. Bogner und Menz (2005), S. 37 ff.

son sowie der durch diese vertretenen Institution zugesichert. Die eigentliche Befragung wurde telefonisch in Form eines offenen Interviews mit Leitfragen durchgeführt. Der hierbei verwendete Gesprächsleitfaden ist in Anhang 1 dargestellt. Die Gesprächsergebnisse wurden anhand der während der Befragung angefertigten Gesprächsnotizen im Nachgang an das jeweilige Interview protokolliert. Die Befragten sind dem mittleren bis höheren Management zuzuordnen und verfügen über mehrjährige relevante Berufserfahrung in Banken, Private Equity Häusern sowie Asset Management Gesellschaften. Im Zentrum der Erhebung stand die Frage, welche Marktmechanismen bzw. Abläufe im Aktienhandel aus Sicht der Befragten zu einer (negativen) Kursreaktion bei den Wettbewerbern eines durch einen (Testimonial-) Skandal betroffenen Unternehmens führen können. Die folgende Auflistung zeigt exemplarisch einige der im Rahmen der Interviews erhaltenen, auf Basis der Gesprächsprotokolle paraphrasiert widergegebenen Antworten:

- *Statement 1: Am aktuellen FIFA-Skandal kann man sehen, dass Sponsorenverträge durchaus Auswirkungen auf die Unternehmen haben. Die Wertauswirkungen eines Testimonialskandals sind im Allgemeinen aber eher gering einzuschätzen, vielleicht zwischen 1-2% Aktienkursveränderung. Um herauszufinden, ob ein Wettbewerber vom Imageproblem des Sponsors profitieren kann, müsste man sich die Wettbewerber im Einzelnen anschauen. (männlich, Portfoliomanager, 40-50 Jahre)*
- *Statement 2: In der Regel kann bei einem Skandal nicht abgeschätzt, nur vermutet werden, wie stark die anderen Hersteller betroffen sind. Daher wird der Sippenhafteffekt pauschal, ohne Anschauung der einzelnen Unternehmen angewandt. Als außenstehender Analyst kann man nicht mehr leisten. Ein Fondsmanager würde ggf. die Gewichtung der gesamten Branche im Fonds herabsetzen. Bei einem Testimonialskandal sollten die Auswirkungen minimal sein. (männlich, Aktienanalyst, 50-60 Jahre)*
- *Statement 3: Analysten und Trader schauen sich die Details eines Skandals gar nicht an. Die Bewertung erfolgt immer nur relativ zur Peergroup. Der Markt operiert vergleichend: Ein Event wie ein Testimonialskandal beeinflusst bspw. Nike, welches als Comparable Company ("Comp") von Adidas gilt. Dadurch verändert sich der Durchschnitt des Comp-Universums, was sich wiederum*

auf die Bewertung von Adidas auswirkt. Das Event zieht letztlich das gesamte Comp-Universum mit hoch oder runter. (männlich, Fondsmanager, 50-60 Jahre)

- *Statement 4: Am VW-Dieselgate Skandal war der Marktmechanismus schön zu beobachten. Hier kam schnell der Verdacht auf, dass die anderen Hersteller ähnliche Probleme haben dürften, die gesamte Branche wurde daraufhin in Haftung genommen. Übertragen auf Testimonialskandale bedeutet dies: Der Welt wird klar, dass Testimonials ein signifikantes Risikoexposure darstellen, das sie bisher nicht berücksichtigt haben. Die Anleger lernen also, dass es ein Risiko gibt, welches ihnen vorher nicht in dem Maße bewusst war. Dies wirkt sich auf den anzuwendenden Diskontfaktor aus. (männlich, Fondsmanager, 50-60 Jahre)*
- *Statement 5. Die Analysten der Wettbewerber reagieren auf die Prognosen/Analysen der Sponsoren und folgern "es ist etwas im Busch". (männlich, Fondsmanager, 50-60 Jahre)*
- *Statement 6: Die Wettbewerber eines von einem Skandal betroffenen Unternehmens werden automatisch in Mitleidenschaft gezogen, da vermutet wird, dass bei ihnen auch etwas Negatives rauskommen könnte. Sie werden sozusagen in Sippenhaft genommen. Das einzelne Unternehmen (Wettbewerber) wird dabei zunächst gar nicht betrachtet. Es interessiert nur die Branche. (männlich, Aktienanalyst, 50-60 Jahre)*
- *Statement 7: Im Wesentlichen kommt es auf die Reaktion der Meinungsführer an. Dies sind diejenigen Institutionen, die als erstes am Markt reagieren und eine gewisse Marktmacht haben. Deren Handeln bringt Bewegung in den Markt. Daraufhin müssen auch andere Marktteilnehmer reagieren/nachziehen, Portfoliomanager schichten um, was letztendlich zu einem sich verstärkenden Effekt (Herdenverhalten) führt. (männlich, Aktienanalyst, 50-60 Jahre)*
- *Statement 8: Beim kurzfristig orientierten Trading kann es in einer Schocksituation, zum sogenannten Contagion kommen, wenn aufgrund des negativen Ereignisses eine Underperformance für den ganzen Sektor vermutet werden kann. (männlich, Aktienhändler, 40-50 Jahre)*

- *Statement 9: Negative Schlagzeilen, die zu einer Abwertung für das direkt betroffene Unternehmen (z.B. Kering) führen, können in Folge einer sektoralen Verbindung (z.B. Luxury Goods) auch die Bewertung von weiteren Unternehmen (z.B. LVMH) des betroffenen Sektors beeinflussen. (männlich, Aktienhändler, 40-50 Jahre)*

Aus den Aussagen der Kapitalmarktexperten können, durch thematisches Ordnen und Vergleichen, mehrere Rückschlüsse gezogen werden.[264] Die sich aus der qualitativen Inhaltsanalyse der Interviews ergebenden Kernaussagen (inklusive der diese stützenden Einzelstatements) sowie der Bezug zu dem in Kapitel 3.1 eingeführten konzeptionellen Modell sind zusammenfassend in Tabelle 6 dargestellt.

Kernaussagen Interviews	Hypothesenbezug	Stützende Statements
Existenz (negativer) Spillovereffekte am Aktienmarkt	H1	S1, S2, S4, S5, S6, S7, S8
Kleines Ereignis, Bedarf umfassender Analyse		S1, S2, S3, S6
Relative/ vergleichende Bewertung am Markt	H2	S3, S4, S5, S7, S8, S9
Bedeutung Branche	H3	S2, S4, S6, S9

Tabelle 6: Kernaussagen Experteninterviews
Quelle: Eigene Darstellung

Zunächst zeigen die erhaltenen Antworten, dass den Befragten das Konzept des Spillovers bekannt ist und derartige Effekte am Kapitalmarkt tatsächlich beobachtbar sind. Die Aussagen der Praktiker stützen damit zusätzlich die in Kapitel 3.2.1 theoretisch hergeleitete Hypothese H1 zur möglichen Existenz eines (negativen) Spillovers in Folge eines Testimonialskandals. Außerdem bestätigen die Interviewpartner, dass es sich bei Testimonialskandalen um aus der Sicht des Kapitalmarktes vergleichsweise wenig einflussreiche, kleine Ereignisse handelt. Dabei waren sich die Experten einig, dass ein entsprechender Skandal in der Regel zu keiner umfassenden Analyse

[264] Zur Vorgehensweise bei der qualitativen Inhaltsanalyse vgl. Meuser und Nagel (2009), S. 467 ff.

der Auswirkungen auf die Wettbewerber führt. Stattdessen werden die Aktien der Wettbewerber relativ zu denen der Sponsoren bewertet, basierend auf der Logik, dass die in den Aktienkursen der Sponsoren enthaltenen Informationen ausreichend aussagekräftig zur Beurteilung der Performanceimplikationen für die Wettbewerber sind. Diese Erkenntniss der Expertenbefragung bildet die Grundlage für den in Hypothese H2 formulierten Wirkzusammenhang (siehe Kapitel 3.2.2.2). Darüber hinaus wurde deutlich, dass weniger das einzelne Wettbewerbsunternehmen als vielmehr die von dem Skandal betroffene Branche an sich im Fokus der Betrachtung steht. Die in Kapitel 3.2.2.3 beschriebene Hypothese H3 greift diesen Sachverhalt auf.

Um die aus der Expertenbefragung generierten Erkenntnisse in für die vorliegende Arbeit relevante Forschungshypothesen überzuleiten, wurden in einem Folgeschritt die aus den Experteninterviews generierten Kernaussagen den Ergebnissen der in Kapitel 2.4 dargestellten ausführlichen Literaturanalyse gegenübergestellt. Dabei sollten in der relevanten Spilloverliteratur bereits erforschte, mit den Aussagen der Experten in Einklang stehenden Spilloverdeterminanten ermittelt werden. Im Rahmen dieser Auswertung konnten zwei Variablen identifiziert werden, die den auf Basis der Expertenbefragung geforderten Merkmalen in besonderer Weise entsprechen und gleichzeitig - wie insbesondere in den Kapitel 2.4.2.1 und 2.4.2.2 dargelegt - in der Spilloverliteratur häufig zitiert wurden: die Aktienmarktperformance des Sponsors in Folge des Ereignisses[265] sowie die in der betroffenen Branche/Industrie vorherrschende Marktkonzentration[266]. Die Variable "Performance des Sponsors" bezieht sich dabei direkt auf die Feststellung der Experten, dass die Bewertung der Auswirkungen des Ereignisses für die Wettbewerber relativ zu der für die Sponsoren erfolgt - wobei die finanziellen Auswirkungen für die Sponsoren durch deren Aktienkursentwicklung signalisiert wird. Daneben bezieht sich die Variable "Marktkonzentration"

---

[265] Vgl. Oxley, Sampson und Silverman (2009), S. 1328; Chen, Ho und Ik (2005), S. 973; Goins und Gruca (2008), S. 23; Kang (2008), S. 546; Doukas et al. (2016), S. 405; Besley, Kohers und Steigner (2007), S. 563; Chen et al. (2007), S. 419; Goldman, Peyer und Stefanescu (2012), S. 924; Yu, Zhang und Zheng (2015), S. 58; Chen et al. (2002), S. 82.

[266] Vgl. Song und Walkling (2000), S. 158; Fosfuri und Giarratana (2009), S. 188; Hadlock und Sonti (2012), S. 200 f.; Oxley, Sampson und Silverman (2009), S. 1330; Chen, Ho und Ik (2005), S. 974; Chen et al. (2007), S. 421 f.; Diestre und Rajagopalan (2014), S. 1141; Goldman, Peyer und Stefanescu (2012), S. 922; Akhigbe (2002), S. 375; Zantout und Chaganti (1996), S. 51.

auf die von den Experten hingewiesene Relevanz der den Sponsor und die Wettbewerber verbindenden Branche. Wie die vorstehende Auswertung der relevanten Spilloverliteratur zeigt, wird die Marktkonzentration regelmäßig zur Abbildung des Branchenumfeldes verwendet, da sie als eine der wesentlichen, messbaren Determinanten zur inhaltlich strukturellen Beschreibung einer Industrie oder Branche gilt.[267] Dem geschuldet steht die Marktkonzentration mitunter auch im Zentrum ganzer Spilloverstudien oder ist Betrachtungsgegenstand wesentlicher Hypothesen.[268] Für beide Variablen kann zudem davon ausgegangen werden, dass die erforderlichen Informationen den Marktteilnehmern ohne hohen Rechercheaufwand zur Verfügung stehen, da sie entweder leicht zugänglich (Aktienkurse) oder Teil der allgemeinen Marktkenntnis eines Aktieninvestors (Struktur einer Industrie) sind.

Auf Basis der hier beschriebenen Vorstudien wurde die Anzahl der im konzeptionellen Modell enthaltenen Moderatorvariablen auf zwei, auch auf den Fall von vergleichsweise kleinen Ereignissen wie Testimonialskandale anwendbare Determinanten des Spillovers limitiert. Aus der im Rahmen dieser Arbeit durchgeführten qualitativen Befragung der Finanzmarktexperten in Kombination mit den Ergebnissen der Literaturanalyse ergaben sich keine Hinweise, dass weitere wesentliche Moderatorvariablen zur adäquaten Beschreibung des Phänomens des Spillovers in Folge von Testimonialskandalen zu berücksichtigen sind. Die Vorgehensweise steht dabei im Einklang mit der Arbeit von Gaur, Malhotra und Zhu (2013), in deren Modell zur Erklärung von Spillovereffekten im Zusammenhang mit der Bekanntgabe von Akquisitionsaktivitäten beide Variablen ebenfalls eine zentrale Rolle einnehmen.[269]

3.2.2.2 Performance des Sponsors

Bisherige Studien zum Spillover erster Ordnung haben gezeigt, dass, obwohl der durchschnittliche Aktienmarkteffekt negativ ist, nicht alle Sponsoren in derselben Weise von einem Testimonialskandal betroffen sind. Während die Wertpapiere einiger Sponsoren mit starken Kursverlusten auf das negative Ereignis reagieren, blei-

[267] Vgl. Geiger und Schiereck (2014), S. 34.
[268] Vgl. Goldman, Peyer und Stefanescu (2012), S. 925 ff.; Geiger und Schiereck (2014), S. 27 ff.
[269] Vgl. Gaur, Malhotra und Zhu (2013), S. 220 f.

ben die Kurse anderer von dem Skandal weitestgehend unberührt.[270] Diese Heterogenität ist in Bezug auf den Spillover zweiter Ordnung von besonderer Relevanz. Studien zur Untersuchung von Spillovereffekten im Zusammenhang mit der Bekanntgabe von Unternehmensinsolvenzen[271], Dividendenzahlungen[272] oder Übernahmeangeboten[273] haben gezeigt, dass Richtung und Effektstärke der sich aus den Ereignissen ergebenden Aktienmarktreaktion für die Wettbewerber davon abhängig sind, in welcher Weise die Aktienkurse der betroffenen Firmen selbst von dem Ereignis beeinflusst wurden.[274] Das Ausmaß der durch die für den Skandal ursächlichen Firma übermittelten (negativen) Information bestimmt demnach die Stärke der Spillovereffekte.[275]

Zum besseren Verständnis dieser Erkenntnisse kann die im Wesentlichen auf Spence (1973) zurückzuführenden Signaltheorie (engl. Signaling Theory) herangezogen werden.[276] Diese wurde ursprünglich am Beispiel des Arbeitsmarktes entwickelt. Aus Sicht von Arbeitgebern ist die Einstellung neuen Personals stets mit Unsicherheit verbunden, da die Leistungsfähigkeit der potentiellen neuen Mitarbeiter vorab nicht direkt beobachtet und damit nur unvollständig beurteilt werden kann. Auf dem Arbeitsmarkt haben demzufolge diejenigen potentiellen Arbeitnehmer die besten

[270] Vgl. Bartz, Molchanov und Stork (2013, S. 140; Louie, Kulik und Jacobson (2001), S. 22.
[271] Vgl. Lang und Stulz (1992), S. 50 ff.
[272] Vgl. Firth (1996), S. 202.
[273] Vgl. Eckbo (1983), S. 251 ff.
[274] Vgl. Gaur, Malhotra und Zhu (2013), S. 219 f.
[275] Vgl. Yu, Zhang und Zheng (2015), S. 58.
[276] Die Signaltheorie steht in engem Zusammenhang mit der auf Jensen und Meckling (1976), S. 305 ff. zurückzuführenden Principal-Agent-Theorie und ist damit gleichfalls der Neuen Institutionen-ökonomik zuzuordnen, welche mit den Voraussetzungen, Konsequenzen und Möglichkeiten der Überwindung von Informationsasymmetrien befasst ist (vgl. Lis und Neßler (2012), S. 254; Sandstede (2010), S. 56 ff.). Allgemein bestehen mit verborgenen Eigenschaften, Absichten und Handlungen drei verschiedene Arten von Informationsasymmetrien (vgl. Gausmann (2008), S. 33; Sandstede (2010), S. 57). Für den hier relevanten Fall der verborgenen Eigenschaften wurden mit dem Screening und Signaling zwei Konzepte zur Überwindung des Problems der asymmetrischen Informationsverteilung definiert. Während beim Screening der schlechter informierte Prinzipal versucht unter Einsatz der eigenen Ressourcen einen Ausgleich der Informationsverteilung herbeizuführend, wird beim Signaling das Informationsdefizit des Prinzipal auf Basis der durch den besser informierten Agenten ausgesandten Signale abgebaut (vgl. Lis und Neßler (2012), S. 253; Sandstede (2010), S. 59 f.; Gausmann (2008), S. 34). Aufgrund bestehender Ressourcenlimitationen sind die Investoren der Wettbewerber auf das Signaling angewiesen, weshalb die Signaltheorie im Fokus der weiteren Betrachtungen steht. Die grundsätzliche Eignung der Signaltheorie zur Interpretation von Ereignisstudienresultaten bestätigen zudem Delattre (2007), S. 58 sowie Johnston (2010), S. 160.

Chancen auf eine Anstellung, die einem Arbeitgeber glaubhaft versichern können, dass sie in der Lage sind, die in sie gesetzten Erwartungen bestmöglich zu erfüllen. Demzufolge haben Arbeitnehmer ein Interesse am Aufbau belastbarer, für potentielle Arbeitgeber vorab beobachtbarer Indikatoren (wie bspw. Bildungsabschlüsse), von denen ein Signal bezüglich der dem Arbeitnehmer zuzuschreibenden Fähigkeiten bzw. dessen zukünftigen Wertes für das Unternehmen ausgeht.[277]

Die Anwendbarkeit der Signaltheorie ist nicht auf den Arbeitsmarkt beschränkt, sondern kann für alle durch den Mechanismus von Angebot und Nachfrage gekennzeichnete Märkte angenommen werden. Darin mit eingeschlossen ist der Aktienmarkt, auf welchem Kauf- und Verkaufsentscheidungen gleichfalls auf Basis nicht vollständiger Informationen getroffen werden.[278] Dies erscheint nicht weiter verwunderlich, bezeichnete Spence (1973) die Einstellung neuen Personals doch selbst als Investitionsentscheidung.[279] Anwendungsfälle der Signaltheorie sind demzufolge regelmäßig Investitionsentscheidungen unter Unsicherheit aufgrund nicht vollständig verfügbarer Informationen bzw. bei Vorliegen von Informationsasymmetrien.[280] Wie auch die im Rahmen dieser Arbeit durchgeführten Experteninterviews bestätigen, trifft dies auf die die Wettbewerber betreffenden Investitionsentscheidungen im Zusammenhang mit Testimonialskandalen zu. Typischerweise verfügen firmenexterne Analysten und Investoren nicht über ausreichend Einblick in Firmeninterna um die Auswirkungen eines Testimonialskandals vollumfänglich, beispielsweise auf Ebene des Umsatzes, bewerten zu können. Hinzu kommen zeitliche, finanzielle und personelle Ressourcenlimitationen, welche insbesondere im Spilloverkontext, innerhalb dessen regelmäßig eine Bewertung der Auswirkungen auf eine Vielzahl zu dem betroffenen Sponsor in Wettbewerb stehenden Unternehmen gefordert ist, zum Tragen kommen.[281]

Auf Basis der Signaltheorie kann nun argumentiert werden, dass Marktteilnehmer, die ein Informationsdefizit aufweisen, auf Signale achten, die durch das Handeln von

[277] Vgl. Spence (1973), S. 355 ff.; siehe auch Akerlof (1970), S. 488 ff.
[278] Vgl. Marcus und Goodman (1991), S. 283.
Zur Breite der Anwendungsmöglichkeiten der Signaltheorie im betriebswirtschaftlichen Kontext, insbesondere im Verhältnis zwischen Unternehmen und Investoren vgl. auch Hof (2017), S. 26 f.
[279] Vgl. Spence (1973), S. 356.
[280] Vgl. Kang (2008), S. 539.
[281] Vgl. Barnett und King (2008), S. 1152; Yu und Lester (2008), S. 95.

aus ihrer Sicht besser informierten Akteuren ausgesandt werden.[282] Voraussetzung dabei ist, dass die ausgesandten Signale aus Sicht der weniger gut informierten Marktteilnehmer wertrelevante Informationen enthalten und ausreichend einfach zugänglich bzw. beobachtbar sind.[283] Im Fall von Testimonialskandalen kann diesbezüglich davon ausgegangen werden, dass die Investoren der Sponsoren aufgrund der tieferen Kenntnis der direkt betroffenen Firma inklusive deren das Testimonial betreffenden Werbeaktivitäten, eines größeren Interesses an einer detaillierten Situationsanalyse sowie eines eventuell vorhandenen Zugangs zum Management die Auswirkungen des negativen Ereignisses besser beurteilen können als die nur mittelbar mit dem Sachverhalt betrauten Investoren der Wettbewerber. Das Handeln der Investoren der Sponsoren am Aktienmarkt birgt daher aus Sicht der Investoren der Wettbewerber relevante Informationen bezüglich der Performanceimplikationen des jeweiligen Testimonialskandals. Folglich beziehen die Investoren bei der Bepreisung des Testimonialskandals, d.h. der Festlegung wie stark und in welcher Richtung sich der Skandal auf die Aktienkurse der Wettbewerber auswirkt, die von den Aktienkursen der Sponsoren ausgehenden Signale mit ein. Dabei sind die Aktienkurse der Sponsoren als Informationsträger in besonderer Weise geeignet, da sie nicht nur die Essenz der Situationsanalyse der Investoren der Sponsoren zum Ausdruck bringen, sondern gleichzeitig die für den Fall kleiner Ereignisse relevanten Kriterien der einfachen Beobachtbarkeit und breiten Verfügbarkeit erfüllen. In letzter Konsequenz besagt die Signaltheorie demnach, dass Investoren, die über nicht ausreichende Informationen verfügen, um eine fundierte Unterscheidung zwischen den von einem Testimonialskandal unmittelbar betroffenen Sponsoren sowie deren Wettbewerbern vorzunehmen, bei der Bepreisung der Wertpapiere der Wettbewerber in Folge des Ereignisses auf eine die Performance des Sponsors mit einbeziehende vergleichende Bewertung zurückgreifen. Aufgrund der dabei implizit vorgenommenen Durchschnittsbildung über alle in der betroffenen Industrie zusammengefassten Unterneh-

[282] Vgl. Goins und Gruca (2008), S. 15.
Während die Signaltheorie ursprünglich im Hinblick auf die absichtliche Kommunikation der Agenten konzipiert wurde, bleibt ihr Anwendungsbereich nicht auf diese beschränkt. So können auch durch das Handeln der Agenten unbeabsichtigt oder zwangsweise ausgesandte Signale auf Grundlage der Signaltheorie untersucht werden. Vgl. Hof (2017), S. 24 f.

[283] Vgl. Johnston (2010), S. 160.

men (Sponsor und relevante Wettbewerber) bewegen sich die Aktienkurse der Wettbewerber in Folge des Skandals in dieselbe Richtung wie die des Sponsors.[284]

In einer der hier angeführten Argumentation nahestehenden Denkweise betrachten einige Autoren die Performance der für das jeweilige Ereignis verantwortlichen Firma auch als Maßstab für die Bedeutung eines Ereignisses. Dabei gilt: je bedeutender das Ereignis, desto größer die direkten Auswirkungen auf die verursachende Unternehmung, desto größer die Wahrscheinlichkeit eines Spillovers und desto größer der sich final auf die Wettbewerber ergebende Spillovereffekt.[285] Die theoretische Begründung dieses Mechanismus steht wiederum im Zusammenhang mit den in Kapitel 3.2.1 diskutierten netzwerktheoretischen Erklärungsansätzen. Die Stärke des die Aktivierungsausbreitung auslösenden Signals beeinflusst, inwieweit die Konzepte der Sponsoren und Wettbewerber gemeinsam aktiviert werden. Ein durch die Veränderung der Wertpapierkurse der Sponsoren signalisiertes bedeutsames Ereignis (starkes Eingangssignal) sollte dementsprechend einen stärker ausgeprägten Spillover zur Folge haben. Ähnliches gilt für das von Knittel und Stango (2014) hervorgebrachte Argument eines negativen marktweiten Signals bezüglich der mit dem Instrument der Testimonialwerbung verbundenen Risiken.[286] Je stärker negativ die Wertpapierrendite der Sponsoren von dem Ereignis beeinflusst wird, desto stärker ist das das Testimonialrisiko repräsentierende, den negativen Spillover auslösende Signal.

In Summe dieser Argumente wird geschlussfolgert, dass die Auswirkungen eines Testimonialskandals auf die Sponsoren ein von den Marktteilnehmern beachteter Indikator zur Beurteilung der Performanceimplikationen für die Wettbewerber sind, weshalb zu erwarten ist, dass die Aktienkurse der Wettbewerber in Folge des Ereignisses in dieselbe Richtung tendieren wie die der jeweiligen Sponsoren und auch die Effektstärke des Spillovers von der Performance der Sponsoren beeinflusst wird.

Hypothese 2: Der negative Spillover auf die Wettbewerber ist umso stärker, je stärker negativ der Einfluss des Testimonialskandals auf die Performance der Sponsoren ist.

---

[284] Vgl. Ni, Li und Flynn (2015), S. 24; siehe dazu auch Statement 3 der Expertenbefragung.
[285] Vgl. Kang (2008), S. 546; Goldman, Peyer und Stefanescu (2012), S. 920.
[286] Vgl. Knittel und Stango (2014), S. 33.

3.2.2.3 Marktkonzentration

Bei der Untersuchung von Spillovereffekten konnte in verschiedenen Forschungsarbeiten gezeigt werden, dass die Marktkonzentration die auf das jeweilige Ereignis zurückzuführende Performance der Wettbewerber beeinflusst.[287] Dabei gilt im Allgemeinen, dass bei einer hohen Marktkonzentration eine geringe Wettbewerbsintensität vorliegt, wohingegen eine niedrige Marktkonzentration mit einer hohen Wettbewerbsintensität einhergeht. Der sich aus der Struktur des betroffenen Marktes und der Performance der Wettbewerber ergebende Zusammenhang kann durch das sogenannte Struktur-Verhalten-Ergebnis Paradigma (engl. Structure-Conduct-Performance, SCP) beschrieben werden. Das in seiner ursprünglichen Fassung im Wesentlichen auf Bain (1951, 1956) zurückzuführende SCP-Paradigma ist ein Modell der Industrieökonomik zur Erklärung von Performanceunterschieden zwischen Firmen.[288] Es unterstellt einen kausalen Zusammenhang zwischen den drei dem Ansatz zugrundeliegenden Konzepten: Die Marktstruktur (Anzahl und Größenverhältnis der Firmen innerhalb einer Industrie) beeinflusst das Marktverhalten (Art der Interaktion der einer Industrie zugehörigen Firmen, bspw. kooperierend oder stark konkurrierend), welches sich wiederum auf die Performance der einzelnen Firmen innerhalb der Industrie auswirkt (z.B. Profitabilität).[289] Oligopolistisch geprägte Industrien mit einer entsprechend hohen Marktkonzentration und einer geringeren Wettbewerbsintensität sind gekennzeichnet durch eine erhöhte Interdependenz der Firmen untereinander. Die Handlungen oder Ereignisse eines Unternehmens haben dementsprechend starke Auswirkungen auf die derselben Industrie angehörenden Wettbewerber. Demgegenüber sind in weniger konzentrierten Industrien, charakterisiert durch eine Vielzahl kleinerer Wettbewerber, die Handlungen oder Ereignisse eines Unternehmens zu unbedeutend, um die anderen im Markt vertretenen Firmen signifikant

---

[287] Vgl. beispielhaft Lang und Stulz (1992), S. 54 ff.; Diestre und Rajagopalan (2014), S. 1145, Chen et al. (2007), S. 436.

[288] Vgl. Bain (1951), S. 293 ff. und Bain (1956), S. 3 ff.

[289] Vgl. Slade (2004), S. 290 ff.; für eine ausführliche Diskussion des SCP-Paradigmas, dessen Awendung sowie Limitationen vergleiche McWilliams und Smart (1993), S. 64 ff.; Morgan (2012), S. 102 ff.

zu beeinflussen.[290] Die Marktkonzentration als eines der wesentlichen Merkmale der Marktstruktur[291] wirkt sich demnach nicht nur gemäß des durch das SCP-Paradigma postulierten Zusammenhangs auf das Marktverhalten aus, sondern ist gleichzeitig ein Indikator dafür, inwiefern das Verhalten eines einzelnen Unternehmens überhaupt dazu geeignet ist einen signifikanten Einfluss auf die Performance der Wettbewerber auszuüben. Dieser grundsätzliche Zusammenhang kann auf die Situation eines Testimonialskandals übertragen werden. Verliert ein Sponsor in Folge eines Testimonialskandals an Umsatz (Marktanteile), ist zu erwarten, dass die vergleichsweise wenigen Wettbewerber auf einem konzentrierten Markt vergleichsweise stark von diesem für sie positiven Umsatzeffekt profitieren können. Demgegenüber findet auf Märkten mit einer geringeren Marktkonzentration aufgrund der höheren Anzahl vorhandener Substitute eine breitere Umverteilung des freiwerdenden Umsatzvolumens statt.[292] Die Vielzahl der Wettbewerber profitiert entsprechend nur marginal von dem Umsatzverlust des Sponsors.

Dieser Mechanismus wird durch weitere, der Literatur der Industrieökonomik entstammende Erkenntnisse gestützt. Auf oligopolistischen Märkten agieren vergleichsweise wenige, jedoch große Firmen mit einem entsprechend hohen Marktanteil. In der Regel stehen diesen umfängliche interne Ressourcen zur Verfügung um die (temporäre) Schwäche eines durch einen Skandal betroffenen Wettbewerbers - beispielsweise durch Preisaktionen oder verstärkte Werbemaßnahmen - auszunutzen. Deren Fähigkeiten, den eigenen Marktanteil auszubauen und Wachstumspotenziale auf Kosten des Wettbewerbers zu generieren, sind aufgrund der vorhandenen internen finanziellen oder organisationalen Ressourcen gut entwickelt.[293] Demgegenüber verfügen die regelmäßig kleineren Wettbewerber auf weniger konzentrierten Märkten nur über begrenzte interne Ressourcen. Dies limitiert deren Möglichkeiten aus den aufgrund eines negativen Ereignisses zum Anbieterwechsel bereiten Kunden Profit zu ziehen. Der Umsatzverlust des Sponsors in Folge eines Testimonialskandals resultiert auf weniger konzentrierten und damit wettbewerbsintensiven Märkten daher

[290] Vgl. Gaur, Malhotra und Zhu (2013), S. 220; Hadlock und Sonti (2012), S. 200; Scherer und Ross (1990), S. 57 ff.
[291] Vgl. Delmore et al. (2002), S. 2135.
[292] Vgl. Hendricks und Singhal (1997), S. 427.
[293] Vgl. Gaur, Malhotra und Zhu (2013), S. 220; Tirole (1988), S. 361 ff.; Chatterjee (1986), S. 122 ff.; Kurt und Hulland (2013), S. 60 ff.

nur in einem (wenn überhaupt) kleinen Zugewinn auf Seiten der Wettbewerber.[294] Einen vergleichbaren Effekt konnten Laux, Starks und Yoon (1998) bei der Untersuchung von Spillovereffekten im Zusammenhang mit der Bekanntgabe von Dividendenänderungen zeigen. Wettbewerber mit einer relativ hohen Marktmacht reagierten positiv auf angekündigte Dividendenerhöhungen und waren immun gegenüber der Ankündigung geringerer Dividendenzahlungen. Ein umgekehrter (negativer) Effekt hingegen ergab sich für Wettbewerber mit einer vergleichsweise geringen Marktmacht.[295]

Ein weiteres Argument für den Einfluss der Marktkonzentration auf die Ausprägung des Spillovers ergibt sich aus der Perspektive der Finanzmarktakteure. Wie bereits erläutert kann aufgrund bestehender zeitlicher und finanzieller Limitationen nicht davon ausgegangen werden, dass ein vergleichsweise kleines Ereignis wie ein Testimonialskandal zu einer detaillierten Analyse der Auswirkungen des Ereignisses auf die über die Industriezugehörigkeit mit der verantwortlichen Firma verbundenen Unternehmen führt - insbesondere wenn die Zahl relevanter Wettbewerber groß ist. In Industrien mit hoher Marktkonzentration ist in der Regel nur eine begrenzte Anzahl gut etablierter Wettbewerber vertreten. Deren Handlungen sind für Analysten und Investoren besser sichtbar, die sich daraus für die Wettbewerber ergebenden Effekte nicht nur vergleichsweise stärker ausgeprägt, sondern auch einfacher zuzuordnen.[296] Diese Marktstruktur ermöglicht es den Finanzmarktakteuren, diejenigen Wettbewerber zu identifizieren, die potenziell von dem Skandals des Sponsors profitieren und auf Basis einer tiefergehenden Analyse die bewertungsrelevante Prognose von Umsatz- und Gewinnentwicklung adäquat anzupassen.

Aus der Gesamtbetrachtung dieser Argumente folgt, dass die Ausprägung des sich in Folge eines Testimonialskandals ergebenden Spillovers auf die Wettbewerber abhängig ist von der innerhalb der jeweils betroffenen Industrie vorherrschenden Marktkonzentration. Erwartungsgemäß wird in einer durch eine hohe (geringe) Marktkonzentration und eine entsprechend kleine (große) Anzahl relevanter Wettbe-

[294] Vgl. Goldman, Peyer und Stefanescu (2012), S. 919; Clougherty und Duso (2009), S. 1372.
[295] Vgl. Laux, Starks und Yoon (1998), S. 9 ff.
[296] Vgl. Fosfuri und Giarratana (2009), S. 181.

werber charakterisierten Industrie der negative Spillover schwächer (stärker) ausgeprägten sein.

Hypothese 3: Der negative Spillover auf die Wettbewerber ist umso schwächer, je höher die Marktkonzentration in der durch den Testimonialskandal betroffenen Industrie ist.

3.3 Überblick Kontrollvariablen

3.3.1 Testimonial- und ereignisbezogene Kontrollvariablen

Zur Beantwortung der Forschungsfragen wurden insgesamt drei Hypothesen entwickelt. Die dabei verwendeten Variablen dienen entweder der Überprüfung des Haupteffekts eines signifikanten Spillovers in Folge von Testimonialskandalen oder wurden aufgrund ihrer prognostizierten Gültigkeit für den Fall kleiner Ereignisse als relevante Determinanten eines solchen identifiziert. Das für diese Arbeit entwickelte konzeptionelle Modell wurde durch eine Reihe von Kontrollvariablen ergänzt. Abbildung 6 stellt diese, gruppiert zu drei inhaltlich abgegrenzten Blöcken, übersichtsartig dar.

Testimonial- und ereignisbezogene Kontrollvariablen	**Unternehmensbezogene Kontrollvariablen**	**Kontextbezogene Kontrollvariablen**
▪ Bekanntheitsgrad Testimonial	▪ Firmengröße	▪ Geografische Nähe
▪ Firmenreputation	▪ Kurs-Buchwert-Verhältnis	▪ Industrie
▪ Fit zwischen Testimonial und Sponsor	▪ Profitabilität	▪ Skandalerfahrung Industrie
▪ Mediale Aufmerksamkeit	▪ Risiko	▪ Zeit
▪ Schwere des Vergehens	▪ Überschüssige Ressourcen	
▪ Testimonialintensität Wettbewerber	▪ Verschuldungsgrad	
	▪ Wachstumsrate	

Abbildung 6: Übersicht Kontrollvariablen
Quelle: Eigene Darstellung

Insgesamt wurden sechs der Testimonialliteratur entlehnte Einflussfaktoren, sieben firmenspezifische Kontrollvariablen, und vier den Kontext beschreibende Parameter berücksichtigt. Diese werden nachfolgend inhaltlich näher beschrieben, die Detaillierung deren Operationalisierung ist Gegenstand des Kapitels 5.2.

Gemäß der in den Kapiteln 2.4.1.2 und 2.4.1.3 dargestellten Literaturauswertung umfasst Block 1 der testimonial- bzw. ereignisbezogenen Kontrollgrößen all jene aus der Literatur zur Testimonial- bzw. Sponsoringforschung abgeleiteten Kontrollvariablen, welche überwiegend bei der Erforschung des Spillovers erster Ordnung zum Einsatz kamen. Diese charakterisieren die Person des Testimonials (Bekanntheitsgrad und Fit), dienen der Beschreibung des Ereignisses (Schwere des Vergehens und mediale Aufmerksamkeit) oder beziehen sich auf im Kontext der Testimonialforschung bedeutende Eigenschaften der durch das jeweilige Skandalereignis betroffenen Firmen (Reputation und Testimonialintensität). Allen Variablen des ersten Blocks ist gemein, dass sie üblicherweise nicht zum Basiswissen der Kapitalmarktakteure gerechnet werden und deren Erhebung mit einem nicht unerheblichen Rechercheaufwand verbunden ist. Die oben formulierten Anforderungen an eine Spilloverdeterminante für den Fall kleiner Ereignisse sind demnach nicht erfüllt, weshalb die folgenden Variablen ausschließlich zu Kontrollzwecken Berücksichtigung finden:

- Bekanntheitsgrad des Testimonials: Der Bekanntheitsgrad eines Testimonials beschreibt dessen Popularität bzw. Reichweite und bildet letztlich die Markenstärke der bekannten Persönlichkeit ab.[297] Das Konzept wird sowohl in Studien zur Untersuchung des aktienkursbezogenen Bewertungseffekts der Bekanntgabe eines neuen Testimonialvertrages[298] als auch bei der Erforschung der Auswirkungen eines Testimonialskandals auf die Sponsoren (Spillover erster Ordnung) berücksichtigt.[299] Die Variable gibt Aufschluss darüber, wie bedeutend oder berühmt die bekannte Persönlichkeit bei Eintritt des Ereignisses war. Implizite Annahme dieser Arbeiten ist, dass Testimonials, die einem breiteren Publikum bekannt sind, zu einem verstärkten Effekt des Ereignisses auf die Aktienkurse der betroffenen Unternehmen führen.
- Firmenreputation: Der Begriff der Firmenreputation ist in der Literatur nicht einheitlich definiert.[300] Eine auf Basis einer breiten Literaturanalyse abgeleitete und für diese Arbeit hinreichende Begriffsbeschreibung stammt von Barnett,

297 Vgl. Elberse und Verleun (2012), S. 157.
298 Vgl. Elberse und Verleun (2012), S. 157.
299 Vgl. Bartz, Molchanov, und Stork (2013), S. 137.
300 Vgl. Gotsi und Wilson (2001), S. 24.

Jermier und Lafferty (2006), welche Firmenreputation als "[...] observers' collective judgement of a coporation based on assessment of the financial, social, and environmental impacts attributed to the corporation over time"[301] bezeichnen.[302] Die Firmenreputation ist demnach ein auf mehreren Indikatoren beruhendes Konzept, welches die öffentliche Wahrnehmung des Unternehmens - dessen Ruf - widerspiegelt. In der Testimonialforschung konnte gezeigt werden, dass Unternehmen, deren beworbene Marken über eine starke Basis verfügen, von der Bekanntgabe eines neuen Testimonialvertrages stärker (im Sinne höherer positiver abnormaler Renditen) profitieren können.[303] Zudem gilt die Reputation eines Unternehmens als wichtiger Puffer gegen die Folgen eines sich auf das Unternehmen negativ auswirkenden Ereignisses.[304] Aus Untersuchungen zu durch defekte bzw. schädliche Produkte ausgelöste Unternehmenskrisen ist beispielsweise bekannt, dass sich Unternehmen mit einer vor Eintreten des negativen Ereignisses guten Reputation besser von den Folgen der Krise erholen bzw. die negativen Auswirkungen insgesamt geringer sind.[305] Außerdem wurde gezeigt, dass das Level der Firmenreputation das Verhalten der Wettbewerber beeinflusst. Die Wettbewerber eines durch ein negatives Ereignis betroffenen Unternehmens mit vergleichsweise hoher Reputation versuchen seltener die Krise des Konkurrenten zu ihrem Vorteil zu nutzen als dies bei einem vergleichbaren Unternehmen mit geringerer Reputation der Fall wäre.[306] Sind mehrere Firmen von einem Ereignis betroffen, ist demnach nicht alleine die Reputation des einzelnen Unternehmens in absoluter Form entscheidend, sondern vielmehr wie die Reputation in Relation zu der der anderen beteiligten Unternehmen ausgeprägt ist. Dies stimmt überein mit der Feststellung von Goins und Gruca (2008), wonach gilt: "[...] reputation is not an absolute measure. Rather, the reputation of one firm has meaning only when compared to other firms"[307]. Zur Berücksichtigung des

301 Barnett, Jermier und Lafferty (2006), S. 34.
302 Für eine ausführliche Diskussion des Reputationsbegriffes vgl. Kirstein (2009), S. 25 ff. sowie Wieland (2014), S. 17 ff.
303 Vgl. Elberse und Verleun (2012), S. 161 ff.
304 Vgl. Coombs (2007), S. 165.
305 Vgl. Siomkos und Shrivartara (1993), S. 72 ff.; Siomkos und Kurzbard (1994), S. 35 ff.
306 Vgl. Siomkos et al. (2010), S. 773.
307 Goins und Gruca (2008), S.15.

dem dieser Arbeit zugrundeliegenden Spilloverkontextes wird dieser Argumentation folgend die Unternehmensreputation von Sponsor und Wettbewerber in Relation zueinander betrachtet.

- Fit zwischen Testimonial und Sponsor: Fit im Sinne dieser Arbeit bezeichnet gemäß Misra und Beatty (1990) einen Zustand in dem "the highly relevant characteristics of the spokesperson are consistent with the highly relevant attributes of the brand".[308] Die sogenannte Match-Up Hypothese, welche den Fit zwischen Testimonial und Sponsor und die sich daraus für den Einsatz des Instruments Testimonialwerbung ergebenden Implikationen zum Betrachtungsgegenstand hat, hat in der Testimonialliteratur ein erhebliches Maß an Aufmerksamkeit erfahren. Gemäß Google Scholar wurde der Effekt des Fits zwischen Testimonial und beworbener Marke zum Stand April 2015 in 980 Publikationen thematisiert.[309] Die Match-Up Hypothese besagt, dass die Effektivität einer Testimonialbeziehung (in Teilen) von dem durch die Konsumenten und anderen Stakeholdern wahrgenommenen Fit zwischen der bekannten Persönlichkeit und der beworbenen Marke abhängig ist. Durch einen hohen Fit können die Wahrnehmung der beworbenen Marke verbessert sowie die Kaufabsicht der Konsumenten gesteigert werden.[310] Als wichtige, den Fit zwischen Testimonial und Sponsor beeinflussende Attribute eines Prominenten gelten: die physische Attraktivität des Testimonials (z.B. bei Beautyprodukten), dessen Glaubwürdigkeit bezüglich der tatsächlichen Nutzung der Produkt des Sponsors sowie die zugesprochene oder nachgewiesene Expertise im Umgang mit den jeweils beworbenen Produkten (z.B. auf Basis des professionel-

---

308 Misra und Beatty (1990), S. 161.
In der Literatur werden die Begriffe Fit, Match-Up und Kongruenzbeziehung oftmals synonym verwendet; vgl. Mishra, Roy und Bailey (2015), S. 1161; Fleck, Korchia und Le Roy (2012), S. 653.

309 Vgl. Wright (2016), S. 26.

310 Vgl. Kamins (1990), S. 9 ff.; Till und Busler (2000), S. 1ff; Wright (2016), S. 26; Kamins und Gupta (1994), S. 570 ff.; Amos, Holmes und Strutton (2008), 216 ff.; Choi und Rifon (2012), S. 639 ff.; Fleck, Korchia und Le Roy (2012), S. 653 ff.; Wright (2016), S. 26 ff.; Mishra, Roy und Bailey (2015), S. 1161 ff.; Carrillat, d'Astous und Lazure (2013), S.17.
Zur theoretischen Begründung der Match-Up Hypothese vgl. Sturm (2011), S. 78 f. und die dort angegebene Literatur.

len Hintergrunds).[311] Aufgrund der insgesamt hohen Bedeutung in der Testimonialliteratur fand die Variable Fit zwischen Testimonial und Sponsor auch regelmäßig Eingang in empirische Untersuchungen des Effekts verschiedener Ereignisse auf die Aktienkurse der betroffenen Unternehmen.[312]

- Mediale Aufmerksamkeit: Mediale Aufmerksamkeit im Sinne dieser Arbeit bezeichnet das Ausmaß der Berichterstattung zu einem bestimmten Ereignis. Durch die Variable soll das zwischen den einzelnen Skandalen divergierende mediale Interesse berücksichtigt werden. Sie ist damit ein Indikator für das durch das jeweilige Ereignis generierte Maß an Publizität, welche anzeigt, ob es sich bei dem jeweiligen Skandal aus Sicht der Medien um ein mehr oder weniger bedeutendes bzw. berichtenswertes Ereignis handelt. Die Berücksichtigung der medialen Aufmerksamkeit ist insbesondere deshalb von hoher Bedeutung, da im Zuge der öffentlichen Berichterstattung durch die Medien - als primärer Informationsquelle - die Wahrnehmung des Ereignisses durch die Konsumenten und Investoren wesentlich geprägt wird. Um diesen Einfluss abzubilden, wurde eine entsprechende Kontrollvariable bereits in vergleichbaren Forschungsarbeiten zu den Aktienmarktimplikationen der Bekanntgabe neuer Testimonialverträge[313] und von Testimonialskandalen[314] berücksichtigt. Darüber hinaus hat auch die Spilloverliteratur gezeigt, dass firmenexternen Intermediären wie beispielsweise den Medien eine nicht zu vernachlässigende Rolle bei der Meinungsbildung von Investoren in Folge negativer Ereignisse zukommt.[315]
- Schwere des Vergehens: In der Testimonialliteratur wird unter der Schwere des Vergehens der durch die Konsumenten bzw. weitere Stakeholder wahrgenommene "degree of negativity"[316] einer Tat oder eines Verhaltens verstanden. Mehrere bestehende Studien führen an, dass die Schwere des durch ein Testimonial begangenen Fehlverhaltens einen signifikanten Einfluss darauf

[311] Vgl. Ohanian (1991), S. 46 ff.; Wright (2016), S. 26; Mishra, Roy und Bailey (2015), S. 1161; Choi und Rifon (2012), S. 640.
[312] Vgl. Bartz, Molchanov und Stork (2013), S. 137; Ding, Molchanov und Stork (2011), S. 156 f.; Elberse und Verleun (2007), S. 155; Fizel, McNeil und Smaby (2008), S. 252 f.
[313] Vgl. Ding, Molchanov und Stork (2011), S. 156.
[314] Vgl. Bartz, Molchanov und Stork (2013), S. 137.
[315] Vgl. Diestre und Rajagopalan (2014), S. 1134; Siomkos et al. (2010), S. 774.
[316] Louie und Obermiller (2002), S. 42.

hat, wie die bekannte Persönlichkeit bzw. das jeweilige Ereignis von den Verbrauchern wahrgenommen wird. Beispielsweise litt das Werbeimage des Boxers Mike Tyson erheblich stärker unter dem Vorwurf einer Vergewaltigung als unter der Anschuldigung der Bestechung von Polizeibeamten. Die Reaktion der Konsumenten hängt demnach auch von dem einen Ereignis zugesprochenen Maß an Negativität ab.[317] Louie, Kulik und Jacobson (2001) konnten diesbezüglich sogar zeigen, dass die Schuldhaftigkeit eines Testimonials für ein negatives Ereignis - ein der Schwere des Vergehens nahestehendes Konzept - ein maßgeblicher Indikator dafür ist, ob die Aktienmärkte negativ auf ein entsprechendes Ereignis reagieren.[318] Der für die empirische Analyse der vorliegenden Arbeit betrachtete Datensatz enthält unterschiedliche Skandale, die eine unterschiedlich stark ausgeprägte wahrgenommene Schwere des Vergehens erwarten lassen. So reicht die Spanne der Ereignisse von Autofahren unter Alkoholeinfluss, über die öffentliche Äußerung rassistischen Gedankenguts bis hin zu Vergewaltigung und Mord. Die Variable Schwere des Vergehens kontrolliert für bestehende Unterschiede in der wahrgenommenen Negativität der unterschiedlichen Ereignisse.

- Testimonialintensität der Wettbewerber: Nach der Definition von Knittel und Stango (2014) gelten all jene Wettbewerber als testimonialintensiv, die von "celebrity endorsements as part of their marketing efforts" [319] Gebrauch machen. Entscheidend ist demnach, dass die Wettbewerber selbst Testimonials im Rahmen ihrer Werbestrategie einsetzen und somit einem dem betroffenen Sponsor vergleichbaren testimonialbezogenen Risiko ausgesetzt sind.[320] Die Autoren werfen in ihrer Untersuchung des Spillovereffekts zweiter Ordnung in

[317] Vgl. Louie und Obermiller (2002), S. 42; Thwaites et al. (2012), S. 667; Akturan (2011), S. 1288.
[318] Vgl. Louie, Kulik und Jacobson (2001), S. 18 ff.; Das von Louie und Kollegen betrachtete Konzept der Schuldhaftigkeit wurde in der vorliegenden Arbeit nicht direkt übernommen, da die für diese Arbeit relevante Skandaldefinition alle Ereignisse ausschließt, für die das Testimonial keine Verantwortung trägt, also keine Schuld hat. Louie und Kollegen sprechen deshalb auch nicht von Skandalen, sondern beziehen sich in ihrer Untersuchung auf die weiter gefasste Definition der "Undesirable Events". Als Beispiel kann die Eiskunstläuferin Nancy Kerrigan genannt werden, die unverschuldet Opfer einer Gewalttat wurde. Dieses Ereignis wurde im Rahmen der vorliegenden Arbeit nicht berücksichtigt, findet jedoch mehrfache Erwähnung in der Arbeit von Louie und Kollegen.
[319] Knittel und Stango (2014), S. 31.
[320] Vgl. Knittel und Stango (2014), S. 31.

Folge des Tiger Woods Skandals die Frage auf, ob der Finanzmarkt bei der Bepreisung des Ereignisses eine Unterscheidung zwischen testimonial-intensiven und nicht-intensiven Wettbewerbern vornimmt. Die Variable Testimonialintensität der Wettbewerber ist der einzige in der bisherigen Testimonialforschung eingeführte Einflussfaktor zur Erklärung der Richtung des Spillovers zweiter Ordnung. Allerdings ergaben die im Rahmen der vorliegenden Arbeit durchgeführten Experteninterviews keinen Hinweis auf eine herausgehobene Bedeutsamkeit für die Kapitalmarktteilnehmer. Zudem ist, in Abgrenzung zu dem von Knittel und Stango (2014) analysierten Tiger Woods Skandal, der Durchschnitt der hier betrachteten Testimonialskandale als aus Kapitalmarktsicht kleines Ereignis zu werten, auf welche die in Kapitel 3.2.2.1 formulierten Anforderungen relevanter Spilloverdeterminanten anzuwenden sind.[321] Von einer zu Knittel und Stango (2014) vergleichbaren, expliziten Betrachtung der Testimonialintensität wird aus Konsistenzgründen daher abgesehen.

3.3.2 Unternehmensbezogene Kontrollvariablen

Block 2 der firmenspezifischen Einflussfaktoren subsummiert diejenigen Kontrollvariablen, deren Relevanz aufgrund ihres Einflusses auf die finanzielle Performance eines Unternehmens im Rahmen von Metaanalysen herausgestellt wurde sowie entsprechende Kontrollgrößen, die insbesondere auch bei der Durchführung von Ereignisstudien Anwendung finden.[322] Es handelt sich somit um Bilanz-, GuV- und bewertungsrelevante Kennzahlen, deren grundsätzlicher Einfluss auf die Börsenbewertung eines Unternehmens bekannt ist und die daher auch bei vergleichbaren, kapitalmarktorientierten Studien regelmäßig als Kontrollvariablen berücksichtigt werden. Auf eine detaillierte Beschreibung der einzelnen Variablen vergleichbar der der testimonialforschungspezifischen wird aufgrund der allgemeinen Verwendung in der Literatur an dieser Stelle verzichtet und stattdessen auf die formale Definition in der

[321] Zur unter den Testimonialskandalen herausragenden Bedeutung des Tiger Woods Ereignisses vgl. Hood (2011), S. 543; Knittel und Stango (2014), S. 24 ff.

[322] Vgl. Capon, Farley und Hoenig (1999), S. 1148 ff.; Edeling und Fischer (2016), S. 526 sowie die Ergebnisse der Literaturanalyse in Kapitel 2.4.

relevanten Literatur zur finanzkennzahlenbasierten Unternehmensanalyse[323] bzw. die die Variable beschreibende Operationalisierung in Kapitel 5.2 verwiesen. Sofern nicht anders angegeben sind die betrachteten Kenngrößen immer auf die Wettbewerber - den Hauptbetrachtungsgegenstand dieser Arbeit - bezogen.

- Firmengröße: Sowohl die Firmengröße des Sponsors als auch die der Wettbewerber kann einen Einfluss auf den skandalinduzierten Spillovereffekt haben. Beispielsweise verfügen größere Firmen in der Regel über effizientere Public Relations und sind daher eher in der Lage auf die öffentliche Meinungsbildung nach einem Skandal Einfluss zu nehmen. Zudem sind größere Firmen häufig stärker diversifiziert, weshalb ein ggf. nur ein einzelnes Segment betreffendes negatives Ereignis zu einer geringeren Reaktion der Aktienkurse des Gesamtunternehmens führt.[324] Um die sich auf die Größenunterschiede zwischen der für das Ereignis verantwortlichen Firma und der Wettbewerber beziehenden Effekte adäquat abzubilden wird in der Spilloverliteratur daher vertreten, die Größe beider Firmen als Kontrollvariable zu berücksichtigen. Dabei wird im Rahmen von Spilloverstudien häufig auf ein relatives, den Größenunterschied in einer Variable berücksichtigendes Größenmaß abgestellt.[325]
- Kurs-Buchwert-Verhältnis: Firmenspezifische Unterschiede im Kurs-Buchwert-Verhältnis sind auf ein unterschiedlich prognostiziertes Niveau des zukünftigen Cashflows, der Wachstumsaussichten sowie der erwarteten Profitabilität zurückzuführen.[326] Dabei gilt das Kurs-Buchwert-Verhältnis zusammen mit dem Kurs-Gewinn-Verhältnis als eine der am häufigsten gebrauchten Kennziffern bei der Multiplikatorenbewertung, woraus sich dessen hohe Beachtung bei Investoren ableitet.[327] Ein negatives Ereignis erhöht die Unsicherheit be-

---

[323] Vgl. beispielhaft Schmidlin (2015), S. 37 ff.; Lummert und Schumacher (2009), S. 51 ff.; Loisbichler, Eisl und Engelbrechtsmüller (2015), S. 33 ff.

[324] Vgl. Barnett und King (2008), S. 1159.

[325] Vgl. Gaur, Malhotra und Zhu (2013), S. 223 f.; Kang (2008), S. 546; Barnett und King (2008), S. 1159; Eckbo und Thorburn (2000), S. 19.

[326] Vgl. Davis, Fama und French (2000), S. 389 ff.; Cohen, Polk und Vuolteenaho (2003), S. 609; Geiger und Schiereck (2014), S. 40.

[327] Vgl. Ernst, Schneider und Thielen (2010), S. 180 ff.

züglich der Prognose der zukünftigen Cashflows, weshalb für Unternehmen, die auf Basis des Kurs-Buchwert-Verhältnisses als vergleichsweise hoch bewertet gelten, im Allgemeinen mit einer stärkeren Abwertung zu rechnen ist.[328]

- Profitabilität: Der Return on Assets (ROA) ist eine der in der Marketingliteratur gebräuchlichsten Kennzahlen zur Messung der finanziellen Performance eines Unternehmen. Aufgrund des relativen Bezugs zur Bilanzsumme ermöglicht der ROA einen direkten Vergleich der Profitabilität von Firmen unterschiedlicher Größenordnung. Firmen mit einem hohen ROA sind profitabler als Unternehmen mit einem niedrigen ROA. Dazu gilt der ROA als vergleichsweise stabiles Rentabilitätsmaß - z.B. verglichen mit dem Return on Equity - und kann auch für Firmen mit negativem Eigenkapital berechnet werden.[329]
- Risiko: Neben Profitabilitäts- und Wachstumsaspekten hat das mit einer Investition verbundene Risiko einen entscheidenden Einfluss auf die Aktienkurse. Investoren unterscheiden Firmen demnach nicht nur in Bezug auf die Performance am Produktmarkt, sondern berücksichtigen auch mit welchem Risiko eine Investitionsentscheidung einhergeht. Durch den Einbezug einer das firmenspezifische Risiko abbildenden Kenngröße kann in Modellen zur Erklärung von Performanceunterschieden für risikobezogene Differenzen kontrolliert werden.[330]
- Überschüssige Ressourcen: Überschüssige bzw. ungebundene Ressourcen erhöhen die Flexibilität eines Unternehmens auf Umweltveränderungen und die sich daraus ergebenden Chancen oder Risiken zeitnah zu reagieren.[331] In Folge eines Testimonialskandals sind Wettbewerber, die über ausreichend ungebundene Ressourcen verfügen daher eher in der Lage die sich aufgrund der Schwäche des Sponsors ergebenden Opportunitäten auszunutzen bzw. Maßnahmen zu ergreifen, um die Effekte eines negativen Spillovers einzudämmen. Allerdings sind ungenutzte und daher unproduktive Ressourcen

[328] Vgl. Geiger und Schiereck (2014), S. 40; Boyd, Chandy und Cunha (2010), S. 1169.
[329] Vgl. Rust und Huang (2012), S. 56.
[330] Vgl. Conchar, Crask und Zinkhan (2005), S. 452; Hirschey (1985), S. 94.
[331] Vgl. Bourgeois (1981), S. 31; Nohria und Gulati (1996), S. 1245 f.

auch mit Opportunitätskosten verbunden, welche sich negativ auf den Firmenwert auswirken.[332]

- Verschuldungsgrad: Der Verschuldungsgrad wird in der Literatur insbesondere als Maßstab für das Risiko in der Finanzierungsstruktur eines Unternehmens sowie darüber hinaus als Indikator für dessen finanzielle Flexibilität betrachtet. Ein hoher Verschuldungsgrad bildet ein erhöhtes Risiko in der Finanzierungsstruktur eines Unternehmens ab und gilt als Indikator eines gesteigerten Insolvenzrisikos.[333] Unternehmen mit einem erhöhten Verschuldungsgrad werden demzufolge als risikoreicheres Investment betrachtet. Zudem unterliegen Unternehmen mit einem geringeren Verschuldungsgrad in der Regel geringeren Ressourcenrestriktionen und können daher flexibler auf sich verändernde Umwelteinflüsse oder die Handlungen eines Wettbewerbers reagieren.[334]
- Wachstumsrate: Firmen unterscheiden sich in ihrer historischen Wachstumsrate, wobei diese als Indikator für zukünftiges Wachstum betrachtet wird. Unterschiedliche Wachstumsraten können neben allgemeinen Industrietrends und dem jeweiligen Lebenszyklus auf in den einzelnen Firmen verschieden stark entwickelte Fähigkeiten zur Nutzung von Wachstumspotenzialen zurückzuführen sein.[335] Wettbewerber, bei denen diese Fähigkeiten vergleichsweise gut ausgeprägt sind, könnten daher von den sich aus der Schwäche des Sponsors ergebenden Wachstumschancen stärker profitieren. Für diesbezügliche firmenspezifische Divergenzen zwischen den Wettbewerbern soll durch die Berücksichtigung der historischen Wachstumsrate kontrolliert werden.

3.3.3 Kontextbezogene Kontrollvariablen

Block 3 umfasst vornehmlich aus der Spilloverliteratur abgeleitete Kontrollvariablen, die sich nicht auf das jeweils betrachtete Ereignis oder die zu untersuchende Firma beziehen. Vielmehr wird für unterschiedliche Rahmenbedingungen kontrolliert, vor

[332] Vgl. Lee und Grewal (2004), S. 161.
[333] Vgl. Groening, Mittal und Zhang (2016), S. 66.
[334] Vgl. Kurt und Hulland (2013), S. 58; Homburg, Vollmayr und Hahn (2014), S. 49.
[335] Vgl. Homburg, Vollmayr und Hahn (2014), S. 46; Gaur, Malhotra und Zhu (2013), S. 223.

deren Hintergrund das jeweilige Ereignis bzw. die zugehörigen Firmen zu betrachten sind. Die hier berücksichtigten Kontrollvariablen wurden - wie in den Kapiteln 2.4.2.1 und 2.4.2.2 dargelegt - in der bestehenden Spilloverliteratur wiederkehrend verwendet und sind zudem, in Abgrenzung zu einer Vielzahl untersuchungsobjektspezifischer Variablen, auch auf den Kontext eines Testimonialskandals anwendbar.

- Geografische Nähe: Das aus der Spilloverliteratur abgeleitete Konzept der geografischen Nähe bezieht sich auch die geografische Distanz zwischen der Lokalität zweier konkurrierender Firmen. Die geografische Nähe wird als Indikator dafür gesehen, ob die beiden Unternehmen in einer mehr oder weniger starken Wettbewerbsbeziehung zueinander stehen - wobei eine geringe geografische Distanz auf einen intensivierten Wettbewerb schließen lässt.[336] Außerdem kann auf Basis der geografischen Nähe auf eine organisationale Ähnlichkeit zweier Firmen geschlossen werden. So unterliegen Firmen desselben territorialen Gebiets ähnlichen (lokalen) regulatorischen Vorgaben, greifen auf dieselben Lieferanten zurück oder rekrutieren ihre Mitarbeiter aus demselben Ressourcenpool. Dies führt in letzter Konsequenz dazu, dass sich die Geschäftspraktiken und Prozesse geografisch nahestehender Unternehmen - beispielsweise auch in Bezug auf die Kontrolle des Testimonialrisikos - angleichen.[337] Beide Argumentationslinien lassen erkennen, dass die Ausprägung eines möglichen Spillovers in Folge eines Testimonialskandals durch die geografische Nähe zwischen Sponsor und Wettbewerber bedingt sein kann. Da der Firmensitz der im Rahmen dieser Arbeit untersuchten Unternehmen teilweise außerhalb der USA angesiedelt ist, wird die lokale Distanz zwischen Sponsoren und Wettbewerber als Kontrollvariable berücksichtigt.
- Industrie: Die im Rahmen der vorliegenden Arbeit analysierten Testimonialskandale beziehen sich auf Sponsoren und Wettbewerber unterschiedlicher Industrien. Um mögliche, das Ergebnis der Regressionsanalyse beeinflussende Effekte industriespezifischer Heterogenität abzubilden, wird analog zu ver-

---

336 Vgl. Zucker (1989), S. 542 ff.; Clougherty und Duso (2009), S. 1372.
337 Vgl. Diestre und Rajagopalan (2014), S. 1137.

gleichbaren Untersuchungen eine entsprechende Kontrollvariable in das empirische Modell mit aufgenommen.[338]

- Skandalerfahrung Industrie: Unter der Skandalerfahrung einer Industrie werden im Sinne dieser Arbeit industriespezifische Unterschiede in Folge zu dem Betrachtungsgegenstand vergleichbaren Ereignissen in einer zeitlich nahegelegenen Vorperiode verstanden. In ihrer Analyse von Spillovereffekten im Zusammenhang mit der Bekanntgabe eingeleiteter Untersuchungen bezüglich des Verdachts auf Rechnungslegungsbetrug durch die amerikanische Securities and Exchange Commission (SEC) kontrolliert Kang (2008) für diesbezügliche Unterschiede zwischen den in der Studie betrachteten Industrien.[339] Dadurch kann abgebildet werden, dass Investoren eines in einer skandalträchtigen Industrie operierenden Unternehmens ggf. anders auf das Bekanntwerden eines negativen Ereignisses reagieren als dies auf diesbezüglich unerfahrene Investoren zutrifft. Vergleichbar hierzu kann der Spillovereffekt in Folge eines Testimonialskandals davon abhängen, ob die Investoren aufgrund eines ähnlichen Skandals in der betroffenen Industrie bereits Erfahrungen mit den Auswirkungen eines solchen Ereignisses sammeln konnten. So sollte das Testimonialrisiko in den Wertpapierkursen einer unlängst von einem vergleichbaren Ereignis betroffenene Industrie besser reflektiert (eingepreist) sein. In einer zu Kang (2008) vergleichbaren Vorgehensweise werden derartige Unterschiede zwischen den einzelnen Ereignissen der Stichprobe im Rahmen einer Kontrollvariable berücksichtigt.
- Zeit: Das Instrument der Testimonialwerbung wird bereits seit mehreren Dekaden eingesetzt und ist dabei strukturellen Änderungen unterworfen. Bereits Agrawal und Kamakura (1995) weisen darauf hin, dass aufgrund steigender Kosten mit geringeren Erlösen aus dem Einsatz von Testimonials zur Bewerbung von Produkten und Marken zu rechnen ist.[340] Daran anknüpfend führen Ding, Molchanov und Stork (2011) die im Durchschnitt insignifikanten abnor-

[338] Vgl. Chen et al. (2013), S. 1624; Rust und Huang (2012), S. 57; Banerjee, Prabhu und Chandy (2015), S. 19; Diestre und Rajagopalan (2014), S. 1142; Homburg, Vollmayr und Hahn (2014), S. 46; Barnett und King (2008), S. 1159; Yu, Zhang und Zheng (2015), S. 65.

[339] Vgl. Kang (2008), S. 546.

[340] Vgl. Agrawal und Kamakura (1995), S. 60.

malen Renditen ihrer Untersuchung der Bekanntgabe neuer Testimonialverträge auf eine gegenüber früheren Studien gestiegen Vergütung der Testimonials sowie erhöhte sonstige Kosten zur Durchführung der Werbekampagnen zurück.[341] Zudem belegen zahlreiche Untersuchungen, dass das Instrument der Testimonialwerbung in verschiedenen Zeit- und Kulturräumen unterschiedlich intensiv eingesetzt wurde bzw. wird[342] und sich die Wahrnehmung von Skandalen durch die Konsumenten über die Jahre verändert hat.[343] In Übereinstimmung mit vergleichbaren Arbeiten wird durch eine Dummy-Variable für sich aus dem Zeitablauf ergebende Unterschiede zwischen den Ereignissen kontrolliert.[344]

3.4 Zwischenfazit

Das zur Beantwortung der Forschungsfragen entwickelte konzeptionelle Modell wurde auf Basis von fünf Experteninterviews sowie einer ausführlichen, insbesondere auf die Testimonial- sowie Spilloverforschung ausgerichteten Literaturrecherche hergeleitet. Als Haupteffekt wird ein im Durchschnitt aller betrachteter Testimonialskandale negativer Spillover auf die Wettbewerber prognostiziert. Spillovereffekte können im Allgemeinen durch die Accessibility-Diagnosticity Theorie, das Modell der Aktivierungsausbreitung sowie die Theory of Collective Reputations und das Modell der Reputation Commons begründet werden. Ausschlaggebend für die Vermutung eines dominanten negativen Spillovers in Folge von Testimonialskandalen sind zunächst die Ergebnisse der bisherigen Forschungsarbeiten, welche als signifikanten Haupteffekt nur einen negativen Spillover empirisch zeigen konnten. Dazu kommt die allgemeine Feststellung, dass als risikoavers geltende Investoren bei hoher Entscheidungsunsicherheit aufgrund der schwer zu bewertenden Implikationen für die Wett-

341 Vgl. Ding, Molchanov und Stork (2011), S. 159 ff.

342 Vgl. Schimmelpfennig und Hollensen (2016), S. 7 ff.

343 Siehe hierzu vergleichbar die Veränderung ethisch-moralischer Werturteile/ Normen im Zeitablauf, Hottenrott, Thorwarth und Wey, (2016), S. 20.

344 Vgl. Bartz, Molchanov, und Stork (2013), S. 137; Raassens, Wuyts und Geyskens (2012), S. 687; Barnett und King (2008), S. 1159; Diestre und Rajagopalan (2014), S. 1142; Kang (2008), S. 546; Yu, Zhang und Zheng (2015), S. 65; Chen, Ganesan und Liu (2009), S. 220; Tipton, Bharadwaj und Robertson (2009), S. 236.

bewerber tendenziell eine Reduktion der Risikopositionen einer Aufstockung des Anteilsbesitz in den fraglichen Unternehmen vorziehen.

Ein gegenteiliges Handeln der Investoren bedürfte einer detaillierten Analyse des Ereignisses sowie der sich daraus auf dem Produktmarkt für die Wettbewerber ergebenden Opportunitäten. Die mit den Finanzmarktexperten durchgeführten Interviews legen jedoch nahe, dass eine derart umfassende Situationsbeurteilung für die Vielzahl der Wettbewerber aufgrund von Zeit- und Ressourcenrestriktionen nicht zu erwarten ist. Als relevante Spilloverdeterminanten wurden mit der Performance des Sponsors und der Marktkonzentration daher zwei Einflussfaktoren identifiziert, die einfach zu beobachten und/oder Teil des den Finanzmarktteilnehmern üblicherweise zugesprochenen Wissens zu einer Industrie bzw. Firma sind. Basierend auf der Signaltheorie sowie dem Struktur-Verhalten-Ergebnis Paradigma wird erwartet, dass der negative Spillovereffekt durch eine verstärkt negative Beeinflussung des Sponsors verstärkt, jedoch durch eine erhöhte Marktkonzentration (d.h. weniger Wettbewerb) abgeschwächt wird. Neben den beiden auf Hypothese 2 und 3 bezogenen Spilloverdeterminanten wird das konzeptionelle Modell ergänzt um sechs der Testimonialforschung entliehene, sieben firmenspezifische sowie vier den Kontext des Skandals beschreibende Kontrollvariablen.

4 Zur Untersuchungsmethodik der Ereignisstudie

4.1 Ursprung, Zielsetzung und wissenschaftliche Einordnung

Zur Überprüfung der Auswirkungen spezifischer Ereignisse auf den Börsenwert von Unternehmen hat sich in der empirischen Kapitalmarktforschung das Konzept der Ereignisstudie etabliert.[345] Bereits 1933 veröffentlichte Dolley seine Untersuchung zur Auswirkung von Aktiensplits auf die Aktienkurse der betroffenen Unternehmen.[346] Grundlage der Ereignisstudienkonzeption in ihrer heutigen Form bilden die Arbeiten von Ball und Brown (1968) sowie Fama et al. (1969).[347] Wesentliche konzeptionelle Ergänzungen und Weiterentwicklungen gehen auf die Untersuchungen von Brown und Warner in den Jahren 1980 und 1985 zurück.[348] Eine grundlegende Aufarbeitung und Zusammenfassung der Methodik finden sich in MacKinlay (1997) sowie in den Arbeiten von Peterson (1989), Armitage (1995), McWilliams und Siegel (1997) und Kothari und Warner (2007).[349]

Theoretische Grundlage einer jeden Ereignisstudie bildet die sogenannte Effizienzmarkthypothese, gemäß der unter Annahme zumindest halbstrenger Informationseffizienz der Kapitalmarkt alle öffentlich verfügbaren Informationen unmittelbar nach deren Bekanntwerden in den Kursen der Wertpapiere berücksichtigt. Der Kurs eines Wertpapiers ergibt sich dabei aus der Summe aller zukünftig erwarteter, diskontierter Zahlungsströme an die Kapitalgeber.[350] Ereignisse, welche eine Anpassung der Erwartungen der Marktteilnehmer an die zukünftig zu realisierenden Cashflows oder den Diskontierungszinssatz bedingen, werden dementsprechend unmittelbar im Börsenkurs des betroffenen Unternehmens abgebildet. Trotz der auf einen bestimmten Zeitpunkt bezogenen Betrachtungsweise gelten Ereignisstudien daher als ein in die

---

345 Vgl. Bruner (2002), S. 50; Danbolt (2004), S. 90; Peterson (1989), S. 36; Goerke (2009), S. 467.
346 Vgl. Dolley (1993), S. 316 ff.
347 Vgl. Ball und Brown (1968), S. 162 ff.; Fama et al. (1969), S. 3 ff.
348 Vgl. Brown und Warner (1980), S. 205 ff.; Brown und Warner (1985), S. 3 ff.
349 Vgl. MacKinlay (1997), S. 13 ff.; Peterson (1989), S. 36 ff.; Armitage (1995), S. 25 ff.; McWilliams und Siegel (1997), S. 626 ff.; Kothari und Warner (2007), S. 4 ff.
350 Vgl. Fama (1970), S. 383 ff.; Armitage (1995), S. 25; Delattre (2007), S. 58; Goerke (2009), S. 468.

Zukunft gerichtetes Analyseinstrument.[351] Da der Ansatz jedoch nicht auf tatsächlich realisierten Zahlungsströmen, sondern ausschließlich auf der Prognose von Investoren beruht, wird die Eignung der Ereignisstudienmethodik zur Abbildung langfristiger Effekte in der Literatur teilweise kritisch diskutiert. Studien, welche die im Rahmen von Ereignisstudien berechneten kurzfristigen abnormalen Renditen mit der nach dem Ereignis realisierten langfristigen Unternehmensperformance (z.B. auf Basis realisierter Cashflows, ROA) vergleichen, gelangen zu divergierenden Ergebnissen. Die Eignung abnormaler Renditen zur Abbildung zukunftsbezogener Performancewirkungen eines Ereignisses und damit verbunden die Gültigkeit der Effizienzmarkthypothese konnten insgesamt jedoch nicht widerlegt werden.[352] Nichtsdestotrotz wurden für die Untersuchung längerfristiger Effekte neben der Ereignisstudie weitere, alternative Verfahren wie beispielsweise der Kalenderzeitportfolio-Ansatz entwickelt.[353] Der Vorteil der Ereignisstudienmethodik gegenüber diesen alternativen Ansätzen liegt insbesondere in dem methodenimplizit eindeutig ableitbaren Kausalzusammenhang zwischen dem betrachteten Ereignis und der Entwicklung der Wertpapierkurse der betroffenen Firmen begründet. Srinivasan und Hanssens führen dazu aus: "Indeed, event studies are designed as controlled quasi experiments, in which the postevent behavior of the stock price is tested relative to the expected preevent behavior, so the causal inference is direct."[354] Aufgrund dieser Eigenschaft findet die Ereignisstudie mittlerweile sogar Anerkennung in auf Kapitalmarktvergehen bezogenen Gerichtsverfahren.[355]

4.2 Methodische Grundlagen und Gestaltungsvarianten

4.2.1 Überblick zur Methodik von Ereignisstudien

Die bisher veröffentlichten Ereignisstudien unterscheiden sich vielfach im Hinblick auf die Art des betrachteten Ereignisses, die Zielsetzung und methodische Ausgestal-

---

[351] Vgl. Beitel (2002), S. 90; McWilliams und Siegel (1997), S. 630; Campbell, Lo und MacKinlay (1997), S. 149; Delattre (2007), S. 58.
[352] Vgl. Thanos und Papadakis (2012), S. 126 und die dort angegebene Literatur.
[353] Vgl. Srinivasan und Hanssens (2009), S. 301; Goerke (2009), S. 483; Kothari und Warner (2007), S. 20 ff.
[354] Srinivasan und Hanssens (2009), S. 295.
[355] Vgl. Müller (2015), S. 251 ff.

tung. Nichtsdestotrotz folgen die verschiedenen Ereignisstudien einem im Grunde einheitlichen Aufbauschema.[356] Eine Beschreibung dieser Vorgehensweise findet sich beispielsweise in MacKinlay (1997) oder McWilliams und Siegel (1997):[357]

1. Definition und Identifikation des Ereignisses
2. Aufstellen von Hypothesen zur Kurswirkung
3. Ermittlung von Ereigniszeitpunkt und Festlegung der Ereignisperiode
4. Berechnung der ereignisinduzierten (kumulierten) abnormalen Renditen
5. Test, Analyse und Interpretation der Ergebnisse

In einem ersten Schritt gilt es das im Rahmen der Ereignisstudie zu untersuchende Ereignis genau zu definieren und abzugrenzen. Diesbezüglich sind zunächst allgemeine Aussagen zur Art des Ereignisses zu treffen, welche in der Regel eine Vielzahl von Unternehmen betreffen können.[358] Die hierbei getroffene Festlegung bildet die Grundlage für die Zusammenstellung der Untersuchungsstichprobe.

Basierend auf der Definition des Ereignisses und unter Einbezug bisheriger Forschungserkenntnisse sind in einem zweiten Schritt geeignete Hypothesen bezüglich der Kurswirkung des zu untersuchenden Ereignisses herzuleiten.[359] Ziel des gesamten Ereignisstudiendesigns ist die Überprüfung dieser Hypothesen und die daraus abgeleitete Beantwortung der Forschungsfragen.

Für jedes identifizierte Ereignis muss in einem dritten Schritt der genaue Zeitpunkt der Ankündigung bzw. des Bekanntwerdens ermittelt werden. Hierzu bedarf es einer einheitlichen, vordefinierten Vorgehensweise, die eine möglichst präzise Ermittlung des relevanten Ereignisdatums gewährleistet.[360] Zudem gilt es mit der Ereignisperio-

[356] Vgl. Bowman (1983), S. 561 ff.; Campbell, Lo und MacKinlay (1997), S. 150 ff.; Delattre (2007), S. 59 ff.
[357] Vgl. MacKinlay (1997), S. 14 f.; McWilliams und Siegel (1997), S. 651 ff.
[358] Vgl. Groth (2006), S. 173; Bowman (1983), S. 563 f.; Goerke (2009), S. 468 f.; Hauser (2003), S. 133.
[359] Vgl. McWilliams und Siegel (1997), S. 651; Goerke (2009), S. 469.
[360] Vgl. Hauser (2003), S. 134.

de einen Zeitraum festzulegen, innerhalb dessen die durch das jeweilige Ereignis verursachten Kursreaktionen erwartet werden.[361]

Den methodischen Kern der Ereignisstudienmethodik bildet die Trennung ereignisunabhängiger, den Gesamtmarkt betreffender Kursveränderungen von ereignisinduzierten Kursveränderungen.[362] Für den Zeitraum der Ereignisperiode werden dazu die sogenannten abnormalen Renditen berechnet, welche den Maßstab für die Beurteilung einer Kapitalmarktreaktion auf das zu untersuchende Ereignis darstellen. Die abnormalen Renditen bezeichnen dabei die Abweichung einer tatsächlich am Markt beobachtbaren Rendite eines Wertpapiers von einer mittels eines Preisbildungsmodells ermittelten erwarteten Rendite.[363] In der Regel werden die auf Tagesbasis berechneten abnormalen Renditen über den Ereigniszeitraum und die Untersuchungsunternehmen aggregiert, um verallgemeinerbare Aussagen bezüglich der Gesamtheit der in der Stichprobe enthaltenen Unternehmen treffen zu können.[364]

Abschließend sind die gewonnenen Ergebnisse auf statistische Signifikanz zu prüfen und in Bezug auf die Zielsetzung der Arbeit sowie die zuvor hergeleiteten Hypothesen zu interpretieren.[365]

4.2.2 Identifikation von Ereigniszeitpunkt, Ereignis- und Schätzperiode

Der Identifikation des zeitlich und inhaltlich "richtigen" Ereigniszeitpunktes kommt bei der Durchführung einer Ereignisstudie eine besondere Bedeutung zu, da die hierbei getroffene Festlegung einen signifikanten Einfluss auf die Messung der Renditen hat.[366] Diesbezüglich demonstrieren Brown und Warner (1980), dass die korrekte Bestimmung des Ereignistages die Qualität der mit einer Ereignisstudie zu erzielenden Ergebnisse maßgeblich beeinflusst.[367] Abhängig von der Art des zu untersuchenden Ereignisses lässt sich dieser Zeitpunkt unterschiedlich treffsicher bestim-

---

[361] Vgl. MacKinlay (1997), S. 14.
[362] Vgl. Kothari und Warner (2007), S. 9.
[363] Vgl. MacKinlay (1997), S. 15; Peterson (1989), S. 36.
[364] Vgl. Bowman (1983), S. 569 f.; Kothari und Warner (2007), S. 9 f.
[365] Vgl. McWilliams und Siegel (1997), S. 653; Hauser (2003), S. 134.
[366] Vgl. Armitage (1995), S. 34; Goerke (2009), S. 469; Kaup (2008), S. 53; Peterson (1989), S. 37; Delattre (2007), S. 59.
[367] Vgl. Brown und Warner (1980), S. 224 ff.; Peterson (1989), S. 55 f.

men.[368] Testimonialskandale sind per Definition nicht vorhersehbare Ereignisse.[369] Für die überwiegende Mehrheit der Skandale ist aufgrund dieser Eigenschaft das Ereignisdatum genau definiert. Typischerweise berichten mehrere Quellen am selben Tag über das Geschehnis. Jedoch veröffentlicht insbesondere die Boulevardpresse nicht nur Ereignisse, die die Definition eines Skandals erfüllen, sondern publiziert auch Gerüchte, die sich oftmals binnen kürzester Zeit als unwahr herausstellen. Aufgrund der Vielzahl der insbesondere im Internet kursierenden Spekulationen ist eine Kursreaktion auf jedes Gerücht daher nicht zu erwarten. Dementsprechend ist auch der Zeitpunkt des Entstehens eines Gerüchts, dessen Inhalt sich bewahrheitet und infolgedessen zu einem Celebrityskandal führt, nicht als relevantes Ereignisdatum für einen in diese Arbeit einzubeziehenden Skandal zu werten. Um dieser Herausforderung zu begegnen, wird analog zu vergleichbaren Studien[370], die Datenbank LexisNexis zur Bestimmung des relevanten Ereignisdatums herangezogen. Hierin enthalten sind als reliabel zu wertende und von Investoren genutzte Veröffentlichungen von Nachrichteninformationsdiensten wie beispielsweise Reuters oder Associated Press sowie Publikationen der New York Times, Washington Post oder dem Wall Street Journal.

Im Rahmen dieser Arbeit wird dementsprechend als relevantes Ereignisdatum derjenige Handelstag definiert, an dem erstmalig in LexisNexis enthaltene Quellen über den Skandal berichten und die darin enthaltene Information den Status einer reinen Spekulation übersteigt.[371] Skandale, für die die Bestimmung des Ereignisdatums

---

[368] Beispielhaft für Ereignisse mit mehreren potentiellen Ereigniszeitpunkten seien M&A-Aktivitäten genannt, bei denen die einseitige Ankündigung der Kauf-/ Verkaufsabsicht, die Aufnahme von Verhandlungen oder die offizielle Bestätigung der Transaktion als relevantes Datum in Frage kommen. Vgl. Kaup (2008), S. 53; Mentz (2006), S. 53.

[369] Vgl. Louie, Kulik und Jacobsen (2001), S. 16; Russell, Mahar und Drewniak (2005), S. 78.

[370] Vgl. beispielhaft Chatterjee, Vernon und Zmud (2001), S. 52; Bartz, Molchanov und Stork (2013), S. 124; S. Fizel, McNeil und Smaby (2008), S. 250; Homburg, Vollmayr und Hahn (2014), S. 46; Kang (2008), S. 545.

[371] Neumann (2011), S. 150 beschreibt eine Spekulation bzw. Gerücht als "Information aus inoffizieller Quelle, die [...] vom Informationsempfänger aufgrund der ihm bekannten Beweissituation subjektiv als unsicher eingeschätzt [wird]". Der Status einer reinen Spekulation wird im Sinne dieser Arbeit demnach überschritten, wenn die dem Skandal zugrundeliegende Information von einer offiziellen Quelle (bspw. vom Testimonial selbst) geäußert oder bestätigt wurde, die die Information verbreitende Quelle (bspw. aufgrund ihres Renommees) als reliabel bewertet wird, mehrere Quellen simultan über das Ereignis berichten oder die angeführten Indizien bzw. Beweise als hinreichend sicher zu bewerten sind.

nicht mit hinreichender Sicherheit möglich war, wurden aus der Stichprobe ausgeschlossen.[372]

Aufgrund der in vielen Studien vorherrschenden Unsicherheit in Bezug auf das genaue Ereignisdatum sowie zur Berücksichtigung zeitlich vor- und nachgelagerter Effekte wird neben dem Ereignisdatum zumeist auch eine Ereignisperiode (Ereignisfenster) betrachtet.[373] Hierbei handelt es sich um einen das Ereignisdatum umschließenden Zeitraum, innerhalb dessen die abnormalen Renditen berechnet werden. Der dem eigentlichen Ereignisdatum vorangehende Zeitraum berücksichtigt dabei den Einfluss antizipierter Informationen sowie die Möglichkeit des so genannten Leakage, der Vorabinformation einzelner Marktteilnehmer bereits vor der eigentlichen Veröffentlichung des Ereignisses. Durch die Berücksichtigung eines dem Ereignisdatum nachgelagerten Zeitraums wird dem Umstand Rechnung getragen, dass Informationen von den Marktteilnehmern nicht immer sofort als eindeutiges Signal aufgefasst werden, sondern vielmehr eine verzögerte Meinungsbildung erfolgt. Zudem können mögliche Gegenreaktionen auf eine zunächst überbewertete ereignisbezogene Information abgebildet werden.[374] McWilliams und Siegel (1997) empfehlen die Ereignisperiode so kurz wie möglich zu definieren, jedoch lange genug, um den wesentlichen Effekt des Ereignisses abzubilden.[375] Testimonialskandale sind in der Regel nicht antizipierbar, jedoch werden einige Skandale von vorgelagerten Gerüchten bzw. Spekulationen begleitet, welche die Marktteilnehmer - abhängig vom Informationsgehalt - bereits zu einer ersten Handlung veranlassen könnten. Zudem ist der Öffentlichkeit nicht immer bei Veröffentlichung der ersten Informationen das volle Ausmaß des Skandals bekannt. Hinzu kommt im Rahmen von Spilloverstudien, dass die Beurteilung der Auswirkungen für die Wettbewerber der betroffenen Firmen zusätzlich Zeit in Anspruch nimmt. Basierend auf diesen Überlegungen wurde für die Berechnung der abnormalen Renditen ein Ereignisfenster von zwei Handelstagen vor bis fünf Handelstage nach dem Ereignisdatum bestimmt. Vergleichbar hierzu stellen Barnett und King (2008) bei ihrer Analyse von Spillovereffekten nach Industrieunfällen in der Chemiebranche sowie Ahmed, Gardella und Nanda (2002) bei der

[372] Vgl. Homburg, Vollmayr, Hahn (2014), S. 46
[373] Vgl. MacKinlay (1997), S. 35
[374] Vgl. Goerke (2009), S. 475 f.; Peterson (1989), S. 37; McWilliams und Siegel (1997), S. 634.
[375] Vgl. McWilliams und Siegel (1997), S. 636; Armitage (1995), S. 34; Delattre (2007), S. 68.

Untersuchung von Spillovereffekten im Zusammenhang mit der Rücknahme von Medikamenten auf einen Zeitraum von fünf Handelstagen nach dem Ereignis ab.[376]

Neben der Wahl des Ereignisfensters muss für einige Modelle zur Berechnung der abnormalen Renditen eine Schätzperiode (Schätzfenster) festgelegt werden. Diese sollte ausreichend lang sein, um eine stabile Parameterschätzung zu gewährleisten. Vielfach wird dabei auf einen Zeitraum von ca. einem Jahr zurückgegriffen, da dieser saisonale Effekte adäquat berücksichtigt. Um zu vermeiden, dass das Ereignis selbst die Parameterschätzung beeinflusst, endet die Schätzperiode typischerweise einige Tage vor dem Ereignisdatum.[377] Ein einheitlicher Standard zur Spezifikation der Schätzperiode hat sich dabei in der Literatur bisher nicht herausgebildet.[378] Diese Arbeit folgt der Argumentation von MacKinlay (1997), welcher ein Schätzfenster von 250 Handelstagen vorschlägt, das 30 Tage vor dem Ereignisdatum endet.[379] Abbildung 7 illustriert den Zusammenhang von Ereignisdatum, Schätz- und Ereignisperiode.

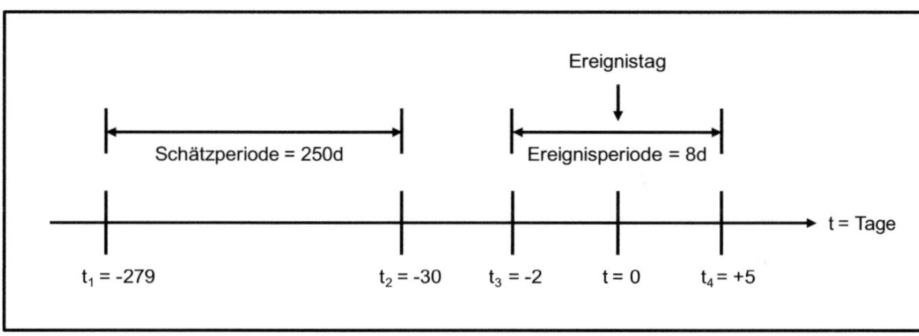

Abbildung 7: Schätz- und Ereignisfenster
Quelle: In Anlehnung an Goerke (2009), S. 475

[376] Vgl. Barnett und King (2008), S. 1169; Ahmed, Gardella und Nanda (2002), S. 36.
[377] Vgl. Goerke (2009), S. 474 f.; MacKinlay (1997), S. 20.
[378] Vgl. Peterson (1989), S. 38, die Schätzperioden von 100 bis 300 Tagen für angemessen erachtet.
[379] Vgl. MacKinlay (1997), S. 17; Goerke (2009), S. 475; Gielens et al. (2008), S. 524; Hood (2012), S. 548.

4.2.3 Ermittlung abnormaler Renditen

Um den Einfluss des interessierenden Ereignisses auf den Aktienkurs zu isolieren, wird eine sogenannte abnormale Rendite (AR_{it}) berechnet. Hierzu wird die tatsächlich am Markt beobachtete Rendite R_{it} um eine zu erwartende Rendite $E(R_{it})$ bereinigt. Die mittels eines Schätz- oder Normalisierungsmodells zu ermittelnde erwartete Rendite gibt wider, welche Rendite ohne Eintreffen des interessierenden Ereignisses für den Untersuchungszeitraum im Rahmen der Modellannahmen realisiert worden wäre.[380]

$$AR_{it} = R_{it} - E(R_{it})$$

mit:

R_{it} = Rendite des Wertpapiers i am Tag t

$E(R_{it})$ = Erwartete Rendite des Wertpapiers i am Tag t

Im Folgenden werden mit dem diskreten und stetigen Ansatz zwei Methoden zur Berechnung der tatsächlichen Rendite aufgezeigt. Zudem werden die in der Literatur gebräuchlichen Schätzmodelle zur Ableitung der erwarteten Renditen dargestellt.

4.2.3.1 Berechnung der tatsächlichen Renditen

Die Berechnung der Renditen erfolgt auf Basis täglicher Kursdaten, welche, um die Kursentwicklung zwischen den Unternehmen im Zeitablauf vergleichen zu können, um Dividendenzahlungen, Aktiensplits, die Ausgabe von Bezugsrechten und sonstige Kapitalmaßnahmen zu bereinigen sind.[381] Die in dieser Arbeit verwendeten adjustierten Kursdaten des Datenanbieters S&P Global Market Intelligence LLC (ehemals S&P Capital IQ) kommen dieser Anforderung nach.

Bei der Berechnung der tatsächlich am Aktienmarkt realisierten Rendite eines Wertpapiers oder eines Index wird im Allgemeinen zwischen der logarithmierten und der

[380] Vgl. MacKinlay (1997), S. 15; Peterson (1989), S. 37 und 42; Kothari und Warner (2007), S. 9; Campbell, Lo und MacKinlay (1997), S. 151; Delattre (2007), S. 59.

[381] Vgl. Goerke (2009), S. 470; Groth (2006), S. 186.

nicht-logarithmierten Berechnungsart unterschieden. Die nicht-logarithmierten, diskreten Renditen werden dabei wie folgt berechnet:[382]

$$R_{it} = \frac{(P_{it} - P_{it-1})}{P_{it-1}}$$

mit:

R_{it} = Rendite des Wertpapiers i am Tag t

P_{it} = Adjustierter Kurs des Wertpapiers i zum Zeitpunkt t

P_{it-1} = Adjustierter Kurs des Wertpapiers i zum Zeitpunkt t-1

Bei der logarithmierten, stetigen Form erfolgt die Renditeberechnung anhand folgender Formel:[383]

$$\mathrm{R}_{it} = \ln\left(\frac{P_{it}}{P_{it-}}\right)$$

In der Literatur finden beide Verfahren im Rahmen von Ereignisstudien Anwendung. Fama (1976) empfiehlt die Verwendung stetiger Renditen, da diese eher normalverteilt sind und somit den Annahmen statistischer Standardtechniken besser entsprechen.[384] Für diskrete Renditen sprechen die Studien von Barber und Lyon (1997), die zeigen, dass die Verwendung stetiger Renditen zu einer systematischen Unterschätzung der tatsächlichen Renditen und basierend darauf zur Unterschätzung der durchschnittlichen abnormalen Renditen führen kann.[385] Allerdings sind die Unterschiede zwischen den beiden Methoden bei Verwendung täglicher Daten marginal (weniger als ein Prozent), mögliche Verzerrungseffekte durch logarithmierte Renditen können demzufolge vernachlässigt werden.[386] Aufgrund der vorteilhaften statistischen Eigenschaften wird im Rahmen dieser Arbeit auf den zudem konservativeren Ansatz stetiger Renditen abgestellt.

---

[382] Vgl. Goerke (2009), S. 468; Groth (2006), S. 186.
[383] Vgl. Kaup (2008), S. 58; Groth (2006), S. 186; Delattre (2007), S. 59.
[384] Vgl. Fama (1976), S. 17 ff.; Groth (2006), S. 187.
[385] Vgl. Barber und Lyon (1997), S. 350.
[386] Vgl. Barber und Lyon (1997), S. 350, vgl. auch Thompson (1988), S. 81; Poddig, Dichtl und Petersmeier (2001), S. 104.

4.2.3.2 Berechnung der erwarteten Renditen

Zur Berechnung der erwarteten Renditen wurde in der Literatur eine Vielzahl von Schätzmodellen entwickelt. Grundsätzlich unterscheidet MacKinlay (1997) zwischen statistischen Modellen (Methoden der mittelwert- und marktadjustierten Renditen, Marktmodell), die ausschließlich statistische Annahmen bezüglich des Verhaltens der Aktienkurse treffen und ökonomischen Schätzmodellen (Capital Asset Pricing Model, Arbitrage Pricing Theory), die darüber hinaus Annahmen zum Verhalten der Investoren berücksichtigen.[387]

Methode der mittelwertbereinigten Renditen

Das Model mittelwertbereinigter Renditen basiert auf der Annahme, dass die erwartete Rendite einer Aktie ihrer durchschnittlichen Rendite innerhalb einer dem Ereignis vorausgegangenen Schätzperiode entspricht. Die so abgeleitete erwartete Rendite ist demzufolge konstant über die gesamte Ereignisperiode.[388]

$$E(R_{it}) = \frac{1}{T}\sum_{t=t_1}^{T} R_{it}$$

mit:

R_{it} = Rendite des Wertpapiers i am Tag t

T = Anzahl Tage innerhalb Schätzperiode

t_1 = Erster Beobachtungszeitpunkt der Schätzperiode

Das Modell mittelwertbereinigter Renditen ist nicht geeignet um den Effekt marktweiter Kursschwankungen zu isolieren.[389] Trotz der vergleichsweise einfachen Ausgestaltung und der völligen Außerachtlassung der Marktentwicklung, zeigen Brown und Warner (1980, 1985) in Simulationsstudien jedoch, dass das Modell mittelwertbereinigter Renditen vielfach zu ähnlich guten Resultaten wie komplexere Verfahren

[387] Vgl. MacKinlay (1997), S. 17; Kaup (2008), S. 45; Campbell, Lo und MacKinlay (1997), S. 153 f.

[388] Vgl. Peterson (1989), S 41 f.; MacKinlay (1997), S. 15; Kaup (2008), S. 47; Armitage (1995), S. 27; Brown und Warner (1985), S. 6.

[389] Vgl. Binder (1995), S. 117.

führt.[390] Demgegenüber stellen Klein und Rosenfeld (1987) in ihrer Untersuchung des Einflusses von Marktbedingungen auf Preiserwartungsmodelle fest, dass die Mittelwertadjustierung in Phasen langanhaltender steigender oder fallender Märkte in verzerrten Ergebnissen resultieren kann.[391]

Methode der marktadjustierten Renditen

Grundannahme der Methode marktadjustierter Renditen ist, dass bei langfristiger Betrachtung die Rendite einer jeden Aktie näherungsweise der des Marktportfolios R_{mt} entspricht. Resultierend daraus wird die erwartete Rendite mit der Rendite des Marktportfolios im Untersuchungszeitraum gleichgesetzt.[392]

$$E(R_{it}) = R_{mt}$$

mit:

R_{mt} = Rendite des Marktportfolios m zum Zeitpunkt t

Das Modell setzt keine dem Ereignis vorgelagerte Schätzperiode voraus, da auf die innerhalb des Ereignisfensters ermittelte Rendite des Marktportfolios zur Bemessung der erwarteten Rendite abgestellt wird.[393] Insbesondere bei Vorliegen überlappender Ereignisse innerhalb der Schätzperiode ist diese Eigenschaft von Vorteil.[394] Brown und Warner (1980) zeigen zudem durch Simulationsstudien, dass marktadjustierte Renditen besser zur Ermittlung abnormaler Renditen geeignet sind als mittelwertbereinigende Verfahren.[395] Jedoch bleibt das systematische Risiko des einzelnen Unternehmens gänzlich unberücksichtigt - der Beta-Faktor des Wertpapiers wird mit eins gleichgesetzt und als konstant angenommen.[396]

[390] Vgl. Brown und Warner (1980), S. 214 ff.; Brown und Warner (1985), S. 8 ff; MacKinlay (1997), S. 17; Kaup (2008), S. 47.
[391] Vgl. Klein und Rosenfeld (1987), S. 348 ff.; Groth (2006), S. 190.
[392] Vgl. Brown und Warner (1980), S. 208; Brown und Warner (1985), S. 7; Kaup (2008), S. 46; Peterson (1989), S. 42; Armitage (1995), S. 27.
[393] Vgl. Peterson (1989), S. 42; Groth (2006), S. 191; MacKinlay (1997), S. 18 f.
[394] Vgl. May (1993), S. 65 f.; Groth (2006), S. 191.
[395] Vgl. Brown und Warner (1980), S. 246 ff.; Groth (2006), S. 192.
[396] Vgl. Mentz (2006), S. 52; Kaup (2008), S. 46.

Marktmodell

Das auf Sharpe (1963) zurückgehende Marktmodell unterstellt einen linearen Zusammenhang zwischen der Rendite eines Wertpapiers zum Zeitpunkt t (R_{it}) und der Rendite des Marktportfolios R_{mt}:[397]

$$E(R_{it}) = \alpha_i + \beta_i R_{mt} + \varepsilon_{it}$$

mit:

α_i = marktunabhängige Renditekomponente des Wertpapiers

β_i = Sensitivitätsmaß der Reaktion des Wertpapiers in Bezug auf Änderungen der Marktrendite

R_{mt} = Rendite des Marktportfolios m zum Zeitpunkt t

ε_{it} = Störterm

Dabei werden die Modellparameter α_i und β_i auf Basis einer über den Zeitraum der Schätzperiode durchgeführten linearen Regression bestimmt, wobei die Rendite der betrachteten Wertpapiere auf die Rendite des Marktportfolios regressiert wird. Der die Sensitivität eines Wertpapiers bezüglich der Veränderung des Gesamtmarktes messende Regressionskoeffizient β_i bildet dabei das systematische, marktabhängige Risiko ab, während die Konstante α_i den von der Entwicklung des Gesamtmarktes unabhängigen Renditeanteil erfasst.[398] Brown und Warner (1985) zeigen, dass die hierbei zumeist angewandte Methode der kleinsten Quadrate (Ordinary Least Square, OLS) auch im Vergleich zu alternativen Verfahren gut geeignet ist, d.h. unverzerrt und effizient ist.[399] Der Vorteil des Marktmodells gegenüber einfacheren Schätzmodellen wie dem Modell mittelwertbereinigter Renditen liegt insbesondere darin begründet, dass durch die modellinhärente Berücksichtigung des Marktfaktors eine Reduzierung der Varianz der abnormalen Renditen um die Varianz der Renditen des Marktportfolios vorgenommen wird.[400] So stellen Dyckmann, Philbrick und Stephan (1984) fest, dass das Marktmodell gegenüber den Modellen der Mittelwert- als auch

[397] Vgl. Sharpe (1963), S. 281 ff.; MacKinlay (1997), S. 18; Kaup (2008), S. 47; Armitage (1995), S. 27; McWilliams und Siegel (1997), S. 628.

[398] Vgl. Peterson (1989), S. 39; Mentz (2006), S. 47; Groth (2006), S. 193 f.; Goerke (2009), S. 472.

[399] Vgl. Brown und Warner (1985), S. 7 und 17 f.; Mentz (2006), S. 47; Kaup (2008), S. 48; MacKinlay (1997), S. 20.

[400] Vgl. MacKinlay (1997), S. 18.

Marktwertadjustierung überlegen ist, was Brown und Warner (1985) zumindest für das erstgenannte Modell bestätigen.[401]

Capital Asset Pricing Model

Beim auf Sharpe (1964), Lintner (1965) und Mossin (1966) zurückgehenden Capital Asset Pricing Model (CAPM) bildet die erwartete Rendite ausschließlich das systematische Risiko eines Wertpapiers ab, da das unsystematische Risiko annahmegemäß durch Portfoliodiversifikation eliminiert werden kann. Die erwartete Rendite setzt sich dabei zusammen aus der Rendite einer risikofreien Anlage, zuzüglich dem Produkt aus einem im Betafaktor abgebildeten systematischen Risiko eines Wertpapiers und der Marktrisikoprämie.[402]

$$E(R_{it}) = R_f + \beta_i \,(R_{mt} - R_f)$$

mit:

R_f = Rendite einer risikofreien Anlage

R_{mt} = Rendite des Marktportfolios zum Zeitpunkt t

β_i = systematisches Risiko des Wertpapiers

Dabei unterliegt das CAPM einer Reihe von Annahmen, unter anderem bezüglich der Existenz eines effizienten Kapitalmarktes, welche die Existenz abnormaler Renditen negiert.[403] Wurde das CAPM in Ereignisstudien der 1970er Jahre noch häufig eingesetzt, so wurde dessen Anwendbarkeit aufgrund potentieller Verletzung der Modellannahmen und damit in Verbindung stehender Unsicherheiten bezüglich der Validität

---

[401] Vgl. Dyckmann, Philbrick und Stephan (1984), S. 15; Brown und Warner (1985), S. 25 f.; Groth (2006), S. 195; Armitage (1995), S. 26 und 31.

[402] Vgl. Sharpe (1964), S. 425 ff.; Lintner (1965), S. 13 ff.; Mossin (1966), S. 768 ff.; Kaup (2008), S. 49; Groth (2006), S. 196; Armitage (1995), S. 28; MacKinlay (1997), S. 19.
Das Fama-French-Dreifaktorenmodell und das Fama-French-Carhart-Vierfaktorenmodell erweitern das ursprüngliche CAPM um zusätzliche, auf die Marktkapitalisierung (SMB), das Buch-Marktwert-Verhältnis (HML) sowie das Momentum (UMD) bezogene Faktoren, vgl. Fama und French (1993), S. 3ff; Carhart (1997), S. 57 ff.; Kothari und Warner (2007), S. 25. Auf eine explizite Darstellung dieser Modelle wird an dieser Stelle verzichtet, da der zusätzliche Erklärungsgehalt dieser Faktoren bei der Analyse kurzfristiger abnormaler Renditen in der Regel von untergeordneter Bedeutung ist, vgl. Gielens et al. (2008), S. 528; MacKinlay (1997), S. 18.

[403] Vgl. Roll (1977), S. 129 ff. sowie zu den weiteren Annahmen des CAPM May (1993), S. 28 f.; Groth (2006), S. 197.

der Ereignisstudienergebnisse zunehmend in Frage gestellt und schließlich zu Gunsten des Marktmodells weitestgehend eingestellt.[404]

Arbitrage Pricing Theory

Die Arbitrage Pricing Theory (APT) erweitert das CAPM, indem neben der Marktrendite weitere, mikro- und makroökonomische Faktoren zur Berechnung der erwarteten Rendite herangezogen werden. In einem arbitragefreien Markt besteht gemäß der APT formal folgender Zusammenhang:[405]

$$E(R_{it}) = R_f + \beta_{i1}(R_{1t} - R_f) + \ldots + \beta_{ik}(R_{kt} - R_f)$$

mit:

R_f = Rendite einer risikofreien Anlage

R_{kt} = Marktprämie für den Faktor R_k

β_{ik} = systematisches Risiko des Wertpapiers i in Bezug auf die Marktprämie k

Da viele volkswirtschaftliche Daten nur auf Monatsbasis ermittelt werden können, ist die Anwendbarkeit der APT zur Ermittlung taggenauer abnormaler Renditen jedoch eingeschränkt. Hinzu kommt, dass nicht abschließend definiert ist, welche Faktoren überhaupt in das Modell eingebracht werden sollen.[406] Untersuchungen zeigen zudem, dass der Nutzen aus der Berücksichtigung weiterer Erklärungsfaktoren neben der Entwicklung des Gesamtmarktes als gering einzuschätzen ist, weshalb im Rahmen von Ereignisstudien das Marktmodell gegenüber der APT bevorzugt wird.[407]

Zur Berechnung der erwarteten Renditen wird im Rahmen dieser Arbeit primär auf das Marktmodell abgestellt. Dessen Eignung wurde im Rahmen von Simulationsstudien sowie bei der praktischen Anwendung vielfach überprüft. Aufgrund seiner insgesamt vorteilhaften Eigenschaften gilt das Marktmodell als das bei der Durchführung

---

[404] Vgl. MacKinlay (1997), S. 19; Kaup (2008), S. 50; Armitage (1995), S. 29.
[405] Vgl. Ross, Westerfield und Jaffe (1999), S. 283; Mentz (2006), S. 49; Delattre (2007), S. 61.
[406] Vgl. Ross (1976a), S. 189 ff.; Ross (1976b), S. 341 ff.; Groth (2006), S. 198.
[407] Vgl. MacKinlay (1997), S. 19; Campbell, Lo und MacKinlay (1997), S. 157.

von Ereignisstudien am häufigsten eingesetzte Modell zur Schätzung der erwarteten Renditen.[408]

4.2.4 Auswahl des Referenzindizes

Ausgenommen die Methode mittelwertbereinigter Renditen setzten alle Normalisierungsmodelle zur Berechnung abnormaler Renditen das Vorhandensein eines Marktindizes voraus. Dabei bedingen das CAPM und das Marktmodell theoretisch die Verwendung eines Index, welcher die Wertentwicklung aller verfügbaren Investitionsalternativen berücksichtigt. Da die hierfür notwendigen Daten in der Praxis nicht verfügbar sind, wird im Rahmen von Ereignisstudien üblicherweise auf Aktienindizes als Substitut zurückgegriffen.[409] Diese können unterschieden werden nach der Breite der Marktabdeckung (Markt- und Branchenindizes), der Berücksichtigung von Ausschüttungen (Kurs- und Performanceindizes) sowie der Gewichtungsmethodik (gleich- und wertgewichtete Indizes).

Markt- vs. Branchenindizes: Ein Branchenindex vereinigt Unternehmen derselben Branche, während ein Marktindex branchenunabhängig alle Wertpapiere einer bestimmten Region, häufig eines Landes, zusammenfasst.[410] Sind alle untersuchten Unternehmen einer Branche zuzuordnen, kann die Verwendung eines Branchenindex - sofern dieser nur einen geringfügigen Zusammenhang mit der Gesamtmarktentwicklung aufweist - zu präziseren Resultaten führen. Dabei ist jedoch darauf zu achten, dass die Untersuchungsunternehmen nicht selbst einen wesentlichen Einfluss auf die Entwicklung des Indizes ausüben. Diese Gefahr, die zur Unterschätzung der abnormalen Renditen führen kann, ist im Vergleich zu breit gestreuten Marktindizes ungleich größer.[411] Ein lokaler Marktindex bildet zudem die Rendite-Risiko-Struktur der lokalen Unternehmen am besten ab.[412] Thompson (1988) kommt im

[408] Vgl. Goerke (2009), S. 472; Delattre (2007), S. 60; Armitage (1995), S. 33.
[409] Vgl. Röder (1999), S. 41; Mentz (2006), S. 53 f.
[410] Vgl. Kaup (2008), S. 51.
[411] Vgl. Hauser (2003), S. 144; Mentz (2006), S. 54; Goerke (2009), S. 474.
[412] Vgl. Kaup (2008), S. 52.

Rahmen einer Simulationsstudie zu dem Schluss, dass sich die Ergebnisse bei Anwendung eines Markt- oder Branchenindizes nur unwesentlich unterscheiden.[413]

Kurs- vs. Performanceindizes: Ein Kursindex bildet die tatsächlich am Markt beobachtbaren Kursverläufe der im Index enthaltenen Unternehmen ab, während ein Performanceindex zusätzlich Dividendenausschüttungen und sonstige Kapitalmaßnahmen berücksichtigt.[414] Dadurch gibt ein Performanceindex die Renditeentwicklung der einzelnen enthaltenen Wertpapiere besser wieder, was bei einer entsprechend großen Anzahl im Index enthaltener Unternehmen jedoch vernachlässigt werden kann.[415] In Ereignisstudien kommt daher häufig auch ein Kursindex zur Anwendung.[416]

Gleich- vs. wertgewichtete Indizes: Bei einem wertgewichteten Index werden die Aktienkurse der enthaltenen Unternehmen gemäß ihrer Marktkapitalisierung aggregiert, während bei einem gleichgewichteten Index alle Wertpapiere mit demselben Gewicht in den Indexstand eingehen.[417] Gleichgewichtete Indizes vermeiden eine überproportionale Berücksichtigung der Renditeentwicklung großer Unternehmen, wohingegen wertgewichtete Indizes die allgemeine Marktentwicklung besser abbilden.[418] Entsprechend divers sind die Ergebnisse von Simulationsstudien zur Wahl der geeigneten Gewichtungsart. Brown und Warner (1980) befürworten gleichgewichtete Indizes, während neuere Studien wertgewichtete Indizes präferieren.[419]

Mit dem S&P 500 kommt im Rahmen dieser Arbeit ein wertgewichteter Kursindex als Referenzindex zur Anwendung, der die Aktien von 500 der größten US-amerikanischen Unternehmen verschiedenster Branchen umfasst. Die Wahl eines breit diversifizierten US-Marktindex liegt darin begründet, dass Unternehmen unterschiedlicher Branchen mit einer Notierung in den USA Gegenstand der Untersuchung sind.

---

[413] Vgl. Thompson (1988), S. 80; Armitage (1995), S. 34.
Auch Cybo-Ottone und Murgia (2000), S. 843 stellen im Rahmen einer Untersuchung des europäischen Bankensektors fest, dass bei Verwendung des Marktmodells ein Branchenindex im Vergleich zu einem Marktindex zu keinen präziseren Ergebnissen führt.

[414] Vgl. Hauser (2003), S. 144; Kaup (2008), S. 51.

[415] Vgl. Kaup (2008), S. 52.

[416] Vgl. Davidson (2002), S. 28; Mentz (2006), S. 55.

[417] Vgl. Hauser (2003), S. 144.

[418] Vgl. Hauser (2003), S. 144; Hundt (2015), S. 151; Peterson (1989), S. 50 f.

[419] Vgl. Brown und Warner (1980), S. 242 f.; Steiner und Kleeberg (1991), S. 180; Röder (1999), S. 41; Mentz (2006), S. 55; Armitage (1995), S. 33.

Zudem benennt u.a. MacKinlay (1997) den S&P 500 als einen der gängigsten Benchmarkindizes bei der Durchführung von Ereignisstudien, womit die Vergleichbarkeit zu ähnlichen Untersuchungen sichergestellt wird.[420]

4.2.5 Aggregation der abnormalen Renditen

4.2.5.1 Zusammenfassung über die Zeit

Abhängig von der Art des Ereignisses besteht die Möglichkeit, dass Investoren ein Ereignis antizipieren und gemäß dieser Erwartungen am Aktienmarkt handeln. Eine abnormale Rendite wäre dementsprechend schon vor dem im Rahmen der Ereignisstudie als Ereignisdatum definierten Zeitpunkt festzustellen. Ähnliches gilt für Ereignisse, deren Verarbeitung in den Kursen nicht ad hoc erfolgt, sondern eine gewisse Zeit nach dem Ereigniszeitpunkt in Anspruch nimmt.[421] Zur Berücksichtigung solcher zeitlich vor- und nachgelagerter Effekte werden üblicherweise die abnormalen Renditen eines Unternehmens innerhalb eines das eigentliche Ereignisdatum t_0 umschließenden Zeitfensters aufsummiert.[422]

$$CAR_i[t_1, t_2] = \sum_{t=t_1}^{t_2} AR_{it}$$

mit:

CAR_i = Kumulierte abnormale Rendite (Cumulative Abnormal Return) des Unternehmens i in der Periode $-t_1$ bis t_2

AR_{it} = Abnormale Rendite des Unternehmens i am Tag t

t_1 = Erster Tag der Ereignisperiode

t_2 = Letzter Tag der Ereignisperiode

---

[420] Vgl. MacKinlay (1997), S. 18; McWilliams und Siegel (1997), S. 628; Goerke (2009), S. 474, siehe u.a. Homburg, Vollmayr, Hahn (2014), S. 46; Russell, Mahar und Drewniak (2005), S. 70; Oxley, Sampson und Silverman (2009), S. 1328; Johnston (2007), S. 3.

[421] Vgl. Kothari und Warner (2007), S. 10.

[422] Vgl. Campbell, Lo und MacKinlay (1997), S. 160; MacKinlay (1997), S. 21; Kothari und Warner (2007), S. 10; McWilliams und Siegel (1997), S. 629.
Zur Herleitung der für diese Arbeit relevanten Ereignisperiode siehe Kapitel 4.2.2.

4.2.5.2 Zusammenfassung über die Untersuchungsunternehmen

Da sich die Zielsetzung der Ereignisstudie nicht auf die isolierte Betrachtung (kumulierter) abnormaler Renditen für verschiedene Unternehmen beschränkt, sondern vielmehr eine verallgemeinerbare Aussage über den Gesamteffekt des interessierenden Ereignisses getroffen werden soll, werden die (kumulierten) abnormalen Renditen der in der Stichprobe enthaltenen Unternehmen zusammengefasst. Der Durchschnittseffekt für einzelne Tage des Ereignisfensters ergibt sich dabei als arithmetisches Mittel der abnormalen Renditen an dem entsprechenden Tag:[423]

$$AAR_t = \frac{1}{N}\sum_{i=1}^{N} AR_{it}$$

mit:

AAR_t = Durchschnittliche abnormale Rendite (Average Abnormal Return) zum Zeitpunkt t

AR_{it} = Abnormale Rendite des Unternehmens i am Tag t

N = Anzahl Unternehmen in der Stichprobe

Eine Aussage bezüglich des Gesamteffekts nicht nur für einzelne Tage, sondern für das gesamte vorab spezifizierte Ereignisfenster, lässt sich durch die Aufsummierung der AAR_t ableiten.[424]

$$CAAR\,[t_1, t_2] = \sum_{t=t_1}^{t_2} AAR_t$$

mit:

CAAR = Kumulierte durchschnittliche abnormale Rendite (Cumulative Average Abnormal Return) in der Periode $-t_1$ bis t_2

t_1 = Erster Tag der Ereignisperiode

t_2 = Letzter Tag der Ereignisperiode

---

[423] Vgl. Peterson (1989), S. 45; Kaup (2008), S. 57; MacKinlay (1997), S. 24; Kothari und Warner (2007), S. 10; Delattre (2007), S. 61.

[424] Vgl. Campbell, Lo und MacKinlay (1997), S. 161; Kaup (2008), S. 57; Delattre (2007), S. 61; Kothari und Warner (2007), S. 10; Peterson (1989), S. 46; MacKinlay (1997), S. 24. Die Aggregation der CAR über alle Unternehmen und die Aggregation der AAR über die Zeit führen rechnerisch zu einem identischen Ergebnis, vgl. Goerke (2009), S. 476 f.

4.3 Überprüfung der abnormalen Renditen auf statistische Aussagekraft

4.3.1 Univariate Testverfahren

4.3.1.1 Signifikanztests

Anhand statistischer Signifikanztests gilt es abschließend zu bestimmen, inwieweit die im Rahmen der Ereignisstudie ermittelten abnormalen Renditen auf zufälligen Preisschwankungen beruhen oder tatsächlich auf das vorab definierte Ereignis zurückzuführen sind.[425] Dazu wird überprüft, ob die abnormalen Renditen sich signifikant von null unterscheiden. Signifikant positive oder negative abnormale Renditen gelten als Beleg dafür, dass das betrachtete Ereignis einen tatsächlichen Effekt auf die Bewertung der betroffenen Firmen hat. Allen zur Beurteilung der statistischen Signifikanz eingesetzten Testverfahren liegt die Nullhypothese einer sich nicht signifikant von null unterscheidenden abnormalen Rendite zugrunde.[426] Die entsprechende Nullhypothese H_0 und Gegenhypothese H_1 einer Ereignisstudie können allgemein wie folgt beschreiben werden:[427]

H_0: Die kumulierte durchschnittliche abnormale Rendite ist gleich null; d.h. das untersuchte Ereignis hat keinen systematischen Einfluss auf den Wertpapierkurs.

H_1: Die kumulierte durchschnittliche abnormale Rendite ist ungleich null; d.h. das untersuchte Ereignis hat einen systematischen Einfluss auf den Wertpapierkurs.

Überschreitet die Teststatistik des gewählten Testverfahrens einen kritischen Wert (sogenanntes Signifikanzniveau), kann die Nullhypothese verworfen und stattdessen die Gegenhypothese angenommen werden.[428] Prinzipiell stehen zur Überprüfung der statistischen Signifikanz von Ereignisstudien mehrere parametrische wie auch nicht-

---

[425] Vgl. Cowan (1992), S. 343.
[426] Vgl. Campbell, Lo und MacKinley (1997), S. 167; MacKinlay (1997), S. 21; Kothari und Warner (2007), S. 9.
[427] Vgl. Cowan (1992), S. 347; Delattre (2007), S. 61.
[428] Vgl. Bleymüller, Gehlert und Gülicher (2008), S. 101.

parametrische Testverfahren zur Verfügung. Um eine Fehlspezifikation der Signifikanztests und damit nicht zutreffende Aussagen zur Signifikanz der Ergebnisse zu vermeiden, müssen bei der Wahl des für die jeweilige Arbeit relevanten Testverfahrens jedoch die spezifischen, statistischen Eigenschaften von in Ereignisstudien ermittelten abnormalen Renditen adäquat berücksichtigt werden.[429] Hierbei sind insbesondere folgende Eigenschaften zu beachten:

- Abweichungen von der Normalverteilung: Bereits Fama (1976) konnte empirisch zeigen, dass die Verteilung abnormaler Renditen nicht immer einer Normalverteilung folgt, sondern oftmals eine ausgeprägte Leptokurtosis aufweist.[430] Nichtsdestotrotz kann aufgrund des zentralen Grenzwertsatzes eine Normalverteilung der abnormalen Renditen bei einem hinreichend großen Stichprobenumfang approximativ angenommen werden.[431] Die hierfür im Rahmen von Ereignisstudien für notwendige erachtete Stichprobengröße liegt bei 50 oder mehr Beobachtungen.[432]
- Ereignisinduzierte Veränderung der Varianz: Das Eintreten eines Ereignisses kann zu einer Veränderung der Varianz der Renditen des betrachteten Unternehmens führen.[433] Diesbezüglich weisen Patell und Wolfson (1979) sowie Kalay und Lowenstein (1985) nach, dass sich die Varianz der Renditen in der Ereignisperiode verglichen mit der der Schätzperiode häufig erhöht.[434] Daraus ergibt sich eine potenzielle Misspezifikation der Signifikanztests, sofern die Varianz der Renditen der Schätzperiode unadaptiert zur Ermittlung der Teststatistik eingesetzt wird. So zeigen Boehmer, Musumeci und Poulsen

[429] Vgl. Brown und Warner (1980), S. 217.
[430] Vgl. Fama (1976), S. 21.
[431] Vgl. Brown und Warner (1985), S. 4; McWilliams und Siegel (1997), S. 634; Kothari und Warner (2007), S. 13.
Grundlegend zum zentralen Grenzwertsatz vgl. Pólya (1920), S. 173 ff.
[432] Vgl. Brown und Warner (1985), S. 10.
Im Rahmen dieser Arbeit wurde zusätzlich anhand von Normalverteilungsplots (sog. Q-Q-Plots sowie P-P-Plots) visuell überprüft, ob die ermittelten abnormalen Renditen normalverteilt sind und somit den Anforderungen parametrischer Testverfahren entsprechen (vgl. hierzu Urban und Mayerl (2008), S. 198 ff.). Auf Basis dieser Auswertung ergaben sich keine Hinweise, dass die Voraussetzungen der Normalverteilung nicht erfüllt sind.
[433] Vgl. Beaver (1968), S. 81 f.
[434] Vgl. Patell und Wolfson (1979), S. 128; Kalay und Lowenstein (1985), S. 441; Peterson (1989), S. 51.

(1991), dass bereits kleine Veränderungen der Varianz zur Fehlspezifikation herkömmlicher Testverfahren führen können.[435]

- Autokorrelation: Einigen Testverfahren liegt die implizite Annahme im Zeitablauf unabhängiger, also nicht autokorrelierter abnormaler Renditen zugrunde. Da diese Annahme in der Realität nicht immer erfüllt ist, kann es aufgrund autokorrelierter abnormaler Renditen innerhalb des Ereignisfensters zu einer Unterschätzung der Mehr-Tages-Standardabweichung kommen, was eine zu häufige Ablehnung der Nullhypothese zur Folge hat.[436] Jedoch zeigen Brown und Warner (1985), dass Autokorrelation betreffende Korrekturverfahren nur in Ausnahmefällen zu einer signifikanten Verbesserung der Testergebnisse führen.[437]
- Querschnittskorrelation: In herkömmlichen Testverfahren wird zudem angenommen, dass zwischen den abnormalen Renditen der einzelnen Beobachtungen keine Querschnittskorrelation vorliegt - die Renditen also voneinander unabhängig und nicht korreliert sind. Diese Voraussetzung kann als gegeben angenommen werden, sofern den einzelnen Beobachtungen der Stichprobe kein einheitliches Ereignisdatum zugrundeliegt.[438] Und selbst für den Fall eines für alle oder mehrere Beobachtungen identischen Ereignisdatums zeigen Brown und Warner (1985), dass durch die Anwendung des Marktmodells bei der Berechnung der abnormalen Renditen vorliegende Korrelationseffekte auf nahe null reduziert werden - sofern die in der Stichprobe enthaltenen Firmen nicht derselben Industrie zuzuordnen sind.[439] Entstammen die betrachteten Firmen jedoch nicht unterschiedlichen Industrien, führen herkömmliche Testverfahren ohne explizite Berücksichtigung der Querschnittskorrelation zu einer zu häufigen Ablehnung der Nullhypothese.[440]

---

435 Vgl. Boehmer, Musumeci und Poulsen (1991), S. 260 ff.
436 Vgl. Peterson (1989), S. 48; Ott (2011), S. 128.
437 Vgl. Brown und Warner (1985), S. 20.
438 Vgl. Dutta (2014), S. 137.
439 Vgl. Brown und Warner (1985), S. 22; Ahlgren und Antell (2014), S. 2; Peterson (1989), S. 46 und S. 53; Armitage (1995), S. 37 f.
440 Vgl. Dutta (2014), S. 137; Armitage (1995), S. 36 f.; Kothari und Warner (2007), S. 11.

Im Folgenden soll ein Überblick zu den in der Literatur entwickelten parametrischen wie nicht-parametrischen Testverfahren zur Überprüfung der statistischen Signifikanz von Ereignisstudienresultaten gegeben werden. Dabei wird insbesondere herausgearbeitet, inwiefern die einzelnen Signifikanztests die oben genannten spezifischen Eigenschaften der abnormalen Renditen berücksichtigen und insofern geeignet sind, den Anforderungen einer Spilloveranalyse zu genügen. Tabelle 7 fasst die Eigenschaften der im Rahmen dieser Arbeit betrachteten Signikanztests bezüglich der Robustheit gegenüber einer ereignisinduzierten Varianzänderung, Autokorrelation und Querschnittskorrelation zusammen.

			berücksichtigt		
Testverfahren	Bezeichnung	Referenz	Ereignisinduzierte Varianzänderung	Autokorrelation	Querschnitts-korrelation
Parametrische Testverfahren					
T-Test	T-Test		Nein	Nein	Nein
Patell Test	Patell Z	Patell (1976)	Nein	Nein	Nein
Standardized Cross-Sectional Test	StdCSect Z	Boehmer, Musumeci und Poulsen (1991)	Ja	Ja	Nein
Adjusted Patell Test	Adjusted Patell Z	Kolari und Pynnönen (2010)	Nein	Nein	Ja
Adjusted Standardized Cross-Sectional Test	Adjusted StdCSect Z	Kolari und Pynnönen (2010)	Ja	Ja	Ja
Nicht-parametrische Testverfahren					
(Generalized) Sign Test	Generalized Sign Z	Cowan (1992)	Ja	Ja	Ja
Corrado Rank Test	Rank Z	Corrado (1989); Corrado und Zivney (1992)	Ja	Nein	Nein
Wilcoxon Signed-Rank Test	Wilcoxon-Test	Wilcoxon (1945)	Ja	Ja	Ja
Generalized Rank Test	GRANK T / Z	Kolari und Pynnönen (2011)	Ja	Ja	Ja

Tabelle 7: Übersicht Signifikanztests
Quelle: In Anlehnung an Müller (2016) sowie Ahlgren und Antell (2014), S. 14

Parametrische Testverfahren

Das einfachste und zugleich bekannteste parametrische Testverfahren ist der T-Test. Wie alle parametrischen Signifikanztests setzt er eine Normalverteilung der abnormalen Renditen voraus.[441] Die Teststatistik des T-Tests ergibt sich als Quotient der durchschnittlichen abnormalen Renditen (Zähler) und ihrer geschätzten Standardabweichung (Nenner).[442] Basierend auf diesem Grundprinzip unterscheiden sich alle weiteren Signifikanztests primär darin, wie sie mit in der Struktur des verwendeten Datensatzes begründeten Abweichungen bezüglich der dem T-Test zugrundeliegenden Annahmen umgehen.[443]

In Erweiterung des einfachen T-Tests werden beim Patell-Test die abnormalen Renditen vor ihrer Aggregation standardisiert, indem jede abnormale Rendite ins Verhältnis zur gewöhnlichen Schwankungsbreite des Wertpapiers gesetzt wird. Durch eine Standardisierung der abnormalen Renditen können Verzerrungen durch heteroskedastische abnormale Renditen innerhalb des Ereignisfensters vermieden werden. Insbesondere der die Testergebnisse möglicherweise verfälschende Einfluss einzelner Unternehmen mit hohen Varianzen der abnormalen Renditen kann dadurch vermindert werden.[444]

Aufbauend auf der Arbeit von Patell (1976), welche auf den Annahmen unabhängiger, identisch verteilter abnormaler Renditen mit einer Varianz von null beruht[445], entwickeln Boehmer, Musumeci und Poulsen (1991) ein Testverfahren (BMP-Test), welches geeignet ist, das Problem einer Varianzerhöhung in der Ereignisperiode adäquat zu berücksichtigen. Dies wird durch eine Standardisierung der abnormalen Renditen mittels der geschätzten Varianz der Residuen aus der Schätzperiode erreicht.[446] Das von Boehmer, Musumeci und Poulsen (1991) vorgeschlagene Verfahren wurde ursprünglich als Signifikanztest für durchschnittliche abnormale Renditen eines singulären Ereignistages entwickelt. Zur Überprüfung der statistischen Signifi-

[441] Vgl. Campbell, Lo und MacKinley (1997), S. 153 f.; Hundt (2015), S. 165.
[442] Vgl. Ott (2011), S. 127.
[443] Vgl. Armitage (1995), S. 42.
[444] Vgl. Boehmer, Musumeci und Poulsen (1991), S. 258; Ott (2011), S. 128 f.
[445] Vgl. Patell (1976), S. 257 ff.
[446] Vgl. Boehmer, Musumeci und Poulsen (1991), S. 254 ff.; Armitage (1995), S. 40.

kanz kumulierter abnormaler Renditen kann das Testverfahren um die Standardisierung gemäß Mikkelson und Partch (1988) erweitert werden.[447]

Wie Kolari und Pynnönen (2010) im Rahmen von Simulationsstudien jedoch zeigen, führen sowohl der Patell- als auch der BMP-Test zu einer zu häufigen Ablehnung der Nullhypothese bei vorliegender Querschnittskorrelation der abnormalen Renditen. Basierend auf diesen Erkenntnissen schlagen die Autoren für beide Testverfahren eine Adjustierung vor, mittels derer die Querschnittskorrelation in der jeweiligen Teststatistik explizit Berücksichtigung findet.[448] Während der adjustierte Patell-Test zwar Querschnittskorrelationen adäquat berücksichtigt, jedoch weiterhin eine potenzielle Fehlspezifikation bei einer Veränderung der Varianz in der Ereignisperiode aufweist, ist der adjustierte BMP-Test robust gegenüber Querschnittskorrelation, Autokorrelation und ereignisinduzierter Varianzänderung. Die Arbeit von Kolari und Pynnönen (2010) zeigt darüber hinaus, dass das neue Testverfahren zu besseren Resultaten führt als die von Jaffe (1974) vorgeschlagene Portfoliomethode[449], bei der zur Berücksichtigung von Querschnittskorrelationen die sich auf das jeweilige Ereignisdatum beziehenden Firmen in ein gleichgewichtetes Portfolio aggregiert und im Anschluss die abnormalen Renditen des Portfolios einem Signifikanztest unterzogen werden.[450]

Nicht-parametrische Testverfahren

Trotz dieser konzeptionellen Erweiterungen bleibt die allen parametrischen Testverfahren gemeine Voraussetzung einer zumindest approximativen Normalverteilung bestehen. Da nicht in allen Ereignisstudien (insbesondere bei kleinen Stichprobenumfängen) von einer die Voraussetzung der parametrischen Testverfahren erfüllenden Verteilungsannahme ausgegangen werden kann, werden zur Validierung der Ergebnisse parametrischer Signifikanztests häufig nicht-parametrische Testverfahren

---

[447] Vgl. Mikkelson und Partch (1988), S. 122.
[448] Vgl. Kolari und Pynnönen (2010), S. 4001 ff.
[449] Vgl. Jaffe (1974), S. 98 ff.
[450] Vgl. Kolari und Pynnönen (2010), S. 3997 ff.; Ahlgren und Antell (2014), S. 10; Armitage (1995), S. 36; Kothari und Warner (2007), S. 11 f.
Gemäß Kolari und Pynnönen (2010), S. 3999 ist die Portfoliomethode "not only [...] relatively inefficient but does not account for possible event-induced variance".

eingesetzt, die auch bei nicht normalverteilten Renditen zu insgesamt validen Resultaten führen. Neben den weniger strengen Annahmen bezüglich der Verteilung der Renditen weisen nicht-parametrische Verfahren zudem Vorteile aufgrund einer geringeren Anfälligkeit gegenüber Ausreißern auf.[451] Im Folgenden werden die gebräuchlichsten, im Rahmen von Ereignisstudien eingesetzten nicht-parametrischen Testverfahren vorgestellt.

Beim klassischen Vorzeichentest nach Corrado und Zivney (1992) wird die absolute Höhe der abnormalen Renditen nicht betrachtet, sondern ausschließlich auf deren Vorzeichen abgestellt. Die abnormalen Renditen werden in die Werte "+" und "-" transferiert und folgen somit einer Binomialverteilung. Grundlegende Annahme des Testverfahrens ist es, dass ohne Eintreten des betrachteten Ereignisses die Wahrscheinlichkeit positiver und negativer abnormaler Renditen gleich hoch ist. Zur Bestimmung der Signifikanz der Ereignisstudienergebnisse wird untersucht, ob am Tag des Ereignisses eine von der 50%igen Verteilungsannahme abweichende Vorzeichenverteilung der beobachteten abnormalen Renditen vorliegt. Ein überproportional hoher Anteil positiver (negativer) abnormaler Renditen wird demzufolge als Indikator einer positiven (negativen) Wirkung des Ereignisses interpretiert.[452]

Um mögliche asymmetrische Renditeverteilungen besser abbilden zu können, wurde mit dem auf Cowan (1992) zurückzuführenden generalisierten Vorzeichentest ein den klassischen Vorzeichentest erweiterndes Testverfahren entwickelt. In Abgrenzung zum klassischen Verfahren ermöglicht der generalisierte Vorzeichentest die Festlegung einer von der 50%igen Verteilungsannahme abweichenden Nullhypothese. Dabei wird gemessen, ob die Anzahl der Beobachtungen mit positiver abnormaler Rendite in der Ereignisperiode der erwarteten Anzahl ohne Eintritt des jeweils betrachteten Ereignisses entspricht. Die erwartete Anzahl positiver abnormaler Rendi-

[451] Vgl. MacKinlay (1997), S. 32; Ott (2011), S. 135; Peterson (1989), S. 54; McWilliams und Siegel (1997), S. 635; Delattre (2007), S. 61.

[452] Vgl. Corrado und Zivney (1992), S. 466 ff.; Ott (2011), S. 135 f.; Armitage (1995), S. 43; MacKinlay (1997), S. 32.

ten wird hierbei jedoch nicht pauschal auf 50% festgelegt, sondern auf Basis des Anteils positiver abnormaler Renditen innerhalb der Schätzperiode abgeleitet.[453]

Neben den auf den Vorzeichen der abnormalen Renditen beruhenden Testverfahren wurden weitere, speziell für die Verwendung in Ereignisstudien konzipierte, nichtparametrische Signifikanztests, basierend auf dem Rang der abnormalen Renditen, entwickelt. Beim Corrado-Rangtest werden die täglichen abnormalen Renditen des Untersuchungszeitraums (Schätz- und Ereignisperiode) zunächst gemäß ihrer absoluten Höhe angeordnet, um ihnen daraufhin einen entsprechende Rangzahl zuordnen zu können. Zur Überprüfung der Signifikanz der Testergebnisse wird ermittelt, wie stark der tatsächliche Rang der am Ereignistag beobachteten abnormalen Rendite von dem durchschnittlich zu erwartenden Rang des Untersuchungszeitraums abweicht. Der Corrado-Rangtest eignet sich aufgrund seiner Konzeption insbesondere auch für Stichproben, die einen hohen Anteil illiquider Wertpapiere aufweisen und deren Verteilung der abnormalen Renditen daher stark von der Normalverteilung abweicht.[454]

Der Wilcoxon-Vorzeichen-Rang-Test bezieht sowohl die absolute Höhe der abnormalen Renditen als auch deren Vorzeichen in die Analyse mit ein. Getestet wird wiederum die Symmetrie der Verteilung um den Median. Die Berechnung der relevanten Teststatistik vollzieht sich dabei in mehreren Schritten. Zunächst gilt es für alle Beobachtungen die Differenz zwischen abnormaler Rendite und dem hypothetischen Median der Stichprobe zu ermitteln. Da die Nullhypothese des Wilcoxon-Tests besagt, dass der Median der abnormalen Rendite gleich null ist, stimmt der Differenzwert mit der originären abnormalen Rendite überein. Im Anschluss werden die abnormalen Renditen der Größe nach absteigend angeordnet und ihnen eine Rangzahl zugewiesen. Die zu ermittelnde Prüfgröße ergibt sich schließlich als Summe aller positiver Rangzahlen.[455] Nachteil dieses Testverfahrens ist - vergleichbar zum klassischen Vorzeichentest - dass die implizite Annahme symmetrisch verteilter Differenzen (negative und positive Beobachtungswerte weisen jeweils eine Wahrscheinlich-

---

[453] Vgl. Cowan (1992), S. 343 ff.; Pauser (2007), S. 102 f.

[454] Vgl. Corrado (1989), S. 385 ff.; Corrado und Zivney (1992), S. 466 ff.; Ott (2011), S. 137 ff.; Armitage (1995), S. 43; MacKinlay (1997), S. 32.

[455] Vgl. Wilcoxon (1945), S. 80 ff.; Kaup (2008), S. 63 f.; Pauser (2007); S. 104; Hundt (2015), S. 167 f.; Groth (2006), S. 205 f.

keit von 50%) verletzt sein kann, was zu verzerrten Testresultaten führt.[456] Zudem hat Cowan (1992) gezeigt, dass mit zunehmender Länge des Ereignisfensters die Teststärke des Wilcoxon-Tests sinkt und der Test für kumulierte abnormale Renditen zu konservativ ist, d.h. die Nullhypothese zu häufig ablehnt.[457]

Die bisher vorgestellten Rangtests wurden originär zur Ermittlung der statistischen Signifikanz der abnormalen Rendite eines singulären Ereignistages entwickelt. Die Analyse mehrtägiger kumulierter abnormaler Renditen ist dadurch nicht problemlos möglich. Sich dieser Problematik annehmend, wurden in der Literatur zwei alternative Lösungsansätze vorgeschlagen.[458] Bei der auf Corrado (1989) zurückzuführenden Methode werden Ränge auf Basis kumulierter abnormaler Renditen gebildet.[459] Nachteilig hierbei ist, dass mit zunehmender Länge des Ereignisfensters die Anzahl der Beobachtungen in der Schätzperiode stark reduziert wird.[460] Durch die limitierte Anzahl verbleibender Beobachtungen nimmt die Schätzgenauigkeit des Testverfahrens ab, was letztlich die Verlässlichkeit der Testergebnisse negativ beeinflusst.[461] Bei dem zweiten, von Cowan (1992) sowie Campbell und Wesley (1993) vertretenen Ansatz werden die Ränge der täglichen abnormalen Renditen innerhalb der betrachteten Ereignisperiode kumuliert.[462] Diese Methodik erweist sich als besonders nachteilhaft, wenn an einem einzelnen Tag innerhalb des Ereignisfensters eine vergleichsweise hohe abnormale Rendite auftritt, dieser Tag aber nicht für alle Beobachtungen identisch ist. Da durch die Rangbildung die Information bezüglich der absoluten Höhe der abnormalen Rendite verloren geht, verbleibt pro beobachteter Firma nur ein einzelner herausragender Rang innerhalb des Ereignisfensters, dessen Ein-

---

[456] Vgl. Hundt (2015), S. 168.
[457] Vgl. Cowan (1992), S. 349 ff.
[458] Vgl. Kolari und Pynnönen (2011), S. 954.
[459] Vgl. Corrado (1989), S. 395.
[460] Beispielsweise reduziert sich bereits bei einem elftägigen Ereignisfenster CAR [-5;+5] die Anzahl der Beobachtungen in der Schätzperiode auf ein Elftel des Ausgangswertes, vgl. Kolari und Pynnönen (2011), S. 954.
[461] Vgl. Kolari und Pynnönen (2011), S. 954.
[462] Vgl. Campbell und Wesley (1993), S. 75 ff.; Cowan (1992), S. 350 ff.

fluss auf die kumulative Rangsumme im Zuge der Durchschnittsbildung begrenzt wird - was im Endeffekt zu einer verminderten Teststärke der Testverfahren führt.[463]

Sich dieser bis dato nicht zufriedenstellend gelösten Problematik annehmend, entwickelten Kolari und Pynnönen (2011) mit dem Generalized Rank Test (GRANK-Test) ein speziell für die Ereignisstudienmethodik konzipiertes Testverfahren, welches sowohl für die Signifikanzanalyse eintägiger als auch kumulierter durchschnittlicher abnormaler Renditen eingesetzt werden kann. Ein wesentliches Merkmal des GRANK-Tests ist es, das Ereignisfenster als einen singulären Zeitpunkt aufzufassen, um auf dieser Basis eine entsprechende Rangbildung vorzunehmen. Dadurch ist es für das Verfahren - vergleichbar zu den parametrischen Signifikanztests - unerheblich, an welchem Tag innerhalb der Ereignisperiode der eigentliche Effekt des Ereignisses auftritt. Aufgrund der Re-Standardisierung der abnormalen Renditen analog zur Vorgehensweise bei Boehmer, Musumeci und Poulsen (1991) ist das Testverfahren zudem robust gegenüber einer potenziellen ereignisinduzierten Varianzänderung. Darüber hinaus belegen die Autoren die Eignung des GRANK-Tests bei vorliegender Querschnittskorrelation aufgrund eines für mehrere Firmen identischen Ereignistags sowie Autokorrelation. In mehreren Simulationsstudien konnten Kolari und Pynnönen (2011) zeigen, dass der neu entwickelte GRANK-Test sowohl verglichen mit den parametrischen Patell- und BMP-Tests als auch den herkömmlichen (kumulativen) Rangtests zu verlässlicheren Ergebnissen bei der Signifikanzanalyse (kumulierter) abnormaler Renditen führt.[464]

Um korrekte Aussagen bezüglich der statistischen Signifikanz der in der Ereignisstudie ermittelten abnormalen Renditen treffen zu können, ist es von besonderer Bedeutung ein Testverfahren zu wählen, welches die Spezifika des zu analysierenden Datensatzes adäquat berücksichtigt. In ereignisstudienbasierten Arbeiten zur Analyse von Spillovereffekten wird regelmäßig darauf hingewiesen, dass die abnormalen Renditen der Wettbewerber nicht als unabhängige Beobachtungen aufgefasst werden können, da die Wettbewerber eines von dem betrachteten Ereignis betroffenen Sponsors per Definition derselben Industrie angehören und sich die Beobachtungen

[463] Vgl. Kolari und Pynnönen (2011), S. 954; Dutta (2014), S. 140.
[464] Vgl. Kolari und Pynnönen (2011), S. 953 ff.; Hundt (2015), S. 168 ff.

auf dasselbe Ereignisdatum beziehen.[465] Die Anwendung des Marktmodells ist demnach in der Regel nicht ausreichend, um die im Datensatz vorliegende Querschnittskorrelation auf nahe null zu reduzieren.[466] Von den dargestellten parametrischen Testverfahren weisen lediglich der adjustierte Patell-Test sowie der adjustierte BMP-Test die im Rahmen von Spilloverstudien geforderte Robustheit gegenüber einer potenziellen Querschnittskorrelation der Renditen auf. Da der adjustierte BMP-Test zusätzliche positive Eigenschaften wie die Berücksichtigung potenzieller ereignisinduzierter Varianzänderungen oder Autokorrelation der abnormalen Renditen aufweist, wird im Rahmen dieser Arbeit - in Übereinstimmung mit vergleichbaren Studien - auf den adjustierten BMP-Test als relevantes parametrisches Testverfahren abgestellt.[467] Den allgemeinen Empfehlungen folgend, wird zur Überprüfung der Robustheit der Ergebnisse ergänzend ein nicht-parametrisches Testverfahren eingesetzt.[468] Wie vorstehend dargelegt, weist der Generalized Rank Test nach Kolari und Pynnönen (2011) alle im Rahmen von Spilloverstudien geforderten Eigenschaften - inklusive Robustheit gegenüber Querschnittskorrelation - auf und führt im Vergleich zu den übrigen nicht-parametrischen Testverfahren zu insgesamt verlässlicheren Testergebnissen.[469] Folglich kommt als ergänzendes, nicht-parametrisches Testverfahren der GRANK-Test zum Einsatz. Analog zu einer Vielzahl vergleichbarer Forschungsarbeiten, die bei der Durchführung von Ereignisstudien auf ein darauf spezialisiertes Softwarepaket zurückgreifen[470], wird im Rahmen dieser Arbeit zur Berechnung der abnormalen Renditen sowie der Signifikanztests die EventStudyTools Software eingesetzt.[471]

[465] Vgl. Gaur, Malhotra und Zhu (2013), S. 222; Song und Walkling (2000), S. 151; Oxley, Sampson und Silverman (2009), S. 1332; Hadlock und Sonti (2012), S. 193.
[466] Vgl. Brown und Warner (1985), S. 22.
[467] Vgl. beispielhaft Aguzzoni, Langus und Motta (2013), S. 305; Fernando, May und Megginson (2012), S. 247.
[468] Vgl. MacKinlay (1997), S. 32.
[469] Vgl. Dutta (2014), S. 140; Ahlgren und Antell (2014), S. 14.
[470] Vgl. beispielhaft Wiles, Morgan und Rego (2012), S. 47; Bartz, Molchanov und Stork (2013), S. 134; insbesondere Halperin und Lusk (2013), S. 2 ff. sprechen sich für den Einsatz einer kommerziellen Software aus.
[471] Vgl. Schimmer, Levchenko und Müller (2015).

4.3.1.2 Mittelwertdifferenztests

Mit den bisher vorgestellten Testverfahren kann die Signifikanz der im Rahmen der Ereignisstudie ermittelten abnormalen Renditen überprüft werden. Darüber hinaus lassen sich die eigentlichen Ereignisstudienresultate ergänzende bzw. erweiternde Informationen durch den Vergleich der abnormalen Renditen von Substichproben gewinnen.[472] So kann eine erste Überprüfung der statistischen Signifikanz der Determinanten des Spillovers mit Hilfe eines Mittelwertdifferenztests vorgenommen werden. Hierzu wird für jeden interessierenden Einflussfaktor die Gesamtstichprobe in zwei Substichproben unterteilt, wobei das jeweilige Trennkriterium anhand der Spezifika des zu untersuchenden Einflussfaktors zu bestimmen ist. Im Anschluss wird überprüft, inwiefern sich die Differenz der Mittelwerte der beiden Substichproben signifikant von null unterscheidet.[473] Die hierbei standardmäßig angewandte Prüfgröße lautet:[474]

$$t = \frac{CAAR_1 - CAAR_2}{\sqrt{\left(\frac{(n_1-1)\sigma_1^2 + (n_2-1)\sigma_2^2}{n_1+n_2-2}\right)\left(\frac{n_1+n_2}{n_1 n_2}\right)}}$$

mit:

$CAAR_i$ = Durchschnittliche kumulierte abnormale Rendite der Substichprobe i

n_i = Anzahl der Unternehmen in Stichprobe i

σ_i^2 = Varianz der CAAR der Stichprobe i

Die Teststatistik folgt einer Student-t-Verteilung, welche bei einem ausreichend großen Stichprobenumfang ($n_1+n_2-2 > 30$) als approximativ normalverteilt angenommen werden kann.[475]

[472] Vgl. Kemper (2007), S. 324; Delattre (2007), S. 61.
[473] Vgl. Pauser (2007), S. 101.
[474] Vgl. Hawawini und Swary (1990), S. 50; Baradwaj, Dubofsky und Fraser (1992), S. 271; Tourani Rad und Van Beek (1999), S. 535; Beitel, Schiereck und Wahrenburg (2004), S. 119; Kaup (2008), S. 62; Bamberg und Baur (2002), S. 192 ff.; Pauser (2007), S. 101.
[475] Vgl. Kaup (2008), S. 62; Bamberg und Baur (2002), S. 193; Pauser (2007), S. 101.

4.3.2 Multivariate Testverfahren

Die bisher vorgestellten univariaten Testverfahren ermöglichen die Überprüfung der statistischen Signifikanz der im Rahmen der Ereignisstudie ermittelten abnormalen Renditen sowie die Messung des Einflusses eines singulären Faktors auf die abnormalen Renditen. Mögliche Interdependenzen zwischen den verschiedenen Einflussfaktoren finden dabei keine Berücksichtigung. Eine darüber hinausgehende simultane Analyse der kombinierten Wirkung mehrerer Einflussfaktoren kann mit Hilfe multivariater Testverfahren erreicht werden.[476] Bei der hierbei angewandten multiplen Regression wird ein linearer Zusammenhang zwischen der abhängigen Variable (hier: CAR der Wettbewerber) und den unabhängigen erklärenden Variablen unterstellt:[477]

$$CAR_{it} = \alpha + \sum_{j=1}^{J} \beta_j X_{ij} + \varepsilon_i$$

mit:

α = Regressionskonstante

β_j = Koeffizienten der unabhängigen Variablen

J = Anzahl der unabhängigen Variablen

X_{ij} = Unabhängige Variable j

ε_i = Residuum der Regressionsgleichung

Die Ermittlung der Regressionskoeffizienten erfolgt standardmäßig gemäß der Methode der kleinsten Quadrate (OLS).[478] Im Rahmen mehrerer Studien konnte gezeigt werden, dass die OLS-Methodik zur Analyse der Ereignisstudienresultate zu stabilen und unverzerrten Ergebnissen führt.[479] Es ist dabei jedoch sicherzustellen, dass das Modell die Anforderungen einer linearen Regression erfüllt. Insbesondere ist darauf zu achten, dass die Annahmen bezüglich der Normalverteilung der Residuen (Über-

[476] Vgl. Hauser (2003), S. 153; Kaup (2008), S. 65; MacKinlay (1997), S. 33.

[477] Vgl. Goerke (2009), S. 477; Kaup (2008), S. 65; Peterson (1989), S. 49; Kothari und Warner (2007), S. 19; Delattre (2007), S. 61.

[478] Vgl. Fuller, Netter und Stegemoller (2002), S. 1787; Beitel, Schiereck und Wahrenburg (2004), S. 119; Kaup (2008), S. 66; MacKinlay (1997), S. 33.

[479] Vgl. beispielhaft Karaflath (1994), S. 288 ff.; Greenwald (1983), S. 335; Kaup (2008), S. 66; Mentz (2006), S. 69.

prüfung mittels Quantilsplots: Q-Q-Plots bzw. P-P-Plots), des Vorliegens eines linearen Zusammenhangs zwischen der abhängigen und den unabhängigen Modellvariablen (Augmented Component-Plus-Residual-Plots), der Homoskedastizität (Residual-vs.-Fitted-Plots) sowie der linearen Unabhängigkeit der erklärenden Variablen erfüllt sind.[480] Im Speziellen bei Spilloveranalysen kann die Struktur des verwendeten Datensatzes zu Abweichungen von der Annahme unabhängiger Fehlerterme führen. In der vorliegenden Arbeit betreffen die meisten Ereignisse mehr als einen Wettbewerber, wodurch diese Firmen sich auf ein gemeinsames Ereignisdatum beziehen (Ereignistag-Cluster). Zudem sind mehrere Wettbewerber in mehr als einen Skandal involviert und dadurch mehrfach im Datensatz vertreten (Firmen-Cluster). Analog zur Vorgehensweise von Diestre und Rajagopalan (2014) wird daher die Methode des Multiway-Clusterings angewandt, welche die Schätzung clusterrobuster Standardfehler entlang mehrere Dimensionen gestattet.[481] Als relevanten Anwendungsfall in finanzwirtschaftlich orientierten Studien nennen Cameron, Gelbach und Miller (2006) Cluster auf einer Firmen- und einer Zeitebene (z.B. Tag), was der Clusterstruktur der vorliegend Arbeit entspricht.[482] Dementsprechend werden im Rahmen dieser Arbeit bei der Schätzung der Standardfehler, Cluster sowohl auf Ebene der Wettbewerber (Firma) als auch auf Ebene des Ereignisses (Zeit) berücksichtigt. Durch die Methode des Multiway-Clusterings bzw. der dabei vorgenommenen Schätzung clusterrobuster Standardfehler wird gleichzeitig die Problematik einer potenziell vorliegenden Heteroskedastizität der Residuen adressiert. Eine Überprüfung auf lineare Abhängigkeiten zwischen den Regressoren (Multikollinearität) erfolgt auf Basis der Variance-Inflation-Factors (VIF).[483] Die statistische Signifikanz der einzelnen erklärenden Variablen des Regressionsmodells wird mit Hilfe eines T-Tests ermittelt. Die F-Statistik überprüft die Signifikanz des Gesamtmodells, während über das (adjustierte) Bestimmtheits-

---

[480] Vgl. Stoetzer (2017), S. 134 ff.; Mentz (2006), S. 67; MacKinlay (1997), S. 33; Kothari und Warner (2007), S. 19.
Im hier vorliegenden Fall der Analyse von Querschnittsdaten wird i.d.R. von einer Überprüfung auf Autokorrelation abgesehen, da die Beobachtungen keine natürliche Reihenfolge aufweisen. Vgl. allgemein Stoetzer (2017), S. 134 ff. und speziell im Zusammenhang mit Ereignisstudien Reiser (2012), S. 90.

[481] Vgl. Diestre und Rajagopalan (2014), S. 1142; für eine detailliere Beschreibung der Methodik siehe Cameron, Gelbach und Miller (2006), S. 2 ff.; Thompson (2011), S. 1 ff.; Gow, Ormazabal und Taylor (2010), S. 483 ff.; Petersen (2009), S. 435 ff.

[482] Vgl. Cameron, Gelbach und Miller (2006), S. 3.

[483] Vgl. Auer (2016), S. 567; Gujarati (2003), S. 65ff.; Kaup (2008), S. 66.

maß R^2 eine Aussage bezüglich der Güte des Modells (d.h., wie gut die unabhängigen Variablen in ihrer Gesamtheit die zu erklärende, abhängige Variable beschreiben) getroffen werden kann.[484]

4.4 Problembereiche und Kritik am Ereignisstudienansatz

Ereignisstudien sind eine weit verbreitete, in unterschiedlichen wissenschaftlichen Disziplinen angewandte und anerkannte Methodik zur Untersuchung des Einflusses eines Ereignisses auf die Bewertung von Unternehmen.[485] Dennoch ist der Ansatz nicht frei von Kritik. Auf mögliche Problembereiche wird daher im Folgenden hingewiesen.

Selection Bias: Voraussetzung für die Durchführung einer Ereignisstudie ist die Kapitalmarktnotierung des zu betrachtenden Unternehmens. Bei der Zusammenstellung der Untersuchungsstichprobe können daher nur Unternehmen berücksichtigt werden, für die entsprechende Wertpapierkurse während der Schätz- und Ereignisperiode beobachtbar sind. Dies führt tendenziell zum Ausschluss kleinerer Unternehmen sowie von Unternehmen in Familienbesitz. Die aus der Ereignisstudie gezogenen Erkenntnisse sind daher zumeist nur für größere Unternehmen gültig und können nicht uneingeschränkt auf kleinere, nicht börsennotierte Unternehmen übertragen werden.[486] In Bezug auf die vorliegende Untersuchung von Testimonialskandalen scheint das Problem der Selection Bias jedoch von vergleichsweise geringerer Bedeutung, da das Instrument der Testimonialwerbung aufgrund der insbesondere bei international bekannten Stars hohen Investitionskosten vorwiegend von finanzstarken und damit in der Regel größeren Firmen genutzt wird.[487] Die Grundgesamtheit der in Betracht kommenden Unternehmen umfasst somit überwiegend größere Un-

---

[484] Vgl. Auer (2016), S. 198 ff.; Kaup (2008), S. 66; Mentz (2006), S. 68.

[485] Vgl. Kaup (2008), S. 43.

[486] Vgl. Kaup (2008), S. 67; MacKinlay (1997), S. 15.

[487] Evan Morgenstein, CEO des auf Testimonialwerbung spezialisierten Beratungsunternehmens CelebExperts, erläutert hierzu: "[...] the main reasons why small businesses don't use celebrity spokespeople are because they think that they will be too expensive and they simply don't know how to go about securing them." Vgl. businessingmag.com (2016).

ternehmen, womit die aus der Ereignisstudie gewonnenen Erkenntnisse für die Mehrheit der mit Testimonials werbetreibenden Firmen repräsentativ sind.

Überlappende Ereignisse: Ziel der Ereignisstudie ist die Untersuchung des Einflusses eines spezifischen Ereignisses auf die Bewertung von Unternehmen. Dies setzt voraus, dass der Einfluss des zu untersuchenden Ereignisses von anderen kursrelevanten, jedoch nicht mit dem interessierenden Ereignis in Zusammenhang stehenden Informationen isoliert werden kann.[488] Ob ein überlappendes Ereignis innerhalb der jeweils untersuchten Ereignisperiode vorliegt, ist im Rahmen einer spezifischen Analyse des Datensatzes auf überlappende Ereignisse (sogenannten Confounding Event Analyse) zu eruieren. Wird ein relevantes überlappendes Ereignis identifiziert schlägt Foster (1980) fünf Methoden zum Umgang mit den potenziell verzerrten Kursinformationen vor, von denen jedoch nur das Streichen der betroffenen Firma aus der Stichprobe zuverlässige und unverzerrte Ergebnisse gewährleistet und sich in Folge dessen in der Praxis durchgesetzt hat.[489] Einige Autoren argumentieren, dass sich der Effekt verschiedener überlappender Ereignisse im Durchschnitt der Gesamtstichprobe ausgleicht und daher keinen Einfluss auf die Ergebnisse hat.[490] Dieser Argumentation wird im Rahmen dieser Arbeit nicht gefolgt. Kann nicht sichergestellt werden, dass innerhalb der Ereignisperiode keine kursrelevanten überlappenden Ereignisse vorliegen, so kann nicht mit hinreichender Sicherheit argumentiert werden, dass ein eventuell gefundener Effekt tatsächlich auf das interessierende Ereignis zurückzuführen ist. Mehrere Studien zeigen demnach, dass das Ignorieren überlappender Ereignisse zu verfälschten Untersuchungsergebnissen und damit zu nicht zutreffenden Schlussfolgerungen bezüglich der Auswirkungen eines Ereignisses führen kann.[491]

Illiquide Wertpapiere: Bei unregelmäßig gehandelten Wertpapieren mit geringer Liquidität kann es zu einer zeitlichen Divergenz zwischen der Messung der betreffenden Wertpapierrenditen und der Rendite des zugehörigen Marktindizes kommen. Dieses sogenannte Phänomen des asynchronen Handelns kann zu einer Fehlspezi-

[488] Vgl. Goerke (2009), S. 470 f.; Pauser (2007), S. 109 f.; McWilliams und Siegel (1997), S. 629 und S. 634.
[489] Vgl. Foster (1980), S. 54 ff.; McWilliams und Siegel (1997), S. 637; Armitage (1995), S. 47.
[490] Vgl. Thompson (1988), S. 83; Kaup (2008), S. 67; Armitage (1995), S. 34.
[491] Vgl. McWilliams und Siegel (1997), S. 637; Mentz (2006), S. 72; Goerke (2009), S. 470 ff.

fikation der Modellparameter α und β führen.[492] Scholes und Williams (1977) beispielsweise zeigen, dass der Betafaktor von illiquiden Aktien im Allgemeinen unterschätzt wird, während hohe Handelsvolumina tendenziell zu einer Überschätzung des Betafaktors führen.[493] In der Literatur wurden mehrere Ansätze zur Schätzung der Modellparameter unter Berücksichtigung geringer Handelsvolumina entwickelt.[494] Brown und Warner (1985) stellen im Rahmen umfangreicher Testverfahren jedoch fest, dass die von Scholes und Williams (1977) sowie Dimson (1979) vorgeschlagenen alternativen Schätzverfahren zur Berücksichtigung von Illiquidität kaum Vorteile gegenüber den herkömmlichen OLS-basierten Modellen aufweisen.[495] Neben der Problematik des asynchronen Handels kann bei illiquiden Wertpapieren die tägliche Kursfeststellung ausgesetzt sein. Um den Einfluss einer möglichen hierauf beruhenden Parametermisspezifikation zu reduzieren, werden die in der Stichprobe enthaltenen Unternehmen auf die Liquidität der gehandelten Wertpapiere untersucht. Nicht ausreichend liquide Wertpapiere, die zum Teil über mehrere aufeinander folgende Tage nicht gehandelt werden, sind aus der Untersuchung auszuschließen.[496] Grundsätzlich kann aufgrund der Struktur der in dieser Arbeit verwendeten Stichprobe davon ausgegangen werde, dass das Problem der Illiquidität von untergeordneter Bedeutung ist, da Testimonials tendenziell von größeren Unternehmen eingesetzt werden, deren Wertpapiere zumeist regelmäßig und mit einem entsprechend hohen Volumen - liquide - gehandelt werden.[497]

Joint-Hypothesis Problem: Das jede Ereignisstudie betreffende Problem verbundener Hypothesen wurde erstmals in Bezug auf die Studien von Fama (1991) diskutiert und besagt, dass im Rahmen von Ereignisstudien simultan zwei Hypothesen untersucht werden. Einerseits können auf informationseffizienten Märkten grundsätzlich keine

[492] Vgl. Peterson (1989), S. 39; Campbell, Lo und MacKinlay (1997), S. 177; Pauser (2007), S. 108; Brown und Warner (1985), S. 16; MacKinlay (1997), S. 35.
[493] Vgl. Scholes und Williams (1977), S. 315 ff.; Pauser (2007), S. 108.
[494] Vgl. Scholes und Williams (1977), S. 309 ff.; Dimson (1979), S. 197 ff.; Pauser (2007), S. 108; MacKinlay (1997), S. 36.
[495] Vgl. Brown und Warner (1985), S. 16 ff.; Pauser (2007), S. 108; Peterson (1989), S. 39 ff.; Armitage (1995), S. 44.
[496] Vgl. Peterson (1989), S. 52; Kaup (2008), S. 68; Hauser (2002), S. 156 f.; Mentz (2006), S. 70; Delattre (2007), S. 59.
[497] Vgl. Haferstock et al. (2012), S. 116; Chordia, Shivakumar und Subrahmanyam (2004), S. 113

Überrenditen erzielt werden, die erwartete abnormale Rendite beträgt demzufolge null. Wird andererseits dennoch eine abnormale Rendite ermittelt, kann diese auf das Vorhandensein von Marktineffizienzen hinweisen oder aber auch auf die Anwendung eines falschen Bewertungsmodells zurückzuführen sein. Die Hypothese eines korrekt spezifizierten Schätzmodells zur Berechnung der erwarteten Renditen wäre im zweiten Fall widerlegt.[498] Im Umkehrschluss kann daher auch aus dem Ergebnis keiner abnormaler Renditen nicht mit Sicherheit geschlussfolgert werden, dass tatsächlich keine abnormalen Renditen vorliegen. Ursächlich könnte auch hier die Anwendung eines falschen Schätzmodell sein.[499] Der Hauptkritikpunkt der Problematik verbundener Hypothesen bezieht sich also auf die Wahl und Ausgestaltung des Modells zur Berechnung erwarteten Renditen. Für das im Rahmen dieser Arbeit angewandte Marktmodell konnte theoretisch wie auch empirisch gezeigt werden, dass es für eine zuverlässige Ermittlung der erwarteten Renditen geeignet ist.[500] Weitergehende Simulationsstudien zeigen darüber hinaus, dass auch die einfacheren Schätzmodelle bei Ereignisstudien mit kurzfristigem Ereignishorizont zu stabilen und zuverlässigen Ergebnissen führen.[501] Eine Begründung hierfür ist auch darin zu sehen, dass bei Verwendung täglicher Kursdaten die erwartete Rendite aller Schätzmodelle - mit Ausnahme außerordentlicher Hausse- oder Baissephasen - nahe null liegt.[502] Der auf die Wahl und Ausgestaltung des Schätzmodells zurückzuführende Effekt auf die abnormalen Renditen ist demzufolge eher gering.

4.5 Zwischenfazit

Die Methodik der Ereignisstudie ist ein in der empirischen Kapitalmarktforschung etabliertes und weithin akzeptiertes Verfahren zur Analyse der Auswirkungen eines bestimmten Ereignisses (hier: Testimonialskandal) auf die Wertpapierkurse der betroffenen Unternehmen. Sie ermöglicht die Untersuchung von Spillovereffekten aus

---

[498] Vgl. Fama (1991), S. 1576; Kothari und Warner (2007), S. 13.

[499] Vgl. Hauser (2002), S. 47; Pauser (2007), S. 111.

[500] Vgl. Cable und Holland (1999), S. 339; Kaup (2008), S. 68.

[501] Vgl. Brown und Warner (1980), S. 214 ff.; Brown und Warner (1985), S. 8 ff.; Kaup (2008), S. 68.

[502] Vgl. Fama (1998), S. 291; Hauser (2002), S. 48.; Kaup (2008), S. 68; Mentz (2006), S. 70; Kothari und Warner (2007), S. 21 f. zeigen, dass bei kurzen Ereignisfenstern selbst eine Fehlschätzung des Betafaktors um 50% lediglich zu einer geringfügigen Verzerrung (Größenordnung 0,025%) der abnormalen Renditen führt.

der Shareholder-Value Perspektive und gibt somit die aggregierte, zukunftsbezogene Beurteilung des jeweiligen Ereignisses aus Sicht der Kapitalmarktteilnehmer wider.

Bei der Durchführung einer Ereignisstudie müssen mehrere Entscheidungen bezüglich des zu verwendenden Schätzmodells für die Berechnung der abnormalen Renditen, des in einigen Modellen benötigten Benchmarkindizes sowie einer für den Betrachtungsgegenstand geeigneten Schätz- und Ereignisperiode getroffen werden. Für die Zwecke dieser Arbeit wird zur Kalkulation der erwarteten Renditen das in der Literatur am häufigsten vertretene Marktmodell angewandt. Aufgrund des US-Fokus des verwendeten Datensatzes wurde der S&P 500 Index als relevanter Benchmarkindex gewählt. Die Schätzperiode wurde entsprechend den Empfehlungen der Literatur auf einen 250-Tage Zeitraum, endend 30 Tage vor Eintritt des Ereignisses, festgelegt. Zur Berücksichtigung eines eventuellen Leakage sowie einer insbesondere bei Spilloverstudien möglichen, verzögerten Meinungsbildung der Investoren, wurde ein erweitertes Ereignisfenster von acht Tagen [-2;+5] als relevanter Betrachtungszeitraum zur Messung des Spillovereffekts gewählt. Um eine unverzerrte Ermittlung der Spilloverergebnisse zu gewährleisten, werden Unternehmen mit überlappenden Ereignissen und illiquiden Wertpapieren von der Untersuchung ausgeschlossen. Zur Überprüfung der statistischen Signifikanz der ermittelten abnormalen Renditen wird als parameterisches Testverfahren der adjustierte BMP-Test eingesetzt. Den Empfehlungen der Literatur folgend, wird mit dem Generalized Rank Test ergänzend ein nicht-parametrischer Signifikanztest durchgeführt. Beide Verfahren wurden aufgrund ihrer Robustheit gegenüber einer ereignisinduzierten Varianzänderung, Autokorrelation und Querschnittskorrelation ausgewählt. Insbesondere letztgenanntes Kriterium ist bei der Analyse von Spillovereffekten von besonderer Relevanz, da sich die einem Ereignis zugeordneten Wettbewerber auf dasselbe Ereignisdatum beziehen und per Definition derselben Industrie angehören.

Zur sich der eigentlichen Ereignisstudie anschließenden Analyse der Spilloverdeterminanten werden sowohl Mittelwertdifferenztests als auch multiple Regressionsmodelle eingesetzt.

5 Empirische Analyse der Auswirkungen von Testimonialskandalen auf Wettbewerber

5.1 Identifikation und Beschreibung des Datensatzes

5.1.1 Definition und Identifikation der relevanten Ereignisse

Zur empirischen Überprüfung der in Kapitel 0 aufgestellten Hypothesen mittels der Ereignisstudienmethodik muss zunächst ein Datensatz mit im Sinne dieser Arbeit relevanten und verwertbaren Ereignissen generiert werden. Die Ereignisse müssen hierzu den folgenden Anforderungen genügen:

- Bei dem Ereignis handelt es sich um einen Testimonialskandal im Sinne der in Kapitel 2.2.2 hergeleiteten Skandaldefinition.
- Das relevante Ereignisdatum kann hinreichend genau ermittelt werden.
- Pro Ereignis kann zumindest ein Sponsorunternehmen identifiziert werden, für welches über den Datenanbieter S&P Global Market Intelligence in den USA gehandelte Wertpapierkurse verfügbar sind.[503]

Im Gegensatz zu einer Vielzahl anderer Ereignisse (z.B. Fusionen und Übernahmen[504], Rückruf von fehlerhaften Produkten[505], Bekanntgabe von Allianzen[506]) gibt es keine bereits existierende Datenbank mit Testimonialskandalen, aus der die Ereignisse hätten extrahiert werden können. Daher folgt die vorliegende Arbeit dem Beispiel von Bartz, Molchanov und Stork (2013)[507], Louie, Kulik und Jacobsen (2001)[508] sowie Russell, Mahar und Drewniak (2005)[509], welche die für ihre Studien relevanten Testimonialskandale über eine Schlagwortsuche identifizieren. Die hierfür

[503] Analog zu den Arbeiten von Bartz, Molchanov und Stork (2013) sowie Ding, Molchanov und Stork (2011) kamen hierbei alle in den USA ansässigen und dort an einer Börse gehandelten Unternehmen sowie alle außerhalb der USA ansässigen Unternehmen, die über eine Zweitnotierung an einer US-Börse oder ein American Depositary Receipt (ADR)-Programm verfügen, in Betracht.
[504] Vgl. Song und Walkling (2000), S. 148.
[505] Vgl. Chen, Ganesan und Liu (2009), S. 217.
[506] Vgl. Oxley, Sampson und Silverman (2009), S. 1326.
[507] Vgl. Bartz, Molchanov und Stork (2013), S. 134.
[508] Vgl. Louie, Kulik und Jacobsen (2001), S. 17.
[509] Vgl. Russell, Mahar und Drewniak (2005), S. 70.

relevanten Schlagworte wurden aus der bestehenden Literatur abgeleitet. Dazu wurden aus den in Kapitel 2.4 dieser Arbeit genannten Studien zur Testimonialforschung all jene (englischsprachigen) Begriffe extrahiert, welche die Person des Testimonials bzw. das negative Ereignis beschreiben. Die dabei identifizierten und im Rahmen dieser Arbeit verwendeten Schlagworte sind in Tabelle 8 aufgelistet.

Angabe zur Person	Angabe zum Ereignis
Brand Ambassador	Controversy
Celebrity	Disgrace
Endorser	Indiscretion
Spokesperson	Misbehavior
Star	Negative Publicity
Testimonial	Scandal
	Tarnished

Tabelle 8: Schlagworte zur Identifikation der Testimonialskandale
Quelle: Eigene Darstellung

Die sich durch die Kombination verschiedener Schlagworte ergebenden Suchterme (jeweils bestehend aus einem Schlagwort zur Person und einem Schlagwort zum Ereignis) wurden als Ausgangspunkt einer breit angelegten Suchabfrage in den Pressedatenbanken LexisNexis, Factiva sowie über die Google Suchmaschine verwendet. Als primärer Suchterm und damit Startpunkt der Recherche wurde die in der Literatur häufig genannte Kombination "celebrity scandal" gewählt.[510] Nachfolgend wurden alle weiteren möglichen Kombinationen aus den oben genannten Schlagworten systematisch getestet und die Liste der identifizierten Ereignisse entsprechend ergänzt. Oftmals referenzierten mittels dieser Methodik identifizierte Fundstellen auf weitere Testimonialskandale oder mögliche Quellen, die im Nachgang ebenfalls durchsucht werden konnten. Das für den jeweiligen Skandal relevante Ereignisdatum wurde mittels LexisNexis bestimmt bzw. verifiziert. Zudem wurde sichergestellt, dass die Sponsorenbeziehung zum Zeitpunkt des Skandals noch Bestand hatte.

Eine weitere Quelle zur Identifikation zusätzlicher Ereignisse ist die bestehende, im Bereich Testimonialwerbung angesiedelte Literatur selbst. So werden insbesondere in der Einleitung vieler Studien beispielhaft Testimonialskandale genannt, die nach

[510] Vgl. beispielhaft Bartz, Molchanov und Stork (2013), S. 134; Hock und Raithel (2014), S. 15.

Verifikation des Ereignisdatums und der Sponsorenbeziehung mit in den Datensatz übernommen werden konnten.[511] Insgesamt wurde der hier beschriebene Suchvorgang so lange fortgesetzt, bis keine weiteren relevanten Testimonialskandale ermittelt werden konnten, d.h. sowohl die Schlagwortsuche (inklusive Referenzierung auf weitere mögliche Fundstellen) als auch die Durchsicht der Literatur zur Testimonialforschung zu keinen die Stichprobe ergänzenden Ereignissen führte.

5.1.2 Identifikation der Wettbewerber

Auf Basis der vorstehend beschriebenen Vorgehensweise zur Identifikation der Testimonialskandale und Sponsoren kann lediglich der Spillovereffekt erster Ordnung ermittelt werden. Daher ist es für die Untersuchung des Spillovers zweiter Ordnung - dem Fokus der vorliegenden Arbeit - notwendig, für den jeweiligen Sponsor relevante Wettbewerbsunternehmen zu identifizieren. Ein hierfür in der Literatur weit verbreiteter Ansatz ist die Definition des Wettbewerbs über das Industrieklassifikationsschema der Standard Industrial Classification (SIC) Codes.[512] Jedoch ist die Zugehörigkeit zur selben, über SIC Codes definierten Industrie kein hinreichender Indikator dafür, ob zwei Firmen tatsächlich in einer direkten Wettbewerbsbeziehung auf dem Produktmarkt zueinander stehen.[513] Hadlock und Sonti (2012) bestätigen dies mit der Feststellung "these codes can be noisy indicators of whether 2 firms directly compete."[514]

Die Identifikation von direkt zu den Sponsoren in Konkurrenz stehenden Unternehmen ist für die vorliegende Arbeit jedoch von hoher Bedeutung, da bereits die Untersuchungen von Carrillat, d'Astous und Christianis (2014)[515] zeigen, dass in Folge eines Testimonialskandals ein Spillovereffekt nur auf die direkten Wettbewerber festgestellt werden konnte. Von einem Spillover auf die gesamte Industrie ist auf Basis dieser Voruntersuchungen daher auch im Rahmen dieser Studie nicht auszugehen.

---

[511] Vgl. beispielhaft Carrillat, d'Astous und Lazure (2013), S. 15 f.; Zhou und Whitla (2013), S. 1013.
[512] Vgl. Diestre und Rajagopalan (2014), S. 1138; Geiger und Schiereck (2014), S. 36; Oxley, Sampson und Silverman (2009), S. 1327; Barnett und King (2008), S. 1157; Gande und Lewis (2009), S. 831; Gaur, Malhotra und Zhu (2013), S. 222.
[513] Vgl. Clougherty und Duso (2009), S. 1374.
[514] Hadlock und Sonti (2012), S. 189.
[515] Vgl. Carrillat, d'Astous und Christianis (2014), S. 1032 ff.

Zudem führt der durch eine fehlerhafte Abgrenzung des Wettbewerbs unsachgemäß vorgenommene Einbezug von nicht durch den Skandal tangierten Unternehmen zu verzerrten, in Richtung einer nicht signifikanten abnormalen Rendite von null tendierenden Ergebnissen.[516]

Um diese Problematik zu umgehen, greifen Clougherty und Duso (2009) bei ihrer Untersuchung von Spillovereffekten in Folge von Fusionen und Übernahmen auf einen Datensatz zurück, der durch Experten der Europäischen Kommission im Rahmen ihrer Funktion bei der EU-Fusionskontrolle (EU Merger Regulation) erstellt wurde. Durch die im Zuge der Expertenbewertung vorgenommene Marktdefinition und Wettbewerbsanalyse kann nach Angabe der Autoren sichergestellt werden, dass es sich bei den identifizierten Unternehmen tatsächlich um direkte Wettbewerber auf dem relevanten Produktmarkt handelt - wodurch eine präzisere Messung des Spillovers ermöglicht wird.[517] Ein vergleichbarer Datensatz steht bei der Messung von Spillovereffekten im Zusammenhang mit Testimonalskandalen - wie auch für die meisten anderen im Rahmen von Ereignisstudien betrachteten Ereignisse - nicht zur Verfügung. Deshalb wurde für diese Arbeit ein Ansatz entwickelt, der auf Basis öffentlich verfügbarer Daten der direkt für den Einzelfall vorgenommenen Expertenbewertung am nächsten kommt. Hierzu wurden zwei in der Literatur vertretene Verfahren kombiniert.

1. Analog zu Hadlock und Sonti (2012) wurden von hierauf spezialisierten Anbietern erstellte Firmenporträts (umfassendes Unternehmensprofil inklusive einer Analyse des Markt- und Wettbewerbsumfeldes) ausgewertet. Diese pro Sponsorunternehmen verfügbaren Reports enthalten jeweils eine von Industrieexperten erstellte Auflistung der relevantesten Wettbewerber. Hierbei wurde auf die Firmenporträts von Hoover's, MarketLine und GlobalData abgestellt. Während Hoover's aufgrund seiner breiten Abdeckung, allgemein hohen Bekanntheit und Verwendung in der Literatur ausgewählt wurde[518], wurden die

[516] Vgl. Clougherty und Duso (2009), S. 1374; Hadlock und Sonti (2012), S. 189.
[517] Vgl. Clougherty und Duso (2009), S. 1373.
[518] Vgl. Hadlock und Sonti (2012), S. 189; Sonenshine (2011), S. 425.

beiden letztgenannten aufgrund ihrer Expertise im Bereich Konsumgüter[519] - worin der Großteil der Sponsoren angesiedelt ist - berücksichtigt.

2. Die zweite im Rahmen dieser Arbeit verwendete Datenquelle berücksichtigt explizit die Perspektive von Finanzmarktakteuren und trägt damit der dem Ereignisstudiendesign geschuldeten Fokussierung auf Aktienkurse verstärkt Rechnung. Von den in der Finanzindustrie gebräuchlichen Finanzdatenanbietern S&P Global Market Intelligence und Avention (ehemals OneSource) werden auf Basis derer Daten und Auswertungen ebenfalls Listen mit zu den Sponsoren vergleichbaren Wettbewerbsunternehmens (Peergroup) veröffentlicht. Vergleichbar hierzu verwenden Knittel und Stango (2014) die von Google bzw. Yahoo! Finance bereitgestellten Wettbewerberlisten.[520]

Insgesamt zeichnet alle fünf genannten Datenquellen aus, dass sie von spezialisierten Anbietern erstellt wurden und daher in Anlehnung an die Expertenbewertung durch die Europäische Kommission ein erhöhtes Maß an Unternehmens- und Marktkenntniss bei der Zusammenstellung der Wettbewerbergruppen eingeflossen sind. Um die Validität der Ergebnisse des Wettbewerberidentifikationsprozesses weiter zu erhöhen, verfolgt die vorliegende Arbeit einen die verschiedenen Quellen kombinierenden Ansatz, während bisherige Studien zumeist auf lediglich eine Datenquelle abstellen. Um in der weiteren Auswertung als ein zu dem jeweiligen Sponsor in Wettbewerb stehendes Unternehmen berücksichtigt zu werden, muss ein solches von mindestens vier der fünf oben genannten Datenanbieter als relevanter Wettbewerber klassifiziert worden sein.[521] Für den Fall, dass auf Basis dieses Auswahlprozesses nicht zumindest drei Wettbewerber identifiziert werden konnten, wurde das Anforderungskriterium um eins reduziert, d.h. für diese Fälle wurden auch weniger als vier (aus fünf) Nennungen durch die relevanten Datenanbieter akzeptiert.[522] Da-

[519] Vgl. marketpublishers.com (2015); marketresearch.com (2015).

[520] Vgl. Knittel und Stango (2014), S. 31.

[521] Um für alle Unternehmen eine gleich hohe Auswahlwahrscheinlichkeit zu gewährleisten, wurden fehlende Daten der fünf primären Datenanbieter durch die Hinzunahme weiterer Datensets (bspw. von den Datenanbietern Canadean, World Market Intelligence oder FactSet Research Systems) ausgeglichen.

[522] Verglichen mit anderen Studien, welche bei der Auswahl der Wettbewerber auf lediglich eine singulären Datenquelle abstellen, führt die im Rahmen dieser Arbeit verfolgte Vorgehensweise auch

durch soll sichergestellt werden, dass jeder Sponsor - zumindest vor Bereinigung des Datensatzes - durch eine Mindestanzahl an Wettbewerbsunternehmen in der Stichprobe repräsentiert ist. Analog zur Vorgehensweise bei den Sponsoren wurden nur Unternehmen berücksichtigt, für die US-Wertpapierkurse verfügbar sind. Insgesamt ermöglicht die beschriebene Vorgehensweise eine gegenüber dem breiteren Ansatz der SIC Codes als auch gegenüber der Wettbewerberidentifikation auf Basis eines singulären Datenanbieters präzisierte Auswahl der relevanten Wettbewerber und damit eine bezüglich der Wettbewerberdefinition unverzerrte Bestimmung des Spillovereffekts.

5.1.3 Verwendete Daten und Bereinigung des Datensatzes

Den Anforderungen der Ereignisstudienmethodik entsprechend muss für die Spilloveranalyse der nach den vorstehenden Kriterien und Auswahlmechanismen abzuleitende Datensatz einer umfassenden Bereinigung unterzogen werden. Die hierbei angewandten Selektionsstufen umfassen neben einer detaillierten Analyse des jeweiligen Ereignisses insbesondere eine Überprüfung der Datenverfügbarkeit zur Kurshistorie der Wertpapiere sowie die Analyse überlappender Ereignisse im Ereigniszeitraum - jeweils getrennt für Sponsoren und Wettbewerber. Die verschiedenen Selektionsstufen inklusive der auf jeder Ebene nach Durchführung des jeweiligen Ausschlussverfahrens verbleibenden Ereignisse, Sponsoren und Wettbewerber, sind zusammenfassend in Tabelle 9 dargestellt.

Um einen möglichst großen Datensatz für die weitere Untersuchung zu generieren, wurden zunächst alle Ereignisse, von denen auf Basis der jeweils vorliegenden Informationen von einer Eignung für die Verwendung im Rahmen der Ereignisstudie ausgegangen werden konnte, in einer Datenbank erfasst. Im Rahmen dieser breit angelegten, jedoch wenig detailreichen Suche konnten 336 Ereignisse, denen 622 Sponsoren zuzuordnen waren, identifiziert werden.

bei einer reduzierten Anforderung an die Anzahl der Nennungen zu tendenziell valideren, zumindest jedoch nicht weniger präzisen Ergebnissen.
Zusätzlich wurden die Auswirkungen des hier beschriebenen Wettbewerberselektionsprozesses auf die Ergebnisse der Ereignisstudie im Rahmen der in Kapitel 5.4.3 dargestellten Robustheitsanalysen untersucht.

Selektionsstufen	Anzahl verbleibender...		
	Ereignisse	Sponsoren	Wettbewerber
Ausgangsbasis	336	622	
Detaillierte Ereignisanalyse*	226	405	2.608
Unzureichende Kurshistorie Sponsoren	184	312	2.093
Überlappendes Ereignis Sponsoren	123	193	1.273
Unzureichende Kurshistorie Wettbewerber	123	193	946
Überlappendes Ereignis Wettbewerber	121	191	635
Vermeidung Doppelberücksichtigungen	121	191	594
Finaler Datensatz Spilloveranalyse	121	191	594

* Ereignis entspricht nicht Skandaldefinition, Ereignisdatum nicht eindeutig identifizierbar, Aktualität Sponsorenbeziehung nicht nachweisbar, keine Wertpapiernotierung in USA

Tabelle 9: Ableitung Datensatz Spilloveranalyse
Quelle: Eigene Darstellung

Diese Datenausgangsbasis wurde in einem Folgeschritt einer umfassenden Analyse der einzelnen Ereignisse unterzogen. Dabei wurden alle Ereignisse von der weiteren Untersuchung ausgeschlossen, auf die im Wesentlichen eines oder mehrere der folgenden Ausschlusskriterien zutrafen:

- Das Ereignis entspricht nicht der für diese Arbeit gültigen Definition eines Testimonialskandals: Beispielsweise erregte im Jahr 1984 ein Ereignis große Aufsehen, bei dem die Haare sowie Teile der Kopfhaut des Sängers Michael Jackson während eines Werbedrehs für PepsiCo verbrannt wurden.[523] Während einige Merkmale der Skandaldefinition wie das breite mediale Interesse, die Bezeichnung des Ereignisses als Skandal oder die Empörung Dritter erfüllt sind, kann nicht auf ein schuldhaftes Fehlverhalten des Testimonials geschlossen werden - weshalb das Ereignis letztlich nicht zu berücksichtigen ist.
- Das Ereignisdatum ist nicht eindeutig identifizierbar: Während beispielsweise das Ereignisdatum des Marijuanaskandals des US Schwimmers Michael Phelps einfach zu identifizieren ist, da der Skandal erst mit der Veröffentli-

[523] Vgl. Early (2016).

chung eines Fotos in einer britischen Zeitung bekannt wurde[524], ist die Feststellung des relevanten Ereignisdatums insbesondere für sich über einen längeren Zeitraum erstreckende, von Gerüchten begleitete Skandale wie Dopingvergehen oder außereheliche Affären regelmäßig mit größerer Unsicherheit verbunden. Um eine hinreichende Genauigkeit bezüglich des relevanten Ereignisdatums gewährlisten zu können wird vorausgesetzt, dass das identifizierte Ereignisdatum durch eine Quelle in LexisNexis bestätigt wird.

- Aktualität der Sponsorenbeziehung kann nicht nachgewiesen werden: Um sicherzustellen, dass zum Zeitpunkt des Skandals die auf Basis der Vorselektion angenommene Vertragsbeziehung zwischen bekannter Persönlichkeit und Sponsor noch existent war, wurde eine Überprüfung der Sponsorenbeziehung auf Aktualität vorgenommen. Hierzu wurden, vergleichbar zur eigentlichen Identifikation der Skandale, die Pressedatenbanken LexisNexis und Factiva sowie die Google Suchmaschine verwendet. Neben den Webseiten der Sponsorenunternehmen und Testimonials konnten vor allem aus den durch Tageszeitungen, Magazinen oder Nachrichtenportalen veröffentlichten Artikeln Hinweise auf die Existenz der Sponsorenbeziehung zum fraglichen Zeitpunkt gewonnen werden.[525] Konnten auf Basis dieser umfassenden Recherche keine Quellen identifiziert werden, welche die Testimonialbeziehung zu dem jeweiligen Sponsor eindeutig bestätigen, wurde die Beobachtung aus dem Datensatz entfernt. Beispielsweise machen Russell, Mahar und Drewniak (2005) die Existenz einer Sponsorenbeziehung auch am durch einen Athleten vor dem Skandalereignis getragenen Schuhwerk fest.[526] Diese Vorgehensweise wurde für die Zwecke dieser Arbeit als nicht ausreichend reliabel definiert. Daher wurden die durch die Autoren identifizierten und zunächst übernommenen Ereignisse einer separaten Überprüfung unterzogen, um die Aktualität der Testi-

---

[524] Vgl. ESPN (2009).

[525] Hierbei häufig vertretenen Quellen sind u.a.: abcnews.go.com, bloomberg.com, businessinsider.com, cbsnews.com, forbes.com, fortune.com, independent.co.uk, nytimes.com, sport.espn.go.com, telegraph.co.uk, theguardian.com, usatoday.com, washingtonpost.com.

[526] Vgl. Russell, Mahar und Drewniak (2005), S. 71.
Die Autoren bestätigen die zu hinterfragende Verlässlichkeit der Methodik durch die Anmerkung "Obviously, this latter method was the most flawed as it is possible that the athlete was wearing shoes and apparel manufactured by someone other than the sponsor".

monialbeziehung anhand einer wie vorstehend beschrieben identifizierten, aussagekräftigeren Quelle zu bestätigen bzw. zu verwerfen.

- Keine Wertpapiernotierung in den USA: Noch ohne auf den Zeitpunkt des Skandals abzustellen oder die tatsächliche Verfügbarkeit der Wertpapierkurse in der hierfür relevanten Datenbank zu überprüfen wurde auf Basis einer Internetrecherche ermittelt, ob allgemein eine Notierung der Wertpapiere des Sponsors in den USA vorliegt. Sponsoren, für die auf Basis dieser Vorselektion nicht von einer Wertpapiernotierung in den USA ausgegangen werden konnte, wurden im Rahmen der weiteren Untersuchung nicht weiter betrachtet.[527]

Durch das im Rahmen der detaillierten Analyse der Ereignisse durchgeführte Ausschlussverfahren wurde der ursprüngliche Datensatz auf 266 Testimonialskandale mit 405 Sponsoren, denen gemäß der in Kapitel 5.1.2 beschriebenen Vorgehensweise 2.608 direkte Wettbewerber zugeordnet werden konnten, reduziert.

Darauf aufbauend, wurden für die verbliebenen Sponsoren die zur Durchführung der Ereignisstudie benötigten Wertpapierkurse von der S&P Global Market Intelligence Datenbank erhoben. Sponsoren (inklusive der zugehörigen Wettbewerber), für die zum Zeitpunkt des Skandals keine Kurse verfügbar waren, deren Wertpapiere nicht liquide gehandelt wurden, oder deren Kurshistorie innerhalb des Schätzfenster die geforderte Mindestanzahl von 100 Datenpunkten unterschreitet[528], wurden von der weiteren Analyse ausgeschlossen. Im Ergebnis wurde auf dieser Selektionsstufe der Datensatz auf 312 Sponsoren- bzw. 2.093 zugeordnete Wettbewerbsunternehmen reduziert.

---

[527] Die Vorselektion dient dem Ausschluss von Unternehmen, für die (a) mit hoher Sicherheit festgestellt werden konnte, dass zu keinem Zeitpunkt eine Wertpapiernotierung in den USA bestand, oder (b) anhand des Datums des Börsengangs (IPO) eine Wertpapiernotierung erst nach Eintritt des Skandals ermittelt werden konnte. Mit Unsicherheit behaftete Fälle wurden nachgelagert einer Überprüfung auf tatsächliche Verfügbarkeit von Wertpapierkursen unterzogen.

[528] Vgl. Song und Walkling (2000), S. 151.
Die geforderte Mindestanzahl von 100 Datenpunkten führte zum Ausschluss von drei Sponsoren- und vier Wettbewerbsunternehmen.

Um sicherstellen zu können, dass der im Rahmen der Ereignisstudie ermittelte Bewertungseffekt tatsächlich auf das interessierende Ereignis - den jeweiligen Testimonialskandal - zurückzuführen ist, schließt sich an die Erhebung der Wertpapierkurse eine Analyse überlappender Ereignisse an. Dabei sind Unternehmen, für die innerhalb des Betrachtungszeitraums zusätzliche kursrelevante Ereignisse vorliegen, von der Stichprobe zu entfernen. Spilloverstudien weisen - vergleichbar zum Ausschlussprinzip auf Basis der Kurshistorie - eine diesbezügliche Besonderheit auf: Liegt für das durch den Spillover erster Ordnung betroffene Unternehmen (Sponsor) ein überlappendes Ereignis vor, müssen aus Konsistenzgründen auch die diesem Unternehmen zugeordneten Wettbewerber für die Untersuchung des Spillovers zweiter Ordnung aus dem Datensatz ausgeschlossen werden. Die nachfolgend beschriebene Analyse überlappender Ereignisse ist demzufolge zunächst für die Sponsoren und später in identischer Weise auch für die verbleibenden Wettbewerber durchzuführen. Zur operativen Umsetzung der Analyse überlappender Ereignisse wird im Rahmen der vorliegenden Arbeit für alle nach der Jahrtausendwende eingetretenen Ereignisse auf die S&P Global Market Intelligence Key Developments Datenbank zurückgegriffen. Diese enthält, beginnend mit dem Jahr 1998, Aufzeichnungen zu über 100 verschiedenen, für die Geschäftstätigkeit der Unternehmen wesentlichen Ereignissen.[529] Die bei der Zusammenstellung der Datenbank berücksichtigten Datenquellen beinhalten neben einer Vielzahl verschiedener Nachrichtendienste und Pressepublikationen (insgesamt mehr als 20.000 Einzelnachweise) auch Angaben der staatlichen Regulierungsbehörden und Börsenbetreiber, auf den Webseiten der Unternehmen bereitgestellte Informationen sowie Abschriften von Conference Calls.[530] Halperin und Lusk (2013) sprechen sich im Zusammenhang mit der Durchführung von Ereignisstudien für die Anwendung der Key Developments Datenbank insbesondere auch zur Identifikation des für ein Ereignis relevanten Ereignisdatums aus.[531] Aufgrund der auf einer Vielzahl unterschiedlicher Quellen gestützten, breiten Daten-

---

[529] Vgl. Halperin und Lusk (2013), S. 7.
Die hierbei berücksichtigten Ereignisse sind einer der nachfolgenden Kategorien zuzuordnen: Customer/Product, Listing/Trading, Bankruptcy, Company Forecasts and Ratings, Potential/ Announced/ Completed Transactions, Investor Activism, Corporate Structure, Dividends/Splits, Distress Indicators, Results Announcements/Corporate Communications oder News.

[530] Information schriftlich zur Verfügung gestellt von Patrick R., Product Consultant Client Services S&P Capital IQ, am 26.10.2015.

[531] Vgl. Halperin und Lusk (2013), S. 7.

grundlage sowie der Genauigkeit der ermittelten Ereignisdaten, erfüllt die Key Developments Datenbank somit alle an die Durchführung einer reliablen Analyse überlappender Ereignisse gestellten Anforderungen.[532]

Allerdings kann die S&P Global Market Intelligence Key Developments Datenbank aufgrund der lediglich bis in das Jahr 1998 zurückreichenden Datenhistorie nicht zur Untersuchung aller Ereignisse des im Rahmen dieser Arbeit betrachteten Datensatzes verwendet werden. Für Skandale, die zeitlich vor der Jahrtausendwende lokalisiert sind, basiert die Confounding Event Analyse daher, analog zu vergleichbaren Studien, auf einer Schlagwortsuche innerhalb der LexisNexis Datenbank.[533] Als Suchkriterien wurden hierzu neben dem jeweiligen Firmenname und der Einschränkung des Datums auf den relevanten Zeitraum des Ereignisfensters die in Tabelle 10 dargestellte Auflistung unternehmensspezifischer Ereignisse verwendet.

Diese Auflistung wurde auf Basis einer ausführlichen Literaturrecherche innerhalb der Ereignisstudienliteratur erstellt. Dazu wurden zunächst Ereignisstudien identifiziert, welche Angaben zu den für die Analyse überlappender Ereignisse verwendeten Schlagworten enthielten.[534] Die im Rahmen dieser früheren Arbeiten verwendeten Schlagworte wurden in einer einheitlichen Liste zusammengeführt und auf Redundanz überprüft.

---

[532] Die Datenbank findet deshalb auch bezüglich weitergehender Fragestellungen vermehrt Anwendung in der Forschung, vgl. Borah und Tellis (2016), S. 147.

[533] Vgl. beispielhaft Russell, Mahar und Drewniak (2005), S. 71; Homburg, Vollmayr und Hahn (2014), S. 46; Agrawal und Kamakura (1995), S. 57.
Ein Vergleich der beiden Vorgehensweisen hat ergeben, dass beide Methoden zu im Wesentlichen übereinstimmenden Resultaten führen. Jedoch ist der Einsatz der S&P Global Market Intelligence Key Developments Datenbank als wesentlich effizienter zu bewerten, da die identifizierten Ereignisse nur einmalig aufgelistet werden - wohingegen die LexisNexis Suche zu vielfältigen, auf unterschiedliche Quellen zurückzuführende Treffer bezüglich eines identischen Ereignisses führen kann. Unsicherheiten bzw. ein erhöhter Rechercheaufwand bezüglich des exakten Eventdatums können daher vermieden werden. Zudem ist die Key Developments Datenbank einer Vorselektion und Kontrolle durch die Experten des Unternehmens S&P Global Market Intelligence unterzogen, wodurch die Relevanz der Ereignisse sichergestellt wird. Aufgrund der genannten Vorteile wird, soweit möglich, auf die S&P Global Market Intelligence Key Developments Datenbank abgestellt und nur ersatzweise auf die Analyse anhand LexisNexis zurückgegriffen.

[534] Vgl. Russell, Mahar und Drewniak (2005), S. 71; Ding, Molchanov und Stork (2011), S. 151; Wiles und Danielova (2009), S. 53; Homburg, Vollmayr und Hahn (2014), S. 46; Diestre und Rajagopalan (2014), S. 1138; McWilliams und Siegel (1997), S. 634.

acquisition	equity repurchase	new market
advertising campaign	exchange change	new product
award	exchange listing	product recall
bankruptcy	fixed income offering	regulatory
business deal	Initial Public Offering	reorganization
business expansion	IPO	restructuring
capital expenditure	joint venture	spin-off
change in company name	key executive	stock buyback
credit rating	labor dispute	stock offer
delisting	lawsuit	stock repurchase
divesture	layoff	stock split
dividend	M&A	strategic alliance
earnings	management compensation	takeover
environmental	merger	tax charge
equity buyback	new brand	
equity offer	new business unit	

Tabelle 10: Schlagworte zur Analyse überlappender Ereignisse
Quelle: Eigene Darstellung

Dieser Vorgang wurde fortgesetzt, bis keine weiteren relevanten Schlagworte mehr identifiziert werden konnten. Bei der Durchführung der Schlagwortsuche wurde auf die Überschrift, Einleitung oder Verschlagwortung eines in der LexisNexis Datenbank enthaltenen Dokuments abgestellt. Wirtschaftsferne Themen wurden von der Suche ausgeschlossen. Die auf Basis dieser Methodik identifizierten Ereignisse wurden einer manuellen Kontrolle der Relevanz für das jeweils betrachtete Unternehmen unterzogen. Sponsoren, für die als Resultat der beschriebenen Vorgehensweise das Vorliegen eines relevanten überlappenden Ereignisses bestätigt werden konnte, wurden entsprechend aus der Stichprobe entfernt.

Für die nach der Bereinigung der Sponsorenstichprobe verbleibenden Wettbewerber mussten im Anschluss die Selektionsstufen bezüglich der Prüfung der Verfügbarkeit verwertbarer Wertpapierkurse und der Confounding Event Analyse wiederholt werden. Zudem wurden, um eine Mehrfachberücksichtigung zu vermeiden, Wettbewerber ausgeschlossen, die dasselbe Ereignis betreffend auch als Sponsoren oder Wettbewerber eines weiteren Sponsors genannt wurden.[535]

Der im Rahmen der Spilloveranalyse final verwertbare Datensatz umfasst 121 Testimonialskandale im Zeitraum 1981 bis zur Jahresmitte 2015.[536] Den einzelnen Ereignissen konnten, nach Berücksichtigung aller Ausschlusskriterien, insgesamt 594 direkte Wettbewerber zugeordnet werden. Dabei ist zu beachten, dass einige Testimonials für mehr als eine Firma zur Zeit des Skandals werbend tätig waren. Außerdem waren einige Sponsoren - und infolgedessen auch deren direkte Wettbewerber - durch mehrere Skandale betroffen. Die hier dargestellte Stichprobe umfasst dem geschuldet insgesamt 107 verschiedene Testimonials, 90 verschiedene Sponsoren und 207 unterschiedliche Wettbewerbsunternehmen. Eine vollständige Auflistung aller in der Stichprobe zur Spilloveranalyse verwendeten Ereignisse ist in Anhang 2 abgebildet.

5.2 Operationalisierung der Variablen

5.2.1 Hypothesenvariablen

Eine ausführliche inhaltliche Beschreibung der im konzeptionellen Modell enthaltenen Variablen wurde in Kapitel 0 vorgenommen. Nachfolgend wird deren Operationalisierung für die Durchführung der Regressionsanalyse näher erläutert. Tabelle 11 gibt einen Überblick zur dabei gewählten Vorgehensweise und benennt die jeweils verwendeten Datenquellen sowie ein relevantes Beispiel aus der bestehenden Literatur.

---

[535] Beispielsweise warb die TV-Starköchin Paula Deen während ihres durch rassistische Äußerungen ausgelösten Skandals in 2013 zeitgleich für mehrere Einzelhandelsunternehmen (u.a. Walmart, Target, Sears, Home Depot), was Überschneidungen in der Wettbewerbsabgrenzung zur Folge hatte.

[536] Die Sponsorenstichprobe umfasst 123 Ereignisse, betreffend 193 Sponsorenunternehmen. Jedoch konnten für zwei Ereignisse auf Basis des vorgenannt beschriebenen Selektionsprozesses, d.h. nach Ausschluss von Ereignissen mit unzureichender Kurshistorie oder überlappender Ereignisse, keine relevanten Wettbewerber identifiziert werden. Infolgedessen wurden die Wettbewerberstichprobe um diese zwei Ereignisse bereinigt, sodass der für die Spilloveranalyse relevante Datensatz lediglich 121 Testimonialskandale, betreffend 191 Sponsoren, enthält.

Variable	Beschreibung	Quelle(n)	Bsp. Literatur
Abhängige Variable			
Abnormale Rendite Wettbewerber	Differenz zwischen der tatsächlichen und der erwarteten Rendite eines Wettbewerbers innerhalb der achttägigen [-2;+5] Ereignisperiode, berechnet anhand des Marktmodells	S&P Global Market Intelligence	Oxley, Sampson und Silverman (2009)
Unabhängige Variablen			
Performance des Sponsors	Differenz zwischen der tatsächlichen und der erwarteten Rendite eines Sponsors innerhalb der achttägigen [-2;+5] Ereignisperiode, berechnet anhand des Marktmodells	S&P Global Market Intelligence	Gaur, Malhotra und Zhu (2013)
Marktkonzentration	Umsatzbasierter Herfindahl-Hirschman Index (HHI), basierend auf dem vierstelligen SIC Code der durch den Skandal betroffenen Industrie	Compustat	Lang und Stulz (1992)
Testimonial- und ereignisbezogene Kontrollvariablen			
Bekanntheitsgrad Testimonial	Binäre Variable mit Wert 1, sofern das Testimonial im Forbes "Celebrity 100" Ranking des Skandaljahres oder einem der Vorjahre enthalten war, andernfalls Wert 0; letztes Jahr mit verfügbaren Daten als Referenz für frühere Jahre verwendet	Forbes Ranking der "Top 100 Most Powerful Celebrities"	Elberse und Verleun (2012)
Firmenreputation	Gesamtreputationswert (ORS) des Sponsors gemäß Fortune Ranking der "Most Admired Companies" in Relation zum ORS des Wettbewerbers; Unternehmen, welche in einem der Beobachtungsjahre nicht im Ranking enthalten sind wird der entsprechende Kategoriemittelwert zugewiesen; letztes Jahr mit verfügbaren Daten als Referenz für frühere Jahre verwendet	Fortune Ranking der "Most Admired Companies"	Chen, Ganesan und Liu (2009)
Fit zwischen Testimonial und Sponsor	Wahrgenommener Fit zwischen Testimonial und Sponsor, bewertet durch drei Kodierer anhand einer 7-Punkt-Likert-Skala mit den Ankern 1 = weak match, 7 = good match; log-transformiert	Kodiert (Google, S&P Global Market Intelligence)	Ding, Molchanov und Stork (2011)
Mediale Aufmerksamkeit	Anzahl der ereignisbezogenen Presseartikel innerhalb der Ereignisperiode, wobei der vollständige Name des Testimonials als relevantes Schlagwort zur Identifikation der Pressemeldungen dient; normalisiert um die tatsächliche Anzahl der Kalendertage innerhalb der Ereignisperiode; normalisiert um eine im Zeitverlauf insgesamt steigende Anzahl Pressemeldungen, abgeleitet anhand des Durchschnittswertes der zur jeweiligen Monatsmitte in den LexisNexis "Major World Publications" publizierten Artikel eines Kalenderjahres; log-transformiert	LexisNexis	Bartz, Molchanov und Stork (2013)
Schwere des Vergehens	Wahrgenommene Schwere des Vergehens, bewertet durch drei Kodierer anhand einer 7-Punkt-Likert-Skala mit den Ankern 1 = not severe at all, 7 = very severe	Kodiert (Google)	Louie und Obermiller (2002)
Testimonialintensität Wettbewerber	Binäre Variable mit Wert 1, sofern eine Googlesuchanfrage nach "(Name des Wettbewerbers) celebrity endorsement" für einen Dreijahreszeitraum vor Eintritt des Ereignisses ergibt, dass der Wettbewerber zumindest einen Testimonialvertrag abgeschlossen hatte, andernfalls Wert 0	Kodiert (Google)	Knittel und Stango (2014)

Variable	Beschreibung	Quelle(n)	Bsp. Literatur
Unternehmensbezogene Kontrollvariablen			
Firmengröße	Fünfjahresdurchschnitt (t_0 bis t_{-4}) des Gesamtvermögens des Sponsors in Relation zum Fünfjahresdurchschnitt des Gesamtvermögens des Wettbewerbers; log-transformiert	S&P Global Market Intelligence, Compustat, 10-K	Gaur, Malhotra und Zhu (2013)
Kurs-Buchwert-Verhältnis	Binäre Variable mit Wert 1, sofern das Kurs-Buchwert-Verhältnis (KBV) des Wettbewerbers über dem Median der Stichprobe liegt, andernfalls Wert 0; das KBV ergibt sich aus der Relation des Aktienkurses zum Buchwert des Eigenkapitals pro Aktie 30 Tage vor Eintritt des Ereignisses	Kodiert (S&P Global Market Intelligence, Compustat)	Ding, Molchanov und Stork (2011)
Profitabilität	EBIT t_0 in Relation zum Durchschnitt des Gesamtvermögens in t_0 und t_{-1}	S&P Global Market Intelligence, Compustat, 10-K	Rust und Huang (2012)
Risiko	Zwei-Jahres-Beta mit 104 wöchentlichen Datenpunkten, gemessen als Steigungskoeffizient der Regressionsgeraden aus Wertpapierrendite und Rendite des Benchmarkindex	S&P Global Market Intelligence	Hirschey (1985)
Überschüssige Ressourcen	Betriebskapital t_0 in Relation zum Gesamtvermögen t_0	S&P Global Market Intelligence, Compustat, 10-K	Lee und Grewal (2004)
Verschuldungsgrad	Langfristige Finanzverbindlichkeiten t_0 in Relation zum Gesamtvermögen t_0; quadratwurzel-transformiert	S&P Global Market Intelligence, Compustat, 10-K	Homburg, Vollmayr und Hahn (2014)
Wachstumsrate	Durchschnittliche jährliche Wachstumsrate des Gesamtvermögens innerhalb eines Fünfjahreszeitraums vor Eintritt des Ereignisses (CAGR t_0; t_{-5}); Hinzuaddieren eines konstanten Faktors von +20 Prozentpunkten zwecks log-Transformation	S&P Global Market Intelligence, Compustat, 10-K	Gaur, Malhotra und Zhu (2013)
Kontextbezogene Kontrollvariablen			
Geografische Nähe	Binäre Variable mit Wert 1, sofern Sponsor und Wettbewerber aus derselben Weltregion (Amerkia, Asien, Europa) stammen, andernfalls Wert 0	Kodiert (S&P Global Market Intelligence)	Clougherty und Duso (2009)
Industrie	Dummy-Variable entsprechend des einstelligen SIC Codes der Wettbewerber	Compustat	Chen et al. (2013)
Skandalerfahrung Industrie	Binäre Variable mit Wert 1, sofern sich in der betroffenen Industrie (definiert gemäß deren zweistelligen SIC Code) bereits in dem dem Jahr des betrachteten Ereignisses vorangehenden Kalenderjahr ein Testimonialskandal ereignet hat, andernfalls Wert 0	Kodiert (Google/LexisNexis, Compustat)	Kang (2008)
Zeit	Dummy-Variable entsprechend der Dekade (1980er, 1990er, 2000er, 2010er Jahre), innerhalb der sich der Skandal ereignete	LexisNexis	Bartz, Molchanov und Stork (2013)

Für alle rechnungslegungsbasierten Daten bezieht sich die Angabe t_0 auf das Ende des letzten Fiskaljahres vor Eintritt des Ereignisses

Tabelle 11: Operationalisierung der Modellvariablen
Quelle: Eigene Darstellung

Die abhängigen und unabhängigen Hypothesenvariablen wurden wie folgt operationalisiert:

- Abnormale Rendite Wettbewerber: Zur Messung des Spillovereffekts wird die kumulative abnormale Rendite der Wettbewerber innerhalb des das Ereignisdatum umschließenden achttägigen Ereignisfensters CAR [-2;+5] ermittelt. Die abnormale Rendite der Wettbewerber stellt zugleich die abhängige Variable des Regressionsmodells dar. Deren Berechnung erfolgt wie in Kapitel 0 beschrieben anhand des Marktmodells. Die dazu benötigten Kapitalmarktdaten wurden der Datenbank S&P Global Market Intelligence entnommen.
- Performance des Sponsors: Wie die Marktreaktion der Wettbewerber wird auch die auf den jeweiligen Testimonialskandal bezogene Performance der Sponsoren als kumulative abnormale Rendite operationalisiert. Der in der Spilloverliteratur üblichen Vorgehensweise folgend wird dabei auf ein bezogen auf die Messung der abnormalen Rendite der Wettbewerber identisches Ereignisfenster abgestellt.[537] Auch erfolgt die Berechnung der abnormalen Renditen der Sponsoren gemäß derselben Modellparameter und Datenquellen.
- Marktkonzentration: Ein in der Literatur weit verbreitetes Maß zur Bestimmung der Wettbewerbsintensität innerhalb einer Industrie ist der Herfindahl-Hirschman Index (HHI).[538] Als Kennzahl zur Messung der Marktkonzentration lässt ein hoher (niedriger) Indexwert auf eine hohe (niedrige) Marktkonzentration und eine dementsprechend niedrige (hohe) Wettbewerbsintensität innerhalb einer Industrie schließen.[539] Der HHI wird berechnet als Summe der quadrierten Marktanteile aller Firmen innerhalb einer Industrie, wobei sich der Marktanteil einer Firma als Quotient des Umsatzes der jeweiligen Firma und der Summe des Umsatzes aller Firmen derselben Industrie ergibt.[540] Gemäß dieser Berechnungsweise kann der Index Werte zwischen 0 und 1 annehmen.[541]

---

[537] Vgl. Gaur, Malhotra und Zhu (2013), S. 223 ; Yu, Zhang und Zheng (2015), S. 58; Goldman, Peyer und Stefanescu (2012), S. 924; Chen, Ho und Ik (2005), S. 990.

[538] Vgl. Banerjee, Prabhu und Chandy (2015), S. 19; Morgan und Rego (2009), S. 64.

[539] Vgl. Giroud und Mueller (2010), S. 314.

[540] Vgl. Rust und Huang (2012), S. 56; Kurt und Hulland (2013), S. 67.

[541] Vgl. Kurt und Hulland (2013), S. 67; Morgan und Rego (2009), S. 64.

$$HHI = \sum_{i=1}^{N} \left(\frac{Umsatz_i}{\sum_{i=1}^{N} Umsatz_i} \right)^2$$

Die Abgrenzung der einer Industrie zugehörigen Unternehmen erfolgt dabei anhand des historischen vierstelligen SIC-Codes (gemäß Compustat) der durch den jeweiligen Testimonialskandal betroffenen Industrie, womit auf eine im Vergleich zur Stichprobenauswahl - welche mit der Zielsetzung ausschließlich die direkten Wettbewerber eines Sponsors zu identifizieren erfolgte - breitere Wettbewerbsabgrenzung abgestellt wird.[542] In die Berechnung mit einbezogen wurden alle Unternehmen der Compustat North America Datenbank für die entsprechende Angaben zum Umsatz des für das jeweilige Ereignis relevanten letzten Fiskaljahres verfügbar waren.[543] Die Vorgehensweise entspricht der von Hadlock und Sonti (2012), deren Ansatz zur Auswahl der relevanten direkten Wettbewerber dem der vorliegenden Arbeit gleicht, für die Berechnung des HHI jedoch ebenfalls auf ein Industrieklassifizierungsschema zurückgreifen.[544]

542 Vgl. Berger (2014), S. 6 f.; Homburg, Vollmayr und Hahn (2014), S. 47; Goldman, Peyer und Stefanescu (2012), S. 923; Giroud und Mueller (2010), S. 315 f.
Durch SIC Codes werden Unternehmen zu einer Industrie zusammengefasst, die in einem mehr oder weniger direkten Wettbewerbsverhältnis zueinander stehen. Dem Ansatz von Hadlock und Sonti (2012, S. 189 ff.) folgend wird bei der Zusammenstellung des Datensatzes der *direkt* zu einem durch einen Testimonialskandal betroffenen Sponsor in Wettbewerb stehenden Unternehmen nicht auf dieses Klassifizierungsschema zurückgegriffen. Jedoch werden SIC Codes immer dann herangezogen, wenn eine breitere Definition des Wettbewerbs (oder der Industrie) gefordert bzw. gerechtfertigt erscheint. In der Literatur wird vertreten, dass die Wettbewerbsabgrenzung gemäß der jeweiligen Anforderungen oder Forschungsfrage angepasst werden sollte. Im Rahmen dieser Arbeit werden daher unterschiedliche Wettbewerbsabgrenzungen bei der Operationalisierung der interessierenden Variablen vorgenommen. Die Bemessung der Marktkonzentration beispielsweise ist nicht auf direkte Wettbewerber limitiert, da auch indirekte bzw. dem jeweiligen Sponsor weniger nahestehende Wettbewerber die Wettbewerbsintensität innerhalb einer Industrie beeinflussen können. Die Einschränkung der Stichprobe auf direkte Wettbewerber ist vor allem durch die für das Auftreten eines Spillovereffekts vermutete Bedingung einer starken assoziativen Verknüpfung zwischen Sponsor und Wettbewerber motiviert. Ein derartiges Erfordernis besteht in Bezug auf die Bemessung der Marktkonzentration nicht. Im Zusammenhang mit der Berechnung des HHI sprechen sich Lang und Stulz (1992, S. 54) sogar explizit für den Einbezug aller Firmen innerhalb Compustats mit demselben vierstelligen SIC Code aus, da "a random sampling of firms leads to a biased estimation of the Herfindahl ratio".

543 Vgl. Kurt und Hulland (2013), S. 67; Morgan und Rego (2009), S. 64.

544 Vgl. Hadlock und Sonti (2012), S. 200 f.

5.2.2 Testimonial- und ereignisbezogene Kontrollvariablen

Die dem Block 1 zugehörigen testimonial- bzw. ereignisbezogenen Kontrollvariablen wurden für die Zwecke dieser Arbeit wie folgt operationalisiert:

- Bekanntheitsgrad des Testimonials: Elberse und Verleun (2007) greifen zur Bemessung der Markenstärke eines Testimonials auf verschiedene Performancerankings, beispielsweise das ATP Ranking im Tennissport oder die Ergebnisse der Abstimmung zum FIFA Spieler des Jahres im Fußball, zurück.[545] Diese Vorgehensweise muss für die Zwecke der vorliegenden Arbeit adaptiert werden, da vergleichbare Rankings außerhalb des Sportbereichs nicht für jede Testimonialkategorie verfügbar sind. Außerdem ist die Zusammenführung verschiedener, unabhängig voneinander erstellter Rankings zu einem in sich konsistenten Gesamtmaß ohne Detailkenntniss der einzelnen Rankings mit nicht unerheblichen Schwierigkeiten verbunden. Mit der durch das Forbes Magazin seit 1999 jährlich veröffentlichten "Celebrity 100"-Liste konnte ein Ranking identifiziert werden, welches bekannte Persönlichkeiten unterschiedlicher professioneller Hintergründe berücksichtigt und damit für alle im Datensatz dieser Arbeit enthaltenen Testimonials einen einheitlichen Maßstab zur Bemessung des Bekanntheitsgrades der in der Öffentlichkeit stehenden Persönlichkeit bietet.[546] Das Ranking enthält die weltweit jeweils 100 wichtigsten Celebrities eines Jahres.[547] Selbst die einmalige Nennung durch das Forbes Magazin deutet auf eine hohe Popularität einer bekannten Persönlichkeit hin, welche diese von der breiten Masse der weniger bedeutenden, nie in der Top 100 Liste erwähnten Celebrities unterscheidet. Dieser Argumentation folgend wurde zur Operationalisierung des Bekanntheitsgrades eines Testimonials eine binäre Variable erstellt, die den Wert 1 annimmt, sofern die bekannte Persönlichkeit in einem vor dem betrachteten Skandal erstellten "Forbes Celebrity 100" Ranking berücksichtigt wurde. In allen anderen Fälle wurde der Variable

---

[545] Vgl. Elberse und Verleun (2012), S. 157.

[546] Vgl. Forbes (2016); Verwendung in der wissenschaftlichen Literatur findet das Forbes Ranking beispielsweise in Srinivasan, Srinivasa und Thulasidasan (2013), S. 3 f. oder Swerdlow und Swerdlow (2003), S. 21.

[547] Die bei der Bemessung der Bedeutung eines Stars mit einbezogenen Faktoren beinhalten dessen Einkommen, die Anzahl der Google Hits, die Fanbasis, Presse Clips und Magazin Covers.

der Wert 0 zugewiesen.[548] Ereignisse, die zeitlich vor der erstmaligen Erstellung des Rankings liegen, wurden vereinfachend auf Basis des Rankings aus 1999 bewertet, d.h. der Bekanntheitsgrad eines in einen Skandal vor 1999 involvierten Testimonials wurde anhand der Daten des "Celebrity 100" Rankings aus dem Jahr 1999 abgeleitet.[549] Der sich infolge dieser der Datenverfügbarkeit geschuldeten Vereinfachung ergebende potenzielle Messfehler ist als vergleichsweise gering einzuschätzen, da die im Ranking enthaltenen bekannten Persönlichkeiten regelmäßig über mehrere Jahre hinweg gelistet werden[550] und somit die faktische Zugehörigkeit eines im 1999er Ranking genannten Testimonials zu den 100 wichtigsten Celebrities auch für die Jahre vor 1999 als nicht unwahrscheinlich einzuschätzen ist. Zudem betrifft diese näherungsweise Vorgehensweise lediglich 6,57% der in der Wettbewerberstichprobe enthaltenen Datenpunkte.

- Firmenreputation: Datengrundlage zur Operationalisierung der Variable Firmenreputation ist, analog zu vergleichbaren Forschungsarbeiten[551], die seit 1983 jährlich durch das Fortune Magazin in Auftrag gegebene "Most Admired Companies" Studie, welche als das weltweit bedeutendste Reputationsrankingverfahren gilt.[552] Die Studie basiert auf einer Befragung von ca. 8.000 bis 10.000 Topmanagern und Analysten, deren Ergebnisse im Frühjahr des Folgejahres im Fortune Most Admired Companies Ranking veröffentlicht werden.[553] Die Bewertung der Firmenreputation erfolgt dabei auf einer 11-

[548] Die Vorgehensweise entspricht dem Ansatz von Hsu und Lawrence (2016), S. 67 bei der Bemessung der Markenreputation. Eine einmalige Nennung im Fortune's Annual Survey of Most Admired Companies innerhalb des Betrachtungszeitraums genügt, um ein Unternehmen als reputationsstark zu klassifizieren.

[549] Alternative Kennzahlen zur Bemessung des Bekanntheitsgrades einer bekannten Persönlichkeit sind der Q-Score von Marketing Evaluations, Inc., der David Brown Index (Celebrity DBI) von The Marketing Arm, der Celebrity E-Score von E-Poll Market Research, der CelebrityZ von MillwardBrown, der N-Score von Nielsen oder celebritynetworth.com. Vgl. Gunter (2014), S. 20 ff.; Brady (2011). Mit Ausnahme des Q-Scores ist deren verfügbare Datenhistorie jedoch stark limitiert, woraus sich ein weiterer Vorteil aus der Verwendung der "Forbes Celebrity 100" Liste ergibt.

[550] Bspw. werden Howard Stern oder Tiger Woods in jedem Ranking zwischen 1999 und 2015 genannt.

[551] Vgl. Chen, Ganesan und Liu (2009), S. 220; Filbeck, Gorman und Preece (1998), S. 74 ff.; Filbeck, Gorman und Zhao (2013), S. 695 ff.; Hsu und Lawrence (2016), S. 67; Swaminathan und Moorman (2009), S. 59; Houston und Johnson (2000), S. 8

[552] Vgl. Kirstein (2009), S. 63; Filbeck, Gorman und Zhao (2013), S. 696.

[553] Vgl. Seemann (2008), S. 55; Hautzinger (2009), S. 54 f.

Punkteskala anhand der folgenden acht Einzelindikatoren: Innovationskraft, allgemeine Managementqualität, Werthaltigkeit als langfristiges Investment, Verantwortung im Umgang mit Gesellschaft und Natur, Fähigkeit talentierte Nachwuchskräfte zu akquirieren, zu fördern und zu halten, Qualität der Produkte und Dienstleistungen, Finanzkraft sowie verantwortungsvoller Umgang mit Unternehmenswerten. Als arithmetisches Mittel der Bewertungsergebnisse der einzelnen Kriterien ergibt sich der sogenannte Overall Reputation Score (ORS), der die Gesamtbewertung der Reputation eines Unternehmens widergibt.[554] Zur Adaption an den Spilloverkontext wird - der Argumentation von Goins und Gruca (2008) folgend (siehe hierzu ausführlich Kapitel 3.3.1) - im Rahmen dieser Arbeit auf einen relativ gemessenen Reputationswert abgestellt, bei dem der ORS des Sponsors durch den jeweiligen ORS des Wettbewerbes geteilt wird.[555] Unternehmen, die nicht im Ranking enthalten sind, wird analog zu bisherigen Forschungsarbeiten der ORS-Mittelwert der für das jeweilige Unternehmen relevanten Industrie/Kategorie beigemessen.[556] Ereignisse, die zeitlich vor der erstmaligen Veröffentlichung des Rankings liegen, werden näherungsweise anhand der Umfrageergebnisse des Jahres 1983 bewertet, d.h. für die betroffenen Firmen wird der relativ bemessene ORS anhand der Daten des Fortune Most Admired Companies Ranking aus dem Jahr 1983 abgeleitet. Der sich auf Basis dieser Vereinfachung ergebende potenzielle Messfehler ist als vergleichsweise gering einzuschätzen, da der sich gemäß des Rankings ergebende Reputationswert der einzelnen Firmen innerhalb kurzer Zeiträume in der Regel keinen allzu starken Schwankungen unterworfen ist. Zudem betrifft diese näherungsweise Vorgehensweise lediglich ein singuläres Ereignis aus dem Jahr 1981.

- Fit zwischen Testimonial und Sponsor: Der Fit zwischen Testimonial und Sponsor wurde in der kapitalmarktbezogenen Testimonialforschung auf verschiedene Weise operationalisiert. Hock und Raithel (2014) nutzen einen On-

---

[554] Vgl. Kirstein (2009), S. 63; Hautzinger (2009), S. 55.

[555] Im Rahmen eines Robustheitstests wurde überprüft, inwiefern sich durch Ersetzen des relativ bemessenen ORS durch den absoluten ORS des jeweiligen Wettbewerbers Änderungen an den Ergebnissen des vollständigen Regressionsmodells (siehe Kapitel 5.5.1) ergeben. Die Analyse zeigt, dass auch bei veränderter Variablenspezifikation die Signifikanz der übrigen Modellvariablen, insbesondere auch der Hypothesenvariablen, erhalten bleibt.

[556] Vgl. Chen, Ganesan und Liu (2009), S. 220.

linefragebogen, um Studierende anhand der Frage “[...] on the scale below, please indicate how well you think the endorser and the firm match” die Ausprägung des Fits zwischen Testimonial und Sponsor bezüglich der im Rahmen der empirischen Auswertung betrachten Ereignisse bewerten zu lassen.[557] Daneben wird die Verwendung akademischer Kodierer zur Erstellung einer Dummy-Variable vertreten.[558] Als Leitlinie zur Bewertung der für die jeweilige Studie relevanten Fälle werden Beispiele eines guten und schlechten Fits aus der Literatur abgeleitet. Insbesondere die Arbeit von Ding, Molchanov und Stork (2011) enthält eine ausführliche Auflistung entsprechender Fallkonstellationen. So stellen beispielsweise Athleten, die von Sportartikelherstellern zur Bewerbung ihrer Produkte eingesetzt werden einen guten Fit dar, während dieselben Testimonials zur Bewerbung "ungesunder" Fastfoodketten eher ungeeignet erscheinen.[559] Für die Zwecke der vorliegenden Arbeit wurden beide Verfahren kombiniert. Drei akademische Kodierer verschiedenen Geschlechts und Herkunft (USA und Deutschland) wurden gebeten, die Ausprägung des Fits zwischen dem für den jeweiligen Skandal verantwortlichen Testimonial und dessen Sponsoren auf einer 7-Punkt-Likert-Skala mit den Ankern "weak match" und "good match" zu bewerten. Durch die gezielte Auswahl der Kodierer sollten sowohl mögliche geschlechtsspezifische als auch interkulturelle Unterschiede bei der Bewertung des Fits zwischen Testimonial und Sponsor Berücksichtigung finden. Der Verzicht auf die Dummy-Bewertung ermöglicht eine detailliertere Beurteilung der Stärke des Fits, während die Verwendung von Kodierern die Möglichkeit eines intensiveren Trainings zur Bearbeitung der inhaltlich komplexen Fragestellung bietet.

Grundlage der Bewertung waren sogenannte Match-Up Karten, auf denen eine Beschreibung des Testimonials einer Beschreibung des Sponsors gegenübergestellt wurden. Die Beschreibung des jeweiligen Testimonials enthält neben einem aussagekräftigen Foto und biografischen Angaben weitere Informationen zu dessen Karriere - entnommen aus dem einschlägigen Wiki-

---

[557] Vgl. Hock und Raithel (2014), S. 20.
[558] Vgl. Bartz, Molchanov, und Stork (2013), S. 137; Elberse und Verleun (2012), S. 157.
[559] Vgl. Ding, Molchanov und Stork (2011), S. 157 f.

pedia-Eintrag der bekannten Persönlichkeit und nur soweit zum Zeitpunkt des Skandals bekannt. Die Beschreibung des Sponsors setzt sich zusammen aus dem Firmenlogo, einer der Business Description von S&P Global Market Intelligence entnommenen Übersicht der Geschäftstätigkeit sowie dem Mission Statement der jeweiligen Firma. Alle Angaben wurden auch hier auf den Kenntnisstand zum Zeitpunkt des betrachteten Ereignisses abgestellt. Die Kodierer wurden durch insgesamt 13 der Literatur entnommene Beispiele eines stark oder schwach ausgeprägten Fits auf die Aufgabe vorbereitet. Dabei wurden nicht nur die spezifische Fallkonstellation und das jeweilige Bewertungsergebnis dargelegt, sondern auch die für die Urteilsbildung relevante Begründung aufgezeigt. Zusätzlich wurde anhand der beispielhaft für zehn tatsächliche Fälle vorgenommenen Bewertung die Urteilsfindung sowie die dabei zu berücksichtigenden Aspekte ausführlich erörtert. Auch wurden sie auf in der Forschung identifizierte wichtige Determinanten des Fits zwischen Testimonial und Sponsor wie die physische Attraktivität des Testimonials, dessen Glaubwürdigkeit und Expertise aufmerksam gemacht.[560] Die verwendete Anleitung zur Vorgehensweise bei der Kodierung sowie ein Beispiel einer Match-Up Karte sind in Anhang 3 bzw. Anhang 4 enthalten.

Zur Überprüfung der Interraterreliabilität wurde der Intraklassen-Korrelationskoeffizient (engl. Intra-Class-Correlation, ICC) herangezogen.[561] Die Auswertung ergab einen ICC von 0,79, welcher auf gute bis exzellente absolute Übereinstimmung schließen lässt.[562] Als finales Maß für die Ausprägung des Fits zwischen Testimonial und Sponsor wurde das durchschnittliche, logtransformierte[563] Bewertungsergebnis der drei Kodierer in das Regressionsmodell aufgenommen.

---

[560] Vgl. Ohanian (1991), S. 46 ff.

[561] Vgl. Shrout und Fleiss (1979), S. 420 ff.
Der ICC ist ein statistisches Reliabilitätsmaß zur Bestimmung der Güte der Beobachtungsübereinstimmung mehrerer Beurteiler. Ein ICC nahe 0 indiziert ein zufälliges Beurteilerverhalten und geringe Reliabilität, während ein Wert von 1 auf perfekte Übereinstimmung der Beobachter schließen lässt. Im Rahmen dieser Arbeit wird auf die strengere, die absolute Übereinstimmung der Beobachter messende Form des ICC abgestellt. Vgl. Ostrov und Hart (2013), S. 296; Multon (2010), S. 626 ff.

[562] Vgl. Cicchetti (1994), S. 286; Koo und Li (2016), S. 157 f.

[563] Die log-Transformation wurde aufgrund der Anforderungen eines linearen Regressionsmodells bezüglich der Verteilung sowie der Linearität der Modellvariablen vorgenommen. Vgl. Urban und Mayerl (2008), S. 193 ff.

- Mediale Aufmerksamkeit: Das Ausmaß der medialen Aufmerksamkeit für den entsprechenden Skandal wird über die Anzahl der in der LexisNexis Datenbank enthaltenen Pressemeldungen innerhalb des Ereignisfensters definiert.[564] Analog zu bisherigen Forschungsarbeiten wird dabei der vollständige Name des Testimonials als relevantes Schlagwort verwendet.[565] Um sicherzustellen, dass die als Ergebnis der Suchanfrage identifizierten Pressemeldungen tatsächlich einen relevanten Bezug zum Testimonial aufweisen und die Nennung der bekannten Persönlichkeit nicht nur nebensächlich erfolgt, werden nur Meldungen berücksichtigt, bei denen der Name des Testimonials in Überschrift, Einleitung oder Verschlagwortung genannt wird. Dabei werden Artikel aller Sprachen berücksichtigt und Duplikate ausgeschlossen.
  Die auf diese Weise ermittelte Anzahl der Pressemeldungen bedarf einer doppelten Normalisierung. Zunächst variiert zwischen den einzelnen Ereignissen aufgrund von Wochenenden und Börsenfeiertagen die Anzahl der Kalendertage innerhalb des acht Handelstage umfassenden Ereignisfensters.[566] Bei der Bemessung der medialen Aufmerksamkeit zunächst auf Kalendertage abzustellen ist dabei sachrichtig, da auch an Nicht-Handelstagen für die Meinungsbildung von Konsumenten und Investoren relevante Pressemeldungen veröffentlicht werden. Mittels einer Division der Anzahl der identifizierten Presseartikel durch die Anzahl der Kalendertage wird eine diesbezügliche Normalisierung zwischen den einzelnen Ereignissen erreicht. Darüber hinaus stellen bereits Bartz, Molchanov und Stork (2013) fest, dass "over time, the number of [...] reports tends to rise. As a result, recent disgraces appear to be more rele-

[564] Vgl. Bartz, Molchanov und Stork (2013), S. 137; Hock und Raithel (2014), S. 18; Tirunillai und Tellis (2012), S. 203.

[565] Vgl. Bartz, Molchanov und Stork (2013), S. 137; Hock und Raithel (2014), S. 18.

[566] Im Rahmen von Ereignisstudien ist bei der Bemessung der abnormalen Renditen auf Handelstage abzustellen. Um die Vergleichbarkeit der kumulierten abnormalen Renditen zwischen den einzelnen Ereignissen der Stichprobe zu gewährleisten, muss die Anzahl der Handelstage für alle betrachteten Fälle gleich sein. Abhängig davon, an welchem Wochentag das Ereignis stattfand, können bei einem acht Handelstage umfassenden Ereignisfenster ein oder zwei Wochenenden - an denen kein Handel stattfindet - in den Betrachtungszeitraum fallen. Hinzu kommen Börsenfeiertage, an denen ebenfalls kein Handel und damit keine Kursfeststellung stattfindet. Aufgrund von Wochenenden und Börsenfeiertagen kann es daher - bei der Betrachtung einer Vielzahl unterschiedlicher Ereignisse - bei einem auf acht Handelstage definierten Ereignisfenster zu einer unterschiedlichen Anzahl der in den jeweiligen Beobachtungszeitraum fallenden Kalendertage kommen.

vant, whereas this effect may be caused purely by a broad increase in the number of press statements over time".[567] Der Effekt einer im Zeitablauf gestiegenen medialen Berichterstattung kann durch die Bildung einer relativen Kennzahl, welche das Gesamtvolumen der Pressemeldungen innerhalb eines Jahres mit einbezieht, ausgeglichen werden.[568] Der hierzu benötigte Korrekturfaktor wurde auf Basis der LexisNexis "Major World Publications", einer von LexisNexis zusammengestellten Auswahl der weltweit bedeutendsten Nachrichtenquellen, ermittelt. Für jeden Monat eines Kalenderjahres wurde erhoben, wie viele Presseartikel innerhalb der Kategorie "Major World Publications" zur Monatsmitte (15. Tag eines Monats) veröffentlicht wurden, woraus der gerundete Durchschnitt eines Jahres abgeleitet werden konnte. Die Variable mediale Aufmerksamkeit ergibt sich schließlich als log-transformierte[569] Anzahl der relevanten Pressemeldungen innerhalb des Ereignisfensters, normalisiert um die Anzahl der Kalendertage in dem entsprechenden Betrachtungszeitraum und das durchschnittliche Gesamtvolumen der veröffentlichten Pressemeldungen im Jahr des jeweils betrachteten Ereignisses.

- Schwere des Vergehens: Die Operationalisierung der Variable Schwere des Vergehens orientiert sich an der Vorgehensweise von Louie, Kulik und Jacobson (2001) zur Messung der "Blameworthiness"[570] sowie am Ansatz von Hock und Raithel (2014) zur Bestimmung der "Culpability"[571]. In beiden Studien werden Studierende gebeten, eine Beurteilung der Fälle anhand einer 8- bzw. 7-Punkt-Likert-Skale vorzunehmen. Zusätzlich lassen Louie, Kulik und Jacobson (2001) eine identische Bewertung durch einen Experten vornehmen. Die Resultate gleichen denen der auf Basis der Studierendenbefragung erzielten Ergebnisse.[572] Konsistent zur Vorgehensweise bei der Operationalisierung der Variable Fit zwischen Testimonial und Sponsor wird im Rahmen dieser Arbeit bei der Beurteilung der Schwere des Vergehens auf eine 7-Punkt-Likert-Skala

[567] Bartz, Molchanov und Stork (2013), S. 138.
[568] Vgl. Bartz, Molchanov und Stork (2013), S. 138.
[569] Die log-Transformation wurde aufgrund der Anforderungen eines linearen Regressionsmodells bezüglich der Verteilung sowie der Linearität der Modellvariablen vorgenommen. Vgl. Urban und Mayerl (2008), S. 193 ff.; Hock und Raithel (2014) nehmen bei der Variable "Media Attention" ebenfalls eine log-Transformation vor.
[570] Vgl. Louie, Kulik und Jacobson (2001), S. 18.
[571] Vgl. Hock und Raithel (2014), S. 21.
[572] Vgl. Louie, Kulik und Jacobson (2001), S. 18.

mit den Ankern "event is not severe at all" und "event is very severe" abgestellt. Die Bewertung wurde durch drei Kodierer unterschiedlichen Alters, Geschlechts und Nationalität (USA und Deutschland) vorgenommen.[573] Eine Variation dieser drei Charakteristika ist dabei wünschenswert, da die Wahrnehmung der Schwere eines Vergehens möglicherweise durch den kulturellen Hintergrund oder ein sich im Zeitverlauf wandelndes Wertesystem beeinflusst wird. Insbesondere zweitgenannter Aspekt, die Anforderung an die Bewerter sich in die Denkweise der Konsumenten zum Zeitpunkt des jeweiligen Skandals hineinzuversetzen, war Grund für den Rückgriff auf wenige, gut trainierte Kodierer anstatt auf eine breiter angelegte Studentenbefragung. Zur Vorbereitung auf die Bewertungsaufgabe wurden die Kodierer in das Konzept der Schwere des Vergehens eingeführt, indem sie auf verschiedene, dem Gesamtkonstrukt zugrundeliegende Einzelaspekte hingewiesen wurden. Diese leiten sich aus bestehenden Forschungsarbeiten der Disziplinen Psychologie, Rechts- sowie Wirtschaftswissenschaften ab und beinhalten: Übereinstimmung der Handlung mit geltendem Recht[574], Eigennützigkeit des Handelnden[575], Schädigung Dritter[576], Zeitraum und Häufigkeit der Tat[577], Fahrlässigkeit des Handelns[578], Machtmissbrauch[579] und moralisches Fehlverhalten[580]. Daneben wurden zahlreiche Beispiele mehr oder weniger schwerwiegend zu beurteilender Vergehen diskutiert. Die in Anhang 5 enthaltene Einführung des Beurteilungsbogens für die Kodierer fasst die beschriebene Vorgehensweise zusammen. Grundlage der Bewertung bildet eine Beschreibung des jeweiligen Skandals, zusammengestellt aus verschiedenen, im Internet frei zugänglichen Informationsquellen sowie eine Angabe zum Jahr des Ereignisses, um eine Einordnung in den historischen Kontext zu ermöglichen. Dabei wurde analog

---

[573] Zwischen den Kodierern zur Beurteilung der Schwere des Vergehens und des Fits zwischen Testimonial und Sponsor liegt keine Personenidentität vor.

[574] Vgl. Bartz, Molchanov und Stork (2013), S. 137; Habermas (1992), S. 135 ff. und S. 541 ff.

[575] Vgl. Xie et al. (2014), S. 299 ff.

[576] Vgl. Walster (1966), S. 73 ff.; Burger (1981), S. 496 ff.; Scroggs (1976), S. 360 ff.

[577] Vgl. Hughes und Shank (2005), S. 214.

[578] Vgl. Shultz und Wright (1985), S. 98 ff.

[579] Vgl. Doherty, Dowling und Miller (2011), S. 749 ff.

[580] Vgl. Sachdeva, Singh und Medin (2011), S. 161ff.; Xie et al. (2014), S. 299 ff.

zu vergleichbaren Forschungsarbeiten die Identität des Testimonials zurückgehalten, um den auf die eigentliche Tat zurückzuführenden Effekt zu isolieren. Einer möglichen Beeinflussung der Urteilsbildung aufgrund persönlicher Vorlieben der Kodierer für die bekannte Persönlichkeit wurde dadurch vorgebeugt.[581] Zur Überprüfung der Interraterreliabilität wurde wiederum der ICC herangezogen.[582] Der dabei ermittelte Wert von 0,69 lässt auf eine angemessene bis gute absolute Übereinstimmung schließen, welche die Verwendung des Durchschnitts der Bewertungen der Kodierer im Rahmen der weiteren Analysen ermöglicht.[583]

- Testimonialintensität der Wettbewerber: Vergleichbar zur Vorgehensweise von Knittel und Stango (2014) wird die Testimonialintensität der Wettbewerber anhand einer Dummy-Variable bemessen.[584] Dabei wurde einem Wettbewerber der Wert 1 zugewiesen, wenn die Google-Suche nach "(Name des Wettbewerbers) celebrity endorsement" innerhalb eines Drei-Jahres-Zeitraums vor dem Ereignis, beginnend 30 Tage vor dem Ereignisdatum (analog zum Schätzfenster), ergab, dass die Firma zumindest einen Testimonialvertrag abgeschlossen hatte.[585] Wettbewerbern, für die auf diese Weise nicht ermittelt werden konnte, dass sie auf das Instrument Testimonialwerbung innerhalb des Betrachtungszeitraum zurückgreifen, wurde entsprechend der Wert 0 beigemessen.

5.2.3 Unternehmensbezogene Kontrollvariablen

Die unter Block 2 der firmenspezifischen Einflussfaktoren subsummierten Kontrollvariablen werden im Rahmen dieser Arbeit gemäß der nachfolgend beschriebenen Vorgehensweise operationalisiert. Sofern nicht gesondert vermerkt, beziehen sich

[581] Vgl. Louie, Kulik und Jacobson (2001), S. 18; Hock und Raithel (2014), S. 21.
[582] Vgl. Shrout und Fleiss (1979), S. 420 ff.
[583] Vgl. Cicchetti (1994), S. 286; Koo und Li (2016), S. 157 f.
[584] Vgl. Knittel und Stango (2014), S. 31.
[585] Um die Vergleichbarkeit zur Studie von Knittel und Stango (2014) zu gewährleisten, wurde entsprechend derer Vorgehensweise keine Differenzierung gemäß der Häufigkeit der Treffer der Google-Suchanfrage vorgenommen. Die Definition bzw. Unterscheidung der Testimonialintensität bezieht sich daher rein darauf, ob in einem Unternehmen in der jüngeren Vergangenheit das Instrument der Testimonialwerbung überhaupt zum Einsatz kam oder nicht. Ob ein Unternehmen innerhalb des Betrachtungszeitraums in einer Vertragsbeziehung zu vielen oder nur einem Testimonial stand - die Google-Suche in nur einem oder vielen relevanten Ergebnissen resultierte - ist dabei unbeachtlich.

die Angaben immer auf die im Fokus der Betrachtung stehenden Wettbewerbsunternehmen.

- Firmengröße: Häufig verwendete Kennzahlen zur Operationalisierung der Firmengröße sind die Marktkapitalisierung sowie das Gesamtvermögen eines Unternehmens, wobei letztere im Allgemeinen weniger volatil ist und deshalb auch in dieser Arbeit Anwendung findet.[586] Bei der Berechnung der Kennzahl wird zunächst auf den Fünf-Jahres-Durchschnitt des Gesamtvermögens eines Wettbewerbers abgestellt (ausgehend von dem letzten vor Eintritt des Ereignisses abgeschlossenen Fiskaljahr), welcher im Anschluss dem entsprechenden Vergleichswert des Sponsors gegenübergestellt wird. Die Bildung eines Quotienten aus durchschnittlichem Gesamtvermögen des Sponsors und durchschnittlichem Gesamtvermögen des Wettbewerbers folgt der in der Spilloverliteratur üblichen relativen, auf Größenunterschiede zwischen der direkt durch ein Ereignis betroffenen Firma und dem konkurrierenden Unternehmen abzielenden Betrachtungsweise (siehe hierzu ausführlich Kapitel 3.3.2).[587] Die zur Ermittlung der Kennzahl benötigten Finanzdaten wurden der S&P Global Market Intelligence Datenbank entnommen - wo notwendig ergänzt um entsprechende Angaben aus Compustat und den Geschäftsberichten/10-K Reports der jeweiligen Unternehmen. Die Kennzahl wird als log-transformierte[588] Variable in das Regressionsmodell eingeführt.

[586] Vgl. Homburg, Vollmayr und Hahn (2014), S. 57; Song und Walkling (2000), S. 164; Sorescu, Shankar und Kushwaha (2007), S. 477; Cornwell, Pruitt und Clark (2005), S. 407; Chen, Ho und Ik (2005), S. 983; Barnett und King (2008), S. 1159.

[587] Vgl. Gaur, Malhotra und Zhu (2013), S. 223 f.; Kang (2008), S. 546; Barnett und King (2008), S. 1159; Chen et al. (2007), S. 428; Swaminathan und Moorman (2009), S. 60, Swaminathan, Murshed und Hulland (2008), S. 40.
Im Rahmen eines Robustheitstests wurde überprüft, inwiefern sich durch Ersetzen der relativ bemessenen Firmengröße durch die absolute Größe des jeweiligen Wettbewerbers Änderungen an den Ergebnissen des vollständigen Regressionsmodells (siehe Kapitel 5.5.1) ergeben. Die Analyse zeigt, dass mit Ausnahme des ohnehin nur schwach signifikanten Verschuldungsgrads die Signifikanz der übrigen Modellvariablen, insbesondere der Hypothesenvariablen, auch bei veränderter Variablenspezifikation erhalten bleibt.

[588] Die log-Transformation wurde aufgrund der Anforderungen eines linearen Regressionsmodells bezüglich der Verteilung sowie der Linearität der Modellvariablen vorgenommen. Vgl. Urban und Mayerl (2008), S. 193 ff.; Boyd, Chandy und Cunha (2010), S. 1169; Sorescu, Shankar und Kushwaha (2007), S. 477; Raassens, Wuyts und Geyskens (2012), S. 688; Houston und Johnson (2000), S. 10; Hadlock und Sonti (2012), S. 202.

- Kurs-Buchwert-Verhältnis: Das Kurs-Buchwert-Verhältnis ergibt sich aus dem Verhältnis von Aktienkurs und Buchwert des Eigenkapitals pro Aktie eines Unternehmens zu einem bestimmten (historischen) Zeitpunkt.[589] Vergleichbar zu bestehenden, die Methodik der Ereignisstudie anwendenden Forschungsarbeiten wird - um eine Verzerrung der Variable durch das Ereignis selbst zu vermeiden - auf einen vor Beginn des Ereignisfensters gelegenen Zeitpunkt (hier: Tag 30 vor Eintritt des Ereignisses) abgestellt.[590] Datengrundlage zur Operationalisierung der Variable sind die Datenbanken S&P Global Market Intelligence und Compustat. Aufgrund der im Vergleich zu den rechnungslegungsbasierten Kennzahlen erhöhten Schwankungsanfälligkeit wird das Kurs-Buchwert-Verhältnisses als dichotome Variable in das Regressionsmodell eingeführt. Wettbewerbern, deren Kurs-Buchwert-Verhältnisses über dem Median der Stichprobe liegt, wird der Wert 1 zugewiesen, während ein unter dem Median liegendes Unternehmen durch den Wert 0 gekennzeichnet wird.[591] Dadurch steht weniger das gegebenenfalls durch kurzfristige Kursschwankungen beeinflusste Kurs-Buchwert-Verhältniss des individuellen Unternehmens als vielmehr dessen Verhältnis zur Gesamtheit der Stichprobenunternehmen im Vordergrund. Die mit der Kontrollvariable beabsichtigten Unterscheidung zwischen vergleichsweise hoch bzw. niedrig bewerteten Unternehmen wird durch die gewählte Vorgehensweise adäquat abgebildet.
- Profitabilität: In Übereinstimmung mit vergleichbaren Forschungsarbeiten wird die Profitabilität einer Firma durch deren Gesamtkapitalrendite (ROA) operationalisiert.[592] Dabei wird auf die Variablendefinition von S&P Global Market Intelligence zurückgegriffen, wonach sich die Kennzahl als Quotient des Ergebnisses vor Zinsen und Steuern (EBIT) und einem Zwei-Jahres-Durchschnitt des Gesamtvermögens (Total Assets) ergibt. Bezugszeitpunkt der Datenabfrage ist jeweils das letzte, vor Eintritt des Ereignisses abgeschlossene Fiskaljahr. Primäre Datenquelle zur Erhebung der der Kennzahl

[589] Vgl. Ernst, Schneider und Thielen (2010), S. 180.
[590] Vgl. Geiger und Schiereck (2014), S. 40.
[591] Vgl. Salas (2008), S. 58; Hovakimian, Opler und Titman (2001), S. 11.
[592] Vgl. beispielhaft Rust und Huang (2012), S. 56; Homburg, Vollmayr und Hahn (2014), S. 43; Kang (2008), S. 546; Fang, Lee und Yang (2015), S. 72; Gaur, Malhotra und Zhu (2013), S. 223; Hadlock und Sonti (2012), S. 202.

zugrundeliegenden Basisdaten ist der Finanzdatenanbieter S&P Global Market Intelligence. Fehlende Daten werden durch die entsprechenden Angaben in der Compustat Datenbank oder den jeweiligen Geschäftsberichten/10-K Reports der Unternehmen ergänzt.

- Risiko: Das Risiko einer Investition wird durch den Beta-Koeffizienten des börsennotierten Unternehmens abgebildet.[593] Dem Betafaktor kommt in der Kapitalmarkttheorie eine große Bedeutung zu[594] und findet entsprechend auch in der Praxis ein hohes Maß an Beachtung. Insbesondere für aktienmarktorientierte Investoren ist der Betafaktor ein äußerst relevantes und präsentes Risikomaß.[595] Im Rahmen dieser Arbeit wird auf das von S&P Global Market Intelligence bereitgestellte Zwei-Jahres-Beta mit 104 wöchentlichen Datenpunkten, ausgehend vom jeweiligen Ereignisdatum, abgestellt. Zur mathematischen Ableitung des Betafaktors wird die jeweilige Wertpapierrendite des betrachteten Unternehmens gegen die Rendite des gewählten Benchmarkindex (S&P 500 für US-Aktien) regressiert - womit der Betafaktor dem Steigungskoeffizienten der ermittelten Regressionsgeraden entspricht.[596]
- Überschüssige Ressourcen: Die Variable überschüssige Ressourcen wird analog zu Lee und Grewal (2004) als Quotient von Betriebskapital (Umlaufvermögen abzüglich kurzfristiger Verbindlichkeiten) und Gesamtvermögen eines Unternehmens zum Ende des letzten Fiskaljahres vor Eintritt des Ereignisses operationalisiert. Durch den relativen Bezug zum Gesamtvermögen kann für Größenunterschiede zwischen den einzelnen Firmen kontrolliert werden, ausgehend von der Prämisse, dass der Betriebskapitalbedarf mit zunehmender Größe des Unternehmens ansteigt.[597] Die zur Kalkulation der Kennzahl benötigten Rechnungslegungsdaten werden wiederum der S&P Global Market Intelligence Datenbank entnommen - ergänzt um entsprechende An-

[593] Vgl. Conchar, Crask und Zinkhan (2005), S. 452; Hirschey (1985), S. 94.
[594] Vgl. Sharpe (1963), S. 277 ff.; Srinivasan und Hanssens (2009), S. 298; Ernst, Schneider und Thielen (2010), S. 59 ff.
[595] Vgl. Jähnchen (2009), S. 2; Dänzer (2010), S. 99 f.; Heinke (2005), S. 168; Srinivasan und Hanssens (2009), S. 298.
[596] Information gemäß S&P Global Market Intelligence Customer Support.
[597] Vgl. Lee und Grewal (2004), S. 163.

gaben aus Compustat und den Geschäftsberichten/10-K Reports der jeweiligen Unternehmen.

- Verschuldungsgrad: Der Verschuldungsgrad (Financial Leverage) eines Unternehmens wird analog zur bestehenden Literatur als Verhältnis der langfristigen Finanzverbindlichkeiten zum Gesamtvermögen der jeweiligen Periode (dem letzten Fiskaljahr vor Eintritt des Ereignisses) definiert.[598] In der S&P Global Market Intelligence Datenbank fehlende Angaben werden wiederum durch die entsprechenden Finanzdaten aus Compustat oder den Geschäftsberichten/10-K Reports der fraglichen Unternehmen ergänzt. Um den Anforderungen einer linearen Regression zu genügen wird der Verschuldungsgrad als quadratwurzeltransformierte Kennzahl in das Modell eingeführt.
- Wachstumsrate: Vergleichbar zu bestehenden Forschungsarbeiten wird die Wachstumsrate eines Unternehmens am Wachstum des Gesamtvermögens bemessen.[599] Um die für die Investoren relevante längerfristige (nachhaltige) Wachstumsperformance eines Unternehmens abzubilden, wird nicht auf das kurzfristige Unternehmenswachstum in der Periode unmittelbar vor dem betrachteten Ereignis abgestellt, sondern die durchschnittliche jährliche Wachstumsrate (Compound Annual Growth Rate, CAGR) innerhalb der letzten fünf Perioden vor dem jeweiligen Skandal als relevante Kennzahl herangezogen.[600]

$$CAGR_{t_0,t} = \left(\frac{A_t}{A_{t_0}}\right)^{\frac{1}{n}} - 1$$

mit:

A_t = Betrachtete Größe zum jeweiligen Zeitpunkt t

n = Anzahl Perioden zwischen t_0 und t

---

598 Vgl. Homburg, Vollmayr und Hahn (2014), S. 57; Fosfuri und Giarratana (2009), S. 187; Raassens, Wuyts und Geyskens (2012), S. 688; Gaur, Malhotra und Zhu (2013), S. 223; Groening, Mittal und Zhang (2016), S. 66; Kurt und Hulland (2013), S. 62; Chen, Ho und Ik (2005), S. 984; Wiles, Morgan und Rego (2012), S. 44.
Auf eine Durchschnittsbildung des Gesamtvermögens vergleichbar zur Berechnung des ROA kann verzichtet werden, da es sich sowohl bei den Finanzverbindlichkeiten als auch beim Gesamtvermögen um stichtagsbezogene Bilanzdaten handelt.

599 Vgl. beispielhaft Gaur, Malhotra und Zhu (2013), S. 223; Chen et al. (2013), S. 1623.
Andere Autoren stellen auf das Umsatzwachstum ab, vgl. Homburg, Vollmayr und Hahn (2014), S. 56; Song und Walkling (2000), S. 164; Hadlock und Sonti (2012), S. 202.

600 Vgl. Song und Walkling (2000), S. 164; Boyd, Chandy und Cunha (2010), S. 1168.

Die zur Berechnung der Wachstumsrate verwendete Datenbasis entspricht dabei derjenigen der Variable Firmengröße, erweitert um ein zusätzliches Fiskaljahr. Da für einige der in der Stichprobe enthaltenen Unternehmen die Wachstumsrate des Gesamtvermögens im Betrachtungszeitraum negativ, der Logarithmus einer negativen Zahl jedoch nicht definiert ist, wurde, um dennoch eine log-Transformation der Variable zu ermöglichen, ein konstanter Faktor von 20 Prozentpunkten zu den jeweiligen Basiswerten hinzuaddiert.[601]

5.2.4 Kontextbezogene Kontrollvariablen

Block 3 der kontextbezogenen Kontrollvariablen wurde für die Zwecke der Anwendung im Regressionsmodell gemäß der in der Literatur vertretenen Vorgehensweise wie folgt operationalisiert:

- Geografische Nähe: Diestre und Rajagopalan (2014) messen bei ihrer Untersuchung von Spillovereffekten im Rahmen von Industrieunfällen mit giftigen Chemikalien die geografische Nähe zwischen der für den Unfall ursächlichen Firma und den indirekt betroffenen Firmen anhand der Distanz (in Meilen) zwischen den Produktionsanlagen der jeweiligen Firmen.[602] Der Messansatz fokussiert auf die geografische Lage der Produktionsanlagen innerhalb der USA, da die dort eingesetzten, das negative Ereignis auslösenden giftigen Chemikalien Hauptgegenstand der Untersuchung sind. Eine derart granulare Unterscheidung der örtlichen Nähe (innerhalb eines Landes) erscheint vor dem Hintergrund der in dieser Arbeit verfolgten Fragestellung von nachgelagerter Relevanz, da nicht der Standort von Produktionsanlagen, sondern vielmehr die Konkurrenz auf Absatzmärkten oder sich aufgrund der Lokalität ergebende (unternehmens)kulturelle Unterschiede - beispielsweise in Bezug auf Marketing- und Managementphilosophien - von Interesse sind. Dieser Argu-

[601] Die log-Transformation wurde aufgrund der Anforderungen eines linearen Regressionsmodells bezüglich der Verteilung sowie der Linearität der Modellvariablen vorgenommen. Vgl. Urban und Mayerl (2008), S. 193 ff.
Bezüglich der Vorgehensweise des Hinzuaddierens eines konstanten positiven Faktors vgl. Raassens, Wuyts und Geyskens (2012), S. 688.

[602] Vgl. Diestre und Rajagopalan (2014), S. 1141.

mentation folgend, wird die geografische Nähe zwischen Sponsor und Wettbewerber analog zur Vorgehensweise von Clougherty und Duso (2009) durch eine dichotome Variable abgebildet. Sind Sponsor und Wettbewerber, basierend auf dem jeweiligen Heimatmarkt des Unternehmens, der selben Weltregion (Amerika, Europa oder Asien) zuzuordnen, erhält die Variable den Wert 1. Die Zugehörigkeit zu unterschiedlichen Weltregionen wird hingegen durch den Wert 0 abgebildet.[603] Die Kodierung der Variable erfolgt anhand der S&P Global Market Intelligence Angaben zum Stammsitz der jeweiligen Firma.

- Industrie: Die Operationalisierung der Industrievariablen orientiert sich in bisher veröffentlichten Forschungsarbeiten überwiegend am SIC Klassifizierungsschema.[604] In selteneren Fällen wird auch auf das North American Industry Classification System (NAICS) zurückgegriffen.[605] Um für die wesentlichen potenziellen Differenzen zwischen den einzelnen Industriezweigen zu kontrollieren wird in Übereinstimmung mit vergleichbaren Forschungsprojekten auf den für den jeweiligen Wettbewerber relevanten einstelligen Industrieklassifizierungscode gemäß SIC abgestellt.[606] Der Struktur des vorliegenden Datensatzes sowie dem allgemeinen Klassifizierungsschema entsprechend werden insgesamt sieben Industrie-Dummy-Variablen generiert (SIC 1: Rohstoffsektor, SIC 2 und 3: Verarbeitendes Gewerbe, SIC 4: Transport und Versorgungswirtschaft, SIC 5: Groß- und Einzelhandel, SIC 6: Finanz-, Versicherungs- und Immobilienwirtschaft, SIC 7: Dienstleistungen). Als Referenzkategorie dient der Rohstoffsektor.
- Skandalerfahrung Industrie: Die Operationalisierung der Variable Skandalerfahrung Industrie ist orientiert an der von Kang (2008) beschriebenen Vorge-

[603] Vgl. Clougherty und Duso (2009), S. 1377.
[604] Vgl. Diestre und Rajagopalan (2014), S. 1142; Chen et al. (2013), S. 1622 ff.; Homburg, Vollmayr und Hahn (2014), S. 46; Barnett und King (2008), S. 1160; Chen, Ho, und Ik (2005), S. 990.
[605] Vgl. Rust und Huang (2012), S. 57.
[606] Vgl. Chen et al. (2013), S. 1623; Rust und Huang (2012), S. 57; Banerjee, Prabhu und Chandy (2015), S. 19.
Analog zur vorliegenden Arbeit wird auch in vergleichbaren Studien ein unterschiedliches SIC-/NAICS-Aggregationslevel zur Operationalisierung verschiedener Variablen verwendet. Rust und Huang (2012, S. 56 f.) beispielsweise basieren die Operationalisierung des HHI auf vierstelligen NAICS Codes, stellen für die Industriekontrollvariablen jedoch auf das einstellige NAICS Level ab. Chen et al. (2013, S. 1622 ff.) verwenden dreistellige SIC-Codes zur Berechnung des HHI, greifen bei der Operationalisierung der Industriekontrollvariablen allerdings auf das einstellige SIC Level zurück.

hensweise.[607] Ereignet sich ein Testimonialskandal in einer Industrie, welche bereits in dem dem Jahr des betrachteten Ereignisses vorangehenden Kalenderjahr von einem vergleichbaren Skandal betroffen war, wird den jeweiligen Wettbewerbsunternehmen der Wert 1, andernfalls der Wert 0 zugewiesen. Grundlage dieser Klassifizierung sind alle im Rahmen dieser Arbeit identifizierten Testimonialskandale, auch jene, die aufgrund der Anforderungen der Ereignisstudienmethodik - bspw. wegen überlappender Ereignisse oder unzureichender Kapitalmarktdaten der Sponsoren - von der weiteren Untersuchung ausgeschlossen werden mussten. Der Rückgriff auf diese erweiterte Datengrundlage liegt darin begründet, dass auch die tatsächliche Skandalerfahrung der Investoren auf allen Skandalen innerhalb der jeweiligen Industrie basiert, vollständig losgelöst davon, inwiefern die ereignisstudienrelevanten Selektionskriterien erfüllt wurden. Um einen Abgleich des individuellen Ereignisses mit der Gesamtheit der Stichprobe zu ermöglichen, erfolgt die relevante Industrieabgrenzung in Übereinstimmung mit Kang (2008) anhand zweistelliger SIC Codes gemäß Compustat.[608]

- Zeit: In der Forschung werden mehrere Ansätze zur Kontrolle zeitlicher bzw. kontexthistorischer Unterschiede zwischen den einzelnen Ereignissen vertreten. Inhaltlich vergleichbar sind Dummy-Variablen für jedes Kalenderjahr des Betrachtungszeitraums[609] sowie der Einsatz einer Zähl- bzw. Trendvariable, die den zeitlichen Abstand (in Jahren) zwischen dem ersten Ereignis des Datensatzes und dem jeweils betrachteten Ereignis bemisst[610]. Daneben schlagen Barnett und King (2008) bei ihrer Analyse von Spillovereffekten in Folge von Industrieunfällen den Einsatz einer dichotomen Variable zur Abgrenzung der Zeitperioden vor und nach dem für den Untersuchungsgegenstand bedeu-

607 Vgl. Kang (2008), S. 546.

608 Vgl. Kang (2008), S. 546. Der Autor erachtet bei der Operationalisierung der hier maßgebenden Kontrollvariable "Industry under SEC Investigation" zweistellige SIC Codes für sachgerecht, greift an anderer Stelle, bei der Operationalisierung der Variable "Environmental Uncertainty", jedoch auf vierstellige SIC Codes zurück (S. 555). Die vorliegende Arbeit folgt diesem kontextbezogen differenzierenden Ansatz.

609 Vgl. Homburg, Vollmayr und Hahn (2014), S. 46; Diestre und Rajagopalan (2014), S. 1142; Gaur, Malhotra und Zhu (2013), S. 223.

610 Vgl. Chen, Ganesan und Liu (2009), S. 220.

tendsten Ereignis vor.[611] Die vorliegende Arbeit verfolgt, analog zur Vorgehensweise von Bartz, Molchanov und Stork (2013), einen zwischen diesen beiden Ansätzen liegenden Mittelweg. Weder ist davon auszugehen, dass sich die Wahrnehmung von Testimonialskandalen von Jahr zu Jahr ändert, noch kann mit hinreichender Sicherheit ein singuläres Ereignis identifiziert werden, welches eine grundlegende Veränderung der Bewertung von Testimonialskandalen zur Folge hatte und alle auf den zeitlichen Kontext zurückzuführenden Unterschiede zwischen den Ereignissen abbildet. Durch den Einsatz von die Dekaden (anstatt einzelner Jahre) des Betrachtungszeitraums abbildendenden Dummy-Variablen wird für sich längerfristig entwickelnde Unterschiede in der Wahrnehmung der Skandale sowie weitere spezifische Gegebenheiten der einzelnen Zeitintervalle kontrolliert.[612] Der Struktur des vorliegenden Datensatzes entsprechend werden insgesamt vier Zeit-Dummy-Variablen generiert (Dekade 1: Jahre 1980 bis 1989, Dekade 2: Jahre 1990 bis 1999, Dekade 3: Jahre 2000 bis 2009, Dekade 4: 2010 bis 2015).[613] Referenzkategorie ist der Zeitraum 1980 bis 1989.

5.3 Statistische Beschreibung des Datensatzes

5.3.1 Deskriptive Statistik der Untersuchungsstichprobe

Die wie vorstehend in Kapitel 5.1 dargestellt abgeleitete Untersuchungsstichprobe sowie die zur Erklärung des Spillovers im Regressionsmodell eingesetzten Hypothesen- und Kontrollvariablen sollen im Rahmen deskriptiver Statistiken nachfolgend inhaltlich näher beschrieben werden. Bezüglich der Zusammensetzung der Untersuchungsstichprobe wird zunächst die Verteilung der Ereignisse selbst analysiert, bevor auf die in der Stichprobe enthaltenen Unternehmen der Spilloveranalyse vertiefend eingegangen wird.

---

611 Vgl. Barnett und King (2008), S. 1158.
612 Vgl. Balmer (2013), S. 163.
613 Vgl. Bartz, Molchanov und Stork (2013), S. 137.

In Abbildung 8 ist die zeitliche Verteilung der in der Stichprobe final berücksichtigten Testimonialskandale im Betrachtungszeitraum 1981 bis Mitte 2015 dargestellt.[614] Die insgesamt linksschiefe Verteilung lässt auf eine Zunahme entsprechender Ereignisse im Zeitverlauf schließen.[615] Diese Beobachtung steht im Einklang mit der bestehenden Literatur. So weisen Thwaites und Kollegen nicht nur auf einen Anstieg des Einsatzes von Testimonials in der Werbung hin[616], sondern legen mit der Aussage "negative information about celebrities is rather common and seems to be increasing"[617] zudem eine Zunahme negativer Publizität in Bezug auf die in der Öffentlichkeit stehenden Persönlichkeiten nahe.[618]

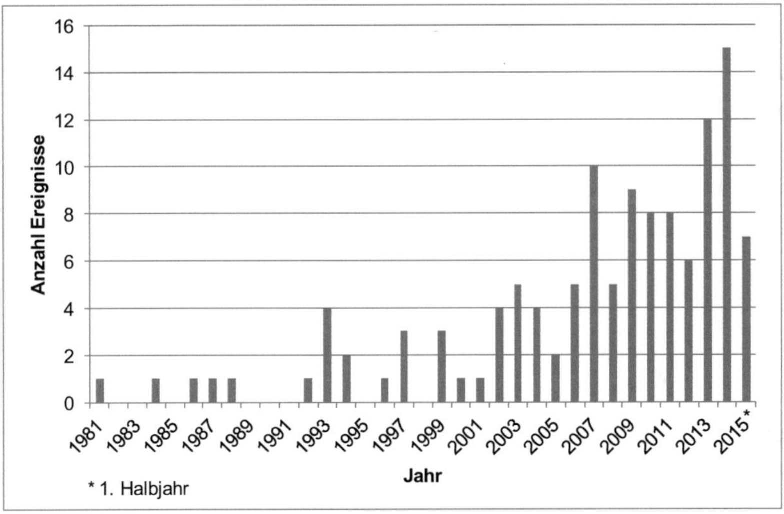

Abbildung 8: Zeitliche Verteilung der Stichprobe
Quelle: Eigene Darstellung

[614] Die Verteilung der finalen Stichprobe entspricht im Wesentlichen der des Datensatzes vor Ausschluss von Unternehmen aufgrund fehlender Kursdaten oder überlappender Ereignisse. Eine auf das Auswahlverfahren zurückzuführende Verzerrung ist dementsprechend nicht zu beobachten.

[615] Die im Vergleich zu den Vorjahren geringere Anzahl berücksichtigter Ereignisse im Jahr 2015 ist darauf zurückzuführen, dass die Datenerhebung zur Mitte des Jahres 2015 abgeschlossen wurde und somit nur das erste Halbjahr 2015 berücksichtigt werden konnte.

[616] Vgl. Thwaites et al. (2012), S. 663.

[617] Thwaites et al. (2012), S. 664.

[618] Vgl. hierzu auch Louie, Kulik und Jacobson (2001), S. 17.

Weiterhin ist davon auszugehen, dass eine innerhalb der letzten Dekade verstärkte (Skandal-) Berichterstattung im Internet sowie in den sozialen Medien und die damit verbundene vereinfachte Identifizierbarkeit der Ereignisse im Rahmen des beschriebenen Auswahlprozesses sich auf die zeitliche Zusammensetzung der Stichprobe auswirkt.

Die Häufung der Ereignisse zum Ende des Betrachtungszeitraums erklärt auch den gegenüber vergleichbaren Studien erhöhten Stichprobenumfang. Beispielsweise analysieren Bartz, Molchanov und Stork (2013) insgesamt 93 Testimonialskandale, stellen dabei jedoch nur auf einen Untersuchungszeitraum bis 2011 ab, wodurch rund ein Drittel der in dieser Arbeit untersuchten Skandale der darauffolgenden Jahre unberücksichtigt bleibt.[619]

Abbildung 9 gibt die Verteilung der Ereignisse in Abhängigkeit von der Anzahl der einem Ereignis zuzuordnenden Sponsoren wider. Wie die Grafik zeigt, werden 85 Skandale - nach Durchführung des oben beschriebenen Auswahlprozesses - durch einen Sponsor repräsentiert. In 17, elf bzw. vier Ereignissen sind zwei, drei bzw. vier Sponsoren involviert. Lediglich vier Ereignisse können fünf oder mehr Sponsoren auf sich vereinen. Im Mittel (Median) sind einem Ereignis 1,6 (1,0) Sponsoren zugeordnet.[620] Aufgrund fehlender Angaben zur Häufigkeitsverteilung in der veröffentlichten Referenzliteratur kann ein Abgleich der Struktur der Sponsorenstichprobe nur auf Basis eines Mittelwertvergleichs erfolgen.[621] Louie, Kulik und Jacobson (2001) analysieren 52 Ereignisse mit insgesamt 128 Beobachtungspunkten, was im Durchschnitt 2,5 Sponsoren pro Ereignis ergibt.[622] Die Stichprobe von Hock und Raithel (2014) umfasst 59 Testimonialskandale mit 101 Beobachtungspunkten, womit durchschnittlich 1,7 Sponsoren von demselben Ereignis betroffen sind.[623] Russell, Mahar und Drewniak (2005) ordnen 33 Ereignissen insgesamt 38 Sponsoren zu, was einem Durchschnittswert von 1,2 Sponsoren pro Ereignis entspricht.[624] Der sich aus der Struktur der Sponsorenstichprobe der vorliegenden Arbeit ergebende Mittelwert von

---

[619] Vgl. Bartz, Molchanov und Stork (2013), S. 131.
[620] Die Standardabweichung beträgt 1,1.
[621] Mit der Studien von Bartz, Molchanov und Stork (2013) ist aufgrund fehlender Angaben auch kein Vergleich anhand des Mittelwertes möglich.
[622] Vgl. Louie, Kulik und Jacobson (2001), S. 17 f.
[623] Vgl. Hock und Raithel (2014), S. 15.
[624] Vgl. Russell, Mahar und Drewniak (2005), S. 72.

1,6 Sponsoren pro Ereignis liegt innerhalb der Bandbreite der bestehenden Literatur, womit eine gute Vergleichbarkeit zu dieser indiziert ist.

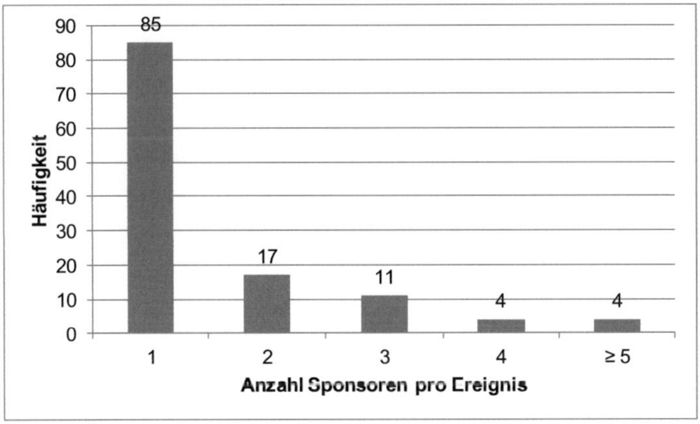

Abbildung 9: Verteilung der Ereignisse nach Anzahl zugeordneter Sponsoren
Quelle: Eigene Darstellung

Dieselbe Auswertung auf Ebene der direkten Wettbewerber ist in Abbildung 10 dargestellt. Der großen Mehrheit der Ereignisse (94%) konnten - nach Ausschluss von Unternehmen aufgrund überlappender Ereignisse oder unzureichender Kursdaten - zumindest zwei oder mehr Wettbewerber zugeordnet werden, wobei die absolute Häufigkeit mit 28 Ereignissen bei zwei Wettbewerbern pro Ereignis am höchsten ist.[625] 16 Ereignisse sind durch zehn oder mehr Wettbewerber repräsentiert. Dabei muss jedoch beachtet werden, dass, wie oben dargestellt, einige Skandale mehrere Sponsoren betreffen, weshalb diese Ereignisse wiederum mehrere Wettbewerber auf sich vereinen. Im Durchschnitt (Median) sind einem Ereignis 4,9 (4,0) direkte Wett-

[625] Für insgesamt 35 Fälle wurde das in Kapitel 5.1.2 gesetzte Mindestanforderungskriterium von drei Wettbewerbern pro Sponsor (vor Bereinigung des Datensatzes) unterschritten. Dabei ist zu beachten, dass in der Ereignisstudien- bzw. Spilloverliteratur kein Standard bezüglich einer Mindestanzahl relevanter Wettbewerber definiert ist. Das Mindestanforderungskriterium von drei Wettbewerbern pro Sponsor wurde so gewählt, dass nach Bereinigung des Datensatzes erwartungsgemäß noch zumindest ein relevanter Wettbewerber verbleibt und das jeweilige Ereignis somit in der für die Analyse des Spillovers relevanten Wettbewerberstichprobe repräsentiert ist. Dieser Ansatz steht im Einklang mit der Vorgehensweise von Hadlock und Sonti (2012), S. 189, die nach Ausschluss überlappender Ereignisse ebenfalls "at least 1 competitor" als natürliche Untergrenze benennen. Auch Borah und Tellis (2016), S. 158 stellen fest: "a number of articles in marketing have used only one or two rivals".

bewerber zugeordnet.[626] Ein sinnvoller Vergleich dieser Verteilung ist nur mit Studien möglich, die einem dieser Arbeit vergleichbaren Ansatz bei der Identifikation der Wettbewerber folgen (siehe hierzu Kapitel 5.1.2). Hadlock und Sonti (2012) berichten, dass nach Anwendung aller Ausschlusskriterien durchschnittlich 6,0 Wettbewerber pro Ereignis verbleiben, wobei bei einigen Fällen (ein genauer Zahlenwert wird nicht genannt) die Anzahl der pro Ereignis identifizierten Wettbewerber größer zehn ist.[627] Bei Clougherty und Duso (2009) stehen 165 Ereignissen 577 Wettbewerbsunternehmen gegenüber, was einem Durchschnitt von 3,5 Wettbewerbern pro Ereignis entspricht. Dabei variiert die Anzahl der pro Ereignis im finalen Datensatz berücksichtigten Wettbewerber zwischen eins und 13.[628] Der Vergleich auf Basis des Mittelwertes zeigt, dass die Struktur des im Rahmen dieser Arbeit verwendeten Datensatzes bezüglich der Anzahl relevanter Wettbewerber pro Ereignis mit der Struktur ähnlich ausgestalteter Spilloverstudien eine gute Vergleichbarkeit aufweist.

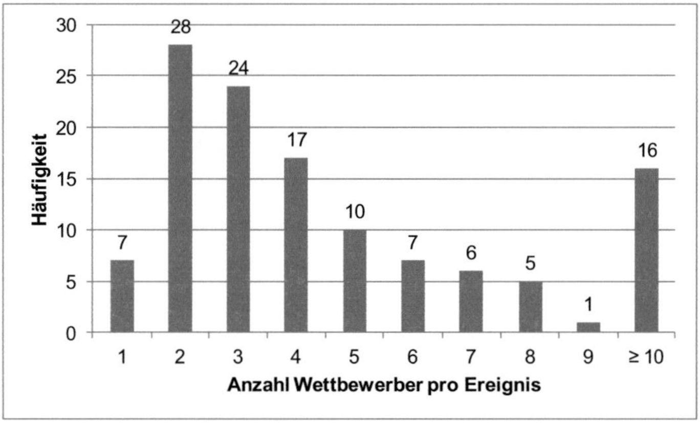

Abbildung 10: Verteilung der Ereignisse nach Anzahl zugeordneter Wettbewerber
Quelle: Eigene Darstellung

Abbildung 11 zeigt die Zusammensetzung der Stichprobe nach der Art bzw. Anlass des Skandals. Rund ein Viertel der betrachteten Ereignisse sind im weitesten Sinne auf negative Schlagzeilen im Zusammenhang mit dem Sexualverhalten der bekann-

---

[626] Die Standardabweichung beträgt 3,9.
[627] Vgl. Hadlock und Sonti (2012), S. 190.
[628] Vgl. Clougherty und Duso (2009), S. 1373 und S. 1387 ff.

ten Persönlichkeit zurückzuführen. Hierunter werden beispielsweise sowohl außereheliche Affären als auch Anschuldigungen bezüglich nicht einvernehmlichen Geschlechtsverkehrs subsummiert. Skandale der zweitgrößten Einzelkategorie (17% der Stichprobe) fallen in den Bereich der körperlichen Gewalt. Dies beinhaltet häusliche Gewalt, Gewalt gegenüber Schutzbefohlenen, sowie Gewalt gegenüber Dritten, bis hin zu Mord. Mit jeweils ca. 10% machen negative Ereignisse bezüglich politisch inkorrekter Äußerungen (hierunter fallen zum Beispiel rassistische oder gegen Minderheiten gerichtete Aussagen), Doping im Leistungssport und der unerlaubte Konsum von Rauschmitteln (teilweise inklusive des Handels mit verbotenen Substanzen) einen in etwa gleich großen Anteil der Stichprobe aus. Steht der Drogenkonsum im Zusammenhang mit der Teilnahme am Straßenverkehr, wird das Ereignis als Verkehrsdelikt (5% des Datensatzes) klassifiziert. Die Sammelkategorie Sonstiges, welche die verbleibenden 23% der Stichrobe ausmacht, beinhaltet u.a. Testimonialskandale in Bezug auf Steuerhinterziehung oder sonstige finanzielle Vorteilnahme, unerlaubtes oder übermäßiges Gewinnspiel, despektierliches Verhalten gegenüber Kontrahenten, Diebstahl oder Betrug zur Erhöhung der Gewinnchancen im Sport (außer Doping). Der im Rahmen dieser Arbeit verwendete Datensatz umfasst alle wesentlichen, im Rahmen der Testimonialskandalforschung diskutierten Skandalarten und gibt damit ein breites Abbild der Lebenswirklichkeit wider.[629] Die breite Streuung über die verschiedenen, einen Testimonialskandal auslösenden Ereignisse stellt zudem sicher, dass keine einzelne Skandalart einen überproportionalen Einfluss auf das Spilloverergebnis ausübt.

Weit weniger breit gestreut als in Bezug auf die Art des Skandals ist die Stichprobe bei Betrachtung des professionellen Hintergrunds der Testimonials. Wie Abbildung 12 zeigt, dominieren dem Bereich Sport zuzuordnende Testimonials mit ca. zwei Drittel aller betrachteten Fälle die Stichprobe.

[629] Vgl. Thwaites et al. (2012), S. 663 f.; Edwards und Ferle (2009), S. 23 f.; Um (2011), S. 17; Louie, Kulik und Jacobson (2001), S. 13; Hock und Raithel (2014), S. 3; Money, Shimp und Sakano (2006), S. 113 f.; Carrillat, d'Astous und Lazure (2013), S. 17.

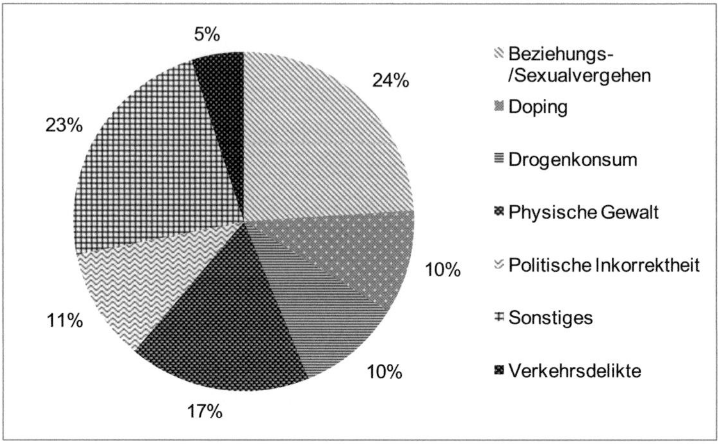

Abbildung 11: Zusammensetzung der Stichprobe nach Art des Skandals
Quelle: Eigene Darstellung

Dies ist auf mehrere Faktoren zurückzuführen: Erfolgreiche Athleten verfügen in der Regel über eine große Fanbasis, sind aufgrund zumeist wöchentlich stattfindender Spiele/Wettkämpfe medial stark präsent und weisen häufig für die Bewerbung eines Produktes oder einer Marke wünschenswerte Eigenschaften wie die Ausstrahlung eines Siegerimages oder eine hohe physische Attraktivität auf. Dementsprechend oft werden Sportler als Testimonials eingesetzt.[630] Darüber hinaus charakterisiert Athleten in der Regel ein natürlicher Fit zur Bewerbung der Produkte von Sportartikelherstellern[631] - einer zur Produktdifferenzierung vielfach auf das Instrument der Testimonialwerbung zurückgreifenden und demzufolge auch im Rahmen dieser Arbeit überdurchschnittlich stark repräsentierten Branche. Neben Sportlern sind in der Stichprobe bekannte Persönlichkeiten aus den Bereichen Film und Fernsehen (13%), Musik (10%), sowie Mode (6%) vertreten. Die Kategorie Sonstiges (4%) beinhaltet alle nicht einer der vorgenannten Kategorien eindeutig zuzuordnende Testimonials, wie bspw. Starköche. Eine strukturell ähnliche Verteilung ist beispielsweise in der Studie von Louie, Kulik und Jacobson (2001) zu beobachten: 77% der in der

[630] Sowohl Elberse und Verleun (2012), S. 149 f. als auch Russell, Mahar und Drewniak (2005), S. 70 stellen bei ihren Untersuchungen ausschließlich auf eine Athletenstichprobe ab. Vgl. auch Schaaf (2010), S. 306 ff.

[631] Vgl. Ding, Molchanov und Stork (2011), S. 157; Stone, Joseph und Jones (2003), S. 94 ff.

Stichprobe vertretenen Testimonials sind Athleten, 16% Musiker und 7% Schauspieler.[632] Bei der Untersuchung des Spillovers erster Ordnung zeigen Bartz, Molchanov und Stork (2013) durch Berücksichtigung einer Athleten-Dummy-Variable, dass Testimonialskandale von Athleten sich nicht signifikant von vergleichbaren Ereignissen Prominenter anderer Berufsgruppen unterscheiden.[633]

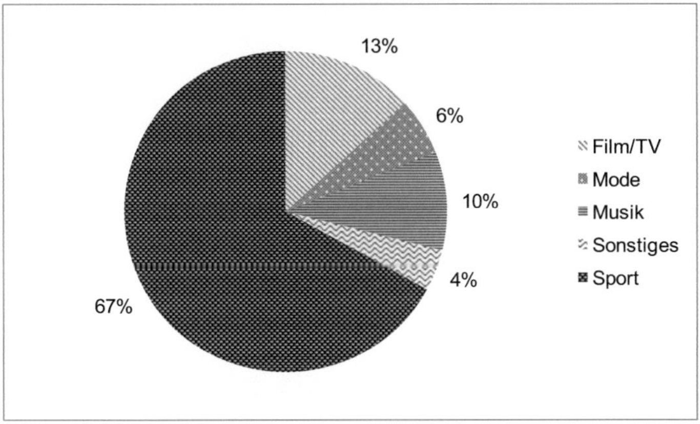

Abbildung 12: Zusammensetzung der Stichprobe nach professionellem Hintergrund des Testimonials
Quelle: Eigene Darstellung

Neben den überrepräsentierten Sporttestimonials weist die Struktur des im Rahmen dieser Arbeit verwendeten Datensatzes eine starke Unausgeglichenheit bezüglich des Geschlechts der in der Stichprobe repräsentierten bekannten Persönlichkeiten auf. So sind, wie in Abbildung 13 dargestellt, männliche Testimonials mit 80% der betrachteten Fälle viermal häufiger vertreten als weibliche Prominente (20%). Ob dies allein in der gesamthaft häufigeren Verwendung männlicher Testimonials begründet liegt[634] oder ob männliche Prominente zudem überdurchschnittlich häufig in Skandale verwickelt sind, kann nicht abschließend geklärt werden. Gemäß Bartz,

---

[632] Vgl. Louie, Kulik und Jacobson (2002), S. 17.
[633] Vgl. Bartz, Molchanov und Stork (2013), S. 137 f.
[634] Für den deutschen Werbemarkt siehe beispielhaft die Ergebnisse der von cpi CELEBRITY PERFORMANCE und XAD Services durchgeführten Studie "Die TV-Werbe-Ikonen 2014/2015", bei der die Top 10 der am häufigsten eingesetzten Testimonials fast ausschließlich durch Männer besetzt sind. Vgl. Mosblech und Steinrücke (2015), S. 5 f.

Molchanov und Stork (2013) übt das Geschlecht des Testimonials jedoch ohnehin keinen signifikanten Einfluss auf die finanzielle Performance eines Sponsors in Folge eines Testimonialskandals aus.[635]

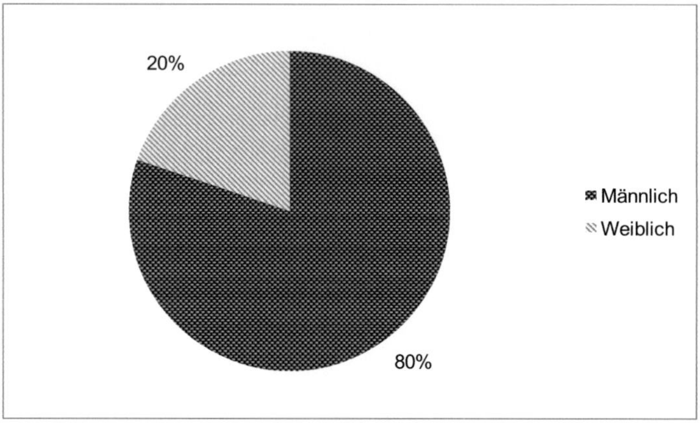

Abbildung 13: Zusammensetzung der Stichprobe nach Geschlecht der Testimonials
Quelle: Eigene Darstellung

Abbildung 14 zeigt die Verteilung der Stichprobe gemäß der Nationalität der Testimonials. Demzufolge stammen 61% der in der Untersuchung betrachteten bekannten Persönlichkeiten aus Nordamerika (hauptsächlich USA). Weitere 14% sind britischer Herkunft. Insgesamt sind damit drei Viertel aller im Rahmen dieser Arbeit analysierten Fälle dem anglo-amerikanischen Kulturraum zuzuordnen. Dies kann wiederum auf mehrere Faktoren zurückgeführt werden: Voraussetzung für die Berücksichtigung eines Sponsors ist die Verfügbarkeit von US-Wertpapierkursen zum Zeitpunkt des jeweiligen Skandals. Aufgrund dieser Einschränkung repräsentieren in den USA beheimatete Firmen den Großteil der Stichprobe. Vor dem Hintergrund, dass Firmen häufig auf nationale, den Konsumenten des Heimatmarktes bekannte Testimonials zurückgreifen, erklärt sich (in Teilen) der hohe Anteil US-amerikanischer Prominenter.[636] Hinzu kommt der Status der USA als global führender Nation in Sport und Unterhaltung. Mit der National Basketball Association (NBA), der National Football Lea-

[635] Vgl. Bartz, Molchanov und Stork (2013), S. 137 f.

[636] Die in Toncar, Reid und Anderson (2007), S. 260 geführte Diskussion nationaler vs. lokaler Testimonials lässt sich analog auf die Ebene internationaler vs. nationaler Testimonials übertragen.

gue (NFL) oder der National Hockey League (NHL) verfügen die USA über einige der bedeutendsten und international meist beachtesten Ligen bzw. Verbände der jeweiligen Sportart. Außerdem gelten die amerikanische Musik- als auch Filmindustrie (Hollywood) als international führend. Diesen Bereichen zuzuordnende Persönlichkeiten verfügen dank internationaler Popularität über eine hohe Reichweite und Strahlkraft und werden infolgedessen häufig als Testimonials eingesetzt. Daneben beeinflusst das schlagwortbasierte Verfahren zur Identifikation der einzelnen Testimonialskandale die Stichprobenauswahl. In Anlehnung an die bestehende Literatur wurden bei der Suche ausschließlich englische Schlagworte verwendet - wodurch auch die Vergleichbarkeit zu diesen für die vorliegende Arbeit grundlegenden Studien sichergestellt wird.[637]

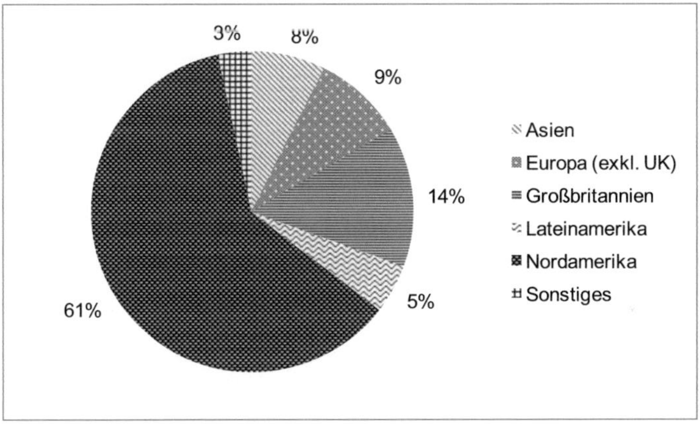

Abbildung 14: Zusammensetzung der Stichprobe nach Nationalität der Testimonials
Quelle: Eigene Darstellung

Dies führt zu einer stärkeren Gewichtung (lokaler) englischsprachiger Nachrichten- und Pressequellen, welche wiederum verstärkt über Testimonials des angelsächsischen Sprachraums berichten. Insgesamt ist der Einfluss der Schlagwortsuche auf die Zusammensetzung der Stichprobe jedoch als von vergleichsweise untergeordneter Bedeutung zu werten, da auch große internationale Nachrichten- und Pressequel-

[637] Vgl. Bartz, Molchanov und Stork (2013), S. 134; Louie, Kulik und Jacobsen (2001), S. 17; Russell, Mahar und Drewniak (2005), S. 70.

len in englischer Sprache erscheinen und englische Termini wie der Celebrity Endorser teilweise in den Sprachgebrauch anderer Nationen (z.B. die deutsche Sprache) übergegangen sind. Die Herkunftsländer der verbleibenden 25% der Testimonials verteilen sich auf Europa (9%), Asien (8%) und Lateinamerika (5%). Zudem stammen je zwei bekannte Persönlichkeiten aus Südafrika und Australien.

Neben der statistischen Beschreibung des Datensatzes in Bezug auf die Ereignisse selbst sowie bezüglich der für die Skandale verantwortlichen Testimonials, ist für die weiteren Untersuchungen vor allem die Zusammensetzung der Stichprobe auf Ebene der betroffenen Unternehmen von Relevanz. Dabei ist eine Unterscheidung zwischen den direkt von dem jeweiligen Skandal beeinflussten Sponsoren und den über den Spillovereffekt zweiter Ordnung mit diesen verbundenen Wettbewerbern vorzunehmen. Abbildung 15 verdeutlicht, mit welcher Ereignisanzahl die insgesamt 90 Sponsoren im Datensatz vertreten sind.

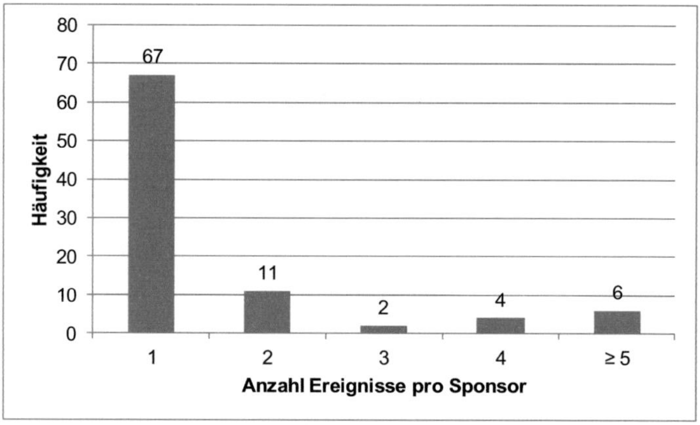

Abbildung 15: Verteilung der Ereignisse pro Sponsor
Quelle: Eigene Darstellung

Die überwiegende Mehrheit (67 Unternehmen) war - nach Bereinigung der Stichprobe - als Sponsor lediglich in einen Testimonialskandal involviert. Elf Unternehmen sind mit zwei Ereignissen vertreten. Lediglich sechs Sponsoren waren im Betrachtungszeitraum von fünf oder mehr Ereignissen direkt betroffen. Im Durchschnitt (Median) geht ein Sponsor mit 2,1 (1,0) Ereignissen in die Stichprobe ein.[638] Die Differenz zwischen Median und Mittelwert ist im Wesentlichen auf einige wenige Unternehmen zurückzuführen, die besonders häufig in einen Testimonialskandal involviert waren. Mit Abstand die meisten Beobachtungen entfallen dabei auf den Sportartikelhersteller Nike, welcher in 38 Fällen als Sponsor gelistet ist. Dieser Befund steht im Einklang mit bestehenden Forschungsarbeiten: Bartz, Molchanov und Stork (2013) verweisen auf die hohe Konzentration von Ereignissen mit Nike-Bezug in ihrem Datensatz mit der Feststellung "[...] endorsements of Nike products dominate the sample".[639] Auch Russell, Mahar und Drewniak (2005) nennen in 22 der insgesamt 33 Fälle ihrer Stichprobe negativer Ereignisse Nike als Sponsor.[640] Ebenfalls im Datensatz überdurchschnittlich häufig vertreten sind die beiden Getränkehersteller PepsiCo und Coca-Cola Company sowie der Konsumgüterhersteller Unilever, womit auch gleichzeitig der Branchenfokus der im Rahmen dieser Arbeit betrachteten Unternehmen insgesamt umschrieben ist (Sport- und Bekleidungswaren, Lebensmittel, Konsumgüter wie Haushaltswaren oder Körperpflegeprodukte).

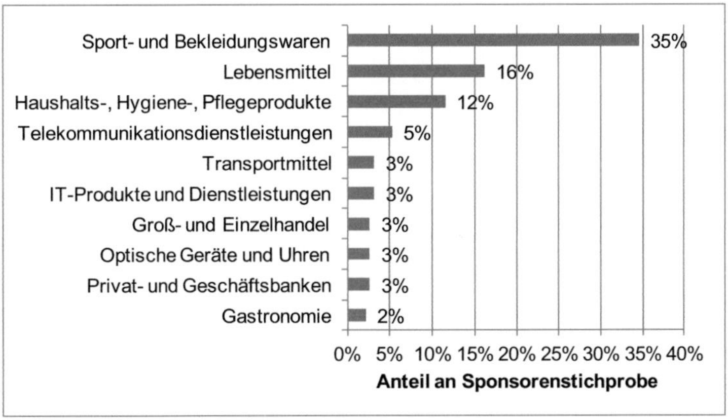

Abbildung 16: Verteilung der Sponsor nach Industrien
Quelle: Eigene Darstellung

[638] Vgl. Delattre (2007), S. 69.
Die Standardabweichung beträgt 4,3.
[639] Bartz, Molchanov und Stork (2013), S. 138.
[640] Vgl. Russell, Mahar und Drewniak (2005), S. 72.

Abbildung 16 zeigt die Anteile der zehn am häufigsten in der Sponsorenstichprobe vertretenen Industrien. Diese umfassen insgesamt 84% des Datensatzes. Basis der Darstellung bildet der zweistellige SIC-Code des jeweiligen Sponsorenunternehmens. Die Branchenaufteilung des im Rahmen dieser Arbeit verwendeten Datensatzes weist eine hohe Übereinstimmung mit einer repräsentativen Konsumentenbefragung bezüglich der Eignung von Sporttestimonials zur Bewerbung verschiedener Produktkategorien auf, bei der Sportartikel und Kleidung, Lebensmittel sowie Kosmetikartikel von den insgesamt 392 Befragten am häufigsten genannt wurden.[641] Der hier verwendete, sich auf Testimonialskandale beziehende Datensatz ist - in Bezug auf die Branchenstruktur - somit auch als repräsentativ für den Einsatz von Testimonials im Allgemeinen zu werten.

Wie Abbildung 17 verdeutlicht, liegt der Unternehmenssitz bzw. Heimatmarkt von über zwei Drittel der in der Stichprobe zur Analyse der Spillovereffekte enthaltenen Sponsoren in den USA.

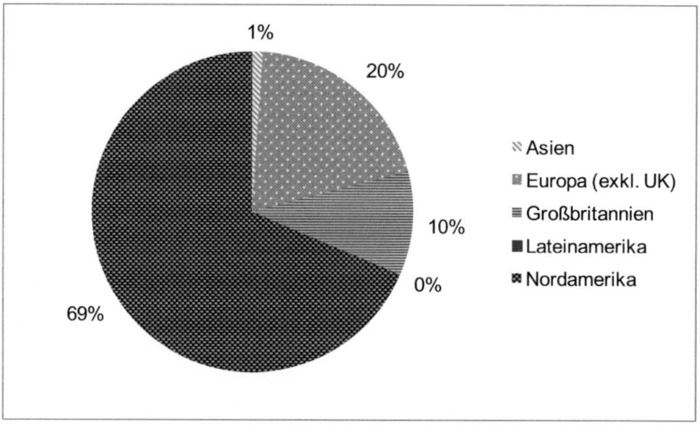

Abbildung 17: Zusammensetzung der Sponsoren nach Heimatmarkt
Quelle: Eigene Darstellung

Dies ist insbesondere der Erfordernis bezüglich der Verfügbarkeit von US-Wertpapierkursen zur Durchführung der Ereignisstudie geschuldet. Darüber hinaus verfügen die USA über eine starke Konsumgüterbranche, welche für den Einsatz von

641 Vgl. Heider und Nufer (2013), S. 9 f.

Testimonials im B2C-Geschäft prädestiniert ist.[642] Zusammen mit den Unternehmen aus Großbritannien repräsentieren europäische Sponsoren 30% der Stichprobe, u.a. zurückzuführen auf die starken Handelsverflechtungen zwischen Nordamerika und Europa und der dadurch bedingten örtlichen Präsenz der europäischen Firmen auf dem US-(Aktien)Markt.[643]

Die Zusammensetzung der Wettbewerberstichprobe gleicht konsequenterweise der des Sponsorenportfolios. In Abbildung 18 ist dargestellt, mit welcher Ereignisanzahl die insgesamt 207 verschiedenen, zu den Sponsoren in direkter Konkurrenz stehenden Unternehmen im Datensatz vertreten sind. Das Gros der Wettbewerber (114 Beobachtungen) ist lediglich durch ein Ereignis repräsentiert. Daneben gehen 35, 21 bzw. 13 Firmen als Wettbewerber bezüglich zwei, drei bzw. vier Testimonialskandalen in die Stichprobe ein. Für 24 Unternehmen konnte eine Verbindung zu fünf oder mehr Ereignissen hergestellt werden. Im Mittel (Median) ist ein Unternehmen als Wettbewerber in 2,9 (1,0) Testimonialskandalen im Datensatz vertreten.[644]

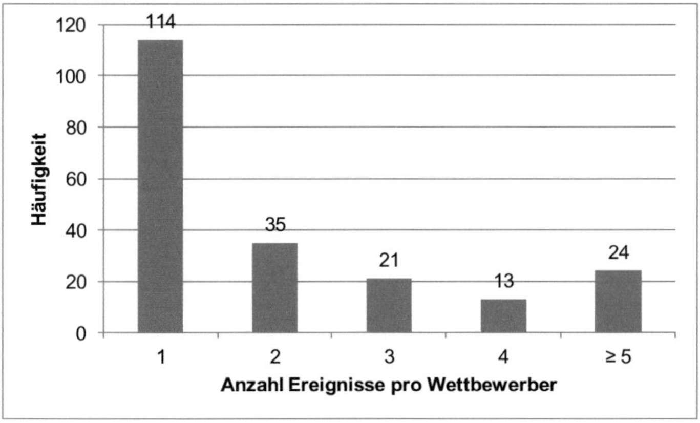

Abbildung 18: Verteilung der Ereignisse pro Wettbewerber
Quelle: Eigene Darstellung

[642] Vgl. Anteil US-Unternehmen in Top 50 der weltweit größten Konsumgüterproduzenten, OC&C (2016), S. 5.
[643] Vgl. Deutsch (2013), S. 5.
[644] Die Standardabweichung beträgt 4,4.

In der Gruppe der am häufigsten von einem Testimonialskandal betroffenene Wettbewerber sind wiederum Sportartikel- und Bekleidungshersteller (z.B. Under Armour und Adidas), Lebensmittelproduzenten (z.B. Nestlé und Dr Pepper Snapple Group) sowie Konsumgüterhersteller (z.B. Procter & Gamble und Avon Products) stark vertreten. Wie in Abbildung 19 dargestellt, vereinen diese Industrien - vergleichbar zu den Sponsoren - den Großteil der Wettbewerberstichprobe auf sich. Insgesamt umfassen die zehn am häufigsten in der Wettbewerberstichprobe vertretenen Industrien 85% des Datensatzes.[645]

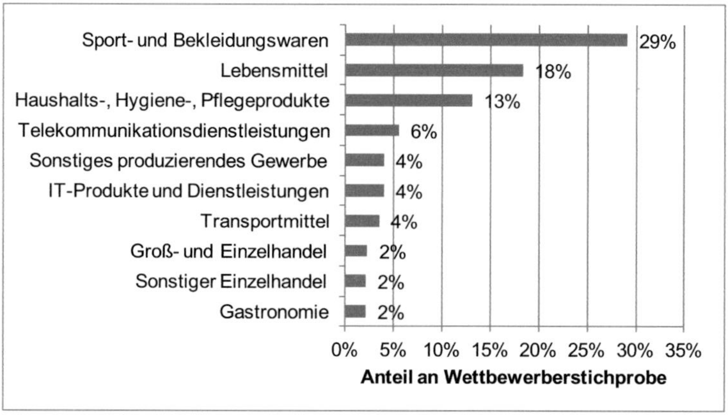

Abbildung 19: Verteilung der Wettbewerber nach Industrien
Quelle: Eigene Darstellung

Auch bezüglich des geografischen Fokus gleich die Zusammensetzung der Wettbewerber der der Sponsoren. Wie Abbildung 20 zeigt sind rund 70% der Wettbewerbsunternehmen in Nordamerika ansässig. Ursächlich hierfür ist abermals der dieser Arbeit zugrundeliegende Fokus auf den US-amerikanischen (Aktien)Markt. Unternehmen aus Europa stellen mit 23% wiederum den zweitgrößten Anteil. Der Anteil asiatischer Unternehmen (5%) liegt zu Lasten der britischen Wettbewerber leicht über dem Vergleichswert des Sponsorenportfolios.

[645] Unterschiede im Vergleich zur Sponsorenstichprobe (vgl. Abbildung 16) sind im Wesentlichen auf Differenzen in der Grundgesamtheit, d.h. Anzahl der pro Sponsor identifizierten Wettbewerber, sowie unterschiedlich stark ausfallende Effekte aus der vorgenommenen Bereinigung des Datensatzes, insbesondere der Analyse überlappender Ereignisse, zurückzuführen.

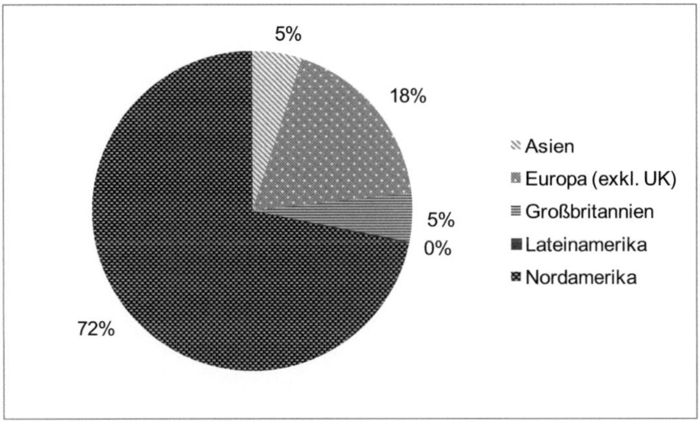

Abbildung 20: Zusammensetzung der Wettbewerber nach Heimatmarkt
Quelle: Eigene Darstellung

5.3.2 Deskriptive Statistik der Variablen des Regressionsmodells

Neben der allgemeinen Beschreibung der Untersuchungsstichprobe sind für die weiteren Analysen auch die deskriptiven Statistiken der im Regressionsmodell zur Erklärung des Spillovers eingesetzten Hypothesen- und Kontrollvariablen von Interesse. In Tabelle 12 werden die Charakteristika der im Regressionsmodell verwendeten Variablen anhand des Mittelwertes, Medianes, der Standardabweichung sowie der minimalen und maximalen Ausprägung beschrieben.

Der negative Mittelwert und Median der Variable Performance des Sponsors deutet - wie in Kapitel 5.4.1 ausführlich erläutert - auf einen negativen Spillover erster Ordnung hin. Die sich dabei für das achttägige Ereignisfenster ergebende Bandbreite abnormaler Renditen von -13,23% bis +8,25% weist eine gute Vergleichbarkeit zu den Resultaten von Hock und Raithel (2014) auf, welche für ein zwei- [0;+1] bzw. 14-tägiges [+2;+15] Ereignisfenster Bandbreiten von -7,43% bis +2,96% bzw. -20,28% bis 10,84% erhalten.[646]

---

[646] Vgl. Hock und Raithel (2014), S. 43 (Tabelle 4).

Variable	Mittelwert	Median	Std. Abw.	Min.	Max.
Hypothesenvariablen					
Performance des Sponsors	-0,01	-0,01	0,03	-0,13	0,08
Marktkonzentration	0,47	0,44	0,33	0,04	1,00
Testimonial- und ereignisbezogene Kontrollvariablen					
Bekanntheitsgrad des Testimonials	0,43	0,00	0,50	0,00	1,00
Firmenreputation (relativ)	1,06	1,03	0,17	0,44	1,62
Fit zwischen Testimonial und Sponsor	5,21	5,00	1,54	1,67	7,00
Mediale Aufmerksamkeit	4,91	2,05	8,07	0,01	40,45
Schwere des Vergehens	4,66	4,67	1,56	1,00	7,00
Testimonialintensität der Wettbewerber	0,64	1,00	0,48	0,00	1,00
Unternehmensbezogene Kontrollvariablen					
Firmengröße (relativ)	11,81	1,86	50,72	0,01	703,85
Kurs-Buchwert-Verhältnis	0,50	0,50	0,50	0,00	1,00
Profitabilität	0,09	0,08	0,06	-0,15	0,58
Risiko	0,91	0,88	0,43	-0,02	4,00
Überschüssige Ressourcen	0,18	0,16	0,22	-0,82	0,74
Verschuldungsgrad	0,17	0,14	0,20	0,00	2,88
Wachstumsrate	0,13	0,07	0,22	-0,16	2,05
Kontextbezogene Kontrollvariablen					
Geografische Nähe	0,72	1,00	0,45	0,00	1,00
Skandalerfahrung Industrie	0,68	1,00	0,47	0,00	1,00

Hinweis: Darstellung auf Basis untransformierter Daten und ohne Berücksichtigung von Clustereffekten

Tabelle 12: Deskriptive Statistik Modellvariablen
Quelle: Eigene Darstellung

Die Berechnungsweise des HHI gestattet Indexwerte zwischen 0 und 1, was auch der Bandbreite der hier zur Abbildung der Marktkonzentration realisierten Werte entspricht. Mittelwert (0,47) und Median (0,44) liegen geringfügig unterhalb der rechnerischen Mitte von 0,50. Die zum Teil über dem Niveau der in Kapitel 2.4.2 benannten Spilloverliteratur liegende Marktkonzentration ist zurückzuführen auf im Datensatz überdurchschnittlich stark repräsentierte Industrien mit vergleichsweise wenigen, dominanten Marktteilnehmern und einer dementsprechend hohen Marktkonzentration - insbesondere die Industrien der Sportartikel- (Nike und Adidas) und Getränkehersteller (PepsiCo und Coca-Cola Company).[647]

Mittelwert (0,43) und Median (0,00) der Variable Bekanntheitsgrad des Testimonials lassen erkennen, dass die Popularität der Mehrheit der betrachteten Testimonials nicht ausreicht, um in die "Forbes Celebrity 100" Liste aufgenommen zu werden, das

Auch die Standardabweichung liegt mit 3,09% zwischen den Vergleichswerten von 1,90% [0;+1] und 5,37% [+2;+15].

647 Vgl. hierzu auch Alegria, Kaczanowska und Setar (2012); United States Cencus Bureau (2017).

Ranking jedoch breit genug ist, um eine für die Zwecke der vorliegenden Arbeit aussagekräftige Differenzierung der Testimonials nach deren Bekanntheitsstatus zu gewährleisten. Der im Mittel (1,06) und Median (1,03) nur geringfügig über 1,00 liegende Wert der Variable relative Firmenreputation deutet auf ein im Durchschnitt des Datensatzes ausgeglichenes Reputationsverhältnis zwischen Sponsor und Wettbewerber hin. Die dabei realisierte Bandbreite von 0,44 bis 1,62 lässt jedoch erkennen, dass bei Betrachtung der einzelnen Ereignisse zwischen den jeweiligen Firmen durchaus signifikante Unterschiede in Bezug auf das Niveau der Firmenreputation vorliegen können. Das Bewertungsergebnis der Kodierer (Mittelwert von 5,21 und Median von 5,00) bezüglich des auf einer Skala von eins bis sieben bemessene Fit zwischen Testimonial und Sponsor deutet in dieselbe Richtung wie die hierzu vergleichbaren Messwerte der Studie von Hock und Raithel (2014). In beiden Arbeiten wird der wahrgenommene Fit überdurchschnittlich gut, d.h. über dem Skalenmittelwert liegend, beurteilt.[648] Sowohl die Bandbreite zwischen Minimum (0,01) und Maximum (40,05) als auch die Differenz zwischen Mittelwert (4,91) und Median (2,05) der Variable mediale Aufmerksamkeit lassen erkennen, dass zwischen den einzelnen Ereignissen starke Unterschiede in Bezug auf das Ausmaß der Berichterstattung in den Medien bestehen. Dies kann auf mehrere mögliche Ursachen, beispielsweise die Popularität des Testimonials oder die Skandalträchtigkeit des individuellen Ereignisses zurückgeführt werden. Vergleichbar hierzu weist in der Untersuchung von Doukas et al. (2016) die Variable Media Coverage, welche die Anzahl der Pressemeldungen zu einer die Einführung eines neuen Produktes bekanntgebenden Firma misst, eine Bandbreite von 1,00 bis 49,00 auf, wobei der Median bei 2,00 liegt.[649] Bei der von Kodierern durchgeführten Bewertung der Schwere des Vergehens ergibt sich ein zur ebenfalls auf eine 7-Punkt-Skala zurückgreifenden Studie von Hock und Raithel (2014) kongruentes Bild. In beiden Arbeiten wird die wahrgenommene Schwere des Vergehens bzw. der Schuld überdurchschnittlich hoch, d.h. über dem Skalenmittelwert liegend, beurteilt. So liegt der Median des Bewertungsergebnisses der hier

[648] Vgl. Hock und Raithel (2014), S. 43 (Tabelle 4).
Auf einer Skala von 0 bis 100 liegt in der Studie von Hock und Raithel (2014) der Median der Bewertungsergebnisse bei 62,34 - bei einer Standardabweichung von 28,48.

[649] Vgl. Doukas et al. (2016), S. 406.

vorliegenden Arbeit bei 4,67 (Standardabweichung 1,56), während sich in der Arbeit von Hock und Raithel (2014) ein dazu vergleichbarer Wert von 5,30 (Standardabweichung 1,08) ergibt.[650] Mittelwert (0,64) und Median (1,00) der Variable Testimonialintensität der Wettbewerber zeigen, dass im hier vorliegenden Datensatz die Wettbewerber des von einem Testimonialskandal betroffenen Sponsors überdurchschnittlich häufig selbst Testimonials im Rahmen ihrer Marketingkommunikationsstrategie einsetzen. Eine mögliche Begründung hierfür liegt in der Branchenstruktur der Untersuchungsstichprobe, wonach die Hersteller von Sport- und Bekleidungswaren, welche im Allgemeinen einen guten Fit zur prozentual größten Gruppe der Sporttestimonials aufweisen (vgl. Abbildung 12), überdurchschnittlich stark repräsentiert sind. Dem entsprechend sind in der Fallstudie von Knittel und Stango (2014) die Wettbewerber des Sportartikelherstellers Nike im Vergleich zur Gesamtstichprobe überdurchschnittlich häufig als testimonialintensiv klassifiziert.[651]

Die statistischen Kennzahlen der relativ bemessenen Variable Firmengröße zeigen, dass die im Rahmen dieser Arbeit betrachteten Sponsoren im Durchschnitt größer sind als die von einem potenziellen Spillover betroffenen Wettbewerber. Die sich dabei ergebende große Differenz zwischen Mittelwert (11,81) und Median (1,86) bei einer Standardabweichung von 50,72 findet sich in vergleichbaren Studien der Spilloverliteratur wieder. So berichten Chen et al. (2007) für die Variable Relative Size einen Mittelwert von 150,29 bei einem Median von 7,32 und einer Standardabweichung von 359,28.[652] Das als binäre Variable unter Anwendung eines Mediansplits abgeleitete Kurs-Buchwert-Verhältnis weist die zu erwartenden Charakteristika (Mittelwert und Median von 0,50) auf. Die über den Return on Assets definierte durchschnittliche Profitabilität der im Datensatz enthaltenen Firmen liegt bei rund acht Prozent (Mittelwert 8,54% und Median 7,89%) und damit auf einem zu anderen Arbeiten wie beispielsweise der Studie von Hadlock und Sonti (2012), welche einen Mittelwert von 9,30% und einen Median von 6,90% berichten, vergleichbaren Niveau.[653] Mittelwert (0,91) und Median (0,88) des das Investitionsrisiko abbildenden Beta-Koeffizienten liegen nahe aber unterhalb des Wertes 1,00, womit die Stichprobenun-

[650] Vgl. Hock und Raithel (2014), S. 43 (Tabelle 4).
[651] Vgl. Knittel und Stango (2014), S. 35 f.
[652] Vgl. Chen at al. (2007), S. 430.
[653] Vgl. Hadlock und Sonti (2012), S. 191.

ternehmen ein tendenziell unter dem Marktdurchschnitt liegendes systematisches Risiko aufweisen.[654] Bei den Variablen Überschüssige Ressourcen und Verschuldungsgrad liegen Mittelwert und Median nahe beieinander, was auf eine im Durchschnitt vergleichsweise homogene Finanzstruktur der betrachteten Firmen hindeutet. Beim Vergleich des Verschuldungsgrades mit der Literatur ist zu beachten, dass die hier gewählte Definition des Verschuldungsgrades ausschließlich die langfristigen Finanzverbindlichkeiten mit einbezieht, während andere Studien teilweise auch kurzfristige Verbindlichkeiten berücksichtigen. Darauf zurückzuführen liegen beispielsweise die von Hadlock und Sonti (2012) ausgewiesenen Werte mit 0,37 (Mittelwert) bzw. 0,38 (Median) deutlich über den sich auf Basis des vorliegend betrachteten Datensatzes ergebenden Durchschnittswerten (Mittelwert von 0,17 und Median von 0,14).[655] Die Wachstumsraten der einzelnen Firmen ergeben erwartungsgemäß ein heterogenes Bild. So liegt zwischen der im Datensatz erzielten minimalen und maximalen jährlichen Wachstumsrate ein Delta von rund 220 Prozentpunkten. Ursächlich hierfür sind neben der individuellen Leistung der einzelnen Firmen insbesondere Unterschiede in Bezug auf den jeweils erreichen Lebenszyklusabschnitt sowie die Auswirkungen des jeweiligen konjunkturellen Umfeldes. Die sich für die Gesamtheit der Stichprobe ergebende durchschnittliche Wachstumsrate von 12,91% liegt - unter Berücksichtigung der die direkte Vergleichbarkeit einschränkenden stichprobenindividuellen Rahmenbedingungen - auf einem zur Literatur annähernd vergleichbaren Niveau.[656]

Die statistischen Ausprägungen der Variabel Geografische Nähe spiegelt die Struktur des auf den US-Markt ausgerichteten Datensatzes wider. Wie in Abbildung 17 und Abbildung 20 dargestellt, sind rund 70 Prozent der Sponsoren und Wettbewerber in den USA beheimatet. Kongruent hierzu liegt der Mittelwert der binären Variable Geografische Nähe bei 0,72 und zeigt, dass bezüglich des Heimatmarktes eine starke Überschneidung zwischen Sponsoren und Wettbewerbern besteht. Bezüglich der

[654] Vgl. Groth (2006), S. 227; Armitage (1995), S. 45.
Vergleichbar hierzu liegen Mittelwert, Median und Standardabweichung des Beta-Koeffizienten in der Arbeit von Groth (2006) bei 0,89, 0,91 und 0,33.

[655] Vgl. Hadlock und Sonti (2012), S. 191.

[656] Vgl. beispielhaft Gaur, Malhotra und Zhu (2013), S. 225.

Skandalerfahrung der Industrie deuten Mittelwert (0,68) und Median (1,00) darauf hin, dass der Mehrzahl der betrachteten Fälle bereits ein ähnliches Ereignis innerhalb derselben Industrie vorausging. Die hierzu vergleichbar Variable Industry under SEC Investigation aus der Untersuchung von Kang (2008) weist mit einem Mittelwert von 0,82 bei einer Standardabweichung von 0,39 eine ähnliche Ausprägung auf.[657]

Insgesamt lassen sich auf Basis der hier durchgeführten deskriptiv statistischen Aufbereitung der Untersuchungsstichprobe sowie der zur Erklärung des Spillovers im Regressionsmodell eingesetzten Hypothesen- und Kontrollvariablen, insbesondere auch im Vergleich zur bestehenden Testimonial- und Spilloverliteratur, keine Unplausibilitäten erkennen. Vielmehr zeigt die Auswertung, dass der hier verwendete Datensatz für die Durchführung der Ereignisstudie zur Identifikation eines potenziellen Spillovers in Folge von Testimonialskandalen sowie die darauf aufbauende Regressionsanalyse zur Identifikation der Spilloverdeterminanten gut geeignet ist.

5.4 Ergebnisse der Ereignisstudie bezüglich des Haupteffekts

5.4.1 Ergebnisse auf Ebene der Sponsoren

Nachfolgend sind die Ergebnisse der Ereignisstudie zur Untersuchung des Haupteffekts dargestellt. Primäres Forschungsziel der vorliegenden Arbeit ist es herauszufinden, inwiefern die direkten Wettbewerber eines durch einen Testimonialskandal betroffenen Sponsors von dem jeweiligen Ereignis beeinflusst werden. Um zu überprüfen, ob der generierte Ereignisdatensatz eine geeignete Grundlage für die Analyse von Spillovereffekten darstellt, wird - analog zur bestehenden Spilloverliteratur - zunächst der Einfluss der Ereignisse auf die Sponsorenstichprobe analysiert.[658] Dazu werden die sich für die Sponsoren ergebenden abnormalen Renditen innerhalb des Ereigniszeitraums berechnet und mit den Ergebnissen bisheriger Forschungsarbeiten zum Spillovereffekt erster Ordnung verglichen. Tabelle 13 fasst die Ergebnisse der Ereignisstudie auf Ebene der Sponsoren sowohl für die einzelnen Tage innerhalb des Betrachtungszeitraums als auch in kumulierter Form für verschiedene Zeiträume innerhalb des Ereignisfensters zusammen. Erwartungsgemäß ergibt sich für den Er-

[657] Vgl. Kang (2008), S. 548.
[658] Vgl. Barnett und King (2008), S. 1158; Diestre und Rajagopalan (2014), S. 1142.

eignistag t_0 sowie den darauf folgenden Tag t_1 eine signifikante ($p < 0,01$) negative durchschnittliche abnormale Rendite von -0,32% bzw. -0,38%. Darüber hinaus weist kein weiterer Tag innerhalb des achttägigen Ereignisfensters eine auf konventionellem Niveau signifikante ($p < 0,10$) abnormale Rendite auf, was für eine schnelle Anpassung der Aktienkurse an die durch den Testimonialskandal veränderten Bewertungsparameter (prognostizierter Cashflow, Risikofaktor) spricht und als ein Beleg für die Gültigkeit der Effizienzmarkthypothese interpretiert werden kann.[659] Da die durchschnittlichen abnormalen Renditen in den Tagen nach Eintritt des Skandals zwar nicht auf Tagesbasis signifikant, aber durchweg negativ sind, ergeben sich für mehrere Betrachtungszeiträume signifikante ($p < 0,01$) negative kumulierte durchschnittliche abnormale Renditen. Hierzu zählen der kurzfristige CAAR [0;+1] mit -0,70% sowie der das gesamte achttägige Ereignisfenster umfassende CAAR [-2;+5] mit -1,16%.

Ereignistag/ -periode	Durchschnittliche abnormale Rendite	Beobachtungen Pos:Neg	Adj.StdC Sect Z[1]	Generalized Rank T
-2	-0,14%	86:107	-1,19	-1,32
-1	0,06%	87:106	-0,23	-0,31
0	-0,32%	81:112	-2,78***	-2,82***
1	-0,38%	72:121	-4,03***	-4,26***
2	-0,13%	87:106	-1,22	-1,51
3	-0,12%	90:103	-1,57	-1,14
4	-0,04%	81:112	-1,59	-2,13**
5	-0,09%	88:105	-0,83	-1,12
[0;+1]	-0,70%	73:120	-3,92***	-4,57***
[0;+2]	-0,83%	59:134	-4,03***	-5,57***
[-2;+2]	-0,91%	70:123	-3,89***	-4,67***
[-2;+5]	-1,16%	70:123	-5,40***	-5,61***

[1] Adjusted Standardized Cross-Sectional Z

*** p < 0,01, ** p < 0,05, * p < 0,10

Tabelle 13: Ergebnisse Ereignisstudie Sponsoren
Quelle: Eigene Darstellung

[659] Vgl. Gielens et al. (2008), S. 525; Tipton, Bharadwaj und Robertson (2009), S. 235.

Die im Rahmen der Ereignisstudie auf Sponsorenebene ermittelten Ergebnisse fügen sich gut in die Resultate der bestehenden Studien ein. So weisen Bartz, Molchanov und Stork (2013) negative abnormale Renditen am Ereignistag von -0,29% und am Folgetag von -0,24% aus.[660] Und auch der von Russell, Mahar und Drewniak (2005) ermittelte marktadjustierte CAAR [-2;+5] von -1,25% liegt nahe an dem sich im Rahmen dieser Arbeit für den entsprechenden Zeitraum ergebenden Vergleichswert.[661] Einen grafisch aufbereiteten Vergleich der Ergebnisse dieser Arbeit zu den Resultaten aller bisher publizierten Forschungsarbeiten zeigen die folgenden beiden Abbildungen. In Abbildung 21 sind die durchschnittlichen abnormalen Renditen der Sponsoren auf Tagesbasis dargestellt.

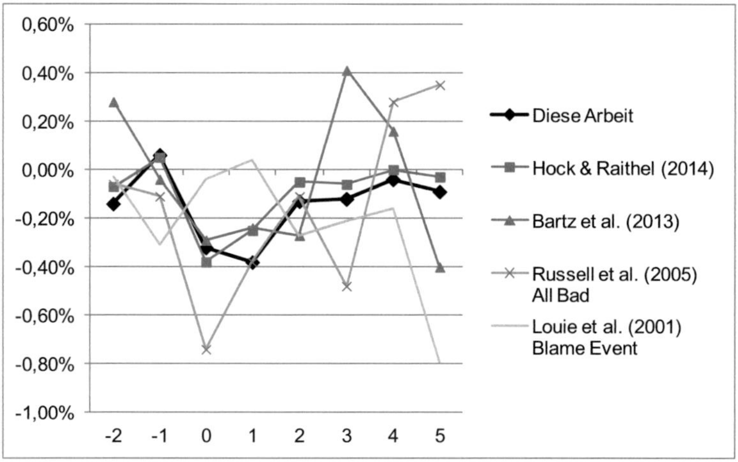

Abbildung 21: Vergleich Ergebnisse Sponsoren auf Basis täglicher abnormaler Renditen
Quelle: Eigene Darstellung[662]

[660] Vgl. Bartz, Molchanov und Stork (2013), S. 137.

[661] Vgl. Russell, Mahar und Drewniak (2005), S. 76.

[662] Datengrundlage vgl. Bartz, Molchanov und Stork (2013), S. 137; Russell, Mahar und Drewniak (2005), S. 76; Louie, Kulik und Jacobsen (2001); S. 19; Hock und Raithel (2014), S. 42 (Tabelle 3). Louie, Kulik und Jacobsen (2001) zeigen die ereignisinduzierte abnormale Rendite in Abhängigkeit von der auf einer Skala von eins bis acht bewerteten Schuldhaftigkeit des Testimonials. In Abstimmung mit dem Autor Robert Jacobson (per E-Mail am 23./24. März 2016) wurden die hier gezeigten Werte durch Einsetzen eines Schuldfaktors von acht in die auf Seite 19 des Artikels enthaltene Datentabelle berechnet. Vergleichbar zur vorliegenden Arbeit beziehen sich die Ergebnisse somit auf negative Ereignisse, bei denen das Handeln des Testimonials als schuldhaft zu bewerten ist.

Die Kurvenverläufe demonstrieren, dass die Ergebnisse dieser Arbeit sich in der Mitte der Resultate der früheren Vergleichsstudien bewegen. Auffällig ist insbesondere der beinahe parallele Kurvenverlauf zu den Ergebnissen der Studie von Hock und Raithel (2014), welche gegenüber der hier vorliegenden Arbeit in Bezug auf die Definition des Ereignisses und den Betrachtungszeitraum die beste Vergleichbarkeit aufweist.

Einen über das achttägige Ereignisfenster aufsummierten Vergleich der durchschnittlichen abnormalen Renditen bietet Abbildung 22. Allen Studien gemein ist der über den Betrachtungszeitraum gesamthaft fallende Kurvenverlauf - wobei die Arbeiten von Bartz et al. (2013) und Russell et al. (2005) vereinzelte Gegenbewegungen erkennen lassen. Auch hier bilden die Resultate dieser Arbeit die Mitte aller fünf verglichenen Studien ab und bestätigen somit die Validität der durch die frühere Forschung erzielten Ergebnisse.

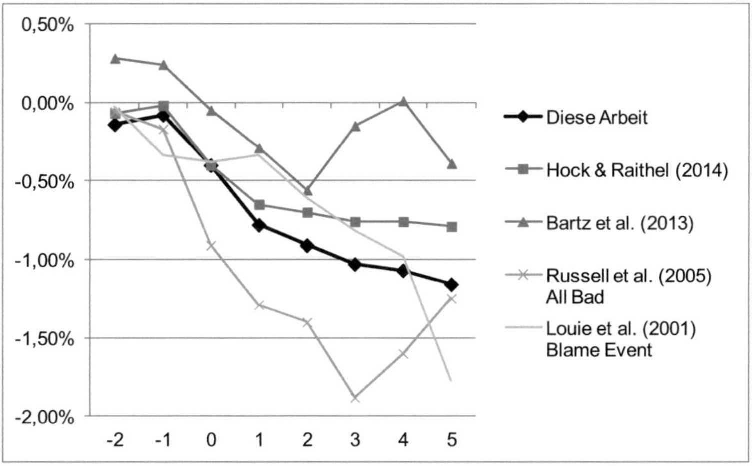

Abbildung 22: Vergleich Ergebnisse Sponsoren auf Basis kumulierter abnormaler Renditen
Quelle: Eigene Darstellung[663]

[663] Datengrundlage vgl. Bartz, Molchanov und Stork (2013), S. 137; Russell, Mahar und Drewniak (2005), S. 76; Louie, Kulik und Jacobsen (2001); S. 19; Hock und Raithel (2014), S. 42 (Tabelle 3).

Als zusätzlicher Vergleichsmaßstab kann der im Rahmen von marketingbezogenen Ereignisstudien zur Analyse eines positiven Ereignisses ermittelte Durchschnittswert abnormaler Renditen des kurzfristigen Bereichs in Höhe von 0,42% herangezogen werden.[664] Betrachtet man diesen Durchschnittswert vor dem Hintergrund, dass Konsumenten im Allgemeinen dem negativen Verhalten eines Testimonials größere Aufmerksamkeit schenken als vergleichbaren positiven Nachrichten[665] und zudem die Bewertung eines Unternehmens besonders sensitiv auf negative Informationen reagiert[666], erscheint die Vergleichbarkeit zum kurzfristigen, im Rahmen dieser Arbeit ermittelten CAAR [0;+1] von -0,70% als gegeben. Insgesamt kann auf Basis der vorgenommenen Analysen geschlussfolgert werden, dass der generierte Datensatz (Ereignisse und zugehörige Sponsoren) als Grundlage für die Analyse des Spillovers zweiter Ordnung, dem Hauptfokus der vorliegenden Arbeit, geeignet ist.

5.4.2 Ergebnisse auf Ebene der Wettbewerber

Nachfolgend dargestellt sind die Ergebnisse der Ereignisstudie auf Ebene der Wettbewerber zur Analyse von Spillovereffekten zweiter Ordnung in Folge von Testimonialskandalen. Wie Tabelle 14 zeigt reagieren die Wertpapiere der direkten Wettbewerber im Durchschnitt mit einem signifikanten ($p < 0,05$) abnormalen Kursabschlag von -0,10% am Tag des jeweiligen Ereignisses sowie einem weiteren Kursverlust von -0,12% am darauffolgenden Tag. Zusätzlich weist Tag vier nach Eintritt des Ereignisses eine signifikante negative abnormale Rendite in Höhe von -0,12% auf. Aufbauend darauf ergibt sich ein signifikanter ($p < 0,01$) kumulativer negativer Spillovereffekt für das kurzfristige zweitägige [0;+1] sowie das längerfristige achttägige [-2;+5] Ereignisfenster, ausgedrückt durch einen CAAR von -0,22% bzw. -0,38%.

Die Ergebnisse der Spilloveranalyse sind in Abbildung 23 in einer zur Auswertung der Ergebnisse des Sponsorenportfolios vergleichbaren Weise nochmals grafisch aufbereitet dargestellt.

---

[664] Vgl. Tipton, Bharadwaj und Robertson (2009), S. 235.
[665] Vgl. Money, Shimp und Sakano (2006), S. 114; Fong und Wyer (2012), S. 886.
[666] Vgl. Chen, Liu und Zhang (2012), S. 126.

Ereignistag/ -periode	Durchschnittliche abnormale Rendite	Beobachtungen Pos:Neg	Adj.StdC Sect Z[1]	Generalized Rank T
-2	0,01%	301:293	0,08	0,10
-1	0,07%	296:298	0,67	0,25
0	-0,10%	283:311	-2,01**	-1,67*
1	-0,12%	268:326	-2,41**	-2,00**
2	-0,03%	299:295	0,42	0,12
3	-0,04%	284:310	-1,52	-0,76
4	-0,12%	271:323	-2,44**	-2,02**
5	-0,05%	290:304	-1,54	-0,99
[0;+1]	-0,22%	273:321	-2,58***	-2,23**
[0;+2]	-0,24%	276:318	-1,55	-1,71*
[-2;+2]	-0,17%	290:304	-0,98	-1,08
[-2;+5]	-0,38%	264:330	-3,16***	-2,61***

[1] Adjusted Standardized Cross-Sectional Z
*** p < 0,01, ** p < 0,05, * p < 0,10

Tabelle 14: Ergebnisse Ereignisstudie Wettbewerber
Quelle: Eigene Darstellung

Der auf der linken Vertikalachse abgetragenen Verlauf der täglichen durchschnittlichen abnormalen Renditen (AAR-Kurve) verdeutlicht, dass mit dem Eintreten des Ereignisses (t_0) die in den Tagen zuvor positiven abnormalen Renditen zunächst deutlich ins Negative drehen und auch in den nachfolgenden Tagen des Betrachtungszeitraums keine Gegenbewegung in Form von positiven abnormalen Renditen erkennen lassen. Es findet demzufolge keine Korrektur einer etwaigen anfänglichen Überreaktion oder Fehleinschätzung der Auswirkungen auf die Wettbewerber statt. Dies wird grafisch bestätigt durch den Verlauf der auf der rechten Vertikalachse abgetragenen kumulierten durchschnittlichen abnormalen Renditen (CAAR-Kurve). Der abgebildete Kurvenverlauf weist mit Eintritt des Ereignisses stetig nach unten, verläuft von da an unterhalb der 0%-Linie und gibt somit Hinweis auf einen im Durchschnitt aller betrachteten Testimonialskandale vorherrschenden negativen Spilloveeffekt. Auf Basis der signifikant negativen abnormalen Renditen am und nach dem Ereignistag sowie der über das gesamte Ereignisfenster kumulierten negativen abnormalen Rendite kann Hypothese 1, welche einen negativen Spillover auf die direkten Wettbewerber prognostiziert, bestätigt werden.

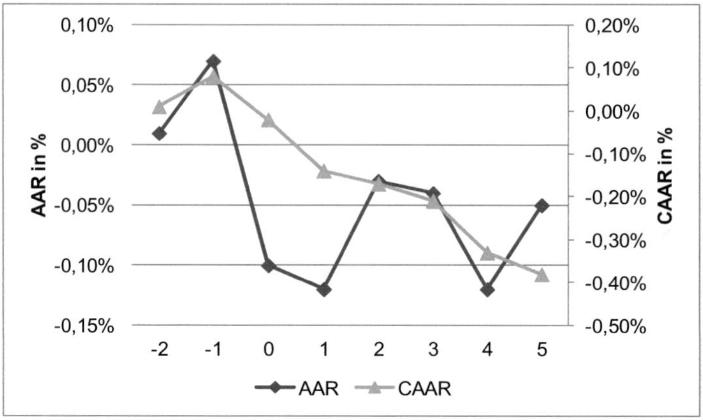

Abbildung 23: (Kumulierte) durchschnittliche abnormale Renditen Wettbewerber im Zeitablauf
Quelle: Eigene Darstellung

Wie auf Basis der Ergebnisse bisheriger Spilloverstudien zu erwarten weist der Spillover zweiter Ordnung auf die Wettbewerber eine verglichen mit den Auswirkungen auf die Sponsoren geringere Effektstärke und Signifikanz auf.[667] Jedoch ist eine direkte externe Validierung der im Rahmen dieser Arbeit erzielten Ergebnisse, vergleichbar zu der für die Sponsorenstichprobe durchgeführten, in Ermangelung einer inhaltsgleichen Studie zu Spillovereffekten in Folge von Testimonialskandalen nicht möglich. Hilfsweise werden daher die hier ermittelten Resultate anhand der Ergebnisse der in Kapitel 2.4.2 vorgestellten Studien zu Spillovereffekten im Zusammenhang mit Reputationskrisen reflektiert. Tabelle 15 fasst die im Rahmen dieser bisheriger Forschungsarbeiten erzielten Resultate auszugsweise zusammen. Beispielsweise messen Barnett und King (2008) bei der Untersuchung von Betriebsunfällen in der Chemieindustrie einen negativen Spillovereffekt auf die Wettbewerber in Form einer signifikanten durchschnittlichen abnormalen Rendite am Ereignistag von -0,15%.[668] In vergleichbarer Weise analysieren Gande und Lewis (2009) die sich in Folge der Einreichung einer Sammelklage für die Wettbewerber der betroffenen Firma ergebenden Finanzmarktimplikationen und stellen innerhalb eines dreitägigen Ereignisfensters [-1;+1] eine negative kumulierte durchschnittliche abnormale Rendi-

[667] Vgl. Barnett und King (2008), S. 1160.
[668] Vgl. Barnett und King (2008), S. 1160.

te von -0,32% fest.[669] Insgesamt zeigt die Auswertung, dass die sich in Folge von Testimonialskandalen ergebenden abnormalen Renditen der Wettbewerber innerhalb der Bandbreite dieser Vergleichsstudien liegen. Zudem bestätigen weitere, nicht dem Bereich Reputationskrisen zuzuordnende Spilloverstudien die Validität der im Rahmen dieser Arbeit erzielten Ergebnisse bezüglich Effektstärke und Signifikanz. Zum Beispiel analysieren Chen, Ho and Ik (2005) Spillovereffekte im Zusammenhang mit der Einführung neuer Produkte. Für das Portfolio der Wettbewerbsunternehmen resultiert ein entsprechendes Ereignis im Durchschnitt in einer signifikanten negativen abnormalen Rendite am Ereignistag von -0,07% sowie einer den Vortag mit einschließenden kumulativen abnormalen Rendite in Höhe von -0,12%.[670]

Art des Ereignisses	Abnormale Rendite Wettbewerber	Quelle
Betriebsunfälle in der Chemieindustrie	AAR [0] = -0,15%, sign.	Barnett und King (2008), S. 1160
Betriebsunfälle mit giftigen Chemikalien	CAAR [0;+4] = -0,44%, n.a.	Diestre und Rajagopalan (2014), S. 1144
Flugzeugunglücke	CAAR [0;+2] = -0,48%, p < 0,01	Bosch, Eckard und Singal (1998), S. 511
Rechnungslegungsbetrug	AAR [0] = -0,67%, p < 0,001 CAAR [-1;0] = -1,03%, p < 0,001	Kang (2008), S. 549
Rechnungslegungsbetrug	AAR [0] = -0,23%, n.a. CAAR [-1;+1] = -0,54%, n.a.	Goldman, Peyer und Stefanescu (2012), S. 926
Unternehmensskandale	CAAR [-2;+2] = -0,63%, p < 0,01	Yu, Zhang und Zheng (2015), S.60
Rechtsstreitigkeiten	CAAR [-1;+1] = -0,32%, p < 0,05	Gande und Lewis (2009), S. 832
Rechtsstreitigkeiten	AAR [0] = -1,14%, p < 0,05	Hadlock und Sonti (2012), S. 193

Tabelle 15: Validierung Ergebnisse Spillovereffekt
Quelle: Eigene Darstellung

5.4.3 Analyse der Robustheit der Ergebnisse

Neben der externen Validierung durch einen Vergleich mit den Resultaten bisheriger Studien kann die Validität der Ergebnisse dieser Arbeit durch das Variieren der Pa-

[669] Vgl. Gande und Lewis (2009), S. 832.
[670] Vgl. Chen, Ho und Ik (2005), S. 986.

rameter der Ereignisstudienmethodik überprüft werden. Dadurch kann gezeigt werden, dass die Gültigkeit der aus den Ergebnissen der Ereignisstudie abgeleiteten Aussagen zum Vorliegen eines Spillovereffekts nicht von der Wahl der Parameter des Grundmodells abhängig ist.[671] Die Überprüfung der Robustheit der Ergebnisse wurde dabei sowohl für die Sponsoren- als auch für die Wettbewerberstichprobe durchgeführt. Folgende Robustheitstests, deren Ergebnisse in Tabelle 16 für die Sponsorenstichprobe und in Tabelle 17 für die Stichprobe der direkten Wettbewerber zusammengefasst sind, wurden durchgeführt:

- Alternativer Benchmarkindex: Zur Approximation des Marktportfolios wurde im Grundmodell der für Ereignisstudien mit Fokus USA häufig angewandte S&P 500 Index herangezogen. Wie die in Kapitel 5.3.1 dargestellte deskriptive Analyse der geografischen Zusammensetzung des Sponsoren- und Wettbewerberportfolios jedoch zeigt, liegt der Firmensitz von rund einem Viertel der in der jeweiligen Stichprobe repräsentierten Unternehmen (trotz vorliegender US-Wertpapierkurse) außerhalb der USA. Um diesen Umstand stärker zu berücksichtigen, wird bei dem jeweils als Modell 1 dargestellten Robustheitstest der international stärker diversifizierte MSCI World Index als Benchmarkindex für das Marktmodell angewandt.[672]
- Alternatives Schätzfenster: Im Grundmodell wurde gemäß der vielfachen Empfehlung der bestehenden Literatur ein ca. ein Kalenderjahr umfassendes Schätzfenster von 250 Tagen gewählt, welches 30 Tage vor Eintritt des jeweiligen Ereignisses endet. Daneben wird in einigen Studien auch der Einsatz kürzerer Schätzfenster vertreten. Durch diese Anpassung wird die größere Bedeutung von Marktbewegungen, die in zeitlich kürzerem Abstand zum Ereignisdatum liegen, für die Prognose der erwarteten Renditen im Ereignisfenster stärker betont. Dementsprechend wird als alternatives Schätzfenster ein Zeitraum von 100 Tagen angewandt, welcher zehn Tage vor dem Ereignisda-

[671] Vgl. Goerke (2009), S. 478.
[672] Vgl. Eventstudymetrics.com (2016).

tum endet.[673] Die sich gemäß dieser alternativen Berechnungsweise ergebenden Resultate sind in Modell 2 dargestellt.

- Ausschluss von Ausreißern: Als einen der Kernpunkte bei der Überprüfung der Validität von Ereignisstudienresultaten weisen Williams und Siegel (1997) auf die Sensitivität der Methodik gegenüber Ausreißern hin. Die sich daraus ergebende Problematik ist von besonderer Relevanz bei Untersuchungen mit kleinem Stichprobenumfang - was bei den in der vorliegenden Arbeit verwendeten Datensätzen nicht der Fall ist. Als Lösungsansatz schlagen die Autoren die Überprüfung der statistischen Signifikanz der Ergebnisse anhand nichtparametrischer, gegenüber Ausreißern robuster Testverfahren vor - welche hier in Form des GRANK-Tests bereits Berücksichtigung finden.[674] Nichtsdestotrotz wird im Rahmen dieser Untersuchung eine darüber hinausgehende Analyse der Robustheit der Ergebnisse in Bezug auf Ausreißer vorgenommen. Dazu werden, basierend auf den im Grundmodell bestimmten achttägigen kumulierten abnormalen Renditen, die äußeren 10% der positiven wie negativen Beobachtungen aus dem Datensatz entfernt und die Ereignisstudie mit den verbleibenden Sponsoren bzw. Wettbewerbern wiederholt.[675] Die nach Ausschluss der Ausreißer erzielten Ergebnisse, basierend auf den verbleibenden 172 (Sponsoren) bzw. 533 (Wettbewerber) Beobachtungen, sind in Modell 3 abgebildet.[676]
- Alternatives Schätzmodell: Zur Bestimmung der erwarteten Renditen wurde auf das etablierte Marktmodell abgestellt. Wie in Kapitel 4.2.3.2 beschrieben, bestehen darüber hinaus weitere Schätzmodelle, die auch in der Literatur - häufig als Robustheitstest - Berücksichtigung finden. Vergleichbar zu bestehenden, marketingbezogenen Ereignisstudien wird in Modell 4 die Berechnung der erwarteten Renditen auf Basis des marktadjustierten Schätzmodells

[673] Vgl. Gande und Lewis (2009), S. 828; Gaur, Malhotra und Zhu (2013), S. 222; Armitage (1995), S. 46.
[674] Vgl. McWilliams und Siegel (1997), S. 635 f.
[675] Vgl. Raassens, Wuyts und Geyskens (2012), S. 689.
[676] Die Ausreißer wurden zusätzlich einer erneuten, intensivierten Überprüfung auf überlappende Ereignisse unterzogen. Diese Analyse bestätigte, dass für die betrachteten Ereignisse im Untersuchungszeitraum keine relevanten überlappenden Ereignisses vorliegen, weshalb die Beobachtungen im Grundmodell beibehalten wurden.

vorgenommen. Dieses unterstellt für das Ereignisfenster vereinfachend, dass die Renditen des jeweiligen Sponsoren-/ Wettbewerberwertpapiers durch die Renditen des Benchmarkindex approximiert werden können.[677]

- Wettbewerber-Identifikationsprozess: Der in Kapitel 5.1.2 beschriebene Prozess zur Identifikation der relevanten direkten Wettbewerber erlaubt es, das Anforderungskriterium um eins zu reduzieren, sofern auf Basis des primär angewandten Auswahlkriteriums "Übereinstimmung von vier der fünf Datenanbieter" nicht zumindest drei Wettbewerber identifiziert werden konnten. Um zu überprüfen, inwiefern sich die unterschiedlich strengen Anforderungen bei der Auswahl der Wettbewerber auf die Ergebnisse der Spilloveranalyse auswirken, wird als ein weiterer Robustheitstest für die Wettbewerberstichprobe eine ausschließlich auf den das primäre Auswahlkriterium "vier aus fünf" erfüllenden Wettbewerbern basierende Berechnung der abnormalen Renditen durchgeführt. Das Ergebnis der Ereignisstudie unter Einbezug der 462 verbleibenden Beobachtungen ist in Modell 5 dargestellt.

Die in Tabelle 16 für die Sponsorenstichprobe dargestellten Ergebnisse der Robustheitsanalysen bestätigen insgesamt die Validität der Resultate des Grundmodells. In allen vier Modellen ergibt sich eine in Effektstärke und Signifikanz dem Grundmodell im Wesentlichen vergleichbare negative durchschnittliche abnormale Rendite am Tag des Ereignisses sowie dem darauffolgenden Tag. Auch sind alle für unterschiedliche Zeiträume kumulierten durchschnittlichen abnormalen Renditen signifikant ($p <$ 0,01) und befinden sich auf einem zum Grundmodell vergleichbaren Niveau. So liegt beispielsweise der sich auf Basis des Grundmodells ergebende CAAR [-2;+5] des vollständigen Ereignisfensters von -1,16% innerhalb der in Modell 4 und Modell 2 ermittelten äußeren Vergleichswerte von -0,85% bzw. -1,31%.

Vergleichbar zu den Sponsoren bestätigen die zur Überprüfung der Robustheit durchgeführten Analysen im Wesentlichen auch die Gültigkeit der Resultate für die Wettbewerberstichprobe.

---

[677] Vgl. Sorescu, Shankar und Kushwaha (2007), S. 477; Sood und Tellis (2009), S. 451; Gielens et al. (2008), S. 528.

Ereignistag/ -periode	Modell 1 Benchmark MSCI	Modell 2 Schätzfenster 100 Tage	Modell 3 Ausschluss Ausreißer	Modell 4 Marktadjustiertes Schätzmodell
-2	-0,12%	-0,16%	-0,09%	-0,11%
-1	0,06%	0,02%	0,08%	0,09%
0	-0,34%***	-0,38%***	-0,23%*	-0,31%**
1	-0,28%***	-0,40%***	-0,30%***	-0,39%***
2	-0,16%	-0,14%	-0,14%	-0,11%
3	-0,14%**	-0,15%	-0,05%	-0,06%
4	-0,01%	-0,04%*	-0,10%**	0,04%
5	-0,14%*	-0,07%	-0,12%	0,00%
[0;+1]	-0,62%***	-0,77%***	-0,53%***	-0,70%***
[0;+2]	-0,78%***	-0,92%***	-0,67%***	-0,81%***
[-2;+2]	-0,84%***	-1,05%***	-0,69%***	-0,83%***
[-2;+5]	-1,13%***	-1,31%***	-0,95%***	-0,85%***

Signifikanz gem. Adjusted Standardized Cross-Sectional Z: *** p < 0,01, ** p < 0,05, * p < 0,10

Tabelle 16: Prüfung Robustheit der Ergebnisse auf Sponsorenebene
Quelle: Eigene Darstellung

Wie die fünf in Tabelle 17 zusammengefassten Modelle zeigen stimmt die sich im Durchschnitt aufgrund eines Testimonialskandals ergebende Entwicklung der abnormalen Renditen mit der des Grundmodells überein. In allen Modellen, d.h. auch unter Variation der jeweiligen Modellparameter, weisen die Wertpapiere der Wettbewerber zunächst positive abnormale Renditen auf, welche durch den Eintritt des Ereignisses in negative abnormale Rendite verkehrt werden. Dabei befindet sich die Effektstärke am Tag des Ereignisses auf einem mit dem Grundmodell übereinstimmenden Niveau von ca. -0,10%, wobei die Signifikanz der abnormalen Renditen - mit Ausnahme des Modells 5 - auf dem 10%-Niveau oder besser liegt.[678] Von besonderer Bedeutung bei der Untersuchung des Spillovers ist das vollständige achttägige Ereignisfenster. Mit nur einer Ausnahme ergibt sich in allen Modellen ein zum Grundmodell bezüglich Effektstärke und Signifikanz vergleichbarer CAAR [-2;+5].[679] Lediglich durch die Anwendung des marktadjustierten Schätzmodells anstatt des

[678] Die fehlende Signifikanz von AAR [0] des Modells 5 kann durch den verminderten Stichprobenumfang bedingt sein. Unter Einbezug der Performance des Folgetages ergibt sich zumindest für CAAR [0;+1] ein signifikant (*p* < 0,10) negativer Wert.

[679] Die etwas geringere Effektstärke des Modells 3 ist darauf zurückzuführen, dass Werte mit einem stark negativ ausgeprägtem CAAR [-2;+5] systematisch von der Untersuchung ausgeschlossen wurden.

weiter entwickelten Marktmodells resultiert eine vergleichsweise geringe kumulierte durchschnittliche abnormale Rendite von -0,11%, signifikant auf dem 10%-Niveau. Da jedoch die durchschnittlichen abnormalen Renditen des Ereignistages (-0,10%) und des darauffolgendes Tages (-0,15%) dem Grundmodell vergleichbar sind, der CAAR [0;+1] mit -0,25% signifikant ist (p < 0,01) und das abweichende Ergebnis wesentlich durch die vergleichsweise hohen, jedoch nicht signifikanten abnormalen Renditen vor Eintritt des Ereignisses beeinflusst wird, sollte durch Modell 4 die Gültigkeit der Resultate des Grundmodells nicht in Frage gestellt werde.

Ereignistag/ -periode	Modell 1 Benchmark MSCI	Modell 2 Schätzfenster 100 Tage	Modell 3 Ausschluss Ausreißer	Modell 4 Marktadjustiertes Schätzmodell	Modell 5 Wettbewerber Selektion
-2	0,06%	0,01%	0,04%	0,06%	0,00%
-1	0,06%	0,05%	0,07%	0,13%	0,06%
0	-0,13%**	-0,12%*	-0,11%*	-0,10%*	-0,07%
1	-0,02%	-0,11%**	-0,09%*	-0,15%***	-0,08%
2	-0,07%	-0,01%	0,01%	0,00%	-0,02%
3	-0,06%**	-0,04%	-0,04%	0,00%	-0,06%**
4	-0,11%*	-0,10%**	-0,08%**	-0,05%	-0,14%**
5	-0,08%**	-0,05%	-0,08%*	-0,01%	-0,06%
[0;+1]	-0,15%	-0,23%**	-0,19%**	-0,25%***	-0,15%*
[0;+2]	-0,22%	-0,24%	-0,19%	-0,24%*	-0,17%
[-2;+2]	-0,10%	-0,19%	-0,08%	-0,05%	-0,11%
[-2;+5]	-0,35%***	-0,38%**	-0,28%***	-0,11%*	-0,36%***

Signifikanz gem. Adjusted Standardized Cross-Sectional Z: *** p < 0,01, ** p < 0,05, * p < 0,10

Tabelle 17: Prüfung Robustheit der Ergebnisse auf Wettbewerberebene
Quelle: Eigene Darstellung

5.5 Ergebnisse der Regressionsanalyse bezüglich der Moderationseffekte

5.5.1 Hypothesentests

Auf Basis der vorstehend beschriebenen Ergebnisse der Ereignisstudie konnte gezeigt werden, dass sich ein Testimonialskandal im Durchschnitt negativ auf die Bewertung der mit dem betroffenen Sponsor in direktem Wettbewerb stehenden Unternehmen auswirkt. Darüber hinausgehende Aussagen, bezüglich der die Richtung und Effektstärke des Spillovers beeinflussenden Faktoren, können damit jedoch nicht getroffen werden. Die Untersuchung der Determinanten des Spillovers ist Gegenstand der nachfolgenden Betrachtungen, wobei sowohl univariate als auch multivariate Analysen zum Einsatz kommen.

Univariate Analyse

In Kapitel 3.2.2 wurde theoretisch fundiert dargelegt, dass die ereignisbezogene Performance des Sponsors sowie die in der betroffenen Industrie vorherrschende Marktkonzentration als mögliche Spilloverdeterminanten für den Fall kleiner Ereignisse wie Testimonialskandale in Betracht kommen. Der Einfluss beider Variablen auf die ereignisinduzierte abnormale Rendite der Wettbewerber wird mithilfe eines Mittelwertdifferenztests einer ersten, vom Einfluss der übrigen Modellvariablen und -spezifikationen losgelösten Analyse unterzogen. Die Unterscheidung der Beobachtungen (CAR Wettbewerber) wird dabei wie folgt vorgenommen:

- Performance des Sponsors: Beobachtungen, für welche die kumulierte achttägige abnormale Rendite des zugeordneten Sponsors positiv ist ($CAR_{Sponsor}$ [-2;+5] > 0), werden von den übrigen Beobachtungen mit negativer abnormaler Renidite des Sponsors ($CAR_{Sponsor}$ [-2;+5] < 0) getrennt betrachtet.[680]
- Marktkonzentration: Entsprechend der Praxis der Kartellbehörde des amerikanischen Justizministeriums (US Department of Justice Antitrust Division) wird der HHI-Grenzwert von 0,18 zur Unterscheidung der Fälle herangezogen.[681] Im Rahmen der sogenannten Fusionskontrolle prüft und bewertet die Kartellbehörde, ob der Zusammenschluss zweier Unternehmen zu einer beherrschenden Marktstellung des fusionierten Unternehmens und letztlich zu einer Einschränkung des wirksamen Wettbewerbs führt. Bei der dabei durchzuführenden Analyse der Marktverhältnisse stützt sich die Behörde unter anderem auf den HHI zur Beurteilung der vorherrschenden Marktkonzentration. Dabei gilt ein HHI größer 0,18 als Indikator einer hoch konzentrierten Indust-

680 Vgl. Gaur, Malhotra und Zhu (2013), S. 227.
Eine abnormale Rendite von exakt 0,00% wurde in keinem der betrachteten Fälle ermittelt, sodass durch die vorgenommene Differenzierung alle Werte eindeutig definiert sind.

681 Ein HHI von exakt 0,18 wurde in keinem der betrachteten Fälle ermittelt, sodass durch die vorgenommene Differenzierung alle Werte eindeutig definiert sind.

rie.[682] Zusätzlich wird eine Fallunterscheidung anhand des HHI-Stichproben-medians vorgenommen (sog. Mediansplitt), wobei zwei gleich große Unterstichproben gebildet werden, welche sich durch eine über bzw. unter dem Median der Stichprobe liegende (höhere bzw. niedrigere) Marktkonzentration unterscheiden.

Die Ergebnisse der Mittelwertdifferenztests für beide Variablen sind in Tabelle 18 dargestellt.

$CAR_{Wettbwerber}$ [-2;+5]	Mittelwert	S.E.
$CAR_{Sponsor}$ [-2;+5] > 0	0,68%	0,00
$CAR_{Sponsor}$ [-2;+5] < 0	-0,96%	0,00
Differenz	1,64%***	0,00
t-Test	5,42	
Herfindahl-Hirschman-Index > 0,18	-0,25%	0,00
Herfindahl-Hirschman-Index < 0,18	-0,74%	0,00
Differenz	0,49%	0,00
t-Test	1,46	
Herfindahl-Hirschman-Index > Median	-0,17%	0,00
Herfindahl-Hirschman-Index < Median	-0,59%	0,00
Differenz	0,43%	0,00
t-Test	1,45	

*** p < 0,01, ** p < 0,05, * p < 0,10

Tabelle 18: Mittelwertdifferenztests für CAR Sponsor und Marktkonzentration
Quelle: Eigene Darstellung[683]

Daraus wird deutlich, dass die Performance des Sponsors, wie erwartet, einen signifikanten Einfluss auf die Entstehung des negativen Spillovers hat. Ist der CAR des Sponsors in Folge eines Testimonialskandals negativ (positiv), so ist im Mittel auch der CAR der Wettbewerber negativ (positiv). Die sich zwischen beiden Fallgruppen ergebende Differenz der Mittelwerte beträgt 1,64 Prozentpunkte und ist statistisch signifikant (p < 0,01). Auch bezüglich der Auswirkungen der Marktkonzentration auf

[682] Vgl. Geiger und Schiereck (2014), S. 36; US Department of Justice Antitrust Division (2016).
[683] In Anlehnung an Bosch, Eckard und Singal (1998), S. 513; Gaur, Malhotra und Zhu (2013), S. 227; Geiger und Schiereck (2014), S. 43.

das Entstehen von Spillovereffekten bietet der Mittelwertdifferenztest erste, den vermuteten Zusammenhang tendenziell bestätigende Anhaltspunkte. Weist die durch den Testimonialskandal betroffene Industrie eine hohe Marktkonzentration (HHI > 0,18 bzw. > Median) auf, so liegt der CAR der Wettbewerber im Mittel bei -0,25% bzw. -0,17%. Demgegenüber werden die Wettbewerber bei einer geringen Marktkonzentration (HHI < 0,18 bzw. < Median) im Mittel stärker negativ (-0,74% bzw. -0,59%) von einem entsprechenden Ereignis beeinflusst. Auch wenn die Differenz der Mittelwerte in Höhe von 0,49 bzw. 0,43 Prozentpunkten keine nach konventionellen Maßstäben statistisch signifikanten Rückschlüsse zulässt[684], scheint die Marktstruktur doch einen zumindest tendenziell in die erwartete Richtung deutenden Einfluss auf das Spilloverergebnis auszuüben. Dabei ist zu beachten, dass es bezüglich der Marktkonzentrationen keinen vergleichbar zur Performance der Wettbewerber eindeutigen Grenzwert zur Unterscheidung der Fälle gibt. Zudem werden beim Mittelwertdifferenztest weitere, den Zusammenhang möglicherweise mit beeinflussende Faktoren außer Acht gelassen. Aus dem nicht signifikanten Ergebnis der univariaten Analyse kann daher nicht abschließend geschlussfolgert werden, dass kein Erklärungszusammenhang zwischen der Marktkonzentration und den abnormalen Renditen der Wettbewerber besteht.

Multivariate Analyse

Durch die dichotome Überprüfung der Determinanten des Spillovers in Folge eines Testimonialskandals konnten erste Hinweise bezüglich der Wirkweise der Hypothesenvariablen gewonnen werden. Anhand einer Querschnittsregression können diese Tendenzaussagen einer vertieften Analyse und Überprüfung unterzogen werden. Eine multiple Regression ermöglicht dabei gleichzeitig sowohl die Höhe des Einflusses einzelner Faktoren als auch deren Interdependenz zu analysieren. Darüber hinaus können weitere Spezifika des verwendeten Datensatzes, wie beispielsweise das Vorliegen von Clustern, berücksichtigt werden.

---

[684] Der *p*-Wert beträgt 0,14 bzw. 0,15.

Die statistische Voruntersuchung der im Regressionsmodell berücksichtigten Variablen zeigt, dass gemäß der in Tabelle 19 dargestellten Korrelationsmatrix kein Wert den kritischen Korrelationskoeffizienten von 0,80 überschreitet.[685] Der diesbezügliche, im Rahmen dieser Auswertung sich ergebende Maximalwert liegt bei 0,44 und damit weit unterhalb des kritischen Niveaus.

Auch die Überprüfung der Variablen auf Multikollinearität anhand der Variance Inflation Factors (VIF) führt zu keinen den Grenzwert von 5 bzw. 10 überschreitenden Ergebnissen.[686] Wie in Anhang 6 dargestellt, liegt die Spanne der VIF bei 1,07 bis 2,10, wobei sich im Durchschnitt aller Variablen ein VIF von 1,41 ergibt. In vergleichbaren Studien der Testimonial- und Spilloverliteratur wird teilweise auf eine in der Struktur des Datensatzes begründete potenzielle Verletzung der Homoskedastizitätsannahme hingewiesen.[687] Eine diesbezügliche visuelle Prüfung unter Verwendung eines Residual-vs.-Fitted-Plots führte zu keinem eindeutigen Ergebnis.[688] Auf weiterführende Analysen wurde an dieser Stelle verzichtet, da durch die der Methode des Multiway-Clusterings immanenten Schätzung robuster Standardfehler ohnehin für eine potenzielle Heteroskedastizität der Residuen korrigiert wird (siehe hierzu Kapitel 4.3.2). Von den unabhängigen Variablen des Regressionsmodells kann zudem bei der medialen Aufmerksamkeit das Vorliegen von Endogenität nicht ausgeschlossen werden. Da für diese Variable allerdings keine brauchbaren Instrumentvariablen identifiziert werden konnten, wurde von der Durchführung formaler Tests zur Überprüfung auf Endogenität (z.B. Hausman-Test) abgesehen.[689] Dennoch wurde die Variable mediale Aufmerksamkeit im Regressionsmodell beibehalten, da es sich lediglich um eine Kontroll-, keine Hypothesenvariable handelt, diese - wie die weiteren Untersuchungen zeigen - nicht signifikant ist und ein potenziell verzerrender Einfluss auf die übrigen Modellvariablen sowie das Gesamtmodell aufgrund niedriger Korrelationen (VIF = 1,23) als gering einzuschätzen ist.

[685] Vgl. Eckey, Kosfeld und Dreger (2006), S. 89 f.; Gielens et al. (2008), S. 525.
[686] Vgl. Gielens et al. (2008), S. 525; Raassens, Wuyts und Geyskens (2012), S. 687; Boyd, Chandy und Cunha (2010), S. 1169; Swaminathan, Murshed und Hulland (2008), S. 41.
[687] Vgl. Kang (2008), S. 547; Hock und Raithel (2014), S. 22 f.; Clougherty und Duso (2009), S. 1375; Goldman, Peyer und Stefanescu (2012), S. 925; Oxley, Sampson und Silverman (2009), S. 1332.
[688] Vgl. Urban und Mayerl (2008), S. 244 ff.
[689] Vgl. hierzu ausführlich Proppe (2009), S. 253 ff.

Variable	[1]	[2]	[3]	[4]	[5]	[6]	[7]	[3]	[9]	[10]	[11]	[12]	[13]	[14]	[15]	[16]	[17]	[18]
[1] CAR Wettbewerber	-																	
[2] Performance des Sponsors	0,28	-																
[3] Marktkonzentration	0,05	-0,07	-															
[4] Bekanntheitsgrad des Testimonials	-0,01	0,03	0,07	-														
[5] Firmenreputation	-0,01	0,00	0,29	0,05	-													
[6] Fit zwischen Testimonial und Sponsor	0,04	-0,01	0,41	-0,18	0,07	-												
[7] Mediale Aufmerksamkeit	0,01	0,08	0,29	0,27	0,14	-0,01	-											
[8] Schwere des Vergehens	-0,02	0,09	0,09	0,04	0,03	0,13	0,11	-										
[9] Testimonialintensität der Wettbewerber	0,07	0,08	0,19	-0,04	-0,05	0,20	0,03	-0,01	-									
[10] Firmengröße	0,03	-0,04	0,34	-0,02	0,42	0,14	0,11	-0,09	-0,16	-								
[11] Kurs-Buchwert-Verhältnis	-0,03	-0,05	0,18	0,04	-0,06	0,05	0,01	-0,03	0,13	0,10	-							
[12] Profitabilität	0,05	-0,06	0,18	-0,05	-0,01	0,14	0,05	-0,11	0,02	0,25	0,44	-						
[13] Risiko	0,04	-0,02	0,06	0,01	0,18	0,17	-0,04	0,03	-0,19	0,24	-0,12	0,04	-					
[14] Überschüssige Ressourcen	0,01	-0,03	0,39	0,02	0,19	0,41	0,11	0,09	-0,09	0,38	0,03	0,38	0,40	-				
[15] Verschuldungsgrad	0,01	-0,02	-0,20	0,00	0,02	-0,26	-0,01	-0,10	0,06	-0,12	-0,05	-0,22	-0,16	-0,44	-			
[16] Wachstumsrate	0,03	-0,08	0,16	0,01	0,12	0,15	0,06	0,01	-0,09	0,33	0,14	0,29	0,21	0,35	-0,26	-		
[17] Geografische Nähe	-0,07	-0,11	0,03	0,14	0,14	-0,14	0,01	-0,03	-0,26	0,17	0,09	0,12	0,18	0,02	0,03	0,14	-	
[18] Skandalerfahrung Industrie	0,11	0,11	0,30	-0,10	0,11	0,30	0,08	-0,01	0,37	0,20	0,13	0,10	-0,16	0,10	-0,02	0,07	-0,16	-

Tabelle 19: Korrelationsmatrix
Quelle: Eigene Darstellung

Die Ergebnisse der Regressionsanalyse zur Untersuchung der Determinanten des Spillovers sind in Tabelle 20 zusammengefasst.

Abhängige Variable: CAR Wettbewerber [-2;+5]	Richtung Hypothese	Basismodell β	Basismodell S.E.	Vollst. Modell β	Vollst. Modell S.E.
Hypothesenvariablen					
Performance des Sponsors	+	0,28***	(0,06)	0,29***	(0,06)
Marktkonzentration	+	0,07*	(0,00)	0,11**	(0,01)
Testimonial- und ereignisb. Kontrollvariablen					
Bekanntheitsgrad des Testimonials				0,03	(0,00)
Firmenreputation				-0,04	(0,01)
Fit zwischen Testimonial und Sponsor				-0,01	(0,00)
Mediale Aufmerksamkeit				-0,04	(0,00)
Schwere des Vergehens				-0,04	(0,00)
Testimonialintensität der Wettbewerber				0,03	(0,00)
Unternehmensbezogene Kontrollvariablen					
Firmengröße				0,00	(0,00)
Kurs-Buchwert-Verhältnis				-0,07*	(0,00)
Profitabilität				0,10**	(0,00)
Risiko				0,08	(0,01)
Überschüssige Ressourcen				-0,09	(0,01)
Verschuldungsgrad				0,06*	(0,01)
Wachstumsrate				0,05	(0,00)
Kontextbezogene Kontrollvariablen					
Geografische Nähe				-0,05	(0,00)
Skandalerfahrung Industrie				0,08*	(0,00)
Industrie		Nein		Ja	
Zeit		Nein		Ja	
R^2		0,08		0,11	
Adjustiertes R^2		0,08		0,07	
F-Wert		14,29***		3,72***	
N		594		594	

Standardisierte Beta-Koeffizienten; Standardfehler (S.E.) in Klammern
Hinweis: Standardfehler sind robust gegenüber Heteroskedastizität und geclustert auf dem Ereignis- und Firmenlevel.
*** p < 0,01, ** p < 0,05, * p < 0,10

Tabelle 20: Ergebnisse Regressionsanalyse Determinanten des Spillovers
Quelle: Eigene Darstellung

Im Basismodell sind zunächst nur der CAR [-2;+5] der Wettbewerber als abhängige Variable sowie die beiden unabhängigen Variablen Performance des Sponsors und Marktkonzentration enthalten, um eine vom Einfluss der Kontrollvariablen isolierte Betrachtung der Hypothesenvariablen zu ermöglichen. Der positive und signifikante

Beta-Koeffizient der Variable Performance des Sponsors (β = 0,28; $p < 0,01$) steht nicht nur im Einklang mit den Ergebnissen der vorstehenden univariaten Analyse, sondern bestätigt auch den gemäß Hypothese 2 vermuteten Zusammenhang zwischen der abnormalen Rendite der Wettbewerber und dem Bewertungsergebnis der Sponsoren. Konsistent zu der aus der Theorie abgeleiteten Annahme ist der sich für die Wettbewerber ergebende Spillovereffekt umso stärker ausgeprägt, je stärker bereits der Sponsor durch den jeweiligen Testimonialskandal betroffen war. In Ergänzung zur univariaten Analyse, für die bezüglich des Einflusses der Marktkonzentration aufgrund der fehlenden statistischen Signifikanz nur eine Tendenzaussage getroffen werden konnte, bestätigt der positive und signifikante Beta-Koeffizient des Regressionsmodells (β = 0,07; $p < 0,10$) den in Hypothese 3 angenommenen Wirkzusammenhang. Mit steigender Marktkonzentration in der durch den jeweiligen Skandal betroffenen Industrie ist im Durchschnitt der sich für die Wettbewerber ergebende Spillover weniger stark negativ ausgeprägt. Das Basismodell ist mit einem F-Wert von 14,29 hoch signifikant ($p < 0,01$) und erklärt gemäß des (korrigierten) R^2 rund 8% der Streuung der abnormalen Renditen der Wettbewerber.[690]

Das vollständige Modell beinhaltet - in Abgrenzung bzw. Erweiterung zum Basismodell - neben den Hypothesenvariablen auch alle bei der Erstellung des konzeptionellen Modells identifizierten Kontrollvariablen.[691] Vergleichbar zum Basismodell ergeben sich sowohl für die Performance der Sponsoren (β = 0,29; $p < 0,01$) als auch für die Marktkonzentration (β = 0,11; $p < 0,05$) signifikante, positive Beta-Koeffizienten, womit die in den Hypothesen 2 bzw. 3 angenommenen Wirkzusammenhänge auch unter Kontrolle der weiteren Einflussfaktoren bestätigt werden können. Die statisti-

[690] Um zu überprüfen, inwiefern die Ergebnisse von der Clusterbildung auf Ereignis- und Firmenebene abhängig sind, wurde das Basismodell zudem ohne Berücksichtigung von Clustereffekten berechnet. Die Auswertung führt zu vergleichbaren Resultaten.

[691] Beim vollständigen Modell sowie allen weiteren Modellen der Robustheitsanalyse mit Berücksichtigung von Clustereffekten auf Ereignis- und Firmenebene werden die Modellvariablen gem. des Frisch-Waugh-Lovell (FWL) Theorems unter Berücksichtigung des Einflusses der Industrie- und Zeit-Dummy-Variablen berechnet, wenngleich für diese sowie für die Konstante keine eigenen Beta-Koeffizienten ausgewiesen werden - sog. partialling out (vgl. hierzu grundlegend Frisch und Waugh (1933), S. 387 ff.; Lovell (1963), S. 993 ff.; Lovell (2008), S. 88 ff.). Anhang 7 enthält ein Modell, welches Clustereffekte ausschließlich auf Ereignisebene berücksichtigt (Modell 5) sowie ein Modell vollständig ohne Clustereffekte (Modell 7). Beide Modelle zeigen, dass weder für die Konstante noch für die Industrie- und Zeitvariablen eine Signifikanz auf konventionellem Niveau ($p < 0,10$) feststellbar ist.

sche Signifikanz des Gesamtmodells wird durch einen F-Wert von 3,72 (p < 0,01) belegt. Der Erklärungsgehalt des Modells beträgt gemäß R^2 bzw. adjustiertem R^2 rund 11% bzw. 7% und entspricht damit den im Rahmen vergleichbarer kurzfristiger Ereignisstudien erzielten Werten.[692] Neben den Hypothesenvariablen wirken sich auch einige der Kontrollvariablen signifikant auf die abnormale Rendite der Wettbewerber aus. Für die Profitabilität (β = 0,10; p < 0,05) und den Verschuldungsgrad (β = 0,06; p < 0,10) der Wettbewerber als auch die Skandalerfahrenheit der Industrie (β = 0,08; p < 0,10) ergibt sich ein positiver Einfluss auf das Spilloverergebnis, während das Kurs-Buchwert-Verhältnis der jeweiligen Wettbewerbsunternehmen (β = -0,07; p < 0,10) einen negativen Beta-Koeffizienten aufweist. Die statistisch ermittelte Wirkrichtung der genannten Kontrollvariablen stimmt dabei mit deren theoretischer Begründung überein. Zudem zeigt die Analyse, dass keine der aus der Testimonialliteratur abgeleiteten Kontrollvariablen, auch nicht die Testimonialintensität der Wettbewerber als die einzig bisher erforschte Spilloverdeterminante, einen signifikanten Einfluss auf das Spilloverergebnis nimmt. Dies bestätigt die Erkenntnisse aus der Expertenbefragung bezüglich relevanter Spilloverdeterminanten im Falle aus Kapitalmarktsicht kleiner Ereignisse. Eine ausführliche inhaltliche Diskussion dieser Ergebnisse folgt in Kapitel 5.6.

5.5.2 Analyse der Robustheit der Ergebnisse

Durch die vorstehend beschriebenen univariaten wie multivariaten Analysen konnten die gemäß der Hypothesen 2 und 3 prognostizierten Wirkzusammenhänge grundsätzlich bestätigt werden. Dabei wurden im vollständigen Modell alle Variablen entsprechend ihrer in Kapitel 5.2 beschriebenen Spezifizierung berücksichtigt. Um sicherzustellen, dass die erzielten Resultate und die daraus abgeleiteten Aussagen bezüglich des Einflusses der Hypothesenvariablen auf den Spillovereffekt nicht aufgrund veränderter Modellparameter an Gültigkeit verlieren, werden die Ergebnisse der Regressionsanalyse - analog zur Vorgehensweise bei der Ereignisstudie - einem ausführlichen Robustheitstest unterzogen, dessen Resultate in Tabelle 21 zusam-

[692] Vgl. Sorescu, Shankar und Kushwaha (2007), S. 479; Sood und Tellis (2009), S. 448; Goins und Gruca (2008), S. 25; Barnett und King (2008), S. 1163.

mengefasst sind. Dabei werden gegenüber dem Grundmodell die folgenden Adaptionen vorgenommen:[693]

- Alternative Operationalisierung der Performance des Sponsors: In den bisherigen Betrachtungen wurde die Performance des Sponsors als metrische Variable CAR [-2;+5] operationalisiert. Dem Ansatz von Gaur, Malhotra und Zhu (2013) folgend, wird die abnormale Rendite der Sponsoren in Modell 1 nun in eine binäre Variable überführt. Dazu wird positiven abnormalen Renditen der Wert 1 zugewiesen, während negative abnormale Renditen durch den Wert 0 gekennzeichnet werden.[694] Der für die Differenzierung der Fälle gewählte Wert (Rendite größer oder kleiner 0,00%) entspricht damit dem der vorstehenden univariaten Analyse.[695]
- Alternative Operationalisierung der Marktkonzentration: Zur Validierung der Ergebnisse bezüglich des Effekts der Marktkonzentration wird die Berechnungsweise des HHI auf drei verschiedene Arten adaptiert. Zunächst wird, wiederum analog zur Studie von Gaur, Malhotra und Zhu (2013), eine Normalisierung der Kennzahl gemäß der Anzahl der in die Berechnung einbezogenen Unternehmen vorgenommen. Die Anpassung des originär verwendeten $HHI_{p,t}$ erfolgt dabei anhand der folgenden Formel

  $$HHI^*_{p,t} = \frac{(HHI_{p,t} - 1/N)}{(1 - 1/N)},$$

  wobei $HHI^*_{p,t}$ den normalisierten HHI der durch den Skandal betroffenen Industrie p im Jahr t beschreibt und N für die Anzahl der Unternehmen in der Industrie steht.[696] Die Ergebnisse des auf diese Weise modifizierten Regressionsmodells werden in Modell 2 widergegeben. Um weiterhin sicherzustellen, dass die erzielten Ergebnisse nicht durch das in der bisherigen Berechnung

[693] Als weitere Robustheitstests wurden für die beiden Hypothesenvariablen das Vorliegen eines Interaktionseffekts sowie nicht-linearer Effekte (durch Hinzufügen quadrierter Terme) überprüft. Die jeweiligen Regressionsmodelle führten zu keinem diesbezüglich signifikanten Ergebnis.

[694] Vgl. Gaur, Malhotra und Zhu (2013), S. 223.

[695] Eine abnormale Rendite von exakt 0,00% wurde in keinem der betrachteten Fälle ermittelt, sodass durch die vorgenommene Differenzierung alle Werte eindeutig definiert sind.

[696] Vgl. Gaur, Malhotra und Zhu (2013), S. 223.

berücksichtigte Umsatzergebnis einer einzelnen Periode bedingt sind, wird in Modell 3 ein HHI verwendet, dessen Berechnungsgrundlage der Fünfjahresdurchschnitt der Umsatzergebnisse der Vorperioden darstellt. Zuletzt wird, in Anlehnung an die Vorgehensweise von Hadlock und Sonti (2012), der in den bisherigen Betrachtungen verwendete HHI in eine binäre Variable überführt.[697] Vergleichbar zur vorstehenden univariaten Analyse wird der von der Antitrustdivision des amerikanischen Justizministeriums verwendete HHI-Grenzwert von 0,18 zur Gruppierung der Fälle herangezogen.[698] Einem HHI größer 0,18 wird der Wert 1 zugewiesen, die darunter liegenden Fälle werden durch den Wert 0 gekennzeichnet. Die sich auf Basis dieser Anpassung ergebenden Regressionsergebnisse sind in Modell 4 abgebildet.

- Alternative Berücksichtigung von Clustereffekten: In den bisherigen Betrachtungen wurden Clustereffekte sowohl auf Ebene des jeweiligen Ereignisses als auch auf Ebene der Firma abgebildet. Dadurch kann berücksichtigt werden, dass von einem Ereignis nicht nur mehrere Wettbewerber betroffen sind, sondern verschiedene Wettbewerber auch in mehr als ein Ereignis involviert sind.[699] Von einigen Autoren wird statt des Multiway-Clusterings jedoch auch im Rahmen von Spilloverstudien die singuläre Berücksichtigung von Clustereffekten auf nur einer Ebene - zumeist dem Ereignislevel - vertreten.[700] Diese vereinfachende Vorgehensweise erscheint in Anbetracht der in dieser Arbeit vorliegenden Datenstruktur als weniger geeignet. Nichtsdestotrotz wird zur Analyse der Robustheit der Ergebnisse gegenüber einer adaptierten Form der Clusterbildung eine Neuberechnung des Modells unter ausschließlicher Berücksichtigung von Clustereffekten auf Ebene des Ereignisses vorgenommen. Die sich daraus ergebenden Ergebnisse sind in Modell 5 dargestellt.
- Ausschluss multivariater Ausreißer: Zur Überprüfung der Robustheit der Ergebnisse gegenüber sogenannten einflussreichen Beobachtungen wird in Modell 6 eine Neuberechnung des vollständigen Modells unter Ausschluss multivariater Ausreißer vorgenommen. Dazu wird in Übereinstimmung mit ver-

[697] Vgl. Hadlock und Sonti (2012), S. 201.
[698] Vgl. Geiger und Schiereck (2014), S. 36.
[699] Vgl. Diestre und Rajagopalan (2014), S. 1142.
[700] Vgl. Oxley, Sampson und Silverman (2009), S. 1333; Clougherty und Duso (2009), S. 1375; Goldman, Peyer und Stefanescu (2012), S. 925; Gande und Lewis (2009), S. 840.

gleichbaren Ereignisstudien zur Identifikation der Ausreißer auf das Distanzmaß nach Cook (Cook's D) abgestellt.[701] Cook's D misst die Stärke des Einflusses eines einzelnen Beobachtungswertes auf die Ergebnisse des Regressionsmodells. Das Maß basiert auf der Veränderung der Residuen aller anderen im Datensatz enthaltenen Beobachtungen für den Fall, dass der jeweils betrachtete Beobachtungswert aus der Analyse ausgeschlossen wird. Beobachtungen, deren Cook's D Wert den üblichen Grenzwert von 4/n (mit n = Anzahl der Beobachtungen) überschreiten, werden aus dem Datensatz entfernt.[702] Die sich auf Basis der verbleibenden Beobachtungen ergebenden Resultate der Regressionsanalyse sind in Modell 6 beinhaltet.

Die Ergebnisse der Robustheitstest bestätigen im Wesentlichen die durch das Ausgangsmodell (vollständiges Modell, Kapitel 5.5.1) identifizierten Effekte. In allen sechs Modellen ergibt sich ein signifikant positiver Zusammenhang zwischen der Performance des Sponsors und dem auf den jeweiligen Testimonialskandal zurückzuführenden Spilloverergebnis der Wettbewerber. Effektstärke und Signifikanz gleichen dabei den Vergleichswerten des Ausgangsmodells. Auch bezüglich der Marktkonzentration stimmen Richtung und Effektstärke mit dem Ergebnis des Ausgangsmodells überein. Die Beta-Koeffizienten der im Rahmen der Robustheitsanalysen berechneten Modelle liegen in einer Spanne von 0,09 bis 0,16 und damit auf einem zum Ausgangsmodell vergleichbaren Niveau (0,11). In den Modellen 2 bis 6 konnte zudem die statistische Signifikanz der Spilloverdeterminante Marktkonzentration, auch bei alternativer Operationalisierung der Variable selbst, bestätigt werden. Lediglich in Modell 1 fällt durch Ersetzen der metrischen Variable CAR Sponsor [-2;+5] durch die entsprechende Dummy-Variable der *p*-Wert der Variable Marktkonzentration um einen Prozentpunkt unter das statistische Signifikanzniveau von 10%.[703] Um die Aussagekraft dieses Ergebnisses besser beurteilen und einordnen zu können, wurde die Berechnung des Modells 1 im Rahmen einer zusätzlichen Analyse mit leicht veränderter Variablenspezifikation wiederholt. Dazu wurde, bei Verwendung

[701] Vgl. Sood und Tellis (2009), S. 451; Homburg, Vollmayr und Hahn (2014), S. 52.
[702] Vgl. Cook (1977), S. 15 ff.; Chatterjee und Hadi (1986), S. 380 ff.; Stoetzer (2017), S. 175.
[703] Der *p*-Wert beträgt entsprechend 0,11. Gielens et al. (2008, S. 525) bezeichnen bereits Ergebnisse mit einem *p*-Wert von 0,12 als "close to significance".

ansonsten identischer Modellparameter, die metrische Variable Marktkonzentration ebenfalls durch eine Dummy-Variable (entsprechend Modell 4) ersetzt. Im Ergebnis dieser modifizierten Auswertung kann nicht nur die Signifikanz der CAR Sponsor Dummy-Variable ($p < 0{,}01$) bestätigt, sondern mit einem *p*-Wert von 0,07 auch die unter diesen Prämissen fortbestehende Gültigkeit der Aussage zur signifikanten Beeinflussung des Spilloverergebnisses durch die Marktkonzentration empirisch belegt werden. Zu beachten ist außerdem, dass mit einem adjustiertem R^2 von lediglich rund 3% der Erklärungsgehalt des Modells 1 von allen betrachteten Regressionsmodellen am geringsten ausfällt, sodass insbesondere dieses Modell nicht geeignet ist, die Ergebnisse des Ausgangsmodells in Frage zu stellen.

Für die übrigen Modelle der Robustheitsanalyse liegen die erzielten (adjustierten) R^2 und F-Werte auf einem zum Ausgangsmodell vergleichbaren Niveau. Die Robustheitstests geben zudem Aufschluss, inwiefern der Einfluss der Kontrollvariablen auch unter variierter Parameterspezifikation fortbesteht. Für alle Kontrollvariablen ergibt sich dabei ein zu den Ergebnissen des Ausgangsmodells konsistentes Bild in Bezug auf die Richtung der ermittelten Beta-Koeffizienten. Bezüglich der Profitabilität der Wettbewerber kann zudem in allen sechs Modellen die Signifikanz der Variable bestätigt werden. Ähnliches gilt für den Einflussfaktor Skandalerfahrung Industrie, für welchen lediglich in Modell 5 das 10%-Signifikanzniveau knapp nicht erreicht wird ($p = 0{,}11$). Die Ergebnisse der Kontrollvariable Kurs-Buchwert-Verhältnis sind vergleichsweise heterogen. Lediglich in drei von sechs Modellen kann der im Ausgangsmodell identifizierte statistisch signifikante Wirkzusammenhang in Bezug auf das Spilloverergebnis ebenfalls gezeigt werden. Die bereits im Ausgangsmodell nur geringe statistische Signifikanz der Variable Verschuldungsgrad ($p = 0{,}098$) verliert sich im Rahmen der Robustheitstests. Da in keinem der sechs Modelle ein zum Ausgangsmodell vergleichbarer Wirkzusammenhang repliziert werden konnte, ist davon auszugehen, dass der Verschuldungsgrad insgesamt keinen relevanten Erklärungsgehalt bezüglich des Spillovereffekts besitzt. Mit Ausnahme der ausschließlich in Modell 6 leicht signifikanten Variable mediale Aufmerksamkeit ($p < 0{,}10$) weist zudem wiederum keine der aus der Testimonialforschung entnommenen Kontrollvariablen - inklusive der Testimonialintensität der Wettbewerber - einen signifikanten Einfluss auf das Spilloverergebnis auf.

Abhängige Variable: CAR Wettbewerber [-2;+5]	Richtung Hypothese	Modell 1		Modell 2		Modell 3		Modell 4		Modell 5		Modell 6	
		β	S.E.	β	S.E.	β	S.E.	β	S.E.	β	S.E.	β	S.E.
Hypothesenvariablen													
Performance des Sponsors	+			0,28***	(0,06)	0,29***	(0,06)	0,29***	(0,06)	0,29***	(0,06)	0,33***	(0,05)
CAR Sponsor Dummy	+	0,21***	(0,00)										
Marktkonzentration	+	0,09	(0,01)							0,11**	(0,01)	0,16**	(0,01)
Normalisierter HHI	+			0,09*	(0,01)								
HHI auf Basis Ø Umsatz	+					0,10*	(0,01)						
HHI Dummy	+							0,12**	(0,00)				
Testimonial- und ereignisb. Kontrollvariablen													
Bekanntheitsgrad des Testimonials		0,04	(0,00)	0,03	(0,00)	0,03	(0,00)	0,02	(0,00)	0,03	(0,00)	0,02	(0,00)
Firmenreputation		-0,03	(0,01)	-0,04	(0,01)	-0,04	(0,01)	-0,02	(0,01)	-0,04	(0,01)	-0,07	(0,01)
Fit zwischen Testimonial und Sponsor		-0,01	(0,01)	-0,01	(0,00)	-0,01	(0,00)	-0,02	(0,00)	-0,01	(0,01)	0,03	(0,00)
Mediale Aufmerksamkeit		-0,02	(0,00)	-0,04	(0,00)	-0,04	(0,00)	-0,04	(0,00)	-0,04	(0,00)	-0,08*	(0,00)
Schwere des Vergehens		-0,05	(0,00)	-0,04	(0,00)	-0,04	(0,00)	-0,03	(0,00)	-0,04	(0,00)	-0,01	(0,00)
Testimonialintensität der Wettbewerber		0,02	(0,00)	0,04	(0,00)	0,03	(0,00)	0,03	(0,00)	0,03	(0,00)	0,01	(0,00)
Unternehmensbezogene Kontrollvariablen													
Firmengröße		0,00	(0,00)	0,01	(0,00)	0,01	(0,00)	0,00	(0,00)	0,00	(0,00)	0,03	(0,00)
Kurs-Buchwert-Verhältnis		-0,08*	(0,00)	-0,06	(0,00)	-0,07	(0,00)	-0,07*	(0,00)	-0,07	(0,00)	-0,08**	(0,00)
Profitabilität		0,09**	(0,00)	0,10**	(0,00)	0,10**	(0,00)	0,10**	(0,00)	0,10*	(0,00)	0,10***	(0,00)
Risiko		0,07	(0,01)	0,08	(0,01)	0,08	(0,01)	0,08	(0,01)	0,08	(0,01)	0,04	(0,00)
Überschüssige Ressourcen		-0,08	(0,01)	-0,08	(0,01)	-0,09	(0,01)	-0,08	(0,01)	-0,09	(0,01)	-0,05	(0,01)
Verschuldungsgrad		0,05	(0,01)	0,06	(0,01)	0,06	(0,01)	0,05	(0,01)	0,06	(0,01)	0,03	(0,01)
Wachstumsrate		0,03	(0,00)	0,04	(0,00)	0,05	(0,00)	0,05	(0,00)	0,05	(0,00)	0,01	(0,00)
Kontextbezogene Kontrollvariablen													
Geografische Nähe		-0,05	(0,00)	-0,05	(0,00)	-0,05	(0,00)	-0,04	(0,00)	-0,05	(0,00)	-0,06	(0,00)
Skandalerfahrung Industrie		0,09*	(0,00)	0,08*	(0,00)	0,08*	(0,00)	0,07*	(0,00)	0,08	(0,00)	0,09**	(0,00)
Industrie		Ja		Ja		Ja		Ja		Ja		Ja	
Zeit		Ja		Ja		Ja		Ja		Ja		Ja	
R^2		0,07		0,11		0,11		0,11		0,12		0,14	
Adjustiertes R^2		0,03		0,06		0,06		0,07		0,08		0,09	
F-Wert		3,83***		3,54***		3,67***		3,73***		2,85***		4,12***	
N		594		594		594		594		594		547	

Standardisierte Beta-Koeffizienten; Standardfehler (S.E.) in Klammern

Hinweis: Standardfehler sind robust gegenüber Heteroskedastizität und geclustert auf dem Ereignis- und Firmenlevel (Ausnahme Modell 5).

*** p < 0,01, ** p < 0,05, * p < 0,10

Tabelle 21: Ergebnisse Robustheitstests Regressionsanalyse
Quelle: Eigene Darstellung

5.6 Diskussion der Ergebnisse

5.6.1 Haupteffekt

Durch die Ergebnisse der Ereignisstudie sowie die der daran anknüpfenden Regressionsanalyse konnten die in Kapitel 3.2 aufgestellten Hypothesen insgesamt bestätigt werden. Wie gemäß Hypothese 1 vermutet wirkt sich ein Testimonialskandal nicht nur negativ auf die betroffenen Sponsoren aus, sondern hat auch negative Aktienmarktimplikationen für die direkten Wettbewerber zur Folge. Der statistisch signifikante negative CAAR [-2;+5] der Wettbewerberstichprobe in Höhe von -0,38% zeigt, dass die in direktem Wettbewerb zu den Sponsoren stehenden Unternehmen im Durchschnitt von einem negativen Spillovereffekt betroffen sind. Dieses Ergebnis konnte im Rahmen von Robustheitstests, bei denen verschiedene Parameter der Ereignisstudienmethodik gegenüber dem Grundmodell variiert wurden, im Wesentlichen bestätigt werden. Entsprechend der Theory of Collective Reputations bzw. des Modells der Reputation Commons beurteilen die Investoren die sich aufgrund des jeweiligen Testimonialskandals ergebende Reputationsschädigung aller Unternehmen der Branche offenbar schwerwiegender als den sich möglicherweise für das einzelne Unternehmen positiv auswirkenden Umsatzeffekt. Gleichfalls bestätigt dieser Befund die Einschätzung der im Rahmen der Experteninterviews befragten Finanzmarktexperten. Aufgrund des nicht auszuschließenden Risikos eines vergleichbaren Skandals bei den Wettbewerbern wird der für die Bewertung der Wertpapiere relevante Risikofaktor angepasst, was zu einer Abwertung in Form negativer abnormaler Renditen führt. Das Ergebnis dieser Ereignisstudie steht dabei im Einklang mit den Erkenntnissen der bestehenden Literatur. So konnte im Rahmen von Spilloverstudien mit Fokus Reputationskrisen ein negativer Spillovereffekt auch in Folge von Betriebsunfällen[704], Rechnungslegungsbetrug[705], Unternehmensskandalen[706] oder Rechtsstreitigkeiten[707] gezeigt werden.

---

[704] Vgl. Barnett und King (2008), S. 1160; Diestre und Rajagopalan (2014), S. 1144.
[705] Vgl. Kang (2008), S. 549; Goldman, Peyer und Stefanescu (2012), S. 926.
[706] Vgl. Yu, Zhang und Zheng (2015), S.60
[707] Vgl. Gande und Lewis (2009), S. 832; Hadlock und Sonti (2012), S. 193.

5.6.2 Moderationseffekte

Da von dem für den Durchschnitt der Stichprobe geltenden negativen Spillovereffekt - wie bei der Durchführung von Ereignisstudien im Allgemeinen üblich[708] - nicht alle Wettbewerber (gleich stark) betroffen sind, wurde im Rahmen der Regressionsanalyse untersucht, welche Faktoren auf das Spilloverergebnis Einfluss nehmen. Gemäß Hypothese 2 dieser Arbeit werden Richtung und Effektstärke des Spillovers von der auf den Testimonialskandal zurückzuführenden Aktienmarktperformance der jeweiligen Sponsoren beeinflusst. Dieser vermutete Zusammenhang konnte durch den sowohl im Ausgangsmodell als auch in den Modellen der Robustheitsanalyse signifikant positiven Beta-Koeffizienten der Variable CAR Sponsor [-2;+5] empirisch belegt werden. In Übereinstimmung zu der in Hypothese 2 formulierten Erwartung fällt der die Wettbewerber betreffende (negative) Spillovereffekt umso stärker aus, je stärker bereits der Sponsor durch den Skandal betroffen war. Die von den Aktienkursen der Sponsoren ausgehende Signalwirkung wird - wie theoretisch in der Signaltheorie begründet - von den Investoren der Wettbewerber bei der Beurteilung der Implikationen des Ereignisses aufgenommen und in den Wertpapierkursen der Wettbewerber gespiegelt. Bei der Interpretation der Bedeutung des jeweiligen Skandals beziehen die Investoren der Wettbewerber demnach die Situationsbeurteilung der Investoren der Sponsoren mit ein. Dies erscheint nachvollziehbar, da davon auszugehen ist, dass den Investoren der Sponsoren aufgrund einer vertieften Kenntniss des jeweiligen Unternehmens detailliertere Informationen zur Analyse der Auswirkungen des Skandals zur Verfügung stehen. Die abnormale Rendite der Sponsoren kann als ein in den Aktienkursen der Sponsorunternehmen manifestiertes, aggregiertes Abbild dieser Situationsanalyse interpretiert werden - welches allen Marktteilnehmern ohne eigene zeit- und kostspielige Analyse frei und zeitnah zur Verfügung steht. Die Performance der Sponsoren kann infolgedessen auch als Indikator zur Bepreisung des Risikos eines vergleichbaren Skandals auf Seiten der Wettbewerber aufgefasst werden. Um die Höhe des erforderlichen Risikoabschlags zu ermitteln wird den Marktteilnehmern in der Regel kein besserer Anhaltspunkt als der Kursabschlag der Spon-

[708] Beispielsweise sind in der Studie von Gaur, Malhotra und Zhu (2013, S. 226) nur rund 51% bis 52% der Wettbewerber-CAR positiv.

soren zur Verfügung stehen. Diese Interpretation steht im Einklang mit der Aussage der befragten Finanzmarktexperten, wonach der Aktienmarkt vergleichend agiert. Ebenso findet der positive Moderationseffekt der Variable CAR Sponsor Bestätigung durch die Ergebnisse einer Vielzahl vergleichbarer Studien. So wurde bei der Untersuchung von Spillovereffekten in Folge von Ereignissen wie Rechnungslegungsbetrug[709], Unternehmensskandalen[710], Fusionen und Übernahmen[711], Personalentlassungen[712], Neuprodukteinführungen[713] oder der Bekanntgabe von Unternehmensallianzen[714] ebenfalls ein signifikant positiver Zusammenhang identifiziert und als Beleg für einen vorherrschenden (negativen) Ansteckungseffekt interpretiert.

Als zweite wesentliche Spilloverdeterminante wurde die in der von dem jeweiligen Testimonialskandal betroffenen Industrie vorherrschende Marktkonzentration untersucht. Gemäß Hypothese 3 wurde prognostiziert, dass der negative Spillovereffekt in einer durch eine hohe Marktkonzentration (geringe Wettbewerbsintensität) charakterisierten Industrie weniger stark ausgeprägt ist. Auch dieser vermutete Wirkzusammenhang kann durch den im Ergebnis der Regressionsanalyse ermittelten - und gemäß der durchgeführten Robustheitstests validierten - statistisch signifikanten positiven Beta-Koeffizienten der Variable Marktkonzentration bestätigt werden. In oligopolistischen Marktstrukturen (hoher HHI) kann der einzelne Wettbewerber stärker an dem in Folge des Skandals freiwerdenden Umsatzpotenzial partizipieren. Demgegenüber ist in weniger konzentrierten Industrien (niedriger HHI) eine vergleichsweise hohe Anzahl Wettbewerbsunternehmen vertreten, sodass das freiwerdende Umsatzpotenzial auf mehr Unternehmen zu verteilen und infolgedessen der potenzielle Umsatzeffekt bei der einzelnen Firma nur geringfügig ausgeprägt ist. Diese differenzierte Betrachtung setzt voraus, dass die Marktteilnehmer die Umsatzeffekte adäquat zuordnen können. Auch dies wird regelmäßig nur in Industrien mit hoher Marktkonzentration bei einer geringen Anzahl relevanter Wettbewerber der Fall sein. Durch die

---

[709] Vgl. Goldman, Peyer und Stefanescu (2012), S. 927 ff.
[710] Vgl. Yu, Zhang und Zheng (2015), S.65 ff.
[711] Vgl. Gaur, Malhotra und Zhu (2013), S. 224 ff.
[712] Vgl. Goins und Gruca (2008), S. 26 ff.
[713] Vgl. Doukas et al. (2016), S. 422.
Ebenfalls in Bezug auf die Einführung neuer Produkte identifizieren Chen, Ho und Ik (2005), S. 988 f. einen signifikant negativen Zusammenhang zwischen der abnormalen Rendite der Wettbewerber und der abnormalen Rendite der die Produktneueinführung bekanntgebenden Firmen.
[714] Vgl. Oxley, Sampson und Silverman (2009), S. 1332 ff.

vorstehende univariate Analyse konnte gezeigt werden, dass die Wettbewerber bei hoher Marktkonzentration im Durchschnitt zwar auch negativ von dem Skandal betroffen sind, jedoch insgesamt besser abschneiden als die Vergleichsunternehmen auf weniger stark konzentrierten Märkten. Dies verdeutlicht, dass im Durchschnitt auch der für die Wettbewerber auf hoch konzentrierten Märkten positive Umsatzeffekt nicht geeignet ist den negativen Spillovereffekt auszugleichen oder gar umzukehren. Dennoch hat das Level der Marktkonzentration einen signifikanten Einfluss auf das Spilloverergebnis und bestätigt damit die Auffassung der befragten Finanzmarktexperten, wonach das Wettbewerbsumfeld bzw. die Struktur der Branche Einfluss auf die Aktienmarktreaktion nimmt. Eine Bestätigung des identifizierten Wirkzusammenhangs findet die Moderatorvariable Marktkonzentration zudem in der relevanten Spilloverliteratur, wenngleich nicht alle Studien einen signifikanten Effekt zeigen können.[715] Vergleichbar zu den Ergebnissen dieser Arbeit zeigen Gaur, Malhotra und Zhu (2013) bei ihrer Untersuchung von Spillovereffekten im Zusammenhang mit Unternehmenszusammenschlüssen, dass das Level der Marktkonzentration einen signifikant positiven Effekt auf die abnormale Rendite der Wettbewerber hat.[716] Und auch im Zusammenhang mit der Entstehung von Spillovereffekten bei Rechnungslegungsbetrug zeigen Goldman, Peyer und Stefanescu (2012), dass Wettbewerber in weniger kompetitiven Industrien im Durchschnitt eine vergleichsweise weniger stark negativ ausgeprägte abnormale Rendite aufweisen.[717] Gleiches gilt für die Bekanntgabe von Unternehmensinsolvenzen, im Zuge derer Wettbewerber in Industrien mit vergleichsweise geringem HHI signifikant niedrigere abnormale Renditen generieren.[718] Trotz umgekehrten Vorzeichen des Beta-Koeffizienten stützen auch die Ergebnisse von Zhang (2010) den hier ermittelten Wirkzusammenhang. Durchläuft ein Unternehmen erfolgreich ein Insolvenzverfahren (Chapter 11), sind die Wettbewerber in einer stärker konzentrierten Industrie vergleichsweise stärker negativ vom Auftre-

---

[715] Vgl. beispielhaft Yu, Zhang und Zheng (2015), S.73; Chen, Ho und Ik (2005, S. 991) "Model 2 shows that the coefficient of HI is not significant, although the positive sign is consistent with our prediction that rivals in industries with lower value of the Herfindahl index (i.e., more competitive industries) experience a more unfavorable wealth effect".

[716] Vgl. Gaur, Malhotra und Zhu (2013), S. 224 ff.

[717] Vgl. Goldman, Peyer und Stefanescu (2012), S. 917 ff.

[718] Vgl. Lang und Stulz (1992), S. 55 f.

ten des wiedererstarkten Konkurrenten betroffen.[719] Im für diese Arbeit relevanten Umkehrschluss gilt, dass Wettbewerber bei hoher Marktkonzentration auch stärker von der Schwäche eines ihrer Konkurrenten profitieren können.

5.6.3 Kontrollvariablen

In Bezug auf die Kontrollvariablen fällt zunächst auf, dass alle aus der Testimonialforschung abgeleiteten Wirkfaktoren keinen signifikanten Einfluss auf das Spilloverergebnis ausüben. Das Ergebnis der Regressionsanalyse bestätigt damit die sich aus der Expertenbefragung ergebende Vermutung, wonach für die Marktteilnehmer relevante Spilloverdeterminanten im Falle kleiner Ereignisse allgemein bekannt oder leicht beobachtbar sein müssen - was bei den Variablen der Testimonialforschung, welche eine detaillierte Analyse des Ereignisses, der für den Skandal verantwortlichen Testimonials oder der Testimonialaktivitäten eines Unternehmens bedingen, regelmäßig nicht der Fall ist. Hierzu vergleichbar stellen beispielsweise Geiger und Schiereck (2014) bei ihrer Untersuchung von Spillovereffekten im Zusammenhang mit M&A-Aktivitäten fest, dass die die Transaktion - also das eigentliche Ereignis - charakterisierenden Modellvariablen keinen statistisch signifikanten Bezug zur abnormalen Rendite der Wettbewerber aufweisen.[720]

So wurde auch für die Variable Testimonialintensität der Wettbewerber, welche in der Fallstudie von Knittel und Stango (2014) als relevante Determinante zur Unterscheidung der Fälle mit positivem (Wettbewerbseffekt) und negativem (Ansteckungseffekt) Spillover identifiziert wurde, kein zu dieser früheren Studie vergleichbarer Effekt festgestellt.[721] Um den im Regressionsmodell dieser Arbeit insignifikanten Effekt besser zu verstehen wurden in einer separaten Auswertung die Gruppen der testimonialintensiven und der nicht-intensiven Wettbewerber getrennt voneinander betrachtet. Dabei zeigt sich, dass im Durchschnitt beide Vergleichsgruppen eine negative abnormale Rendite aufweisen, sodass die Variable keine der Studie von Knittel und Stango (2014) vergleichbare Differenzierungsrelevanz zwischen einem positiven und negativen Spillovereffekt besitzt. Auch konnte im Ergebnis dieser Auswertung nicht

[719] Vgl. Zhang (2010), S. 1730 ff.
[720] Vgl. Geiger und Schiereck (2014), S. 48 f.
[721] Vgl. Knittel und Stango (2014), S. 31 ff.

festgestellt werden, dass die Gruppe der testimonialintensiven Wettbewerber signifikant stärker von einem negativen Spillover betroffen ist als der Durchschnitt der nicht-intensiven Wettbewerber. Eine mögliche Ursache für die divergierenden Ergebnisse könnte das in der Fallstudie von Knittel und Stango (2014) betrachtete Ereignis selbst, der Untreueskandal von Tiger Woods aus dem Jahr 2009, sein. Tiger Woods war zur Zeit des Skandals das bestbezahlte (Sport)Testimonial der Welt.[722] Deshalb, und auch aufgrund der in völligem Gegensatz zum positiven Image des Sportlers stehenden Tragweite des Skandals, gilt der Tiger Woods Untreueskandal als eines der bedeutendsten negativen Testimonialereignisse der jüngeren Geschichte - was sich auch am Interesse der Forschung an dem Skandal als Untersuchungsgegenstand widerspiegelt.[723] Dies legt die Vermutung nahe, dass anlässlich der herausragenden Bedeutung des Ereignisses auch die Investoren der Wettbewerber eine tiefergehenden Analyse der Testimonialaktivitäten bzw. der Testimonialintensität ihrer in Anteilsbesitz befindlichen Firmen vorgenommen haben könnten, was Grundvoraussetzung für eine auf diesem Kriterium basierende In-/ oder Desinvestitionsentscheidung ist. Für den Durchschnitt der im Rahmen dieser Arbeit betrachteten Fälle ist hingegen nicht von einer vergleichbaren Untersuchung auszugehen, zumal die Testimonialintensität der Vergangenheit auch nur beschränkte Aussagekraft bezüglich des zukünftigen Testimonialrisikos besitzt. Selbst Firmen, die zum Zeitpunkt des Skandals nicht auf Testimonials im Rahmen ihrer Marketingkommunikationsstrategie zurückgreifen, könnten dies in der Zukunft potenziell tun und unterlägen dann einem dem betroffenen Sponsor sowie den testimonialintensiven Wettbewerbern vergleichbaren Testimonialrisiko.[724]

Von den übrigen Kontrollvariablen weist insbesondere die Profitabilität der jeweiligen Firma einen signifikanten Effekt auf. Profitablere Firmen, charakterisiert durch einen

[722] Vgl. Knittel und Stango (2014), S. 21.

[723] Vgl. Hood (2011), S. 543; Knittel und Stango (2014), S. 24 ff.; Zhou und Whitla (2013), S. 1013.

[724] Aufgrund der in Aktienkursen reflektierten, zukunftsgerichteten Perspektive der Investoren könnte ein antizipiertes, zukünftiges Testimonialrisiko auch bei der Kursfindung der nicht-intensiven Wettbewerber Berücksichtigung finden. Auf Basis dieser Argumentation ließe sich dann sogar ein verstärkt negativer Spillover auf die nicht-testimonialintensiven Wettbewerber begründen, sofern in deren Aktienkursen zum Zeitpunkt der ereignisinduzierten Kursüberprüfung ein entsprechendes Testimonial-risiko vergleichsweise weniger vollständig reflektiert bzw. eingepreist ist.

vergleichsweise höheren ROA, werden in Relation zu den weniger ertragreichen Unternehmen der Stichprobe im Durchschnitt weniger stark durch den negativen Spillover beeinflusst. Die Investoren werten die in der Vergangenheit demonstrierte Profitabilität eines Unternehmens als Zeichen einer vorteilhaften Positionierung im Markt, sodass die Unternehmen besser in der Lage sind sich den negativen Auswirkungen des Skandals zu entziehen. In Anbetracht der positiven Ertragssituation und der damit im Zusammenhang stehenden finanziellen Stabilität kann zudem vermutet werden, dass profitableren Unternehmen mehr Mittel zur Verfügung stehen, um auf die Schwäche der Konkurrenz adäquat zu reagieren. Demgegenüber schneiden Unternehmen, die auf Basis des Kurs-Buchwert-Verhältnisses als vergleichsweise hoch bewertet gelten, signifikant schlechter ab als niedriger bewertete Unternehmen. Das negative Ereignis erhöht die Unsicherheit in Bezug auf die Prognose der zukünftig zu erwirtschaftenden Cashflows, was einen erhöhten Abwertungsdruck zur Folge hat.[725] Die Investoren reagieren auf die skandalinduzierte Unsicherheit mit Gewinnmitnahmen, wodurch der negative Spillovereffekt verstärkt wird. Dieser Wirkzusammenhang entspricht den Ergebnissen von Goins und Gruca (2008), die bei der Untersuchung von Spillovereffekten im Zusammenhang mit der Bekanntgabe von Mitarbeiterentlassungen zeigen, dass Wettbewerber, deren Aktien vor Eintritt des Ereignisses eine gute Performance aufwiesen, mit Eintritt des Ereignisses eine stärkere Abwertung erfuhren.[726] Darüber hinaus liefert der positive Beta-Koeffizient der Variable Skandalerfahrung Industrie einen Hinweis auf die mögliche Existenz eines Gewöhnungseffekts. Bezieht sich der Skandal auf eine Industrie, in der sich bereits in dem dem jeweiligen Skandaljahr vorausgehenden Kalenderjahr ein ähnliches Ereignis zugetragen hat, ist der Spillovereffekt weniger stark negativ ausgeprägt. Die Wettbewerber konnten bereits Erfahrungswerte mit einer vergleichbaren Situation sammeln und ihre Prozesse zum Umgang mit dem negativen Ereignis entsprechend anpassen. Dies befähigt sie auf weitere Skandale besser vorbereitet zu reagieren und ggf. den Marktanteilsverlust des Sponsors zur Ausweitung der eigenen Geschäftsbasis zu nutzen. Zudem sind sich die Investoren dem mit dem Instrument der Testimonialwerbung einhergehenden Reputationsrisiko stärker bewusst und haben dieses (in Tei-

[725] Vgl. Geiger und Schiereck (2014), S. 40.
[726] Vgl. Goins und Gruca (2008), S. 28.

len) bereits in die Kurse der Wettbewerber eingepreist. Verglichen mit den Wettbewerbern in zuvor unbetroffenen Industrien fällt der Bedarf einer zusätzlichen Risikoprämie daher geringer aus.

5.7 Zwischenfazit

Zur empirischen Überprüfung der Forschungshypothesen wurde auf Basis einer an der Vorgehensweise früherer Forschungsarbeiten orientierten Schlagwortsuche ein Datensatz, bestehend aus einer Vielzahl, die Auswahlkriterien dieser Arbeit erfüllender historischer Testimonialskandale, erstellt. Den dabei identifizierten Sponsoren der Testimonials wurden Unternehmen zugeordnet, die in einem direkten Wettbewerbsverhältnis zu den jeweiligen Sponsoren stehen. Zur Ableitung der relevanten Wettbewerber wurde auf von spezialisierten Anbietern erstellte Firmenporträts sowie von Finanzdatenanbieter veröffentlichte Peergroups zurückgegriffen. Insgesamt konnte nach Bereinigung des Datensatzes (u.a. bezüglich überlappender Ereignisse) eine für die Spilloveranalyse verwertbare Stichprobe von 121 Testimonialskandalen, 191 Sponsoren und 594 Wettbewerbern im Zeitraum 1981 bis zur Jahresmitte 2015 generiert werden. Diesen Ereignissen sind insgesamt 107 verschiedene Testimonials, 90 verschiedene Sponsoren und 207 unterschiedliche Wettbewerbsunternehmen zuzuordnen.

Zur Überprüfung der Eignung des Datensatzes wurde die Ereignisstudie zunächst auf Ebene der Sponsoren durchgeführt. Der dabei ermittelte, hoch signifikante CAAR [-2;+5] in Höhe von -1,16% weist eine gute Vergleichbarkeit zu den Ergebnissen früherer Studien auf, sodass von einer Eignung der Stichprobe für die weitere Analyse des Spillovers ausgegangen werden kann. Darauf aufbauend konnte für die Gesamtheit der Wettbewerber eine signifikant negative abnormale Rendite CAAR [-2;+5] von -0,38% empirisch ermittelt werden - womit erstmals auf Basis eines großen Datensatzes ein im Durchschnitt negativer Spillover in Folge von Testimonialskandalen gezeigt werden konnte. Dieser Befund gliedert sich ein in eine Reihe vergleichbarer Untersuchungen zu Spillovereffekten im Zusammenhang mit Reputationskrisen. Durch Robustheitsanalysen konnte darüber hinaus die Gültigkeit der erzielten Ergebnisse für Sponsoren wie Wettbewerber auch bei Verwendung veränderter Modellspezifikationen bestätigt werden.

In der der eigentlichen Ereignisstudie nachgelagerten Untersuchung der Determinanten des Spillovers wurde sowohl der vermutete Zusammenhang bezüglich des Spillovereergebnisses und der Performance der Sponsoren ($\beta = 0{,}29$; $p < 0{,}01$) als auch der Marktkonzentration ($\beta = 0{,}11$; $p < 0{,}05$) empirisch bestätigt. Die positiven und signifikanten Beta-Koeffizienten deuten darauf hin, dass der Spillovereffekt bei einem bereits den Sponsor stark negativ betreffenden Ereignis verstärkt negativ ausgeprägt ist, wohingegen eine hohe Marktkonzentration im Durchschnitt zu geringeren negativen Auswirkungen auf Seite der Wettbewerber führt. Auch diese Ergebnisse konnten im Rahmen von Robustheitsanalysen verifiziert werden.

6 Schlussbetrachtung

6.1 Zusammenfassung

Der Einsatz von Testimonials in der Werbung ist eine seit vielen Jahren (zumeist) erfolgreich praktizierte Marketingkommunikationsstrategie. Jedoch ist das Instrument der Testimonialwerbung, wie historische und aktuelle Beispiele zeigen, mit Risiken verbunden. Wird die zu Werbezwecken eingesetzte bekannte Persönlichkeit in einen Skandal verwickelt, hat dies zumeist nicht nur negative Folgen für die in der Öffentlichkeit stehende Person selbst, sondern schädigt auch die Reputation der das Testimonial sponsernden Firmen. Empirische Kapitalmarktstudien wie die Arbeiten von Bartz, Molchanov und Stork (2013), Louie, Kulik und Jacobson (2001) oder Russell, Mahar und Drewniak (2005) haben in diesem Zusammenhang gezeigt, dass auch die Aktien der betroffenen Firmen mit einem Kursabschlag auf einen Testimonialskandal reagieren, woraus deutlich wird, dass die Marktteilnehmer ein entsprechendes Ereignis als einen Cashflow relevanten Vorgang bewerten. Weitgehend unbeantwortet ist jedoch die Frage, inwiefern die direkten Wettbewerber eines durch einen Testimonialskandal betroffenen Sponsors durch das Ereignis mit beeinflusst werden. Der empirische Nachweis sogenannter Spillovereffekte in Folge von Testimonialskandalen ist das primäre Forschungsziel der vorliegenden Arbeit.

Zum Einstieg in die Thematik wurden in *Kapitel 2* zunächst die für die vorliegende Arbeit zentralen Begriffe definiert. Ein Testimonial bezeichnet dabei eine prominente Persönlichkeit, die für ein Produkt, eine Marke oder ein Unternehmen wirbt. Unter einem Skandal wird ein als solches bezeichnetes, bedeutsames, vermeidbares und schuldhaftes Fehlverhalten des Skandalierten verstanden, dessen Enthüllung durch die Skandalierer, einer breiten Öffentlichkeit durch die Massenmedien zugänglich gemacht, zu einer Empörung bei Dritten führt. Unter den im Fokus dieser Arbeit stehenden Spillovereffekten werden Übertragungseffekte in Folge eines bestimmten Ereignisses verstanden, die sich zwischen eigenständig agierenden, zueinander in Wettbewerb stehenden Unternehmen ergeben. Diese können sowohl positiver (Wettbewerbseffekt) als auch negativer (Sippenhafteffekt) Natur sein. Im anschließenden Literaturüberblick wurden die für diese Arbeit wesentlichen Erkenntnisse bisheriger Forschungsarbeiten zusammengefasst. Daraus wurde deutlich, dass sich Testimonialskandale nicht nur auf die Wahrnehmung der Testimonials inklusive der beworbenen Marken negativ auswirken und infolgedessen die Kaufabsicht der Konsumenten negativ beeinflussen, sondern auch eine verminderte Bewertung der Sponsoren am Aktienmarkt zur Folge haben. Neben der bestehenden Testimonialliteratur sind für die vorliegende Arbeit insbesondere kapitalmarktorientierte Spilloverstudien von Relevanz. So wurden positive wie negative Spillovereffekte in Folge unterschiedlichster Ereignisse wie beispielsweise Industrieunfälle, Rückrufaktionen aufgrund schadhafter Produkte, oder Betrugsskandale empirisch aufgezeigt. Wie die Literaturanalyse zeigt, sind vergleichbare Untersuchungen in Bezug auf Testimonialskandale rar. Lediglich zwei Arbeiten befassen sich mit Spillovereffekten in Folge negativer Publizität eines Testimonials, wobei nur eine davon einen direkten Bezug zum Kapitalmarkt aufweist. Zudem gelangen die beiden Studien zu in Teilen gegensätzlichen Resultaten. Die aufgrund des ungenügenden empirischen Nachweises von Spillovereffekten im Zusammenhang mit Testimonialskandalen bestehende Forschungslücke ist Betrachtungsgegenstand dieser Arbeit.

Zur Beantwortung der sich daraus ergebenden Forschungsfragen wurden in *Kapitel 3* drei Hypothesen hergeleitet und in ein konzeptionelles Modell überführt. Dieses basiert auf den Ergebnissen von im Vorfeld der Hauptuntersuchung durchgeführten Experteninterviews sowie den Erkenntnissen einer umfassenden Literaturrecherche. Hypothese 1 prognostiziert einen im Durchschnitt aller betrachteter Testimonialskandale negativen Spillover auf die Wettbewerber. Ursächlich für die Prognose eines negativen Spillovereffekts waren insbesondere zwei Faktoren: (1) Im Rahmen der bisherigen Forschungsarbeiten konnte lediglich ein negativer Haupteffekt empirisch gezeigt werden. Positive Spillovereffekte waren an die Randbedingung einer geringen Testimonialintensität geknüpft. (2) Die im Allgemeinen als risikoavers geltenden Investoren neigen in einer wie im Fall von Testimonialskandalen schwer zu bewertenden und daher durch Unsicherheit geprägten Entscheidungssituation tendenziell zu einer Reduktion ihrer Risikopositionen. Zur theoretischen Begründung negativer Spillovereffekte wurden die Accessibility-Diagnosticity Theorie, das Modell der Aktivierungsausbreitung sowie die Theory of Collective Reputations und das Modell der Reputation Commons auf die Situation eines Testimonialskandals angewandt. Daran anknüpfend zielen Hypothese 2 und 3 auf die Beantwortung der Frage nach den den Spillovereffekt beeinflussenden Faktoren ab. Als relevante Spilloverdeterminanten wurden mit der Performance des Sponsors und der Marktkonzentration zwei Einflussfaktoren identifiziert, die einfach zu beobachten und/oder Teil der den Finanzmarktteilnehmern üblicherweise zugesprochenen Kenntnisse zu einer Industrie bzw. Firma sind. Grund für diese Auswahl waren die Erkenntnisse der mit den Finanzmarktexperten durchgeführten Interviews, welche nahelegen, dass aufgrund von Zeit- und Ressourcenrestriktionen ein aus Kapitalmarktsicht vergleichbar kleines Ereignis wie ein Testimonialskandal in der Regel keine detaillierte Analyse des Ereignisses sowie der sich daraus auf dem Produktmarkt für die Wettbewerber ergebenden Opportunitäten auslöst - die Abschätzung der Auswirkungen auf die Vielzahl der Wettbewerber demzufolge auf einer wenig detailreichen bzw. wenig aufwendigen Situationsbeurteilung beruht. Theoretisch fundiert in der Signaltheorie sowie dem Struktur-Verhalten-Ergebnis Paradigma besagen die beiden Hypothesen, dass der negative Spillovereffekt durch eine verstärkt negative Aktienmarktreaktion der Sponsoren verstärkt (H_2), hingegen durch eine erhöhte Marktkonzentration in der von dem jeweiligen Skandal betroffenen Industrie abgeschwächt wird (H_3). Neben den die Hypothesen betreffenden erklärenden Variablen wird das konzeptionelle Modell ergänzt um sechs ereignis-, sieben unternehmens- und vier kontextspezifische Kontrollvariablen.

Zur empirischen Umsetzung des konzeptionellen Modells wurde - vergleichbar zur bestehenden Literatur - die Methodik der Ereignisstudie gewählt. Die Ereignisstudie ist ein in der empirischen Kapitalmarktforschung etabliertes Verfahren zur Analyse der Auswirkungen eines singulären Ereignisses (hier: Testimonialskandal) auf die Wertpapierkurse der betroffenen Unternehmen. Orientiert am allgemeinen Ablauf einer Ereignisstudie wurden in *Kapitel 4* neben den methodischen Grundlagen auch die verschiedenen Gestaltungsvarianten aufgezeigt und deren für die vorliegende Arbeit gewählte Spezifikation erläutert. So wurde - den Empfehlungen der Literatur folgende - zur Berechnung der erwarteten Renditen das Marktmodell gewählt, wobei der S&P 500 Index als relevanter Benchmarkindex fungiert. Die Schätzperiode wurde auf einen 250-Tage Zeitraum, welcher 30 Tage vor Eintritt des Ereignisses endet, festgelegt. Zur Messung des aggregierten Spillovereffekts wurde die Verwendung eines erweiterten Ereignisfensters von acht Tagen [-2;+5] aufgrund der Eigenschaften von Testimonialskandalen sowie des Spilloverkontextes motiviert. Zur Überprüfung der statistischen Signifikanz der ermittelten abnormalen Renditen wurden der adjustierte BMP-Test, ergänzt um den Generalized Rank Test, als für diese Arbeit relevante Verfahren identifiziert. Beide Verfahren sind robust gegenüber einer ereignisinduzierten Varianzänderung, Autokorrelation und Querschnittskorrelation, wobei insbesondere letztgenanntes Kriterium bei der Analyse von Spillovereffekten von besonderer Relevanz ist, da den einem Ereignis zugeordneten Wettbewerbern das Ereignisdatum gemein ist und sie per Definition derselben Industrie angehören. Für die der eigentlichen Ereignisstudie nachgelagerte Analyse der Spilloverdeterminanten wurden Mittelwertdifferenztests und multiple Regressionsmodelle vorgestellt.

Kapitel 5 umfasst die empirische Überprüfung der Forschungshypothesen und stellt somit den Kern der vorliegenden Arbeit dar. Grundlage der Auswertung bildet ein speziell für die Zwecke dieser Arbeit generierter, eine Vielzahl historischer Testimonialskandale umfassender Datensatz. Dieser wurde, analog zur Vorgehensweise vergleichbarer Forschungsarbeiten, auf Basis einer umfassenden Schlagwortsuche in den Pressedatenbanken LexisNexis, Factiva sowie über die Google Suchmaschine händisch erstellt. Um die Analyse von Spillovereffekten zu ermöglichen wurden den auf diese Weise identifizierten Sponsoren, unter Verwendung von spezialisierten Firmenporträts sowie von Finanzdatenanbietern veröffentlichten Peergroups, direkte Wettbewerber zugeordnet. Insgesamt konnte nach Bereinigung des Datensatzes (u.a. bezüglich überlappender Ereignisse und unzureichender Kursdaten) eine für die Spilloveranalyse verwertbare Stichprobe von 121 Testimonialskandalen, 191 Sponsoren und 594 Wettbewerbern im Zeitraum 1981 bis zur Jahresmitte 2015 generiert werden. Diesen Ereignissen sind insgesamt 107 verschiedene Testimonials, 90 verschiedene Sponsoren und 207 unterschiedliche Wettbewerbsunternehmen zuzuordnen. Die deskriptive statistische Voruntersuchung des Datensatzes zeigt, dass die Anzahl der sich pro Jahr ereignenden Testimonialskandale im Zeitverlauf zunimmt, die Mehrheit der Testimonials aus dem Sportbereich stammt und die drei am häufigsten vertretenen Skandalursachen Beziehungs- und Sexualvergehen, physische Gewalt und politische Inkorrektheit sind. Rund zwei Drittel der Testimonials, Sponsoren und Wettbewerber sind in Nordamerika beheimatet. Die auf Basis dieses Datensatzes durchgeführte Ereignisstudie bestätigt den gemäß Hypothese 1 erwarteten, im Durchschnitt negativen Spillovereffekt. Für die Gesamtheit der Wettbewerber wurde eine statistisch signifikant, negative abnormale Rendite CAAR [-2;+5] von -0,38% ermittelt. Dieses Ergebnis weist nicht nur eine plausible Relation zu der im selben Zeitraum für die Sponsorenstichprobe berechneten abnormalen Rendite von -1,16% auf, sondern steht auch im Einklang mit den Resultaten vergleichbarer Untersuchungen zu Spillovereffekten im Zusammenhang mit Reputationskrisen. Durch Robustheitsanalysen konnte darüber hinaus gezeigt werden, dass die erzielten Ergebnisse auch mit variierten Modellparametern nicht an Gültigkeit verlieren. In der der eigentlichen Ereignisstudie nachgelagerten Untersuchung der Determinanten des Spillovers konnten weiterhin die Hypothesen 2 und 3 bestätigt werden. Die im vollständigen Regressionsmodell positiven und signifikanten Beta-Koeffizienten der Variablen Performance der Sponsoren (β = 0,29; $p < 0,01$) und Marktkonzentration (β = 0,11; $p < 0,05$) zeigen, dass der negative Effekt eines Testimonialskandals auf die abnormalen Renditen der Wettbewerber umso stärker ausgeprägt ist, je stärker bereits der Sponsor von dem Ereignis negativ betroffen war, wohingegen eine hohe Marktkonzentration zu einem weniger stark negativ ausgeprägten Spillover führt. Auch die Ergebnisse der Regressionsanalyse konnten im Rahmen umfassender Robustheitstest validiert werden.

6.2 Implikationen für die Forschung

Aus den im Rahmen dieser Arbeit durchgeführten Analysen und daraus gewonnenen Erkenntnissen können mehrere, die bestehende Literatur erweiternde Forschungsbeiträge abgeleitet werden. Primäres Ziel der vorliegenden Arbeit war es festzustellen, inwiefern die direkten Wettbewerber eines von einem Testimonialskandal betroffenen Sponsors durch einen Spillovereffekt beeinflusst werden. Bisherige Forschungsarbeiten hierzu ergaben kein einheitliches Ergebnis. Knittel und Stango (2014) konnten in ihrer auf den Tiger Woods Untreueskandal bezogenen Fallstudie für die Gesamtheit der Wettbewerbsunternehmen keinen signifikanten Spillovereffekt ermitteln, zeigten jedoch, dass zumindest für dieses singuläre Ereignis die Richtung des Spillovers von der Testimonialintensität der Wettbewerber abhängig war. So schnitten Wettbewerber, die selbst Testimonials zu Werbezwecken einsetzten, signifikant schlechter ab als diejenigen, die auf den Einsatz von Testimonials verzichteten. Letztgenannte konnten im Rahmen des Wettbewerbseffekts von dem für den jeweiligen Sponsor nachteiligen Ereignis profitieren.[727] Demgegenüber zeigt die experimentelle Studie von Carrillat, d'Astous und Christianis (2014) einen sich auf die direkten Wettbewerber ausdehnenden signifikanten negativen Sippenhafteffekt.[728] Zur Ermittlung des Spillovers stellen die Autoren im Gegensatz zur Studie von Knittel und Stango (2014) nicht auf Aktienkurse, sondern die durch den Skandal veränderte Wahrnehmung der betroffenen Marken durch Konsumenten ab - wobei die Vergleichbarkeit beider Studien aufgrund der Bedeutung der Markenwahrnehmung für den (zukünftigen) Umsatz bzw. Gewinn und damit die Bewertung der Unternehmen indirekt gegeben ist.[729]

Die Ergebnisse der für diese Arbeit durchgeführten Ereignisstudie deuten auf einen im Durchschnitt negativen Spillovereffekt auf die direkten Wettbewerber eines durch einen Testimonialskandal betroffenen Sponsors hin und stützen damit die Resultate von Carrillat, d'Astous und Christianis (2014). Zum ersten Mal konnte auf Basis eines großen Datensatzes tatsächlicher, d.h. sich in der Realität historisch ereigneter Testimonialskandale ein anhand der Aktienkurse der Wettbewerber messbarer Spillover gezeigt werden. Durch das Schließen dieser Forschungslücke leistet die vorliegende Arbeit einen signifikanten Beitrag zur Literatur der Testimonialforschung und zeigt, welch weitreichende Effekte sich aus dem negativen Verhalten eines Testimonials ergeben können. Neben den Implikationen für die Testimonialforschung tragen die gewonnene Erkenntnisse auch zur Spilloverliteratur in Bezug auf marketingbezogene Ereignisse bei. Verglichen mit anderen Disziplinen der Wirtschaftswissenschaften (z.B. Finanzwirtschaft) gelten die Marketingfunktion betreffende Spillovereffekte als nicht ausreichend erforscht. Dies gilt insbesondere für Untersuchungen zu den Auswirkungen spezifischer Marketingmaßnahmen auf den Firmenwert der Wettbewer-

[727] Vgl. Knittel und Stango (2014), S. 33.
[728] Vgl. Carrillat, d'Astous und Christianis (2014), S. 1032.
[729] Vgl. Louie, Kulik und Jacobson (2001), S. 14.

ber, die nicht die Preispolitik der Unternehmen fokussieren.[730] In der Systematik des Marketing-Mixes betrifft der Einsatz von Testimonials das Instrument der Kommunikationspolitik. Durch die vorliegende Arbeit konnte gezeigt werden, dass Fehlschläge in der Werbung eines Unternehmens - eines der wesentlichen Elemente der Kommunikationspolitik - signifikante Auswirkungen auf die Aktienkurse anderer Unternehmen derselben Industrie haben können, selbst wenn es sich dabei um aus der Perspektive des Finanzmarktes kleine Ereignisse wie Testimonialskandale handelt.

Neben der Untersuchung des Haupteffekts war es Ziel der vorliegenden Arbeit herauszufinden, welche Faktoren für die Entstehung, Richtung und Stärke eines Spilloverеffekts in Folge eines Testimonialskandals verantwortlich sind. Eine diesbezügliche Untersuchung der Determinanten des Spillovers fand in der bisherigen Forschung nur ungenügend Beachtung. Als wesentliche Spilloverdeterminanten wurden im Rahmen dieser Arbeit die Performance des Sponsors sowie die Marktkonzentration innerhalb der durch den jeweiligen Skandal betroffenen Industrie identifiziert. Daneben wurde eine Vielzahl weiterer, insbesondere aus der bisherigen Testimonial- und Spilloverforschung bekannter Einflussfaktoren als Kontrollvariablen betrachtet. Die Resultate der hierzu durchgeführten Regressionsanalyse zeigen, dass die typischerweise im Zusammenhang mit dem Spillover erster Ordnung diskutierten Variablen wie der Bekanntheitsgrad des Testimonials, die Schwere des Vergehens oder der Fit zwischen Sponsor und Testimonial keinen signifikanten Einfluss auf den Spillover zweiter Ordnung haben.[731] Auch konnte auf Basis des hier verwendeten großen Datensatzes kein zu der Fallstudie von Knittel und Stango (2014) vergleichbarer Einfluss der Testimonialintensität der Wettbewerber ermittelt werden.[732] Sowohl für die Teilgruppe der testimonialaffinen als auch für die Teilgruppe der nicht-affinen Wettbewerber ergab die Untersuchung eine im Durchschnitt negative abnormale Rendite, weshalb für die Variable im Gesamtmodell insgesamt kein signifikanter, das Spillovererergebnis beeinflussender Effekt herausgestellt werden konnte. In Einklang mit den Erkenntnissen aus der Befragung von Kapitalmarktexperten deuten die empiri-

[730] Vgl. Fosfuri und Giarratana (2009), S. 181 f.
[731] Vgl. beispielhaft Bartz, Molchanov und Stork (2013), S. 137.
[732] Vgl. Knittel und Stango (2014), S. 33.

schen Befunde darauf hin, dass den das Testimonial, die Umständen des Skandals oder die spezifischen Testimonialaktivitäten der Wettbewerber betreffenden Informationen keine entscheidende Rolle bei der Entstehung des Spillovers zweiter Ordnung zukommt. Derartige Faktoren bleiben von den Marktteilnehmern bei der Entscheidung, wie der Einfluss des Skandals auf die Aktienkurse der Wettbewerber zu bewerten sei, weitestgehend unbeachtet. Wie auf Basis der Expertenbefragung und Literaturanalyse vermutet zeigen die Ergebnisse somit, dass bei der Bewertung von aus Kapitalmarktsicht relativ kleinen Ereignissen einfach zu beobachtende Einflussfaktoren an Bedeutung gewinnen. Ereignis- oder marketingspezifische Faktoren, deren Einfluss auf die Performance der Wettbewerber durch firmenexterne Analysten oder Investoren nur vergleichsweise schwer zu bewerten ist oder solche, die einen hohen Rechercheaufwand bedingen, treten hingegen in ihrer Bedeutung dahinter zurück. Zukünftige Forschungsarbeiten, die sich mit der Analyse von Spillovereffekten im Zusammenhang mit kleinen Ereignissen befassen, können auf diesen bei der Untersuchung von Testimonialskandalen abgeleiteten Erkenntnissen aufbauen und die hier identifizierten Spilloverdeterminanten bei der Modellbildung mit einbeziehen.

Als Grundlage für die Untersuchung des Spillovers zweiter Ordnung wurde im Rahmen dieser Arbeit auch der Spillover erster Ordnung analysiert. Im Sinne einer Replikationsstudie tragen die im Rahmen dieser Arbeit erzielten Ergebnisse zur Validierung der bisherigen Forschungsbeiträge zum Spillover erster Ordnung in Folge eines Testimonialskandals bei. Die auf Robustheit geprüften, statistisch signifikanten abnormalen Renditen der Sponsoren bestätigen insgesamt die früheren Forschungsergebnisse. Die für die empirische Auswertung benötigte Untersuchungsstichprobe wurde dabei vollständig unabhängig von den Datensätzen vergleichbarer Studien erstellt. Durch den Einbezug der aktuellsten Skandale, die Berücksichtigung von Testimonials mit verschiedensten professionellen Hintergründen (Sport, Film, Musik usw.) sowie Sponsoren aus unterschiedlichen Industrien kann daher zusätzlich die Verallgemeinerbarkeit der in bisherigen Arbeiten erzielten Resultate verbessert werden.

Schließlich trägt die vorliegende Arbeit zur Forschung des Marketing-Finance Interfaces bei. Gemäß der hierfür grundlegenden Arbeit von Srinivasan und Hanssens (2009) reagieren Investoren auf marketingbezogene Handlungen und Ereignisse, welche auf eine Änderung des durch eine Firma künftig zu erwirtschaftenden Cashflows schließen lassen.[733] Dabei rufen die Autoren zur Durchführung weiterer Untersuchungen auf, welche zu einem verbesserten Verständnis des "stock market impact of known marketing phenomena [...], which can generate momentum in sales and stock returns"[734] beitragen. Die hier durchgeführten Analysen geben ein neues bzw. erweitertes Beispiel dafür, inwiefern ein bekanntes Marketingphänomen wie ein Testimonialskandal sich auf die Börsenbewertung von Unternehmen auswirken kann. Dabei konnte gezeigt werden, dass ein Testimonialskandal nicht nur zu einer angepassten Prognose des Cashflows des jeweiligen Sponsors führt, sondern auch die Erwartung der Investoren bezüglich der zukünftigen Performance der direkten Wettbewerber von dem negativen Ereignis beeinflusst wird.

6.3 Implikationen für die Praxis

Neben der Relevanz der Ergebnisse für die Forschung im Marketing-Finance Interface gehen aus der vorliegenden Arbeit zudem eine Reihe interessanter Erkenntnisse und Implikationen für die Praxis hervor.

Dokumentiert durch zahlreiche bestehende Studien und durch die Medien verbreitete Beispiele des täglichen Lebens ist hinlänglich bekannt, dass sich Testimonialskandale negativ auf die Wahrnehmung der beworbenen Marken und Produkte sowie die Reputation der Firmen auswirken können.[735] Die werbetreibenden Firmen sorgen daher in der Regel für derartige Ereignisse vor. Dazu stehen ihnen eine Reihe unterschiedlicher Instrumente zur Verfügung. Zunächst wird bereits bei der Auswahl einer bekannten Persönlichkeit zum Testimonial deren Historie ausführlich durchleuchtet, um auf Basis des bis dato gezeigten Lebenswandel eine Indikation der Skandalwahrscheinlichkeit für die Zukunft abzuleiten.[736] Jedoch kann auf Basis der Vergangenheitsanalyse auch aufgrund möglicher Veränderungen im Umfeld oder der Lebenseinstellung des Testimonials nicht mit hinreichender Sicherheit auf eine skandal-

---

[733] Vgl. Srinivasan und Hanssens (2009), S. 308.
[734] Srinivasan und Hanssens (2009), S. 308.
[735] Vgl. Fong und Wyer (2012), S. 890 ff.; Till und Shimp (1998), S. 72 ff.
[736] Vgl. Murrmann (2008), S. 85.

freie Zukunft geschlossen werden. Testimonialverträge enthalten daher oftmals sogenannte Moralklauseln, welche es den Unternehmen ermöglichen, sich im Falle eines Skandals von ihrem Testimonial zu trennen und nicht weiter an die Erfüllung des Vertrages gebunden zu sein. Da dadurch aber der bereits entstandene Schaden nicht behoben werden kann, schließen viele Firmen zudem eine "Death and Disgrace"-Versicherung ab, um die finanziellen Folgen eines Testimonialskandals abzumildern.[737] Um rechtzeitig reagieren und gegebenenfalls von den vorhandenen Instrumenten Gebrauch machen zu können, verfolgen die Sponsoren aufmerksam das Verhalten ihrer Testimonials. Vergleichbare Instrumente stehen den Wettbewerbern in der Regel nicht zur Verfügung. Allerdings sollten, aufgrund der in dieser Arbeit aufgezeigten möglichen negativen (oder positiven) Spillovereffekte, auch die direkten Wettbewerber die Testimonials der Konkurrenz nicht aus dem Blick verlieren.[738] Dazu können die Risikomanagementsysteme dahingehend angepasst werden, dass eine automatisierte Warnmeldung generiert wird, sobald ein Testimonial eines direkten Konkurrenten in einen Skandal verwickelt ist. Auf Basis einer sich an diese erste Sensibilisierung für mögliche Risiken (oder Chancen) anschließenden detaillierten Untersuchung der sich aus dem Ereignis ergebenden Auswirkungen auf das eigene Unternehmen können die im weiteren Verlauf zu ergreifenden Maßnahmen abgeleitet werden. Gleichfalls kann die Thematik in bereits vorhandene Business Intelligence Prozesse integriert werden, um *ex ante* das bei einem Wettbewerber vorhandene, testimonialbezogene finanzielle Risiko zu quantifizieren und damit eine bessere Abschätzung eines möglichen Spillovereffekts zu ermöglichen. Ein auf diese Weise identifiziertes, sich aus dem Einsatz von Testimonials ergebendes Risikopotenzial kann bei der Erstellung einer SWOT-Analyse aufgegriffen werden. Im Rahmen der externen Analyse werden die Risiken aus einem Testimonialskandal aufgrund des potenziellen Spillovers als Bedrohung (*Threat*) erfasst. Entsprechend der bei der internen Analyse identifizierten unternehmenseigenen Stärken

---

[737] Vgl. Erdogan und Drollinger (2008), S. 71 ff.; Yannopoulos (2012), S. 31; Carrillat, d'Astous und Lazure (2013), S. 15.

[738] Vgl. Dahlén und Lange (2006), S. 396.

(*Strengths*) und Schwächen (*Weaknesses*) können daraufhin etwaige Handlungsoptionen (Neutralisierungs- oder Verteidigungsstrategien) definiert werden.[739]

Durch bestehende Forschungsarbeiten konnte gezeigt werden, dass sich sowohl positive als auch negative Ereignisse eines Testimonials auf den Umsatz der beworbenen Marken auswirken.[740] In der Praxis gilt der mit einer Marke erzielte Umsatz häufig als eine der wesentlichen Erfolgskennzahlen, welche auch bei der Vergütung der zuständigen Markenmanager Berücksichtigung findet. Vor diesem Hintergrund ist nachvollziehbar, weshalb die für Testimonialwerbung und Markenmanagement verantwortlichen leitenden Angestellten die Umsatzentwicklung der von einem (negativen) Ereignis betroffenen Marke in der Regel aufmerksam verfolgen.[741] Die vorliegende Arbeit hat gezeigt, dass sich in Folge eines Testimonialskandals Spillovereffekte zwischen den Sponsoren sowie deren direkt betroffenen Wettbewerbern ergeben können. Diese Erkenntnis kann auf Seiten der Wettbewerber von den verantwortlichen Markenmanagern sowie den zuständigen Mitarbeitern der Controllingabteilung dazu genutzt werden, etwaige Umsatzschwankungen des eigenen Markenportfolios besser zu erklären und in adäquater Weise im Reporting an die zuständigen leitenden Angestellten zu berücksichtigen. Selbst für den Fall, dass diese daraufhin beschließen sollten, keine weiteren Maßnahmen zur Ausnutzung des Momentums (positiver Spillover) oder zur Abwendung möglicher negativer Auswirkungen auf das eigene Unternehmen (negativer Spillover) zu ergreifen, kann die Information bezüglich der Existenz eines Spillover helfen zu vermeiden, falsche Rückschlüsse betreffend die Performance des eigenen Markenportfolios zu ziehen. Dadurch können wiederum Aktionismus und das Einleiten ungeeigneter, da auf einer nicht sachgerechten Ursache beruhender Maßnahmen vermieden werden. Darüber hinaus kann die Unternehmensführung die durch eine Analyse des Spillovers generierten Informationen für die interne als auch externe Kommunikation verwenden. Intern muss die oberste Managementebene gegenüber dem Aufsichtsrat Rechenschaft zur Performanceentwicklung des Unternehmens ablegen. Zudem wird im Falle

[739] Vgl. grundlegend Andrews (1971), S. 26 ff.
[740] Vgl. Chung, Derdenger und Srinivasan (2013), S. 271 ff.
[741] Vgl. Elbers und Verleun (2012), S. 151; Winn und Shoenhair (1988), S. 154 ff.

einer börsennotierten Gesellschaft in regelmäßig stattfindenden Analystengesprächen sowie im Rahmen der Hauptversammlung die Entwicklung des Aktienkurses diskutiert. Spillovereffekte in Folge eines Testimonialskandals können dabei in die Argumentation der Kursentwicklung mit einfließen und Investoren sowie den Aufsichtsratsmitgliedern ein tiefergehendes Verständnis der die Performanceentwicklung beeinflussenden Werttreiber vermitteln.[742]

Nicht zuletzt sind daher auch Aktienhändler oder Portfoliomanager selbst Adressaten der vorliegenden Arbeit. Um informierte Investitions- oder Desinvestitionsentscheidungen treffen zu können sind für die Aktienmarktteilnehmer tiefergehende Kenntnisse bezüglich der möglichen Implikationen eines Testimonialskandals auf die Sponsoren als auch auf die mit diesen in Wettbewerb stehenden Unternehmen notwendig. Aktionäre eines direkten Wettbewerbers, konfrontiert mit einem Testimonialskandal auf Seiten des Sponsors, stehen vor der Entscheidung, ob das aktuelle Kursniveau eines von ihnen gehaltenen Wertpapiers weiterhin gerechtfertigt ist. Die vorliegende Arbeit hat gezeigt, dass aufgrund von Spillovereffekten auch die Wettbewerber des direkt von einem Testimonialskandal betroffenen Sponsors negativ von dem Ereignis beeinflusst werden können. So rechtfertigen die sich über die Sphäre des Sponsors hinaus ausdehnende Reputationsschädigung oder das erhöhte, bisher gegebenenfalls nicht eingepreiste Testimonialrisiko einen Kursabschlag. In Unkenntnis der sich auf die Wettbewerber ausdehnenden Folgen eines Testimonialskandals würde ein Aktionär unter Umständen zu spät oder gar nicht reagieren, was ein gegenüber dem Gesamtmarkt schlechteres Abschneiden zur Folge hätte. Insbesondere bei auf einen einzelnen Sektor spezialisierten Händlern würden die sich aus dem Skandale ergebenden Spillovereffekte zu einem substanziellen (relativen) Verlust akkumulieren.

6.4 Limitationen und Ausblick

Mit der vorliegenden Arbeit konnten erstmals, basierend auf einer Vielzahl unterschiedlicher Fälle, Spillovereffekte im Rahmen von Testimonialskandalen empirisch gezeigt werden. Durch die gewonnenen Erkenntnisse wurde der Grundstein für wei-

[742] Vgl. hierzu auch Elberse und Verleun (2012), S. 164.

tere, darauf aufbauende Forschungsarbeiten gelegt. Dabei kann insbesondere aus den der dieser Arbeit zugrundeliegenden Limitationen ein weiterer Forschungsbedarf abgeleitet werden. Im Nachfolgenden wird dargelegt, welche inhaltlichen oder dem gewählten empirischen Ansatz geschuldeten Einschränkungen auftreten und wie die dadurch verbleibenden offenen Fragestellungen durch weitere Untersuchungen adressiert werden können.

Untersuchungsgegenstand der vorliegenden Arbeit sind Spillovereffekte in Folge von Testimonialskandalen auf die *direkten* Wettbewerber der von dem negativen Ereignis betroffenen Sponsoren. Diese Einschränkung ist sowohl inhaltlich als auch auf Basis der bestehenden Literatur motiviert. Zunächst zeigen die Ergebnisse bestehender Studien sowie die im Rahmen dieser Arbeit durchgeführten Analysen, dass bereits der Spillovereffekt erster Ordnung vergleichsweise gering ist.[743] Da der Spillover zweiter Ordnung in der Regel nochmals deutlich geringer ausfällt als der Ersteffekt, ist von einem messbaren Effekt auf die Wettbewerber nur in den Fällen auszugehen, bei denen Sponsor und Wettbewerber in einer sehr engen Beziehung zueinander stehen. Diese theoretischen Überlegungen werden durch die Studie von Carrillat, d'Astous und Christianis (2014) gestützt. Auch im Rahmen ihrer Untersuchung kann ein Spillovereffekt zweiter Ordnung nach einem Testimonialskandal nur für die direkten Wettbewerber gezeigt werden.[744] Nichtsdestotrotz kennt die Spilloverliteratur auch andere, breiter gefasste Abgrenzungen des Wettbewerbs. Ein Beispiel hierfür sind Industrieklassifizierungscodes.[745] Die hierunter zusammengefassten Unternehmen stehen zumeist nicht alle in direktem Wettbewerb zueinander, lassen aufgrund der Zugehörigkeit zur selben Industrie jedoch zumindest eine mehr oder weniger enge Wettbewerbsbeziehung untereinander vermuten. Zu untersuchen, inwiefern sich Spillovereffekte auch in Bezug auf die weniger nahestehenden Wettbewerber der selben Industrie ergeben, war nicht Gegenstand der vorliegenden Arbeit. Zukünftige Forschungsarbeiten können sich daher dieser Thematik annehmen und analysieren,

---

[743] Vgl. Bartz, Molchanov und Stork (2013), S. 135 f.
[744] Vgl. Carrillat, d'Astous und Christianis (2014), S. 1032 ff.
[745] Vgl. Barnett und King (2008), S. 1158; Diestre und Rajagopalan (2014), S. 1131; Gande und Lewis (2009), S. 831.

ob und inwiefern sich der in dieser Arbeit gefundene negative Spillovereffekt auf die direkten Wettbewerber auch auf weitere Unternehmen der selben Industrie ausdehnt.

Eine weitere Limitation der Arbeit ergibt sich aufgrund der verwendeten Ereignisstudienmethodik.[746] Zur Messung der finanziellen Auswirkungen eines Ereignisses wird dabei auf die Veränderung des Aktienkurses der betroffenen Unternehmen in Form einer abnormalen Rendite abgestellt. Bei den sich auf den Firmenwert beziehenden Aktienkursen handelt es sich um ein gut etabliertes, allgemein akzeptiertes Maß zur Messung der Performance eines Unternehmens.[747] Vorteilhaft gegenüber traditionellen Kennzahlen der Unternehmensanalyse wie der Umsatzentwicklung sind insbesondere deren Zukunftsbezogenheit, die in einer Kennzahl aggregierte Betrachtung der verschiedenen Erfolgs- und Risikofaktoren eines Unternehmens sowie die vergleichsweise geringe Manipulierbarkeit durch das Management.[748] Jedoch bilden sich Aktienkurse ausschließlich auf Basis der Erwartung von Investoren bezüglich des zukünftigen Cashflows sowie des Risikogehalts einer Investition und sind damit abhängig von der Genauigkeit diesbezüglicher Prognosen. Durch die Verwendung nicht-aktienmarktbasierter Erfolgskennzahlen zur Messung des Spillovereffekts kann eine mögliche Verzerrung, die auf der nicht vollständig zutreffenden Erwartung der Marktteilnehmer beruht, umgangen werden. So sind unternehmensinterne, rechnungslegungsbasierte Kennzahlen aufgrund ihres Vergangenheitsbezugs unabhängig von der Vorhersagegenauigkeit externer Dritter. Zudem wurden die Auswirkungen von Ereignissen in Zusammenhang mit Testimonials auf aktienmarktunabhängige Erfolgskennzahlen in der bisherigen Forschung nur selten untersucht. Elberse und Verleun (2012) verdeutlichen dies durch die Aussage "the impact of such events

---

[746] Für eine allgemeine Diskussion der Limitationen der Ereignisstudienmethodik sowie deren Vor- bzw. Nachteilhaftigkeit gegenüber anderen finanzmarktbasierten Methoden siehe Kapitel 4.1 und 4.4 dieser Arbeit sowie ausführlich in Srinivasan und Hanssens (2009), S. 301 ff.; Kothari und Warner (2007), S. 12 ff.; Peterson (1989), S. 49 ff.; Armitage (1995), S. 44 ff.; Campbell, Lo und MacKinlay (1997), S. 175 ff.

[747] Vgl. Srinivasan und Hanssens (2009), S. 296 ff.; Chatterjee, Richardson und Zmud (2001), S. 50 ff.; Goerke (2009), S. 467; McWilliams und Siegel (1997), S. 626.
Skiera, Bayer und Schöler (2017) schlagen auf Basis einer noch unveröffentlichten Untersuchung die Anpassung der abnormalen Renditen um einen firmenspezifischen Leverage-Effekt vor, um ausschließlich die Auswirkungen eines Ereignisses auf den auf das operative Geschäft entfallenden Anteil des Firmenwertes abzubilden. Dabei zeigen die Autoren, dass die Anpassungen insbesondere bei Untersuchungen mit kleinem Stichprobenumfang von Relevanz sind, was bei der vorliegenden Arbeit nicht der Fall ist. Infolgedessen wurde der methodisch neue, noch unerprobte Ansatz in der vorliegenden Arbeit nicht abgebildet.

[748] Vgl. Gielens et al. (2008), S. 520; McWilliams und Siegel (1997), S. 626 f.

[related to celebrity endorsements] on *sales* are poorly understood [Hervorhebung im Original]".[749] Eine Analyse der Spillovereffekte auf Basis weiterer Erfolgskennzahlen wie dem Umsatz würde die Erkenntnisse dieser Arbeit sowie die Testimonialliteratur im Allgemeinen daher komplettieren und erweitern. So steht der Umsatz eines Produktes oder einer Marke mit dem Einfluss eines Testimonialskandals auf die Wahrnehmung der Konsumenten in direkterem Zusammenhang als der Aktienkurs des Unternehmens. Eine entsprechende umsatzbasierte Analyse würde demzufolge ein tiefergehendes Verständnis bezüglich der unmittelbaren Wirkmechanismen eines Spillovers ermöglichen.

Der Fokus dieser Arbeit liegt auf börsengelisteten US-amerikanischen Unternehmen sowie auf international agierenden Unternehmen, für die durch eine Zweitnotierung oder ein ADR-Programm US-amerikanische Wertpapierkurse verfügbar sind. Diese Einschränkung ist notwendig, um die Konsistenz der Resultate sicherzustellen und die Vergleichbarkeit zu den sich mit dem Spillover erster Ordnung befassenden Studien zu gewährleisten.[750] Jedoch ergeben sich aus dieser Eingrenzung der betrachteten Unternehmen auch zwei wesentliche Limitationen. Erstens zeigen aktuelle Studien, dass es beim Einsatz von Testimonials starke Unterschiede zwischen verschiedenen Märkten gibt. Der Gebrauch von bekannten Persönlichkeiten in der Werbung ging in westlichen Ländern innerhalb der letzten Dekaden stark zurück. Wurden in Ländern wie den USA oder Großbritannien Ende der 1990er Jahre noch in ca. 20% bis 30% aller Werbesendungen Testimonials eingesetzt, hat sich dieser Anteil auf ein heutiges Niveau von ca. 10% reduziert. Anders die Entwicklung in asiatischen Ländern wie Japan, China, Korea oder Taiwan. Hier sind noch immer in mehr als einem Drittel der Werbespots Testimonials vertreten.[751] Bezieht man zudem bestehende interkulturelle Unterschiede in der Wahrnehmung von in der Öffentlichkeit stehenden Persönlichkeiten bzw. Testimonials mit ein[752], stellt sich die Frage, inwiefern sich die im Rahmen dieser Arbeit generierten Erkenntnisse auch auf andere Märkte und Kulturräume übertragen lassen. Durch die Durchführung vergleichbarer Studien

[749] Elberse und Verleun (2012), S. 149.
[750] Vgl. Bartz, Molchanov und Stork (2013), S. 93; Ding, Molchanov und Stork (2011), S. 150.
[751] Vgl. Schimmelpfennig und Hollensen (2016), S. 7 ff.
[752] Vgl. Biswas, Hussain und O'Donnell (2009), S.121 ff.; Money, Shimp und Sakano (2006), S. 113 ff.

in Bezug auf unterschiedliche Kulturräume oder kulturraumvergleichende Analysen kann daher die Generalisierbarkeit der Ergebnisse dieser auf die USA fokussierten Arbeit überprüft werden.[753] Die zweite Limitation leitet sich wiederum aus den Anforderungen der Ereignisstudienmethodik ab. Da zur empirischen Ermittlung des Spillovers Wertpapierkurse benötigt werden, können nur börsennotierte Unternehmen in die Auswertung mit einbezogen werden.[754] Diese unterscheiden sich von privaten Unternehmen beispielsweise hinsichtlich der Publizitätspflichten, dem Zugang zu Kapital oder der Kurz- bzw. Langfristorientierung des Managements.[755] Aufgrund dieser unterschiedlichen Charakteristika können aus den Ergebnissen für börsennotierte Unternehmen keine unmittelbaren Rückschlüsse auf private Unternehmen gezogen werden. Zum Beispiel sprechen sich aus der Eigentümerstruktur ergebende Unterschiede in der Überwachung des Managements für einen im Vergleich zu börsennotierten Unternehmen unterschiedlich (in der Tendenz weniger) stark ausgeprägten (negativen) Spillover auf private Unternehmen. Aufgrund einer weniger stark konzentrierten Eigentümerstruktur bei börsennotierten Unternehmen mit entsprechend geringeren Anreizen zur Kontrolle des Managements bei gleichzeitig erhöhter Effektivität der Überwachung durch Blockanteilseigner in privaten Unternehmen lässt sich eine auf das Monitoring zurückzuführende unterschiedlich ausgeprägte Risikobereitschaft des Managements ableiten.[756] Das sich daraus ergebende divergierende Investitionsrisiko könnte insofern auch bei der Entstehung bzw. Ausprägung eines Spillovers von Bedeutung sein. Im Rahmen weiterer Forschungsarbeiten kann daher ermittelt werden, ob nicht-börsennotierte Wettbewerber gleichsam von einem negativen Spillover in Folge eines Testimonialskandals betroffen sind und worauf mögliche Unterschiede zu den gelisteten Vergleichsunternehmen zurückzuführen sind.

Weiterhin wurden mögliche Reaktionsstrategien der Wettbewerber sowie deren Finanzmarktimplikationen nicht in die Analyse der Spillovereffekte mit einbezogen. Konfrontiert mit einem eines ihrer Testimonials betreffenden Skandals stehen die Sponsoren vor der Frage, wie sich die Reputationskrise aus Sicht des Unternehmens am besten bewältigen lässt. Im Allgemeinen stehen ihnen hierbei zwei Handlungsop-

---

[753] Vgl. Delattre (2007), S. 67.
[754] Vgl. Delattre (2007), S. 72.
[755] Vgl. Volk (2013), S. 54 ff.; Trostel und Nichols (1982), S. 47 ff.
[756] Vgl. Volk (2013), S. 55.

tionen zur Verfügung: sich von dem Testimonial zu distanzieren oder die Krise zusammen mit ihm zu durchstehen.[757] Gleichfalls haben die von einem potenziellen Spillover betroffenen direkten Wettbewerber die Möglichkeit, durch proaktives Handeln auf den Testimonialskandal zu reagieren. Diese Option wurde in der vorliegenden Arbeit nicht weiter verfolgt, da der Fokus der Untersuchung auf die unmittelbare Reaktion der Aktionäre nach dem Ereignis gerichtet ist.[758] Dabei ist davon auszugehen, dass eine mögliche Reaktion der Wettbewerber erst nach einer umfassenden Analyse der sich für die eigene Firma ergebenden Implikationen erfolgt und in jedem Fall jegliche durch das Management ergriffenen Maßnahmen ihre Wirkkraft erst nach dem für diese Arbeit gewählten Betrachtungszeitraum entfalten.[759] Mögliche Handlungsoptionen der Wettbewerber wurden in Untersuchungen angrenzender Forschungsgebiete diskutiert. Beispielsweise zeigt Desai (2011), dass Firmen, um einen negativen Spillover nach einem die gesamte Industrie negativ betreffenden Ereignis abzumildern, auf die Veröffentlichung defensiver Statements zurückgreifen. Durch Public Relations Maßnahmen wie die Herausgabe von Presseberichten oder Interviews mit dem Pressesprecher wird versucht, auf die öffentliche Debatte in den Medien Einfluss zu nehmen.[760] Weitere Forschungsarbeiten belegen, dass die Wettbewerber eines durch einen Produktrückruf betroffenen Unternehmens verstärkt aggressiv am Markt agieren und durch eine Ausdehnung der Werbeaktivitäten sowie reduzierte Preise versuchen, die Position des sich in der Krise befindenden Konkurrenten weiter zu schwächen - wie auch nachfolgendes Beispiel aus der Praxis zeigt.[761] Im Jahr 1996 musste Kraft Foods Australien zwei Erdnussbutterprodukte zurückrufen, da die bei der Herstellung verwendeten Erdnüsse eines externen Zulie-

[757] Vgl. Louie und Obermiller (2002), S. 41 ff.; Carrillat, d'Astous und Lazure (2013), S. 25.

[758] Vgl. Diestre und Rajagopalan (2014), S. 1150 f.; Kang (2008), S. 552.

[759] Eine die Auswirkungen der Reaktionsstrategien mit einbeziehende Untersuchung müsste vergleichbar zur Vorgehensweise von Hock und Raithel (2014) eine wesentlich längere, nachgelagerte Ereignisperiode umfassen. Dabei ist davon auszugehen, dass die Wettbewerber regelmäßig erst nach den Sponsoren mögliche Handlungsoptionen ergreifen, weshalb das erweiterte Ereignisfenster zur Analyse des Spillovers zweiter Ordnung nochmals deutlich länger sein müsste als der erweiterte Untersuchungszeitraum zur Analyse der Reaktionsstrategien der Sponsoren. Aufgrund der mit der Länge der Ereignisperiode zunehmenden Wahrscheinlichkeit überlappender Ereignisse ist die Anwendbarkeit der Ereignisstudienmethodik bei der Untersuchung längerfristiger Zeiträume beschränkt.

[760] Vgl. Desai (2011), S. 254 ff.

[761] Vgl. Siomkos et al. (2010), S. 771.

ferers mit Salmonellen vergiftet waren. Daraufhin startete der Hauptkonkurrent Sanitarium mehrere Werbekampagnen, in denen betont wurde, dass seine in der Erdnussbuttererzeugung verwendeten Erdnüsse aus eigenem Anbau stammen. Während der Marktanteil der Kraft Foods Produkte einbrach, konnte Sanitarium auf Grundlage der aggressiven Werbestrategie seinen Marktanteil während der Krise von 15% auf 70% ausbauen.[762] Demgegenüber empfehlen andere Autoren im Falle einer Reputationskrise möglichst wenig zu kommunizieren und insbesondere auf einen Vergleich mit bzw. Abgrenzung gegenüber der betroffenen Firma zu verzichten. Die Wettbewerber können demnach ihre eigene Reputation am besten schützen - und die Auswirkungen eines negativen Spillovers minimieren - wenn sie einen öffentlichen Vergleich mit einer sich in einer Reputationskrise befindlichen Firma vermeiden.[763] Durch weitere Forschungsarbeiten kann zunächst erarbeitet werden, welche Reaktionsstrategien den Wettbewerbern im Falle eines Testimonialskandals insgesamt zur Verfügung stehen und unter welchen Kontextfaktoren der Einsatz welcher Maßnahmen den größtmöglichen Erfolg verspricht. Darauf aufbauend kann durch eine weiterführende Analyse untersucht werden, welche finanziellen Implikationen sich durch die Anwendung der Maßnahmen ergeben und wie dadurch ein möglicher Spillovereffekt beeinflusst werden kann.

Zuletzt wurde die Rolle firmenexterner Intermediäre nicht explizit betrachtet. Im Rahmen bestehender Forschungsarbeiten konnte gezeigt werden, dass firmenexterne Intermediäre wie die Medien, Regulierungsbehörden oder regierungsunabhängige Organisationen (NGO) einen wesentlichen Einfluss auf die Meinungsbildung von Investoren in Folge eines negativen Ereignisses nehmen.[764] Bei den in dieser Arbeit betrachteten Testimonialskandalen fällt insbesondere den Medien eine bedeutende Rolle zu. Aufgrund des großen Interesses einer breiten Öffentlichkeit an den Skandalen bekannter Persönlichkeiten berichten die einschlägigen Medien, insbesondere die Boulevardpresse, zumeist ausführlich über den Verlauf der Ereignisse und die neuesten Enthüllungen. Durch die Berichterstattung wird die Wahrnehmung des Ereignisses sowie das Image des für den Skandal verantwortlichen Testimonials ge-

[762] Vgl. Cleeren, Dekimpe und Helsen (2008), S. 263.
[763] Vgl. Borah und Tellis (2016), S. 157.
[764] Vgl. Maguire und Hardy (2009), S. 149 ff.; Diestre und Rajagopalan (2014), S. 1134

prägt. Über die Auswirkungen des Skandals auf die Konsumenten wird wiederum die Bewertung der Investoren beeinflusst. Um den Einfluss der Medien abzubilden wurde in Übereinstimmung mit vergleichbaren Forschungsarbeiten die Kontrollvariable mediale Aufmerksamkeit in das empirische Modell mit aufgenommen.[765] Mittels dieser Variable wird dafür kontrolliert, ob es sich bei dem jeweiligen Skandal aus Sicht der Medien um ein mehr oder weniger bedeutendes bzw. berichtenswertes Ereignis handelt. Eine tiefergehende Auswertung des Inhalts der einzelnen Presseartikel ist hingegen nicht Gegenstand der vorliegenden Arbeit. Weitere, hierauf fokussierende Untersuchungen können sich dieser Forschungslücke annehmen. Beispielsweise kann durch die Methodik der Textanalyse der Inhalt sowie der Tenor der medialen Berichterstattung ausgewertet und dessen Einfluss auf die Meinungsbildung der Konsumenten und Investoren genauer analysiert werden.[766] Eine entsprechende Untersuchung würde infolgedessen auch zu einem verbesserten Verständnis bezüglich des Einflusses firmenexterner Intermediäre für das Entstehen eines Spillovereffekts im Zuge von Testimonialskandalen beitragen.

---

[765] Vgl. Bartz, Molchanov und Stork (2013), S. 137; Hock und Raithel (2014), S. 16; Ding, Molchanov und Stork (2011), S. 156; Doukas et al (2016), S. 404.

[766] Vgl. Akturan (2011), S. 1284 ff.; Borah und Tellis (2016), S. 146 f.; Desai (2011), S. 268f.; Jonsson, Greve und Fujiwara-Greve (2009), S. 208.

Anhang

Anhang 1 Gesprächsleitfaden Experteninterviews

Leitfaden Experteninterview

Name:

Position/Institution:

Kontakt:

Datum:

Einleitung: Untersuchung des Einflusses von Testimonialskandalen auf die Aktienkurse von Unternehmen.
Beispiel: Tiger Woods Sexskandal, Auswirkungen auf Sponsor Nike und Wettbewerber Adidas

Fragen:

1. Wie gehen Sie mit einem Testimonialskandal bei einem von Ihnen gehandelten/gecoverden Unternehmen um?

   Alternative: Welche Marktmechanismen/ Abläufe im Aktienhandel führen aus Ihrer Sicht zu einer (negativen) Kursreaktion beim werbenden Unternehmen?

2. Welche Informationen sind dabei für Sie relevant?

3. Wie gehen Sie damit um, wenn der Wettbewerber eines von Ihnen gehandelten/gecoverden Unternehmens von einem Testimonialskandal betroffen ist?

   Alternative: Welche Marktmechanismen/ Abläufe im Aktienhandel führen aus Ihrer Sicht zu einer (negativen) Kursreaktion beim Wettbewerber des durch den Skandal betroffenen Unternehmen?

4. Welche Informationen sind dabei für Sie relevant?

5. Welche Reaktion auf den Testimonialskandal erwarten Sie vom Wettbewerbsunternehmen?

6. Sonstige Anmerkungen:

Viele Dank für Ihre Zeit und die Teilnahme an der Befragung!

Anhang 2 Auflistung Ereignisse der Stichprobe

Testimonial	Datum	Art des Skandals	Sponsor	Wettbewerber
Akon	12.04.2007	Beziehungs-/Sexualvergehen	Verizon	AT&T, Comcast, Deutsche Telekom, Sprint
Alda, Alan	30.11.1988	Sonstiges	International Business Machines	Computer Sciences, Hewlett-Packard, Microsoft, Oracle
Alomar, Roberto	27.09.1996	Sonstiges	Nike	Adidas, Callaway Golf, Oakley
Arenas, Gilbert	25.12.2009	Physische Gewalt	Adidas	Callaway Golf, Nike
Armstrong, Lance	13.06.2012	Doping	Nike, Anheuser-Busch, RadioShack	Adidas, Under Armour, V.F., Essilor International, Heineken, SABMiller, Amazon.com, Best Buy, Costco Wholesale, GameStop, Office Depot, Sears Holdings, Staples
Balotelli, Mario	27.03.2011	Sonstiges	Nike	Adidas, Deckers Outdoor, Under Armour, V.F.
Balotelli, Mario	26.01.2012	Physische Gewalt	Nike	Adidas, Deckers Outdoor, V.F.
Balotelli, Mario	04.04.2012	Beziehungs-/Sexualvergehen	Nike	Adidas, Deckers Outdoor, Under Armour, V.F.
Barkley, Charles	31.12.2008	Verkehrtsdelikte	Deutsche Telekom	BT Group, Koninklijke KPN, Orange
Barton, Joey	27.12.2007	Physische Gewalt	Nike	Adidas, Deckers Outdoor, Under Armour, V.F.
Beckham, David	04.04.2004	Beziehungs-/Sexualvergehen	Adidas, Vodafone	Callaway Golf, V.F., AT&T, Deutsche Telekom, Telecom Italia, Telefonica
Benzema, Karim	21.04.2010	Beziehungs-/Sexualvergehen	Electronic Arts	Activision Blizzard, Take-Two Interactive Software
Bieber, Justin	23.01.2014	Verkehrtsdelikte	Adidas	Deckers Outdoor, V.F.
Bonds, Barry	05.09.2003	Doping	Yum! Brands, Charles Schwab	Jack in the Box, Darden Restaurants, Starbucks, E*TRADE Financial, Morgan Stanley, Raymond James Financial, TD Ameritrade Holding
Brady, Tom	06.05.2015	Sonstiges	Deckers Outdoor, Coca-Cola, Movado Group	Columbia Sportswear, Nike, Skechers USA, Steven Madden, Wolverine World Wide, Danone, Dr Pepper Snapple Group, Kraft Foods Group, Unilever, Compagnie Financiere Richemont, The Swatch Group
Braun, Ryan	22.07.2013	Doping	Nike	Adidas, Quiksilver, Ralph Lauren, Wolverine World Wide
Bryant, Kobe	07.07.2003	Physische Gewalt	Russell Brands	Gildan Activewear
Cage, Nicolas	26.04.2011	Physische Gewalt	Compagnie Financière Richemont	LVMH, Tiffany & Co.
Capriati, Jennifer	10.12.1993	Sonstiges	Procter & Gamble	Church & Dwight, Colgate-Palmolive, Kimberly Clark, Unilever
Chen, Edison	30.01.2008	Beziehungs-/Sexualvergehen	Standard Chartered Bank	Citigroup, Barclays, Lloyds Banking Group
Clemens, Roger	13.12.2007	Doping	Coca-Cola, AutoNation	Danone, PepsiCo, Unilever, Asbury Automotive Group, Group 1 Automotive, Lithia Motors, Sonic Automotive
Contostavlo, Tulisa	02.06.2013	Drogenkonsum	JD Sports	Foot Locker
Coria, Guillermo	21.12.2001	Doping	Adidas	Callaway Golf, V.F.

Testimonial	Datum	Art des Skandals	Sponsor	Wettbewerber
Cosby, Bill	21.10.2014	Beziehungs- /Sexualvergehen	Netflix	Best Buy, Wal-Mart Stores
Cronje, Hansie	07.04.2000	Sonstiges	Adidas	Callaway Golf, Nike
Cyrus, Miley	04.01.2015	Drogenkonsum	Estée Lauder	Coty, L'Oreal, Procter & Gamble
Dallaglio, Lawrence	23.05.1999	Drogenkonsum	Nike	V.F., Callaway Golf, Oakley, Quiksilver, Wolverine World Wide
Daly, John	23.12.1992	Physische Gewalt	Reebok	V.F.
Daly, John	30.03.1997	Physische Gewalt	Reebok	Wolverine World Wide
Deen, Paula	19.06.2013	Politische Inkorrektheit	Home Depot, Walmart, Target, Caesars Entertainment, Sears Holdings, J.C. Penney	Amazon.com, Costco Wholesale, Lowe's Companies, Lumber Liquidators Holdings, Tractor Supply, Wolseley, Safeway, Dollar General, Boyd Gaming, MGM Resorts International, Kohl's, Macy's, Bon-Ton Stores, Dillard's, Nordstrom
Delevingne, Cara	05.05.2013	Drogenkonsum	H&M, Burberry, LVMH	Fast Retailing, Marks and Spencer Group, Michael Kors Holdings, Ralph Lauren, L'Oreal, The Swatch Group
Edwards, Torri	15.07.2004	Doping	Adidas	Amer Sports, Nike
Favre, Brett	07.10.2010	Beziehungs- /Sexualvergehen	Nike, MasterCard, V.F., Briggs & Stratton	Adidas, Deckers Outdoor, Under Armour, Total Systemrvices, Visa, Columbia Sportswear, PVH, Ralph Lauren, Generac Power Systems, The Toro Company
Ferreira, Sky	14.09.2013	Drogenkonsum	L'Oreal	Avon Products, Procter & Gamble, Revlon, Shiseido, Estee Lauder, Unilever
Gatlin, Justin	29.07.2006	Doping	Nike	Adidas, V.F.
Gay, Tyson	14.07.2013	Doping	Adidas	Nike
Giambi, Jason	20.10.2003	Doping	Nike, Church & Dwight, PepsiCo	Quiksilver, Ralph Lauren, Wolverine World Wide, Clorox, Henkel & Co, Kellogg Company, Monster Beverage
Gibson, Mel	28.07.2006	Politische Inkorrektheit	Walt Disney	Twenty-First Century Fox, Viacom
Goldberg, Whoopi	10.07.2004	Politische Inkorrektheit	Unilever	Nestlé, Procter & Gamble
Gooden, Dwight	16.04.1986	Physische Gewalt	Nike	V.F.
Gooden, Dwight	01.04.1987	Drogenkonsum	Nike	V.F.
Gottfried, Gilbert	14.03.2011	Politische Inkorrektheit	Aflac	CNO Financial Group, Torchmark, Unum Group
Hadid, Gigi	16.03.2015	Drogenkonsum	L'Oreal, Limited Brands	Procter & Gamble, Shiseido, Estee Lauder, Unilever, Abercrombie & Fitch, American Eagle Outfitters, The Gap, J C Penney
Hamilton, Lewis	03.04.2009	Sonstiges	Adidas	Callaway Golf, Nike
Harding, Tonya	27.01.1994	Physische Gewalt	Nike	V.F., Wolverine World Wide
Henry, Thierry	18.11.2009	Sonstiges	Procter & Gamble, Adidas	Avon Products, Church & Dwight, Kimberly Clark, Unilever, Callaway Golf, Deckers Outdoor, Under Armour, V.F.
Hessler, Vanessa	28.10.2011	Politische Inkorrektheit	Telefónica	America MovilB de CV, Telecom Italia, Vodafone Group
Hoddle, Glen	15.10.1997	Beziehungs- /Sexualvergehen	General Mills	ConAgra Foods, Kellogg Company
Iverson, Allen	10.07.2002	Physische Gewalt	Reebok	K Swiss, Nike, Ralph Lauren, Skechers USA

Testimonial	Datum	Art des Skandals	Sponsor	Wettbewerber
Jackson, Michael	24.08.1993	Beziehungs- /Sexualvergehen	PepsiCo	General Mills, Kellogg Company, Coca-Cola
James, LeBron	16.01.2014	Beziehungs- /Sexualvergehen	Nike, Coca-Cola, Dunkin' Brands Group	Adidas, Deckers Outdoor, Under Armour, V.F., Danone, Dr Pepper Snapple Group, Kraft Foods Group, Nestlé, Tim Hortons, Restaurant Brands International, Krispy Kreme Doughnuts, Panera Bread
Jarvik, Robert	07.02.2008	Sonstiges	Pfizer	Bayer, Johnson & Johnson
Jones, Jon	04.08.2014	Sonstiges	Nike	Deckers Outdoor, Under Armour, V.F.
Jordan, Michael	27.05.1993	Sonstiges	Nike	VF, Callaway Golf, Wolverine World Wide
Jordan, Michael	01.03.2013	Beziehungs- /Sexualvergehen	Nike	Under Armour, V.F., Callaway Golf, Ralph Lauren, Wolverine World Wide
Keane, Roy	22.05.2002	Physische Gewalt	PepsiCo	General Mills, Kellogg Company, Mondelez International, Snyder's-Lance, Coca-Cola
Kerrigan, Nancy	01.03.1994	Sonstiges	Campbell's, Reebok	General Mills, Hershey, Nestlé, Nike
Khan, Salman	06.05.2015	Verkehrsdelikte	Unilever	Mondelez International, Nestlé, Procter & Gamble, Reckitt Benckiser Group
Kidd, Jason	16.02.2007	Physische Gewalt	Nike	Adidas, Deckers Outdoor, Under Armour, V.F.
Kidd, Jodie	17.09.2007	Drogenkonsum	Marks & Spencer, Fiat	Jinsbury, Tesco, Nissan Motor, Peugeot
King, Billie Jean	01.05.1981	Beziehungs- /Sexualvergehen	Bristol-Myers Squibb	Eli Lilly and Co, Merck & Co., Pfizer
Ko, Kai	18.08.2014	Drogenkonsum	L'Oreal, Yum! Brands, Mondelēz International, General Motors, Unilever	Avon Products, Procter & Gamble, Revlon, Shiseido, Unilever, Domino's Pizza, Jack in the Box, McDonald's, General Mills, Hershey, Kellogg Company, Nestlé, Daimler, Fiat, Ford Motor, Honda Motor, Toyota Motor, Reckitt Benckiser Group
Kohli, Virat	03.03.2015	Politische Inkorrektheit	PepsiCo, Nestlé, Unilever, Mattel	Dr Pepper Snapple Group, Kellogg Company, Kraft Foods Group, Mondelez International, Snyder's-Lance, Coca-Cola, Danone, Unilever, Procter & Gamble, Hasbro, LeapFrog Enterprises, Vtech Holdings
Lachey, Nick	03.07.2007	Beziehungs- /Sexualvergehen	MasterCard	Global Payments, Total Systemrvices
Lloyd, Danielle	16.01.2007	Politische Inkorrektheit	Iconix Brand Group	Cherokee, Katede & Co
Logan, Gabby	18.05.2014	Sonstiges	Reckitt Benckiser	Colgate-Palmolive, Procter & Gamble, Unilever, GlaxoSmithKline, Henkel & Co.
Marshall, Kris	07.10.2011	Verkehrsdelikte	British Telecommuni-cations	Telefonica, Verizon Communications, Virgin Media, Vodafone Group
Messi, Lionel	12.06.2013	Sonstiges	Adidas, Electronic Arts, PepsiCo	Callaway Golf, Nike, Activision Blizzard, Zynga, ConAgra Foods, Dr Pepper Snapple Group, Kellogg Company, Mondelez International, Monster Beverage, Nestlé, Snyder's-Lance, Coca-Cola
Mickelson, Phil	30.05.2014	Sonstiges	Barclays, Callaway Golf, Exxon Mobil	Deutsche Bank, HSBC Holdings, Royal Bank of Scotland Group, Standard Chartered, Bridgestone, Nike, Adidas, BP, Chevron, ConocoPhillips, Royal Dutch Shell
Mickelson, Phil	29.06.2015	Sonstiges	Callaway Golf	Bridgestone, Adidas

Testimonial	Datum	Art des Skandals	Sponsor	Wettbewerber
Miller, Bode	05.01.2006	Sonstiges	Nike	VF, Callaway Golf, Oakley, Quiksilver, Ralph Lauren, Wolverine World Wide
Moss, Kate	15.09.2005	Drogenkonsum	LVMH	L'Oreal, Ralph Lauren, Tiffany & Co.
Navarro, Vhong	27.01.2014	Beziehungs-/Sexualvergehen	Unilever	Mondelez International, Nestlé, Reckitt Benckiser Group
Ocean, Frank	08.03.2014	Sonstiges	Chipotle Mexican Grill	Jack in the Box, Panera Bread, Wendys, Yum! Brands
O'Neal, Shaquille	15.06.2011	Beziehungs-/Sexualvergehen	Mondelēz International, Comcast	General Mills, Hershey, Kellogg Company, Nestlé, Unilever, Time Warner Cable, Verizon Communications, Walt Disney
Pacquiao, Manny	08.03.2012	Sonstiges	Nike, Hewlett-Packard, Monster	Under Armour, V.F., Canon, Cisco Systems, EMC, International Business Machines, Lenovo Group Limited, Lexmark International, Seiko Epson, Xerox, Cott Beverages, Dr Pepper Snapple Group, Coca-Cola
Pacquiao, Manny	15.05.2012	Politische Inkorrektheit	Nike, LVMH	Adidas, Under Armour, V.F., Estee Lauder, Hermès International, L'Oreal, The Swatch Group
Peterson, Adrian	12.09.2014	Physische Gewalt	BP, Nike, Mylan	BG Group, ConocoPhillips, Eni, Exxon Mobil, Deckers Outdoor, Under Armour, V.F., GlaxoSmithKline, Merck & Co., Teva Pharmaceutical Industries
Pistorius, Oscar	14.02.2013	Physische Gewalt	Nike, Luxottica Group, British Telecommunications	Adidas, Deckers Outdoor, Under Armour, Essilor International, Telefonica, Verizon Communications, Virgin Media
Pitino, Rick	12.08.2009	Beziehungs-/Sexualvergehen	Coca-Cola	Danone, PepsiCo, Unilever
Radcliffe, Paula	22.08.2004	Sonstiges	PepsiCo	Kellogg Company, Snyder's-Lance
Ramsay, Gordon	23.11.2008	Beziehungs-/Sexualvergehen	Diageo	Heineken, SABMiller
Reus, Marco	18.12.2014	Verkehrsdelikte	General Motors	Daimler, Ford Motor Company, Nissan Motor, Toyota Motor
Reynolds, Burt	05.08.1993	Beziehungs-/Sexualvergehen	Quaker State Oil Co.	Chevron, Exxon Mobil, TOTAL
Ribery, Franck	19.04.2010	Beziehungs-/Sexualvergehen	Nike	V.F., Ralph Lauren
Rice, Ray	16.02.2014	Physische Gewalt	Electronic Arts, M&T Bank	Activision Blizzard, Take-Two Interactive Software, Zynga, First Niagara Financial Group, KeyCorp.
Rice, Stephanie	05.09.2010	Politische Inkorrektheit	Tata	Toyota Motor, Nissan Motor, Volkswagen
Richie, Nicole	11.12.2006	Verkehrsdelikte	Iconix Brand Group	Katede & Co, Caleres, Columbia Sportswear, The Gap, L Brands, Ralph Lauren, Skechers U.S.A., V.F.
Rocker, John	27.12.1999	Politische Inkorrektheit	Nike	Adidas, V.F.
Rodman, Dennis	16.01.1997	Physische Gewalt	Minolta	Canon, FUJIFILM
Rodriguez, Alex	30.05.2007	Beziehungs-/Sexualvergehen	PepsiCo, Nike	ConAgra Foods, General Mills, Kellogg Company, Mondelez International, Monster Beverage, Nestlé, Snyder's-Lance, Deckers Outdoor, Under Armour, V.F.
Rodriguez, Alex	07.02.2009	Doping	Nike	Adidas, Deckers Outdoor, Under Armour

Testimonial	Datum	Art des Skandals	Sponsor	Wettbewerber
Rodriguez, Alex	30.01.2013	Doping	Nike	Adidas, Deckers Outdoor, V.F.
Roethlis-berger, Ben	21.07.2009	Beziehungs-/Sexualvergehen	Nike, Dick's Sporting Goods	Adidas, Ralph Lauren, Wolverine World Wide, Big 5 Sporting Goods, Foot Locker
Roethlis-berger, Ben	16.04.2010	Beziehungs-/Sexualvergehen	Nike, Dick's Sporting Goods	Under Armour, V.F., Big 5 Sporting Goods, Cabelas, Foot Locker
Ronaldo	29.04.2008	Beziehungs-/Sexualvergehen	Nike	V.F., Quiksilver, Ralph Lauren, Wolverine World Wide
Rooney, Wayne	05.09.2010	Beziehungs-/Sexualvergehen	Coca-Cola, Nike, Electronic Arts	Danone, Nestlé, PepsiCo, Unilever, Adidas, Deckers Outdoor, Under Armour, V.F., Glu Mobile, Konami Holdings, Microsoft, Tencent Holdings Limited
Ross, Rick	04.04.2013	Politische Inkorrektheit	Adidas	Callaway Golf, Nike
Sanders, Deion	26.09.2011	Beziehungs-/Sexualvergehen	General Motors, Phillips-Van Heusen, Foot Locker	Honda Motor, Toyota Motor, Perry Ellis International, Ralph Lauren, V.F., Dicks Sporting Goods, Shoe Carnival
Sapp, Warren	02.02.2015	Physische Gewalt	Anheuser-Busch	Carlsberg, SABMiller
Sheen, Charlie	25.12.2009	Physische Gewalt	HanesBrands	The Gap, Gildan Activewear, Under Armour
Sosa, Sammy	03.06.2003	Sonstiges	PepsiCo, Dial	General Mills, Kellogg Company, Mondelez International, Monster Beverage, Snyder's-Lance, Coca-Cola, Clorox, Colgate-Palmolive
Spears, Britney	17.02.2007	Sonstiges	PepsiCo	General Mills, Snyder's-Lance
Stewart, Tony	04.08.2002	Physische Gewalt	Home Depot	Amazon.com, Costco Wholesale, Lowe's Companies, Sears Holdings, Tractor Supply, Wolseley
Stewart, Tony	09.08.2014	Sonstiges	Exxon Mobil, General Motors	BP, Chevron, ConocoPhillips, Marathon Oil, Daimler, Ford Motor, Honda Motor, Nissan Motor, Toyota Motor
Suarez, Luis	24.06.2014	Physische Gewalt	Adidas	Callaway Golf, Deckers Outdoor, LVMH, Under Armour, V.F.
T.I.	01.09.2010	Drogenkonsum	Unilever	Mondelez International, Nestlé, Procter & Gamble, Reckitt Benckiser Group
Tendulkar, Sachin	05.08.2014	Sonstiges	Glaxo Smith Kline	Amgen, Bristol-Myers Squibb, Novartis
Terry, John	29.01.2010	Beziehungs-/Sexualvergehen	Nike	Adidas, Deckers Outdoor, V.F.
Terry, John	25.10.2011	Politische Inkorrektheit	Nike	Quiksilver, Ralph Lauren, Wolverine World Wide
Travolta, John	11.03.2005	Sonstiges	Heineken	SABMiller, Constellation Brands, Diageo
Ullrich, Jan	03.07.2002	Doping	Adidas, Nestlé	Callaway Golf, Deckers Outdoor, LVMH, V.F., ConAgra Foods, Danone
Vick, Michael	20.08.2007	Sonstiges	Nike, Coca-Cola, Southwest Airlines, Jarden, Hasbro	Deckers Outdoor, Under Armour, Danone, PepsiCo, Unilever, American Airlines Group, JetBlue Airways, Helen of Troy Limited, Newell Rubbermaid, Spectrum Brands Holdings, JAKKS Pacific, LeapFrog Enterprises
Warne, Shane	05.05.1999	Drogenkonsum	Upjohn & Pharmacia	Bristol-Myers Squibb, Eli Lilly and Company, GlaxoSmithKline
Wayne, Lil	02.05.2013	Politische Inkorrektheit	PepsiCo	ConAgra Foods, Dr Pepper Snapple Group, General Mills, Nestlé, Coca-Cola

Testimonial	Datum	Art des Skandals	Sponsor	Wettbewerber
Williams, Vanessa	19.07.1984	Beziehungs- /Sexualvergehen	Kellogg's	ConAgra Foods, General Mills
Woods, Tiger	28.07.2003	Sonstiges	Nike	V.F., Callaway Golf, Oakley, Quiksilver, Wolverine World Wide
Woods, Tiger	27.11.2009	Beziehungs- /Sexualvergehen	Nike, PepsiCo, Accenture, Procter & Gamble, Electronic Arts, AT&T, LVMH	Adidas, Deckers Outdoor, Under Armour, V.F., ConAgra Foods, Dr Pepper Snapple Group, Kellogg Company, Mondelez International, Monster Beverage, Nestlé, Snyder's-Lance, Computer Sciences, Infosys, International Business Machines, Avon Products, Church & Dwight, Colgate-Palmolive, Kimberly Clark, Revlon, Unilever, Activision Blizzard, Konami Holdings, Sprint, Time Warner Cable, Verizon Communications, L'Oreal, Ralph Lauren
Zidane, Zinedine	09.07.2006	Physische Gewalt	Adidas, Orange, Danone	Amer Sports, Callaway Golf, Nike, AT&T, Deutsche Telekom, Telefonica, Vodafone Group, General Mills, Nestlé, Parmalat
Ziyi, Zhang	05.01.2009	Sonstiges	L'Oreal	Avon Products, Procter & Gamble Co, Revlon, Shiseido, Estee Lauder, Unilever
Ziyi, Zhang	29.05.2012	Beziehungs- /Sexualvergehen	Swatch Group	Compagnie Financiere Richemont, LVMH

Quelle: Eigene Darstellung

Anhang 3 Anleitung zur Kodierung der Variable "Match-Up"

Einführung Kodierung "Match-Up"

Im Rahmen meiner Promotion zu dem Thema "Negative Celebrity Endorser Publicity and Competitor Firm Value" möchte ich untersuchen, wie gut ein Testimonial - definiert als bekannte Persönlichkeit, welche von einem Unternehmen zur Bewerbung eines seiner Produkte oder des Unternehmens selbst eingesetzt wird - zu dem werbetreibenden Unternehmen passt.

Den Hintergrund dieser Untersuchung bildet die sogenannte Match-Up Hypothese: Ein Testimonial wird für ein Unternehmen/ eine Marke dann die Kaufwahrscheinlichkeit erhöhen, wenn das Unternehmen/ die Marke in seinen/ ihren Eigenschaften der werbenden Person ähnlich ist, also ein hoher Fit bzw. Match vorliegt.

Zu diesem Zwecke werden Ihnen im Folgenden paarweise Beziehungen zwischen einer bekannten Persönlichkeit und einem mit dieser Person werbetreibenden Unternehmen vorgestellt.

Bitte geben Sie anhand der drei Auswahlmöglichkeiten (-1 = kein Match; 0 = weder Match noch kein Match; 1 = Match) für jede dieser Beziehungen zunächst an, ob nach Ihrer Auffassung ein Match zwischen Unternehmen und Testimonial vorliegt oder nicht. Bitte entscheiden Sie sich dabei nach Möglichkeit für eine der beiden Ausprägungen -1 oder +1 und verwenden Sie die 0 nur bei Fällen, in denen Sie sich unsicher sind.

☐ ☐ ☐
-1 0 +1

- 1 = kein Match
0 = weder noch
+ 1 = Match

In einem zweiten Schritt möchten wir Sie bitten, die wahrgenommene Stärke des Matches zu bestimmen. Bitte beantworten Sie dementsprechend die Frage, wie gut

Testimonial und Unternehmen zueinander passen. Ein sehr guter Match wird hierbei mit einer 7 bewertet, bei einem schwachen Match ist hingegen eine 1 zu vergeben. Eine 4 bringt dementsprechend eine indifferente Haltung zum Ausdruck. Bitte nutzen Sie bei der Beurteilung die gesamte Breite der Bewertungsskala.

schwacher Match 1 2 3 4 5 6 7 guter Match

weder schlechter noch guter Match

Bei der Beurteilung der Fälle möchten wir Sie bitten auf folgende Punkte zu achten:

- Abstrahieren Sie von persönlichen Vorlieben oder Abneigungen für das Unternehmen oder den Testimonial.
- Geben Sie nicht ausschließlich Ihre persönliche Meinung wider, sondern fragen Sie sich, wie der durchschnittliche Konsument den Testimonial/ Unternehmen-Match beurteilen würde.
- Die Beschreibung von Testimonial und Unternehmen bezieht sich immer auf einen bestimmten Zeitpunkt in der Vergangenheit. Bitte beziehen Sie keine Informationen mit ein, von denen Sie Kenntniss haben, die sich aber auf den Zeitraum nach dem vordefinierten historischen Zeitpunkt beziehen.
- Obwohl die zur Verfügung gestellten Beschreibungen der Testimonials und Firmen sorgfältig aufbereitet wurden, kann es sein, dass diese nicht alle relevanten Informationen bezüglich der Reputation, Werte etc. der Testimonials/ Firmen beinhalten. Sie sind daher dazu angehalten, ihre Einschätzung nicht auf die in den Beschreibungen enthaltenen Informationen zu limitieren, sondern zusätzlich ihren persönlichen Erfahrungshintergrund oder weitere, ihnen zur Verfügung stehende Informationen zu nutzen.
- Unser Datensatz basiert auf Testimonialskandalen. Für den Fall, dass Sie den spezifischen Skandal erkennen, lassen Sie diesen Sachverhalt bitte nicht in ihre Beurteilung des Fits zwischen Testimonial und Unternehmen mit einfließen. Gilt ein Testimonial jedoch im Allgemeinen als skandalträchtig, kann dies durchaus ein relevantes Beurteilungskriterium sein.
- Achten Sie bitte auf eine konsistente Bewertung über alle Fälle hinweg.
- Im Allgemeinen sind Unternehmen erfahren im Umgang mit dem Marketingtool der Testimonialwerbung und wählen ihre Testimonials anhand eines strukturierten Prozesses aus, welcher das Fitkriterium inkludiert. Diesem Sachverhalt geschuldet, sollten Sie ihre Beurteilung der einzelnen Kongruenzbeziehungen immer relativ zu den anderen Fällen vornehmen, da Sie

sonst zumeist einen akzeptablen/guten Fit unterstellen werden. In diesem Zusammenhang ist auch der Hinweis " Bitte nutzen Sie bei der Beurteilung die gesamte Breite der Bewertungsskala" zu verstehen.

Kriterien für die Beurteilung der Güte des Matches können unter anderem die dem Testimonial zugesprochene Expertise für eine Produktkategorie, seine Erfahrung im Umgang mit den Produkten des Unternehmens, die Glaubwürdigkeit in Bezug auf die tatsächliche Nutzung der Produkte des Unternehmens durch den Testimonial oder die physische Attraktivität des Testimonials (bei schönheitsbezogenen Produkten) sein.

Zum Abschluss möchten wir Ihnen noch einige Beispiele vorstellen. Diese dienen jedoch nur als Orientierungshilfe und sind nicht als allgemeines Selektionskriterium für einen spezifischen Fall zu verstehen:

- Guter Match: Zwischen Sportartikelherstellern und Athleten aufgrund deren Erfahrung und Expertise im Umgang mit entsprechenden Produkten
- Guter Match: Zwischen Herstellern von Schönheitsprodukten und attraktiven weiblichen Testimonials
- Guter Match: Zwischen Herstellern von performanceorientierten Produkten (z.B. Motoröl) und sehr maskulinen Testimonials (z.B. Athleten)
- Guter Match: Zwischen Herstellern von Haushaltswaren/ hochwertigen Lebensmitteln und (Fernseh-)Profiköchen; hingegen weniger guter Match: Zwischen Lebensmitteldiscountern und (Fernseh-)Profiköchen
- Guter Match: Zwischen Luxusgüterherstellern/ Modelabels und Models; hingegen weniger guter Match: Zwischen Low-Fashion Anbietern und Models aufgrund verminderter Glaubwürdigkeit bezüglich persönlicher Nutzung des Produktes
- Mittlerer Match: Zwischen Herstellern von Beautyprodukten und durchschnittlich gut aussehenden Schauspielern
- Mittlerer Match: Zwischen Herstellern von Softdrinks und Musikern
- Schwacher Match: Zwischen Anbietern von tendenziell ungesunden Fast-Food Produkten oder Softdrinks und Athleten
- Schwacher Match: Zwischen Herstellern von Beautyprodukten wie Parfüms und Athleten
- Schwacher Match: Zwischen Herstellern von maskulin definierten Produkten (z.B. Sportwagen) und sehr femininen Testimonials (z.B. Models)
- Schwacher Match: Zwischen Anbietern von Finanzdienstleistungen und Athleten oder Comedians

Anhang 4 Beispiel Match-Up Karte

Year: 2009

Foto Testimonial	Name: Tiger Woods Age: 34 (born 1975) Nationality: USA Profession: Golfer Relationship: married Children: 2 Education: Stanford University	Firmenlogo	Name: NIKE, Inc. Founded: 1964 Country: USA Industry: Rubber and plastics footwear

Eldrick Tont "Tiger" Woods is an American professional golfer who is among the most successful golfers of all time. He has been one of the highest-paid athletes in the world for several years.

Following an outstanding amateur and two-year college golf career, Woods turned professional at age 20 in late summer 1996. By April 1997 he had already won his first major, the 1997 Masters. He first reached the number one position in the world rankings in June 1997.

Business Description:

NIKE, Inc. designs, develops, markets, and sells athletic footwear, apparel, equipment, and accessories for men, women, and kids worldwide. It offers products in 8 categories, including running, basketball, football, training, sportswear, action sports, and golf under the NIKE and Jordan brand names.

Mission Statement:

To bring inspiration and innovation to every athlete* in the world.

**If you have a body, you are an athlete.*

Event ID: 1 - 1

Quelle: Eigene Darstellung

Anhang 5 Anleitung zur Kodierung der Variable "Schwere des Vergehen"

Einführung Kodierung „Bewertung der Skandale“

Im Rahmen meiner Promotion untersuche ich, welche Kriterien für die Beurteilung der **Schwere eines Vergehens** einer bekannten, für ein Unternehmen werbenden Persönlichkeit (sog. Testimonial) entscheidend sind. Es soll somit untersucht werden, welche Merkmale eines Skandals dafür verantwortlich sind, dass Menschen diesen als mehr oder weniger schwerwiegend beurteilen.

Den Hintergrund dieser Untersuchung bildet die Hypothese, dass je schwerwiegender der Skandal eines Testimonials wahrgenommen wird, desto ablehnender reagieren die Konsumenten und desto stärker negativ sind die Auswirkungen für das werbetreibende Unternehmen.

Zu diesem Zwecke werden Ihnen im Folgenden Beschreibungen mehrerer Skandale vorgestellt, für die Sie die Schwere des Vergehens beurteilen sollen. Bitte lesen Sie sich jeweils das Fallbeispiel durch und beantworten Sie die zugehörigen Fragen in Bezug auf den konkreten Skandal.

Zu jedem Skandal wird

(a) zunächst nach einer **Gesamtbeurteilung der Schwere des Vergehens** gebeten, bevor

(b) **eine Bewertung anhand von Einzelkriterien** vorzunehmen ist.

Die Bewertung ist in der hierfür zur Verfügung gestellten Excel-Datei durchzuführen. In der Excel-Datei verwenden Sie bitte ein kleines "x" zur Anzeige des jeweiligen Wertes auf der Skala von 1 bis 7. Nutzen Sie, wenn dies Ihrer Einschätzung entspricht, durchaus die gesamte Skalenbreite aus. Sollten Sie eines der Einzelkriterien nicht beurteilen können, tragen Sie bitte ein "x" in der Spalte "k.A." ein. Diese Option sollte allerdings nur in begründeten Ausnahmefällen verwendet werden, sofern Ihnen auch nach wiederholtem Überlegen keine Angabe möglich ist.

Bitte füllen Sie nicht alles auf einmal aus, um Müdigkeitseffekte zu vermeiden.

Bei der Beurteilung der Skandale möchten wir Sie bitten auf folgende Punkte zu achten:

- Versuchen Sie die Bewertung nur anhand der Skandalbeschreibung durchzuführen, auch wenn Sie erkennen, um welchen tatsächlichen Skandal es sich handelt. Abstrahieren Sie von persönlichen Vorlieben oder Abneigungen gegenüber den handelnden Persönlichkeiten.
- Geben Sie nicht ausschließlich Ihre persönliche Meinung wieder, sondern fragen Sie sich, wie ein durchschnittlicher Konsument den Skandal beurteilen würde.
- Der jeweilige Skandal ist vor seinem historischen Kontext zu bewerten. Insbesondere die Veränderung moralischer Normen im Zeitverlauf ist dabei mit einzubeziehen. Zu diesem Zwecke wird jeweils das Jahr des Skandals angegeben. Nehmen Sie - soweit möglich - die Perspektive der Menschen zu der "damaligen Zeit" ein und bewerten Sie den Skandal aus deren Sicht.
- Die Beschreibungen basieren auf den zum Zeitpunkt des Bekanntwerdens des Skandals öffentlich verfügbaren Informationen. Es soll abgebildet werden, was ein durchschnittlich informierter Konsument zum Zeitpunkt der Tat sowie wenige Tage danach über die bekannte Persönlichkeit sowie deren Vergehen wissen konnte. Bitte beziehen Sie daher keine Informationen mit ein, von denen Sie Kenntnis haben, die sich aber auf den Zeitraum nach dem vordefinierten historischen Zeitpunkt beziehen.
- Die Untersuchung bezieht sich vorwiegend auf den US-amerikanischen Markt. Sofern möglich, beurteilen Sie den Skandal aus der Sicht eines US-amerikanischen Konsumenten.
- Bitte achten Sie auf eine konsistente Bewertung über alle Fälle hinweg.

Zum Abschluss möchten wir Ihnen noch einige **Beispiele** für mögliche Skandalbewertungen vorstellen. Diese dienen jedoch nur als **Orientierungshilfe** und sind nicht als allgemeines Selektionskriterium für einen spezifischen Fall zu verstehen:

Gesamtbewertung:

- Schwerwiegendes Vergehen: Eine berühmte Persönlichkeit erschießt eine andere Person.
- Schwerwiegendes Vergehen: Ein Schauspieler schlägt sein kleines Kind und verletzt dieses schwer.
- Schwerwiegendes Vergehen: Ein Sportler hat Sex mit einer minderjährigen Prostituierten obwohl er verheiratet ist und Kinder hat.

- Schwerwiegendes Vergehen: Ein Sportler betrügt und schlägt seine Frau mehrfach, so dass diese verletzt wird.
- Mittelschweres Vergehen: Ein Musiker wehrt sich physisch gegen eine Festnahme durch Polizeibeamte und verletzt infolgedessen einen der Beamten.
- Mittelschweres Vergehen: Einem Sportler wird die einmalige Nutzung von leistungssteigernden Mitteln nachgewiesen.
- Mittelschweres Vergehen: Ein Schauspieler wird wegen Trunkenheit am Steuer und fahren unter Drogeneinfluss verhaftet.
- Mittelschweres Vergehen: Ein Komiker veröffentlicht rassistische Kommentare auf einer Social-Media Plattform.
- Mittelschweres Vergehen: Ein Musiker stellt auf der Bühne Sexszenen mit einer Minderjährigen nach.
- Mittelschweres Vergehen: Eine Moderatorin wird der Steuerhinterziehung überführt.
- Leichtes Vergehen: Eine berühmte Persönlichkeit klaut einen Gegenstand von geringem Wert in einem Einkaufszentrum.
- Leichtes Vergehen: Ein Fußballer reicht die Scheidung von seiner Ehefrau ein.
- Leichtes Vergehen: Eine Schauspielerin wird nackt am Strand fotografiert.
- Leichtes Vergehen: Ein Abgeordneter erscheint trotz Anmahnung mehrfach nicht zu Sitzungen im Parlament.

Einzelkriterien:

a) Übereinstimmung mit geltendem Recht:

- Legale Handlung: Ein Musiker beginnt Affären mit mehreren Frauen, obwohl er verheiratet ist.
- Mittelschweres gesetzeswidriges Vergehen: Ein Schauspieler wird wegen Trunkenheit am Steuer verhaftet.
- Schweres gesetzeswidriges Vergehen: Ein Sportler erschießt eine Person.

b) Häufigkeit und Dauer:

- Einmalig, isolierte Handlung: Ein Sportler dopt ein einziges Mal.
- Mehrfache Handlung über einen kurzen Zeitraum: Ein Schauspieler fällt innerhalb einer Woche mehrfach durch Prügeleien und Beleidigungen auf.
- Mehrfache Handlungen über einen langen Zeitraum: Ein Sportler hat mit mehreren Frauen über einen Zeitraum von fast zehn Jahren Affären die bis zu 3 Jahre dauern.

c) Fahrlässigkeit:

- Nicht fahrlässig: Ein Schauspieler verursacht nüchtern einen Unfall ohne eigene Schuld.
- Leicht fahrlässig: Ein Fußballer fährt unter Einfluss von Alkohol mit dem Auto und wird angehalten.
- Grob fahrlässig: Eine Musikerin fährt betrunken und unter Drogeneinfluss mit einem gestohlenen Wagen und wird angehalten.

d) Schädigung anderer Personen:

- Keine Schädigung anderer Personen: Ein Model wird dabei fotografiert, wie sie Drogen konsumiert.
- Mittelschwere Schäden für andere Personen: Ein Schauspieler schlägt einen Fotografen, als dieser sich ihm in den Weg stellt.
- Schwerwiegende Schäden: Ein Rennfahrer tötet in Folge einer Regelmissachtung einen Kollegen sowie zwei Streckenposten.

e) Beweggründe und Ziele:

- Kein eigennütziges Handeln: Ein Sänger zieht seine Teilnahme an einem Werbevideo für nachhaltige Landwirtschaft zurück und verzichtet auf seine Gage, nachdem das Unternehmen, das ihn bezahlte, darauf besteht, das Unternehmenslogo im Video zu zeigen.
- Mittelschweres eigennütziges Handeln: Ein Schauspieler verlässt seine Ehefrau, um mit seiner jüngeren Freundin zusammen zu leben.
- Stark eigennütziges Handeln: Eine Moderatorin investiert in einen Investmentfonds der nur für die Steuervermeidung konzipiert wurde.

f) Machtmissbrauch:

- Kein Machtmissbrauch: Ein Schauspieler wird wegen Fahrens unter Alkoholeinfluss verhaftet.
- Mittelschwerer Machtmissbrauch: Ein Fußballspieler hat eine Affäre mit seiner Assistentin.
- Schwerwiegender Machtmissbrauch: Eine TV-Köchin beleidigt eine Angestellte rassistisch und belästigt sie durch sexuelle Anzüglichkeiten.

g) Moralisches Fehlverhalten:

- Kein moralisches Fehlverhalten: Ein Schauspieler gesteht, dass er gar keinen Alkohol trinkt, obwohl er für Bier Werbung macht.

- Mittelschweres moralisches Fehlverhalten: Ein Sportler schickt einer Reporterin ungefragt anzügliche Nachrichten und Nacktbilder von sich.
- Schwerwiegendes moralisches Fehlverhalten: Ein Sportler bedroht Männer, die seiner Frau Schutz gewähren, nachdem er diese geschlagen hatte.

Hinweis: Die Anleitung wurde in Kooperation mit Herrn Philipp Metzger entwickelt und auch in dessen Masterthesis (2016) zum Thema "Entwicklung und empirische Validierung eines Ansatzes zur Messung der Schwere des Vergehens im Rahmen von Testimonial-Skandalen" verwendet.

Anhang 6 Variance Inflation Factors

Variable	VIF
Performance des Sponsors	1,07
Marktkonzentration	1,75
Bekanntheitsgrad des Testimonials	1,17
Firmenreputation	1,34
Fit zwischen Testimonial und Sponsor	1,59
Mediale Aufmerksamkeit	1,23
Schwere des Vergehens	1,09
Testimonialintensität der Wettbewerber	1,40
Firmengröße	1,68
Kurs-Buchwert-Verhältnis	1,36
Profitabilität	1,60
Risiko	1,40
Überschüssige Ressourcen	2,10
Verschuldungsgrad	1,32
Wachstumsrate	1,28
Geografische Nähe	1,22
Skandalerfahrung Industrie	1,44
Mittelwert	1,41

Quelle: Eigene Darstellung

Anhang 7 Regressionsmodelle mit Ausweis von Industrie- und Zeitvariablen

Abhängige Variable: CAR Wettbewerber [-2;+5]	Richtung Hypothese	Modell 5a β	Modell 5a S.E.	Modell 5b Koeff.	Modell 5b S.E.	Modell 7a β	Modell 7a S.E.	Modell 7b Koeff.	Modell 7b S.E.
Hypothesenvariablen									
Performance des Sponsors	+	0,29***	(0,06)	0,33***	(0,06)	0,29***	(0,05)	0,33***	(0,05)
Marktkonzentration	+	0,11**	(0,01)	0,01**	(0,01)	0,11**	(0,01)	0,01**	(0,01)
Testimonial- und ereignisb. Kontrollvariablen									
Bekanntheitsgrad des Testimonials		0,03	(0,00)	0,00	(0,00)	0,03	(0,00)	0,00	(0,00)
Firmenreputation		-0,04	(0,01)	-0,01	(0,01)	-0,04	(0,01)	-0,01	(0,01)
Fit zwischen Testimonial und Sponsor		-0,01	(0,01)	0,00	(0,01)	-0,01	(0,01)	0,00	(0,01)
Mediale Aufmerksamkeit		-0,04	(0,00)	0,00	(0,00)	-0,04	(0,00)	0,00	(0,00)
Schwere des Vergehens		-0,04	(0,00)	0,00	(0,00)	-0,04	(0,00)	0,00	(0,00)
Testimonialintensität der Wettbewerber		0,03	(0,00)	0,00	(0,00)	0,03	(0,00)	0,00	(0,00)
Unternehmensbezogene Kontrollvariablen									
Firmengröße		0,00	(0,00)	0,00	(0,00)	0,00	(0,00)	0,00	(0,00)
Kurs-Buchwert-Verhältnis		-0,07	(0,00)	-0,01	(0,00)	-0,07	(0,00)	-0,01	(0,00)
Profitabilität		0,10*	(0,00)	0,00*	(0,00)	0,10**	(0,00)	0,00**	(0,00)
Risiko		0,08	(0,01)	0,01	(0,01)	0,08	(0,00)	0,01	(0,00)
Überschüssige Ressourcen		-0,09	(0,01)	-0,01	(0,01)	-0,09	(0,01)	-0,01	(0,01)
Verschuldungsgrad		0,06	(0,01)	0,01	(0,01)	0,06	(0,01)	0,01	(0,01)
Wachstumsrate		0,05	(0,00)	0,00	(0,00)	0,05	(0,00)	0,00	(0,00)
Kontextbezogene Kontrollvariablen									
Geografische Nähe		-0,05	(0,00)	0,00	(0,00)	-0,05	(0,00)	0,00	(0,00)
Skandalerfahrung Industrie		0,08	(0,00)	0,01	(0,00)	0,08	(0,00)	0,01	(0,00)
Industrie									
SIC 2		0,00	(0,01)	0,00	(0,01)	0,00	(0,02)	0,00	(0,02)
SIC 3		0,07	(0,01)	0,01	(0,01)	0,07	(0,02)	0,01	(0,02)
SIC 4		0,02	(0,01)	0,00	(0,01)	0,02	(0,02)	0,00	(0,02)
SIC 5		0,04	(0,01)	0,00	(0,01)	0,04	(0,02)	0,00	(0,02)
SIC 6		0,03	(0,02)	0,01	(0,02)	0,03	(0,02)	0,01	(0,02)
SIC 7		0,07	(0,01)	0,01	(0,01)	0,07	(0,02)	0,01	(0,02)
Zeit									
Dekade 2		0,12	(0,01)	0,02	(0,01)	0,12	(0,01)	0,02	(0,01)
Dekade 3		0,03	(0,01)	0,00	(0,01)	0,03	(0,01)	0,00	(0,01)
Dekade 4		0,04	(0,01)	0,00	(0,01)	0,04	(0,01)	0,00	(0,01)
Konstante		0,00	(0,02)	-0,02	(0,02)	0,00	(0,03)	-0,02	(0,03)
R^2		0,12		0,12		0,12		0,12	
Adjustiertes R^2		0,08		0,08		0,08		0,08	
F-Wert		2,85***		2,85***		3,02***		3,02***	
N		594		594		594		594	

β = Standardisierte Beta-Koeffizienten / Koeff. = Nicht-standardisierte Koeffizienten; Standardfehler (S.E.) in Klammern
Hinweis: Modell 5 geclustert auf dem Ereignislevel, Modell 7 ohne Cluster
*** p < 0,01, ** p < 0,05, * p < 0,10

Quelle: Eigene Darstellung

Literaturverzeichnis

Adut, Ari (2008), *On Scandal: Moral Disturbances in Society, Politics, and Art.* 1. Auflage, Cambridge: Cambridge University Press.

Agrawal, Jagdish und Wagner A. Kamakura (1995), "The Economic Worth of Celebrity Endorsers: An Event Study Analysis," *Journal of Marketing*, 59 (3), 56-62.

Aguzzoni, Luca, Gregor Langus, und Massimo Motta (2013), "The Effect of EU Antitrust Investigations and Fines on a Firm's Valuation," *Journal of Industrial Economics*, 61 (2), 290-338.

Ahlgren, Niklas und Jan Antell (2014), "Tests for Abnormal Returns When There Is an Event-Induced Increase in the Cross Sectional Correlations," *Arbeitspapier Hanken School of Economics*, 1-38.

Ahluwalia, Rohini, H. Rao Unnava, und Robert E. Burnkrant (2001), "The Moderating Role of Commitment on the Spillover Effect of Marketing Communications," *Journal of Marketing Research*, 38 (4), 458-470.

Ahluwalia, Rohini, Robert E. Burnkrant, und H. Rao Unnava (2000), "Consumer Response to Negative Publicity: The Moderating Role of Commitment," *Journal of Marketing Research*, 37 (2), 203-214.

Ahmed, Parvez, John Gardella, und Sudhir Nanda (2002), "Wealth Effect of Drug Withdrawals on Firms and Their Competitors," *Financial Management*, 31 (3), 21-41.

Akerlof, George A. (1970), "The Market for "Lemons": Quality Uncertainty and the Market Mechanism," *The Quarterly Journal of Economics* , 84 (3), 488-500.

Akhigbe, Aigbe (2002), "New Product Innovations, Information Signalling and Industry Competition," *Applied Financial Economics*, 12 (5), 371-378.

Akhigbe, Aigbe und Jeff Madura (1996), "Intra-Industry Effects of Voluntary Corporate Liquidations," *Journal of Business Finance and Accounting*, 23 (7), 915-930.

Akroush, Mamoun N. (2012), "An Empirical Model of Marketing Strategy and Shareholder Value: A Value-Based Marketing Perspective," *Competitiveness Review: An International Business Journal*, 22 (1), 48-89.

Akturan, Ulun (2011), "Celebrity Advertising in the Case of Negative Associations: Discourse Analysis of Weblogs," *Management Research Review*, 34 (12), 1280-1295.

Alegria, Andrea, Agata Kaczanowska, und Lauren Setar (2012), "Top 10 Highly Concentrated Industries," (aufgerufen am 13.06.2017), [verfügbar unter http://news.cision.com/ibisworld/r/top-10-highly-concentrated-industries,c9219248].

Allen, Alexis M., Michael K. Brady, Stacey G. Robinson, und Clay M. Voorhees (2015), "One Firm's Loss Is Another's Gain: Capitalizing on Other Firms' Service Failures," *Journal of the Academy of Marketing Science*, 43 (5), 648-662.

Ambroise, Laure, Gaëlle Pantin-Sohier, Pierre Valette-Florence, und Noel Albert (2014), "From Endorsement to Celebrity Co-Branding: Personality Transfer," *Journal of Brand Management*, 21 (4), 273-285.

Amos, Clinton, Gary Holmes, und David Strutton (2008), "Exploring the Relationship Between Celebrity Endorser Effects and Advertising Effectiveness: A Quantitative Synthesis of Effect Size," *International Journal of Advertising*, 27 (2), 209-234.

Anderson, John R. (1983), "A Spreading Activation Theory of Memory," *Journal of Verbal Learning and Verbal Behavior*, 22 (3), 261-295.

Anderson, John R. und Peter Pirolli (1984), "Spread of Activation," *Journal of Experimental Psychology: Learning, Memory and Cognition*, 10 (4), 791-798.

Anderson, Paul F. (1983), "Marketing, Scientific Progress, and Scientific Method," *Journal of Marketing*, 47 (4), 18-31.

Andrews, Kenneth R. (1971), *The Concept of Corporate Strategy*. 1. Auflage, Homewood: Irwin.

Armitage, Seth (1995), "Event Study Methods and Evidence on Their Performance," *Journal of Economic Surveys*, 8 (4), 25-52.

Auer, Ludwig von (2016), *Ökonometrie - Eine Einführung*. 7. durchgesehene und aktualisierte Auflage, Berlin/Heidelberg: Springer Gabler.

Bain, Joe S. (1956), *Barriers to New Competition: Their Character and Consequences in Manufacturing Industries*. 1. Auflage, Cambridge: Harvard University Press.

Bain, Joe S. (1951), "Relation of Profit Rate to Industry Concentration: American Manufacturing, 1936-1940," *Quarterly Journal of Economics*, 65 (3), 293-324.

Balachander, Subramanian und Sanjoy Ghose (2003), "Reciprocal Spillover Effects: A Strategic Benefit of Brand Extensions," *Journal of Marketing*, 67 (1), 4-13.

Ball, Ray und Philip Brown (1968), "An Empirical Evaluation of Accounting Income Numbers," *Journal of Accounting Research*, 6 (2), 159-178.

Balmer, Markus (2013), *Nachhaltigkeitsbezogene Typologisierung der schweizerischen Wasserkraftanlagen: GIS-basierte Clusteranalyse zur Anwendung in einem Erfahrungskurvenmodell*. 1. Auflage, Zürich: vdf Hochschulverlag.

Bamberg, Günter und Franz Baur (2002), *Statistik*. 12. überarbeitete Auflage, München: Oldenbourg.

Banerjee, Sourindra, Jaideep C. Prabhu, und Rajesh K. Chandy (2015), "Indirect Learning: How Emerging-Market Firms Grow in Developed Markets," *Journal of Marketing,* 79 (1), 10-28.

Baradwaj, Babu G., David A Dubofsky, und Donald R. Fraser (1992), "Bidder Returns in Interstate and Intrastate Bank Acquisitions," *Journal of Financial Services Research*, 5 (3), 261-271.

Barber, Brad M. und John D. Lyon (1997), "Detecting Long-Run Abnormal Stock Returns: The Empirical Power and Specification of Test Statistics," *Journal of Financial Economics*, 43 (3), 341-372.

Barnett, Michael L. und Andrew A. King (2008), "Good Fences Make Good Neighbors: A Longitudinal Analysis of an Industry Self-Regulatory Institution," *Academy of Management Journal*, 51 (6), 1150-1170.

Barnett, Michael L., John M. Jermier, und Barbara A. Lafferty (2006), "Corporate Reputation: The Definitional Landscape," *Corporate Reputation Review*, 9 (1), 26-38.

Bartz, Sherry, Alexander Molchanov, und Philip A. Stork (2013), "When a Celebrity Endorser Is Disgraced: A Twenty-Five-Year Event Study," *Marketing Letters*, 24 (2), 131-141.

Baumeister, Christoph, Anne Scherer, und Florian v. Wangenheim (2015), "Branding Access Offers: The Importance of Product Brands, Ownership Status, and Spillover Effects to Parent Brands," *Journal of the Academy of Marketing Science*, 43 (5), 574-588.

Baumgarth, Carsten (2003), *Wirkung des Co-Brandings: Erkenntnisse durch Mastertechnikpluralismus*. 1. Auflage, Wiesbaden: Deutscher Universitäts-Verlag.

Beaver, William H. (1968) "The Information Content of Annual Earnings Announcements," *Journal of Accounting Research*, 6 (3), 67-92.

Beckmann, Susanne (2006), "Der Skandal - ein komplexes Handlungsspiel im Bereich öffentlicher Moralisierungskommunikation," in Strategien politischer Kommunikation: Pragmatische Analysen, Heiko Girnth und Constanze Spiess, Hrsg., Berlin: Erich Schmidt Verlag, 61-78.

Beitel, Patrick (2002), *Akquisitionen und Zusammenschlüsse europäischer Banken: Wertsteigerungen durch M&A-Transaktionen*. 1. Auflage, Wiesbaden: Deutscher Universitäts-Verlag.

Beitel, Patrick, Dirk Schiereck, und Mark Wahrenburg (2004), "Explaining M&A Success in European Banks," *European Financial Management*, 10 (1), 109-139.

Belch, George E. und Michael A. Belch (2009), *Advertising and Promotion: An Integrated Marketing Communications Perspective*. 8. Auflage, Boston: McGraw-Hill.

Bergen, Mark und George John (1997), "Understanding Cooperative Advertising Participation Rates in Conventional Channels," *Journal of Marketing Research*, 34 (3), 357-369.

Berger, Elizabeth A. (2014), "Survival of the Fittest: An Assessment of the Herfindahl Index and Product Market Competition," (aufgerufen am 23.06.2015), [verfügbar unter http://dx.doi.org/10.2139/ssrn.2367374].

Bergkvist, Lars und Kris Qiang Zhou (2016), "Celebrity Endorsements: A Literature Review and Research Agenda," *International Journal of Advertising*, 35 (4), 642-663.

Besley, Scott, Ninon Kohers, und Tanja Steigner (2007), "Private Placements of Common Equity and the Industry Rival Response," *Applied Financial Economics*, 17 (7), 559-568.

Bestmann, Uwe (2001), *Kompendium der Betriebswirtschaftslehre*. 10., völlig überarbeitete und erweiterte Auflage, München/Wien: Oldenbourg.

Binder, John (1995), "The Event Study Methodology Since 1969," *Review of Quantitative Finance and Accounting*, 11 (2), 111-137.

Biswas, Somdutta, Mahmood Hussain, und Kathleen O'Donnell (2009), "Celebrity Endorsements in Advertisements and Consumer Perceptions: A Cross-Cultural Study," *Journal of Global Marketing*, 22 (2), 121-137.

Bleymüller, Josef, Günther Gehlert, und Herbert Gülicher (2008), *Statistik für Wirtschaftswissenschaftler*. 15. Auflage, München: Vahlen.

Boehmer, Ekkehart, Jim Musumeci, und Annette B. Poulsen (1991), "Event-Study Methodology Under Conditions of Event-Induced Variance," *Journal of Financial Economics*, 30 (2), 253-272.

Bogner, Alexander und Wolfgang Menz (2005), "Das theoriegenerierende Experteninterview: Erkenntnisinteresse, Wissensformen und Interaktion," in Das Experteninterview: Theorie, Methode, Anwendung, Alexander Bogner, Beate Littig, und Wolfgang Menz, Hrsg., 2. Auflage, Wiesbaden: Springer Fachmedien, 33-70.

Bolton, Ruth N. (2004), "Linking Marketing to Financial Performance and Firm Value," *Journal of Marketing*, 68 (4), 73-75.

Boone, Louis E. und Kurtz, Davil L. (2015), *Contemporary Marketing - Update 2015*. 16. Auflage, Stanford: Cenage Learning.

Borah, Abhishek und Gerard J. Tellis (2016), "Halo (Spillover) Effects in Social Media: Do Product Recalls of One Brand Hurt or Help Rival Brands?," *Journal of Marketing Research*, 53 (2), 143-160.

Bosch, Jean-Claude, E. Woodrow Eckard, und Vijay Singal (1998), "The Competitive Impact of Air Crashes: Stock Market Evidence," *The Journal of Law and Economics*, 41 (2), 503-519.

Bourgeois, L.J., III (1981), “On the Measurement of Organizational Slack,” *Academy of Management Review*, 6 (1), 29-39.

Bowen, Robert M., Richard P. Castanias, und Lane A. Daley (1983), "Intra-Industry Effects of the Accident at Three Mile Island," *Journal of Financial and Quantitative Analysis*, 18 (1), 87-111.

Bowman, Robert G. (1983), "Understanding and Conducting Event Studies," *Journal of Business Finance and Accounting*, 10 (4), 561-584.

Boyd, Eric D., Rajesh K. Chandy, und Marcus Cunha (2010), "When Do Chief Marketing Officers Affect Firm Value? A Customer Power Explanation," *Journal of Marketing Research*, 47 (6), 1162-1176.

Brady, Rachel (2011), "Endorsement Deals Turn Sour for Roethlisberger," (aufgerufen am 26.10.2016), [verfügbar unter http://www.theglobeandmail.com/sports/football/endorsement-deals-turn-sour-for-roethlisberger/article564750/].

Breuer, Christoph, Tim Pawlowski, und Christohper Rumpf (2012), "Sponsorship and Branding," in Global Sport Marketing: Contemporary Issues and Practice, Michel Desbordes und André Richelieu, Hrsg., New York: Routledge, 47-62.

Brown, Stephen J. und Jerold B. Warner (1985), "Using Daily Stock Returns: The Case of Event Studies," *Journal of Financial Economics*, 14 (1), 3-31.

Brown, Stephen J. und Jerold B. Warner (1980), "Measuring Security Price Performance," *Journal of Financial Economics*, 8 (3), 205-258.

Bruhn, Manfred (2015), *Kommunikationspolitik: Systematischer Einsatz der Kommunikation für Unternehmen*. 8., überarbeitete Auflage, München: Verlag Franz Wahlen.

Bruhn, Manfred (2014), *Marketing: Grundlagen für Studium und Praxis*. 12., überarbeitete Auflage, Wiesbaden: Springer Gabler.

Bruhn, Manfred (2013), "Sponsoring," in 222 Keywords Marketing: Grundwissen für Manager, o.A., Hrsg., 1. Auflage, Wiesbaden: Gabler, 137-138.

Bruner, Robert F. (2002), "Does M&A Pay? A Survey of Evidence for the Decision-Maker," *Journal of Applied Finance*, 12 (1), 48-68.

Bryner, Sarah McKinnon (2014), "Politicians Behaving Badly: The Determinants and Outcomes of Political Scandal in Post-Watergate America," (aufgerufen am 16.06.2017), [verfügbar unter http://rave.ohiolink.edu/etdc/view?acc_num=osu1387805018].

Bulkow, Kristin und Christer Petersen (2011), "Skandalforschung: Eine methologische Einführung," in Skandale: Strukturen und Strategien öffentlicher Aufmerksamkeitserzeugung, Kristin Bulkow und Christer Petersen, Hrsg., 1. Auflage, Wiesbaden: VS Verlag für Sozialwissenschaften, 9-28.

Burger, Jerry M. (1981), "Motivational Biases in the Attribution of Responsibility for an Accident: A Meta-Analysis of the Defensive-Attribution Hypothesis," *Psychological Bulletin*, 90 (3), 496-512.

Burkhardt, Steffen (2006), *Medienskandale: Zur moralischen Sprengkraft öffentlicher Diskurse*. 1. Auflage, Köln: Halem.

businessingmag.com (2016), "Celebrity Endorsements Made Accessible: Radio Interview with Evan Morgenstein of CelebExperts," (aufgerufen am 06.03.2017), [verfügbar unter http://businessingmag.com/4012/marketing/celebrity-endorsements-made-accessible/].

Cable, John und Kevin Holland (1999), "Modelling Normal Returns in Event Studies: A Model-Selection Approach and Pilot Study," *European Journal of Finance*, 5 (4), 331-341.

Calderon-Martinez, Aurora, Francisco J. Mas-Ruiz, und Juan L. Nicolau-Gonzalbez (2005), "Commercial and Philanthropic Sponsorship: Direct and Interaction Effects on Company Performance," *International Journal of Market Research*, 47 (1), 75-99.

Cameron, A. Colin, Jonah B. Gelbach, und Douglas L. Miller (2006), "Robust Inference With Multi-Way Clustering," Cambridge National Bureau of Economic Research, Technical Working Paper 327.

Campbell, Cynthia J. und Charles E. Wesley (1993), "Measuring Security Price Performance Using Daily NASDAQ Returns," *Journal of Financial Economics*, 33 (1), 73-92.

Campbell, John Y., Andrew W. Lo, und A. Craig MacKinlay (1997), *The Econometrics of Financial Markets*. 1. Auflage, Princeton: Princeton University Press.

Capon, Noel, John U. Farley, und Scott Hoenig (1999), "Determinants of Financial Performance: A Meta-Analysis," *Management Science*, 36 (10), 1143-1159.

Carhart, Mark M. (1997), "On Persistence in Mutual Fund Performance," *Journal of Finance*, 52 (1), 57-82.

Carrillat, Francois A., Alain d'Astous, und Haralambos Christianis (2014), "Guilty by Association: The Perils of Celebrity Endorsement for Endorsed Brands and Their Direct Competitors," *Psychology & Marketing*, 31 (11), 1024-1039.

Carrillat, Francois A., Alain d'Astous, und Josianne Lazure (2013), "For Better, for Worse? What to Do When Celebrity Endorsements Go Bad," *Journal of Advertising Research*, 53 (1), 15-30.

Caton, Gary L., Jeremy Goh, und Ninon Kohers (2003), "Dividend Omissions and Intra-Industry Information Transfers," *Journal of Financial Research*, 26 (1), 51-64.

Chan, Tat Y., Chunhua Wu, und Ying Xie (2011), "Measuring the Lifetime Value of Customers Acquired from Google Search Advertising," *Marketing Science*, 30 (5), 837-850.

Chatterjee, Debabroto, Vernon J. Richardson, und Robert W. Zmud (2001), "Examining the Shareholder Wealth Effects of Announcements of Newly Created CIO Positions," *MIS Quarterly*, 25 (1), 43-70.

Chatterjee, Samprit und Ali S. Hadi (1986), "Influential Observations, High Leverage Points, and Outliers in Linear Regression," *Statistical Science*, 1 (3), 379-393.

Chatterjee, Sayan (1986), "Types of Synergy and Economic Value: The Impact of Acquisitions on Merging and Rival Firms," *Strategic Management Journal,* 7 (2), 119-139.

Chen, Sheng-Syan, Kim Wai Ho, und Kueh Hwa Ik (2005), "The Wealth Effect of New Product Introductions on Industry Rivals," *The Journal of Business*, 78 (3), 969-996.

Chen, Sheng-Syan, Kim Wai Ho, Kueh Hwa Ik, und Cheng-Few Lee (2002), "How Does Strategic Competition Affect Firm Values? A Study of New Product Announcements," *Financial Management*, 31 (2), 67-84.

Chen, Sheng-Syan, Tsai-Yen Chung, Kim Wai Ho, und Cheng-Few Lee (2007), "Intra-Industry Effects of Delayed New Product Introductions," *Review of Pacific Basin Financial Markets and Policies*, 10 (3), 415-443.

Chen, Sheng-Syan, Yan-Shing Chen, Woan-lih Liang, und Yanzhi Wang (2013), "R&D Spillover Effects and Firm Performance Following R&D Increases," *Journal of Financial and Quantitative Analysis*, 48 (5), 1607-1634.

Chen, Yubo, Shankar Ganesan, und Yong Liu (2009), "Does a Firm's Product-Recall Strategy Affect Its Financial Value? An Examination of Strategic Alternatives During Product-Harm Crises," *Journal of Marketing*, 73 (6), 214-226.

Chen, Yubo, Yong Liu, und Jurui Zhang (2012), "When Do Third-Party Product Reviews Affect Firm Value and What Can Firms Do? The Case of Media Critics and Professional Movie Reviews," *Journal of Marketing*, 76 (2), 116-134.

Choi, Sejung Marina und Nora J. Rifon (2012), "It Is a Match: The Impact of Congruence between Celebrity Image and Consumer Ideal Self on Endorsement Effectiveness," *Psychology & Marketing*, 29 (9), 639-650.

Chordia, Tarun, Lakshmanan Shivakumar, und Avanidhar Subrahmanyam (2004), "Liquidity Dynamics Across Small and Large Firms," *Economic Notes by Banca Monte dei Paschi di Siena*, 33 (1), 111-143.

Chung, Kevin YC, Timothy P. Derdenger, und Kannan Srinivasan (2013), "Economic Value of Celebrity Endorsements: Tiger Woods' Impact on Sales of Nike Golf Balls," *Marketing Science*, 32 (2), 271-93.

Cicchetti, Domenic V. (1994), "Guidelines, Criteria, and Rules of Thumb for Evaluating Normed and Standardized Assessment Instruments in Psychology," *Psychological Assessment*, 6 (4), 284-290.

Clark, John M., T. Bettina Cornwell, und Stephen W. Pruitt (2009), "The Impact of Title Event Sponsorship Announcements on Shareholder Wealth," *Marketing Letters*, 20 (2), 169-182.

Clark, John M., T. Bettina Cornwell, und Stephen W. Pruitt (2002), "Corporate Stadium Sponsorships, Signaling Theory, Agency Conflicts, and Shareholder Wealth," *Journal of Advertising Research*, 42 (6), 16-32.

Cleeren, Kathleen, Marnik G. Dekimpe, und Kristiaan Helsen (2008), "Weathering Product-Harm Crises," *Journal of the Academy of Marketing Science*, 36 (2), 262-270.

Clougherty, Joseph A. und Tomaso Duso (2009), "The Impact of Horizontal Mergers on Rivals: Gains to Being Left Outside a Merger", *Journal of Management Studies*, 46 (8), 1365-1395.

CNN Money (2015), "How Nike Became King of Endorsements," (aufgerufen am 01.06.2016), [verfügbar unter http://money.cnn.com/2015/06/05/news/ companies/nike-endorsement-dollars/].

Cobbs, Joe, Mark D. Groza, und Stephen W. Pruitt (2012), "Warning Flags on the Race Track: The Global Markets' Verdict on Formula One Sponsorship," *Journal of Advertising Research*, 52 (1), 74-86.

Cohen, Randolph B., Christopher Polk, und Tuomo Vuolteenaho (2003), "The Value Spread," *Journal of Finance*, 58 (2), 609-641.

Collins, Allan M. und Elizabeth F. Loftus (1975), "A Spreading Activation Theory of Semantic Processing," *Psychological Review*, 82 (6), 407-428.

Conchar, Margy P., Melvin R. Crask, und George M. Zinkhan (2005), "Market Valuation Models of the Effect of Advertising and Promotional Spending: A Review and Meta-Analysis," *Journal of the Academy of Marketing Science*, 33 (4), 445-460.

Cook, R. Dennis (1977), "Detection of Influential Observations in Linear Regression," *Technometrics*, 19 (1), 15-18.

Coombs, W. Timothy (2007), "Protecting Organization Reputations During a Crisis: The Development and Application of Situational Crisis Communication Theory," *Corporate Reputation Review,* 10 (3),163-176.

Cornwell, T. Bettina, Stephen W. Pruitt, und John M. Clark (2005), "The Relationship Between Major-League Sports' Official Sponsorship Announcements and the Stock Prices of Sponsoring Firms," *Journal of the Academy of Marketing Science,* 33 (4), 401-412.

Cornwell, T. Bettina, Stephen W. Pruitt, und Robert A. van Ness (2001), "The Value of Winning in Motorsports: Sponsorship-Linked Marketing," *Journal of Advertising Research*, 41 (1), 17-31.

Corrado, Charles J. (1989), "A Nonparametric Test for Abnormal Security-Price Performance in Event Studies," *Journal of Financial Economics,* 23 (2), 385-395.

Corrado, Charles J. und Terry L. Zivney (1992), "The Specification and Power of the Sign Test in Event Study Hypothesis Tests Using Daily Stock Returns," *Journal of Financial and Quantitative Analysis*, 27 (3), 465-478.

Corso, Regina A. (2010), "Celebrity Scandals and Endorsement Deals," (aufgerufen am 29.08.2016), [verfügbar unter http://www.marketresearchworld.net/content/view/3166/77/].

Cowan, Arnold R. (1992), "Nonparametric Event Study Tests," *Review of Quantitative Finance and Accounting*, 2 (4), 343-358.

Cybo-Ottone, Alberto und Maurizio Murgia (2000), "Mergers and Shareholder Wealth in European Banking," *Journal of Banking and Finance*, 24 (6), 831-859.

Dahlén, Micael und Fredrik Lange (2006), "A Disaster Is Contagious: How a Brand in Crisis Affects Other Brands," *Journal of Advertising Research*, 46 (4), 388-397.

Danbolt, Jo (2004), "Target Company Cross-Border Effects in Acquisitions into the UK," *European Financial Management*, 10 (1), 83-108.

Dänzer, Christoph (2010), *Performanceanalysen von Leveraged-Buyout-Investments: Eine empirische Untersuchung anhand europäischer Leveraged Buyouts*. 1. Auflage, Wiesbaden: Gabler.

Darley, William K. (2000), "Status of Replication Studies in Marketing: A Validation and Extension," *The Marketing Management Journal*, 10 (2), 121-132.

Davidson, Sinclair (2002), "An Estimate of the Control Premium in South Africa," *Investment Analysts Journal*, 52 (3), 25-33.

Davis, James L., Eugene F. Fama, und Kenneth R. French (2000), "Characteristics, Covariances, and Average Returns: 1929 to 1997," *Journal of Finance*, 55 (1), 389-406.

Deitz, George D., Robert D. Evans Jr., und John D. Hansen (2013), "Sponsorship and Shareholder Value: A Re-Examination and Extension," *Journal of Business Research*, 66 (9), 1427-1435.

Delattre, Eric (2007), "Event Study Methodology in Marketing," *Recherche et Applications en Marketing*, 22 (2), 57-75.

Delmore, Charles D, David R. Kamerschen, Peter G. Klein, und Lisa Ford Voeks (2002), "Structure, Conduct and Performance: A Simultaneous Equations Approach," *Applied Economics*, 34 (17), 2135-2141.

Desai, Vinit M. (2011), "Mass Media and Massive Failures: Determining Organizational Efforts to Defend Field Legitimacy Following Crises," *Academy of Management Journal, 54 (2), 263-278.*

Deshpande, Rohit (1983), ""Paradigms Lost": On Theory and Method in Marketing," *Journal of Marketing*, 47 (4), 101-110.

Deutsch, Klaus Günter (2013), "Atlantische Einheit im weltweiten Wettbewerb - T-TIP in Perspektive," *EU-Monitor Deutsche Bank Research*.

Diehl, Sandra (2009), *Reale und medial Produkterfahrung: Analyse und Vergleich der Wirkungen von Experience- und Cross-Media-Marketingmaßnahmen*. 1. Auflage, Wiesbaden: Gabler.

Diestre, Luis und Nandini Rajagopalan (2014), "Toward an Input-Based Perspective on Categorization: Investor Reactions to Chemical Accidents," *Academy of Management Journal*, 57 (4), 1130-1153.

Dimson, Elroy (1979) "Risk Measurement When Shares Are Subject to Infrequent Trading," *Journal of Financial Economics*, 7 (2), 197-226.

Ding, Haina, Alexander Molchanov, und Philip Stork (2011), "The Value of Celebrity Endorsements: A Stock Market Perspective," *Marketing Letters*, 22 (2), 147-163.

Doherty, David, Conor M. Dowling, und Michael G. Miller (2011), "Are Financial or Moral Scandals Worse? It Depends," *PS: Political Science and Politics*, 44 (4), 749-757.

Dolley, James C. (1933), "Characteristics and Procedure of Common Stock Split-Ups," *Harvard Business Review*, 11 (3), 316-326.

Doukas, Angelos J., Jie (Michael) Guo, Herbert Y. T. Lam, und Sarah (Hong) Xiao (2016), "Media Endorsements of New Product Announcements: A New Marketing Strategy," *European Financial Management*, 22 (3), 394-426.

Dowdell, Thomas D., Suresh Govindaraj, und Prem C. Jain (1992), "The Tylenol Incident, Ensuing Regulation, and Stock Prices," *Journal of Financial and Quantitative Analysis*, 27 (2), 283-301.

Doyle, Peter (2008), *Value-Based Marketing: Marketing Strategies for Corporate Growth and Shareholder Value*. 2. Auflage, Chichester: John Wiley & Sons.

Dutta, Anupam (2014), "Parametric and Nonparametric Event Study Tests: A Review," *International Business Research*, 7 (12), 136-142.

Dyckman, Thomas, Donna Philbrick, und Jens Stephan (1984), "A Comparison of Event Study Methodologies Using Daily Stock Returns: A Simulation Approach," *Journal of Accounting Research*, 22 (Supplement), 1-30.

Early, Chas (2016), "January 27, 1984: Michael Jackson's hair catches fire during Pepsi commercial," (aufgerufen am 04.11.2016), [verfügbar unter http://home.bt.com/news/world-news/january-27-1984-michael-jacksons-hair-catches-fire-during-pepsi-commercial-11363957678904].

Eckbo, B. Espen (1983), "Horizontal Mergers, Collusion, and Stockholder Wealth," *Journal of Financial Economics*, 11 (1-4), 241-273.

Eckbo, B. Espen und Karin S. Thorburn (2000), "Gains to Bidder Firms Revisited: Domestic and Foreign Acquisitions in Canada," *Journal of Financial and Quantitative Analysis*, 35 (1), 1-25.

Eckey, Hans-Friedrich, Reinhold Kosfeld, und Christian Dreger (2006), *Ökonometrie: Grundlagen, Methoden, Beispiele*. 3. Auflage, Wiesbaden: Gabler.

Edeling, Alexander und Marc Fischer (2016), "Marketing's Impact on Firm Value: Generalizations from a Meta-Analysis," *Journal of Marketing Research*, 53 (4), 515-534.

Edwards, Steven M. und Carrie la Ferle (2009), "Does Gender Impact the Perception of Negative Information Related to Celebrity Endorsers?," *Journal of Promotion Management*, 15 (1/2), 22-35.

Elberse, Anita und Jeroen Verleun (2012), "The Economic Value of Celebrity Endorsements," *Journal of Advertising Research*, 52 (2), 149-165.

Erdem, Tülin und Baohong Sun (2002), "An Empirical Investigation of the Spillover Effects of Advertising and Sales Promotions in Umbrella Branding," *Journal of Marketing Research,* 39 (4), 408-420.

Erdogan, B. Zafer (1999), "Celebrity Endorsement: A Literature Review," *Journal of Marketing Management*, 15 (4), 291-314.

Erdogan, B. Zafer und Tanya Drollinger (2008), "Death and Disgrace Insurance for Celebrity Endorsers: A Luxury or Necessity?," *Journal of Current Issues and Research in Advertising*, 30 (1), 71-77.

Ernst, Dietmar, Sonja Schneider, und Bjoern Thielen (2010), *Unternehmensbewertungen erstellen und verstehen: Ein Praxisleitfaden*. 4., überarbeitete Auflage, München: Franz Wahlen.

ESPN (2009), "Phelps: Photo With Marijuana Pipe Real," (aufgerufen am 04.11.2016), [verfügbar unter http://www.espn.com/olympics/swimming/news/story?id=3876804].

Eventstudymetrics.com (2016), "Nine Steps to Follow When Performing a Short-Term Event Study," (aufgerufen am 22.12.2016), [verfügbar unter http://event

studymetrics.com/index.php/9-steps-to-follow-when-performing-a-short-time-study/].

Fama, Eugene F. (1998), "Market Efficiency, Long-Term Returns, and Behavioral Finance," *Journal of Financial Economics*, 49 (3), 283-306.

Fama, Eugene F. (1991), "Efficient Capital Markets: II," *Journal of Finance*, 46 (5), 1575-1617.

Fama, Eugene F. (1976), *Foundations of Finance: Portfolio Decision and Security Prices*. 1. Auflage, New York: Basic Books.

Fama, Eugene F. (1970), "Efficient Capital Markets: A Review of Theory and Empirical Work," *Journal of Finance*, 25 (2), 383-417.

Fama, Eugene F. und Kenneth R. French (1993), "Common Risk Factors in the Returns on Stocks and Bonds," *Journal of Financial Economics*, 33 (1), 3-56.

Fama, Eugene F., Lawrence Fischer, Michael C. Jensen, und Richard Roll (1969), "The Adjustment of Stock Prices to New Information," *International Economic Review*, 10 (1), 1-21.

Fang, Eric (Er), Jongkuk Lee, und Zhi Yang (2015), "The Timing of Codevelopment Alliances in New Product Development Processes: Returns for Upstream and Downstream Partners," *Journal of Marketing*, 79 (1), 64-82.

Farrell, Kathleen A., Gordon V. Karels, Kenneth W. Monfort, und Christine A. McClatchey (2000), "Celebrity Performance and Endorsement Value: The Case of Tiger Woods," *Managerial Finance*, 26 (7), 1-15.

Farrell, Kathleen A. und W. Scott Frame (1997), "The Value of Olympic Sponsorships: Who is Capturing the Gold?," *Journal of Market Focused Management*, 2 (2), 171-182.

Feldman, Jack M. und John G. Lynch (1988), "Self-Generated Validity and Other Effects of Measurement on Belief, Attitude, Intention, and Behavior," *Journal of Applied Psychology*, 73 (3), 421-435.

Fernando, Chitru S., Anthony D. May, und William L. Megginson (2012), "The Value of Investment Banking Relationships: Evidence from the Collapse of Lehman Brothers," *Journal of Finance*, 67 (1), 235-270.

Ferris, Stephen P., Narayanan Jayaraman, und Anil K. Makhija (1997), "The Response of Competitors to Announcements of Bankruptcy: An Empirical Examination of Contagion and Competitive Effects," *Journal of Corporate Finance*, 3 (4), 367-395.

Filbeck, Greg, Raymond Gorman, und Dianna Preece (1998), "Fortune's Most Admired Firms: An Investor's Perspective," *Studies in Economics and Finance*, 18 (2), 74-93.

Filbeck, Greg, Raymond Gorman und Xin Zhao (2013), "Are the Best of the Best Better Than the Rest? The Effect of Multiple Rankings on Company Value," *Review of Quantitative Finance and Accounting*, 41 (4), 695-722.

Firth, Michael (1996), "Dividend Changes, Abnormal Returns, and Intra-Industry Firm Valuations," *Journal of Financial and Quantitative Analysis*, 31 (2), 189-211.

Fizel, John, Chris R. McNeill, und Timothy R. Smaby (2008), "Athlete Endorsement Contracts: The Impact of Conventional Stars," *International Advances in Economic Research*, 14 (2), 247-256.

Fleck, Nathalie, Michael Korchia, und Isabelle Le Roy (2012), "Celebrities in Advertising: Looking for Congruence or Likability?," *Psychology & Marketing*, 29 (9), 651-662.

Fong, Candy P. S. und Robert S. Wyer (2012), "Consumers' Reactions to a Celebrity Endorser Scandal," *Psychology & Marketing*, 29 (11), 885-896.

Forbes (2016), "Forbes Celebrity 100," (aufgerufen am 14.05.2016), [verfügbar unter http://www.forbes.com/celebrities/list/].

Fosfuri, Andrea und Marco S. Giarratana (2009), "Masters of War: Rivals' Product Innovation and New Advertising in Mature Product Markets," *Management Science*, 55 (2), 181-191.

Foster, George (1981), "Intra-Industry Information Transfers Associated With Earnings Releases," *Journal of Accounting and Economics*, 3 (1), 201-232.

Foster, George (1980), "Accounting Policy Decisions and Capital Market Research," *Journal of Accounting and Economics*, 2 (1), 29-62.

Friedman, Hershey H. und Linda Friedman (1979), "Endorser Effectiveness by Product Type," *Journal of Advertising Research*, 19 (5), 63-71.

Friedman, Hershey H., Salvatore Termini, und Robert Washington (1976), "The Effectiveness of Advertisements: Utilizing Four Types of Endorsers," *Journal of Advertising*, 5 (3), 22-24.

Frisch, Ragnar und Frederick V. Waugh (1933), "Partial Time Regressions as Compared with Individual Trends," *Econometrica*, 1 (4), 387-401.

Fuller, Kathleen, Jeffry Netter, und Mike Stegemoller (2002), "What Do Returns to Acquiring Firms Tell Us? Evidence from Firms That Make Many Acquisitions," *Journal of Finance*, 57 (4), 1763-1793.

Gande, Amar und Craig M. Lewis (2009), "Shareholder-Initiated Class Action Lawsuits: Shareholder Wealth Effects and Industry Spillover," *Journal of Financial and Quantitative Analysis*, 44 (4), 823-850.

Gaur, Ajai, Shavin Malhotra, und PengCheng Zhu (2013), "Acquisition Announcements and Stock Market Valuations of Acquiring Firms' Rivals: A Test of the Growth Probability Hypothesis in China," *Strategic Management Journal*, 34 (2), 215-232.

Gausmann, Oliver (2008), *Kundenindividuelle Wertschöpfungsnetze: Gestaltungsempfehlungen unter Berücksichtigung einer auftragsorientierten Produktindividualisierung*. 1. Auflage, Wiesbaden: Gabler.

Geiger, Florian und Dirk Schiereck (2014), "The Influence of Industry Concentration on Merger Motives - Empirical Evidence from Machinery Industry Mergers," *Journal of Economics and Finance*, 38 (1), 27-52.

Germelmann, Claas C. (2003), *Kundenorientierte Einkaufszentrengestaltung*. 1. Auflage, Wiesbaden: Deutscher Universitätsverlag.

Gielens, Katrijn, Linda M. van de Gucht, Jan-Benedict E.M. Steenkamp, und Marnik G. Dekimpe (2008), "Dancing with a Giant: The Effect of Wal-Mart's Entry into the United Kingdom on the Performance of European Retailers," *Journal of Marketing Research*, 45 (5), 519-534.

Giroud, Xavier und Holger M. Müller (2010), "Does Corporate Governance Matter in Competitive Industries?," *Journal of Financial Economics*, 95 (3), 312-331.

Gleason, Cristi A., Nicole Thorne Jenkins, und W. Bruce Johnson (2008), "The Contagion Effects of Accounting Restatements," *Accounting Review,* 83 (1), 83-110.

Goerke, Björn (2009), "Event-Studies," in Methodik der empirischen Forschung, Sönke Albers, Daniel Klapper, Udo Konradt, Achim Walter, und Joachim Wolf Hrsg., 3., überarbeitete und erweiterte Auflage, Wiesbaden: Gabler, 467-484.

Goins, Sheila und Thomas S. Gruca (2008), "Understanding Competitive and Contagion Effects of Layoff Announcements," *Corporate Reputation Review*, 11 (1), 12-34.

Goldman, Eitan, Urs Peyer, und Irina Stefanescu (2012), "Financial Misrepresentation and Its Impact on Rivals," *Financial Management*, 41 (4), 915-945.

Gotsi, Manto und Alan M. Wilson (2001), "Corporate Reputation: Seeking a Definition", *Corporate Communications: An International Journal*, 6 (1), 24-30.

Gow, Ian D., Gaizka Ormazabal, und Daniel J. Taylor (2010), "Correcting for Cross-Sectional and Time-Series Dependence in Accounting Research," *Accounting Review*, 85 (2), 483-512.

Greenwald, Bruce (1983), "A General Analysis of Bias in the Estimated Standard Errors of Least Squares Coefficients," *Journal of Econometrics*, 22 (3), 323-338.

Groening, Christopher, Vikas Mittal, und Yan Anthea Zhang (2016), "Cross-Validation of Customer and Employee Signals and Firm Valuation," *Journal of Marketing Research*, 53 (1), 61-76.

Groth, Thorsten (2006), "Analystenempfehlungen in der Wirtschaftspresse: Eine empirische Untersuchung für den deutschen Kapitalmarkt," (aufgerufen am 15.07.2016), [verfügbar unter https://mediatum.ub.tum.de/doc/603183/603183.pdf].

Gujarati, Damodar N. (2003), *Basic Econometrics*. 4. Auflage, New York: McGraw-Hill.

Gunter, Barrier (2014), *Celebrity Capital: Assessing the Value of Fame*. 1. Auflage, London: Bloomsbury.

Gutjahr, Gert (2015), *Markenpsychologie: Wie Marken wirken - Was Marken stark macht*. 3., überarbeitete und erweiterte Auflage, Wiesbaden: Gabler.

Haase, Henning (2000), "Testimonialwerbung," *Planung und Analyse*, 27 (3), 56-61.

Habermas, Jürgen (1992), *Faktizität und Geltung: Beiträge zur Diskurstheorie des Rechts und des demokratischen Rechtsstaats*. 1. Auflage, Frankfurt am Main: Suhrkamp.

Hadlock, Charles J. und Ramana Sonti (2012), "Financial Strength and Product Market Competition: Evidence from Asbestos Litigation," *Journal of Financial and Quantitative Analysis*, 47 (1), 179-211.

Haensly, Paul J., John Theis, und Zane Swanson (2001), "Reassessment of Contagion and Competitive Intra-Industry Effects of Bankruptcy Announcements," *Quarterly Journal of Business and Economics*, 40 (3-4), 45-63.

Haferstock, Bernd, Andreas Hilka, Olaf John, Stefan Nellshen, Michael Schütze, und Georg Thurnes (2012), *Kapitalanlagen in der betrieblichen Altersvorsorge: Grundlagen und Praxis*, 2. neu bearbeitete Auflage, Heidelberg/München/Landsberg/Berlin: C.F. Müller.

Halperin, Michael und Edward J. Lusk (2013), "Events and EVENTUS: Understanding and Facilitating Event Studies," *Journal of Business and Finance Librarianship*, 18 (1), 1-13.

Hannigan, Timothy R., Jonathan Bundy, Scott D. Graffin, James B. Wade, und Joseph Porac (2015), "The Social Construction of Scandal: the Role of Media in the British Parliamentary Expense Affair," *Academy of Management Annual Meeting Proceedings*, 2015 (1), 14966.

Hanssens, Dominique M., Roland T. Rust, und Rajendra K. Srivastava (2009), "Marketing Strategy and Wall Street: Nailing Down Marketing's Impact," *Journal of Marketing*, 73 (6), 115-118.

Hauser, Stephanie Elisabeth (2003), *Informationsverarbeitung am Neuen Markt: Eine empirische Analyse der Determinanten von Kursreaktionen auf Ad-hoc-Meldungen*. 1. Auflage, Wiesbaden: Deutscher Universitätsverlag.

Hautzinger, Henrik (2009), *Der Ruf von Branchen: Eine empirische Untersuchung zur Messung, Wechselwirkung und Handlungsrelevanz der Branchenreputation*. 1. Auflage, Wiesbaden: Gabler.

Hawawini, Gabrial A. und Itzhak Swary (1990), *Mergers and Acquisitions in the US Banking Industry: Evidence from Capital Markets*. 1. Auflage, Amsterdam: North-Holland.

Heath, Timothy B., Michael S. McCarthy, und David L. Mothersbaugh (1994), "Spokesperson Fame and Vividness Effects in the Context of Issue-Relevant Thinking: The Moderating Role of Competitive Setting," *Journal of Consumer Research*, 20 (4), 520-534.

Heider, Catrina und Gerd Nufer (2013), "Wirkungen von Testimonialwerbung mit prominenten Sportlern - Ergebnisse einer empirischen Untersuchung," *Sciamus - Sport und Management*, o. Jg. (2), 1-17.

Heinke, Volker G. (2005), "Unvollkommenheit der Kapitalmärkte," in Kapitalmarktrating: Perspektiven für die Unternehmensfinanzierung, Oliver Everling und Jens Schmidt-Bürgel, Hrsg.,1. Auflage, Wiesbaden: Gabler, 164-186.

Hendricks, Kevin B. und Vinod R. Singhal. (1997), "Delays in New Product Introductions and the Market Value of the Firm: The Consequences of Being Late to the Market," *Management Science*, 43 (4), 422-436.

Hermanns, Arnold und Stephanie Kiendl (2007), "Sportsponsoring," in Handbuch Medien, Kommunikation und Sport, Thomas Schierl, Hrsg., 1. Auflage, Schorndorf: Hofmann, 310-322.

Herr, Paul M., Frank R. Kardes, und John Kim (1991), "Effects of Word-of-Mouth and Product-Attribute Information on Persuasion: An Accessibility-Diagnosticity Perspective," *Journal of Consumer Research*, 17 (4), 454-462

Hertzel, Michael G. (1991), "The Effects of Stock Repurchases on Rival Firms," *Journal of Finance*, 46 (2), 707-716.

Hertzel, Michael G., Zhi Li, Micah S. Officer, und Kimberly J. Rodgers (2008), "Inter-Firm Linkages and the Wealth Effects of Financial Distress Along the Supply Chain," *Journal of Financial Economics*, 87 (2), 374-387.

Hill, Joanne und Thomas Schneeweis (1983), "The Effect of Three Mile Island on Electric Utility Stock Prices: A Note," *Journal of Finance*, 38 (4), 1285-1292.

Hirschey, Mark (1985), "Market Structure and Market Value," *Journal of Business*, 58 (1), 89-98.

Hitzler, Ronald (1989), "Skandal ist Ansichtssache. Zur Inszenierungslogik ritueller Spektakel in der Politik," in Anatomie des politischen Skandals, Rolf Ebbighausen und Sighard Neckel, Hrsg., 1. Auflage, Frankfurt am Main: Suhrkamp, 334-354.

Hock, Stefan und Sascha Raithel (2014), "Negative Celebrity Endorser Publicity and Stock Returns: How Critical Are Immediate Firm Reactions?," Arbeitspapier, auch: *AMA Winter Educators' Conference Proceedings*, 2014 (25), A-12-13.

Hof, Robert (2017), *Gründungsfinanzierung: Wirkung des Innovationsgrades auf das Signaling bei der Eigenkapitalfinanzierung*. 1. Auflage, Wiesbaden: Gabler.

Hoffer, George, E., Stephen W. Pruitt, und Robert J. Reilly (1988), "The Impact of Product Recalls on the Wealth of Sellers: A Reexamination," *Journal of Political Economy*, 96 (3), 663-670.

Holly, Werner (2012), *Sprache und Politik: Pragma- und medienlinguistische Grundlagen und Analysen*. 1. Auflage, Berlin: Frank & Timme.

Homburg, Christian, Josef Vollmayr, und Alexander Hahn (2014), "Firm Value Creation Through Major Channel Expansions: Evidence from an Event Study in the United States, Germany, and China," *Journal of Marketing*, 78 (3), 38-61.

Hondrich, Karl Otto (2002), *Enthüllung und Entrüstung. Eine Phänomenologie des politischen Skandals*. 1. Auflage, Frankfurt am Main: Suhrkamp.

Hondrich, Karl Otto (1992), "Skandale als gesellschaftliche Lernmechanismen," in Der politische Skandal, Julius H. Schoeps, Hrsg., 1. Auflage, Stuttgart/Bonn: Burg Verlag, 175-189.

Hood, Matthew (2012), "The Tiger Woods Scandal: A Cautionary Tale for Event Studies," *Managerial Finance*, 38 (5), 543-558.

Hottenrott, Moritz, Susanne Thorwarth, und Christian Wey (2016), "Gegenstandsbereich der Normung," *DICE Ordnungspolitische Perspektiven,* o. Jg. (83), 1-36.

Houston, Mark B. und Shane A. Johnson (2000), "Buyer-Supplier Contracts Versus Joint Ventures: Determinants and Consequences of Transaction Structure," *Journal of Marketing Research,* 37 (1), 1-15.

Hovakimian, Armen, Tim Opler, und Sheridan Titman (2001), "The Debt-Equity Choice," *Journal of Financial and Quantitative Analysis*, 36 (1), 1-24.

Hsu, Liwu und Benjamin Lawrence (2016), "The Role of Social Media and Brand Equity During a Product Recall Crisis: A Shareholder Value Perspective," *International Journal of Research in Marketing*, 33 (1), 59-77.

Hudson, Laurel Anderson und Julie L. Ozanne (1988), "Alternative Ways of Seeking Knowledge in Consumer Research," *Journal of Consumer Research*, 14 (4), 508-521.

Hughes, Stephanie und Matt Shank (2005), "Defining Scandal in Sports: Media and Corporate Sponsor Perspectives," *Sport Marketing Quarterly*, 14 (4), 207-216.

Hundt, Steffen (2015), *Informationsgehalt von Credit Ratings: Eine empirische Analyse europäischer Aktien- und Anleihemärkte*. 1. Auflage, Wiesbaden: Gabler.

Hung, Kineta, Kimmy W. Chan, und Caleb H. Tse (2011), "Assessing Celebrity Endorsement Effects in China: A Consumer-Celebrity Relational Approach," *Journal of Advertising Research*, 51 (4), 608-623.

Hyman, Michael R. und Ike Mathur (2005), "Retrospective and Prospective Views on Marketing/Finance Interface," *Journal of the Academy of Marketing Science*, 33 (4), 390-400.

Jaffe, Jeffrey F. (1974), "The Effect of Regulation Changes on Insider Trading," *Bell Journal of Economics and Management Science*, 5 (1), 93-121.

Jähnchen, Sven (2009), *Kapitalkosten von Versicherungsunternehmen: Fundamentale Betafaktoren als ein Erklärungsbeitrag zur Erfassung der Renditeforderungen der Eigenkapitalgeber*. 1. Auflage, Wiesbaden: Gabler.

Janakiraman, Ramkumar, Catarina Sismeiro, und Shantanu Dutta (2009), "Perception Spillovers Across Competing Brands: A Disaggregate Model of How and When," *Journal of Marketing Research*, 46 (4), 467-481.

Jarrell, Gregg und Sam Peltzman (1985), "The Impact of Product Recalls on the Wealth of Sellers," *Journal of Political Economy*, 93 (3), 512-536.

Jayanti, Rama K. und S.V. Jayanti (2011), "Effects of Airline Bankruptcies: An Event Study," *Journal of Services Marketing*, 25 (6), 399-409.

Jensen, Michael C. und William H. Meckling (1976), "Theory of the Firm: Managerial Behavior, Agency Costs, and Ownership Structure," *Journal of Financial Economics*, 3 (4), 305-360.

Johnson, Allison R. (2005), "When A Celebrity is Tied to Immoral Behavior: Consumer Reactions to Michael Jackson and Kobe Bryant," *Advances in Consumer Research*, 32 (1), 100-101.

Johnston, Margaret A. (2010), "The Impact of Sponsorship Announcements on Shareholder Wealth in Australia," *Asia Pacific Journal of Marketing and Logistics*, 22 (2), 156-178.

Johnston, Margaret A. (2007), "A Review of the Application of Event Studies in Marketing," *Academy of Marketing Science Review*, 11 (4), 1-31.

Jonsson, Stefan, Henrich R. Greve, und Takako Fujiwara-Greve (2009), "Undeserved Loss: The Spread of Legitimacy Loss to Innocent Organizations in Response to Reported Corporate Deviance," *Administrative Science Quarterly*, 54 (2), 195-228.

Kahle, Lynn R. und Pamela M. Homer (1985), "Physical Attractiveness of Celebrity Endorsers: A Social Adaptation Perspective," *Journal of Consumer Research*, 11 (4), 954-961.

Kalay, Avner und Uri Loewenstein (1985), "Predictable Events and Excess Returns: The Case of Dividend Announcements," *Journal of Financial Economics*, 14 (3), 423-449.

Kamins, Michael A. (1990), "An Investigation into the "Match-Up" Hypothesis in Celebrity Advertising: When Beauty May Be Only Skin Deep," *Journal of Advertising*, 19 (1), 4-13.

Kamins, Michael A. und Kamal Gupta (1994), "Congruence Between Spokesperson and Product Type: A Matchup Hypothesis Perspective," *Psychology & Marketing*, 11 (6), 569-586.

Kamins, Michael A., Meribeth J. Brand, Stuart A. Hoeke, und John C. Moe (1989), "Two-Sided Versus One-Sided Celebrity Endorsements: The Impact on Advertising Effectiveness and Credibility," *Journal of Advertising*, 18 (2), 4-10.

Kang, Eugene (2008), "Director Interlocks and Spillover Effects of Reputational Penalties from Financial Reporting Fraud," *Academy of Management Journal*, 51 (3), 537-555.

Karafiath, Imre (1994), "On the Efficiency of Least Squares Regression with Security Abnormal Returns as the Dependent Variable," *Journal of Financial and Quantitative Analysis*, 29 (2), 279-300.

Kaup, Christoph (2008), *Transaktionserfolg von Mergers & Acquisitions in der Logistik: Die Konsolidierung aus Sicht des Kapitalmarkets*. 1. Auflage, Wiesbaden: Gabler.

Kell, John (2016), "Nike Cuts Ties with Boxer Manny Pacquiao", (aufgerufen am 29.08.2016), [verfügbar unter http://fortune.com/2016/02/17/nike-manny-pacquiao/].

Kemper, Oliver (2007), *Börsenrückzüge in Deutschland: Erklärungsansätze und Kursreaktionen*. 1. Auflage, Wiesbaden: Deutscher Universitäts-Verlag.

Kepplinger, Hans Mathias und Simone Ehmig (2004), "Ist die funktionalistische Skandaltheorie empirisch haltbar? Ein Beitrag zur Interdependenz von Politik und Medien im Umgang mit Mißständen in der Gesellschaft," in Mediengesellschaft: Strukturen, Merkmale, Entwicklungsdynamiken, Kurt Imhof, Roger Blum, Heinz Bonfadelli, und Otfried Jarren, Hrsg., 1. Auflage, Wiesbaden: VS Verlag für Sozialwissenschaften, 363-375.

King, Andrew A., Michael Lenox, und Michael L. Barnett (2002), "Strategic Responses to the Reputation Commons Problem," in Organizations, Policy, and the Natural Environment: Institutional and Strategic Perspectives, Andrew J. Hoffman und Marc J. Ventresca, Hrsg., 1. Auflage, Stanford: Stanford University Press, 393-406.

Kirstein, Sandra (2009), *Unternehmensreputation: Corporate Social Responsibility als strategische Option für deutsche Automobilhersteller*. 1. Auflage, Wiesbaden: Gabler.

Klein, April und James Rosenfeld (1987), "The Influence of Market Conditions on Event-Study Residuals," *Journal of Financial and Quantitative Analysis*, 22 (3), 345-351.

Knittel, Christopher R. und Victor Stango (2014), "Celebrity Endorsements, Firm Value, and Reputation Risk: Evidence from the Tiger Woods Scandal," *Management Science*, 60 (1), 21-37.

Kolari, James W. und Seppo Pynnönen (2011), "Nonparametric Rank Tests for Event Studies," *Journal of Empirical Finance*, 18 (5), 953-971.

Kolari, James W. und Seppo Pynnönen (2010), "Event Study Testing with Cross-Sectional Correlation of Abnormal Returns," *Review of Financial Studies*, 23 (11), 3996-4025.

Koo, Terry K. und Mae Y. Li (2016), "A Guideline of Selecting and Reporting Intraclass Correlation Coefficients for Reliability Research," *Journal of Chiropractic Medicine*, 15 (2), 155-163.

Kothari, S. P. und Jerold B. Warner (2007), "Econometrics of Event Studies," in Handbook of Corporate Finance: Empirical Corporate Finance, B. Espen Eckbo, Hrsg., 1. Auflage, Amsterdam u.a.: North Holland, 3-36.

Krishna, Aradhna und Uday Rajan (2009), "Cause Marketing: Spillover Effects of Cause-Related Products in a Product Portfolio," *Management Science*, 55 (9), 1469-1485.

Kurt, Didem und John Hulland (2013), "Aggressive Marketing Strategy Following Equity Offerings and Firm Value: The Role of Relative Strategic Flexibility," *Journal of Marketing*, 77 (5), 57-74.

Lang, Larry H. P. und René M. Stulz (1992), "Contagion and Competitive Intra-Industry Effects of Bankruptcy Announcements," *Journal of Financial Economics*, 32 (1), 45-60.

Lauper, Patricia (2011), *Zur Wirksamkeit von Testimonial Endorsed Cause-Related Marketing: Fundraising-Instrument für Nonprofit-Organisationen*. 1. Auflage, Wiesbaden: Gabler.

Laux, Paul, Laura T. Starks, und Pyung Sig Yoon (1998), "The Relative Importance of Competition and Contagion in Intra-Industry Information Transfers: An Investigation of Dividend Announcements," *Financial Management*, 27 (3), 5-16.

Lee, Joon Sung und Dae Hee Kwak (2016), "Consumers' Responses to Public Figures' Transgression: Moral Reasoning Strategies and Implications for Endorsed Brands," *Journal of Business Ethics*, 137 (1), 101-113.

Lee, Ruby P. und Rajdeep Grewal (2004), "Strategic Responses to New Technologies and Their Impact on Firm Performance," *Journal of Marketing*, 68 (4), 157-171.

Lei, Jing, Niraj Dawar, und Jos Lemmink (2008), "Negative Spillover in Brand Portfolios: Exploring the Antecedents of Asymmetric Effects," *Journal of Marketing,* 72 (3), 111-123.

Li, Hongshuang (Alice) und P. K. Kannan (2014), "Attributing Conversions in a Multichannel Online Marketing Environment: An Empirical Model and a Field Experiment", *Journal of Marketing Research*, 51 (1), 40-56.

Liebold, Renate und Rainer Trinczek (2009), "Experteninterview," in Handbuch Methoden der Organisationsforschung: Quantitative und Qualitative Methoden, Stefan Kühl, Petra Strodtholz, und Andreas Taffertshofer, Hrsg., 1. Auflage, Wiesbaden: VS Verlag für Solzialwissenschaften, 32-56.

Lintner, John (1965), "The Valuation of Risk Assets and the Selection of Risky Investments in Stock Portfolios and Capital Budgets," *Review of Economics and Statistics*, 47 (1), 13-37.

Lis, Bettina und Christian Neßler (2012), "Die Signaling-Theorie als Ansatz zur Erklärung der Wirkung der Corporate Social Responsibility im Rahmen der Arbeitgeberwahl," in Ethik im Personalmanagement: Zentrale Konzepte, Ansätze und Fragestellungen, Stephan Kaiser und Arjan Kozica, Hrsg., 1. Auflage, München/Mering: Rainer Hampp, 247-265.

Lockau, Ina (2000), *Organisation des Global-Account-Management im Industriegütersektor*. 1. Auflage, Berlin: Erich Schmidt.

Loisbichler, Heimo, Christoph Eisl, und Christian Engelbrechtsmüller (2015), *Handbuch der betriebswirtschaftlichen Kennzahlen: Key Performance Indicators für die erfolgreiche Steuerung von Unternehmen*. 1. Auflage, Wien: Linde.

Louie, Therese A. und Carl Obermiller (2002), "Consumer Response to a Firm's Endorser (Dis)Association Decisions," *Journal of Advertising*, 31 (4), 41-52.

Louie, Therese A., Robert L. Kulik und Robert Jacobson (2001), "When Bad Things Happen to the Endorsers of Good Products," *Marketing Letters*, 12 (1), 13-23.

Lovell, Michael C. (2008), "A Simple Proof of the FWL Theorem," *Journal of Economic Education*, 39 (1), 88-91.

Lovell, Michael C. (1963), "Seasonal Adjustment of Economic Time Series and Multiple Regression Analysis," *Journal of the American Statistical Association*, 58 (304), 993-1010.

Lovett, Mitchell J. und Jason B. MacDonald (2005), "How Does Financial Performance Affect Marketing? Studying the Marketing-Finance Relationship from a Dynamic Perspective," *Journal of the Academy of Marketing Science*, 33 (4), 476-485.

Lummert, Stefan und Marcus Schumacher (2009), "Bilanz- und Kennzahlenanalyse von Unternehmen," in Praxishandbuch Unternehmensbewertung: Grundlagen, Methoden, Fallbeispiele, Ulrich Schacht und Matthias Fackler, Hrsg., 2., vollständig überarbeitete Auflage, Wiesbaden: Gabler, 51-79.

MacKinlay, A. Craig (1997), "Event Studies in Economics and Finance," *Journal of Economic Literature*, 35 (1), 13-39.

Madura, Jeff, Aigbe Akhigbe, und Kenneth S. Bartunek (1995), "Intra-Industry Effects of Bank Layoff Announcements," *Review of Financial Economics*, 4 (2), 187-195.

Maguire, Steve und Cynthia Hardy (2009), "Discourse and Deinstitutionalization: The Decline of DDT," *Academy of Management Journal*, 52 (1), 148-178.

Marcus, Alfred A. und Robert S. Goodman (1991), "Victims and Shareholders: The Dilemmas of Presenting Corporate Policy During a Crisis," *Academy of Management Journal,* 34 (2), 281-305.

Marketpublishers.com (2015), "Consumer Products Company Research Reports," (aufgerufen am 03.09.2015), [verfügbar unter https://marketpublishers.com/catalog/consumer_products_company_reports.html].

Marketresearch.com (2015), "Consumer Goods Market Research Reports & Industry Analysis," (aufgerufen am 03.09.2015), [verfügbar unter http://www.market research.com/Consumer-Goods-c1596/].

Massa, Massimo, Zahid Rehman, und Theo Vermaele (2007), "Mimicking Repurchases," *Journal of Financial Economics,* 84 (3), 624-666.

Mathur, Lynette Knowles, Ike Mathur und Nanda Rangan (1997), "The Wealth Effects Associated with a Celebrity Endorser: The Michael Jordan Phenomenon," *Journal of Advertising Research*, 37 (3), 67-73.

May, Axel (1993), *Pressemeldungen und Aktienindizes*. Dissertation Universität Kiel.

Mazodier, Marc und Amir Rezaee (2013), "Are Sponsorship Announcements Good News for the Shareholders? Evidence from International Stock Exchanges," *Journal of the Academy of Marketing Science*, 41 (5), 586-600.

McCarthy, E. Jerome (1960), *Basic Marketing: A Managerial Approach*. 1. Auflage, Homewood: R. D. Irwin.

McCracken, Grant (1989): "Who is the Celebrity Endorser? Cultural Foundations of the Endorsement Process," *Journal of Consumer Research*, 16 (3), 310-321.

McWilliams, Abagail und Dennis L. Smart (1993), "Efficiency v. Structure-Conduct-Performance: Implications for Strategy Research Practice," *Journal of Management*, 19 (1), 63-78.

McWilliams, Abagail und Donald Siegel (1997), "Event Studies in Management Research: Theoretical and Empirical Issues," *Academy of Management Journal*, 40 (3), 626-657.

Melvin, Michael und Magali Valero (2009), "The Dark Side of International Cross-Listing: Effects on Rival Firms at Home," *European Financial Management*, 15 (1), 66-91.

Mentz, Markus (2006), *Mergers & Acquisitions in der Automobilzulieferindustrie: Wertschöpfungspotentiale durch internationale Positionierung*. 1. Auflage, Wiesbaden: Deutscher Universitäts-Verlag.

Meuser, Michael und Ulrike Nagel (2009), "Das Experteninterview - konzeptionelle Grundlagen und methodische Anlage," in Methoden der vergleichenden Politik- und Sozialwissenschaften: Neue Entwicklungen und Anwendungen, Susanne Pickel, Gert Pickel, Hans-Joachim Lauth, und Detlef Jahn, Hrsg., 1. Auflage, Wiesbaden: VS Verlag für Sozialwissenschaften, 465-480.

Miciak, Alan R. und William L. Shanklin (1994), "Choosing Celebrity Endorsers," *Marketing Management*, 3 (3), 50-59.

Mieg, Harald A. und Beat Brunner (2004), "Experteninterviews: Reflexion zur Methodologie und Erhebungstechnik," *Schweizerische Zeitschrift für Soziologie,* 30 (2), 199-222.

Mikkelson, Wayne H. und M. Megan Partch (1988), "Withdrawn Security Offerings," *Journal of Financial and Quantitative Analysis*, 23 (2), 119-133.

Mishra, Aditya S., Subhadip Roy, und Ainsworth Anthony Bailey (2015), "Exploring Brand Personality-Celebrity Endorser Personality Congruence in Celebrity Endorsements in the Indian Context," *Psychology & Marketing*, 32 (12), 1158-1174.

Mishra, Debi Prasad, George S. Bobinski, und Harjeet S. Bhabra (1997), "Assessing the Economic Worth of Corporate Event Sponsorships: A Stock Market Perspective," *Journal of Market-Focused Management*, 2 (2), 149-169.

Misra, Shekhar und Sharon E. Beatty (1990), "Celebrity Spokesperson and Brand Congruence: An Assessment of Recall and Affect," *Journal of Business Research,* 21 (2), 159-173.

Miyazaki, Anthony D. und Angela G. Morgan (2001), "Assessing Market Value of Event Sponsoring: Corporate Olympic Sponsorships," *Journal of Advertising Research*, 41 (1), 9-16.

Money, R. Bruce, Terence A. Shimp, und Tomoaki Sakano (2006), "Celebrity Endorsements in Japan and the United States: Is Negative Information All That Harmful?," *Journal of Advertising Research*, 46 (1), 113-123.

Morgan, Neil A. (2012), "Marketing and Business Performance," *Journal of the Academy of Marketing Science*, 40 (1), 102-119.

Morgan, Neil A. und Lopo L. Rego (2009), "Brand Portfolio Strategy and Firm Performance," *Journal of Marketing*, 73 (1), 59-74.

Mosblech, Ruben und Andreas Steinrücke (2015), "Testimonialwerbung in Deutschland: Die TV-Werbe-Ikonen 2014/2015," *cpi CELEBRITY PERFORMANCE / XAD Service Studie*, 1-12.

Mossin, Jan (1966), "Equilibrium in a Capital Asset Market," *Econometrica*, 34 (4), 768-783.

Mowen, John C. und Stephen W. Brown (1981), "On Explaining and Predicting the Effectiveness of Celebrity Endorsers," *Advances in Consumer Research*, 8 (1), 437-441).

Müller, Lukas (2015), "Der Beweis der Kausalität mittels 'Event Study' - Gutachten im Kontext des Kapitalmarktrechts," *Aktuelle Juristische Praxis*, 24 (2), 251-268.

Müller, Simon (2016), "Significance Tests for Event Studies," (aufgerufen am 17.12.2016), [verfügbar unter: http://www.eventstudytools.com/significance-tests].

Multon, Karen D. (2010), "Interrater Reliability," in Encyclopedia of Research Design, Neil J. Salkind, Hrsg., 1. Auflage, Los Angeles/London/Neu Delhi/Singapur/Washington DC: SAGE Publications, 626-628.

Murrmann, Florian (2008), *Celebrity-Testimonial Communication: Einsatzkriterien und Auswahlmodelle für Celebrity-Testimonials*. 1. Auflage, Saarbrücken: VDM.

Nawratil, Ute (2006), *Glaubwürdigkeit in der sozialen Kommunikation*. 2. Auflage, München: VS Verlag für Sozialwissenschaften.

Neckel, Sighard (1989), "Das Stellhölzchen der Macht. Zur Soziologie des politischen Skandals," in Anatomie des politischen Skandals, Rolf Ebbighausen und Sighard Neckel, Hrsg., 1. Auflage, Frankfurt am Main: Suhrkamp, 55-80.

Neumann, Mathias (2011), *Gerüchte als Kapitalmarktinformationen: Die kapitalmarktrechtliche Behandlung von Informationen mit unsicherem Wahrheitsgehalt*. 1. Auflage, Frankfurt am Main: Peter Lang.

Ni, John Z., Yina Li, und Barbara B. Flynn, (2015), "Importance of Product Recalls," in Global Supply Chain Quality Management: Product Recalls and Their Impact, Barbara B. Flynn und Xiande Zhao, Hrsg., 1. Auflage, Boca Raton/London/New York: CRC Press, 15-30.

Nicolau, Juan Luis und María Jesus Santa-María (2013), "Celebrity Endorsers' Performance on the "Ground" and on the "Floor"," *Marketing Letters*, 24 (2), 143-149.

Nohria, Nitin und Ranjay Gulati (1996), "Is Slack Good or Bad for Innovation?," *Academy of Management Journal*, 39 (5), 1245-1264.

OC&C (2016), "FMCG Champions Neue Formel Gesucht: Trends und Strategien im Konsumgütermarkt 2015," (aufgerufen am 17.06.2017), [verfügbar unter http://www.occstrategy.com/de-de/insights/def/fmcg-champions-2015].

Ohanian, Roobina (1991), "The Impact of Celebrity Spokespersons' Perceived Image on Consumers' Intention to Purchase," *Journal of Advertising Research*, 31 (1), 46-54.

Ohanian, Roobina (1990), "Construction and Validation of a Scale to Measure Celebrity Endorsers' Perceived Expertise, Trustworthiness, and Attractiveness," *Journal of Advertising*, 19 (3), 39-52.

Ormeno, Marcos (2007), *Managing Corporate Brands: A New Approach to Corporate Communication*. 1. Auflage, Wiesbaden: Deutscher Universitäts-Verlag.

Ostrov, Jamie M. und Emily J. Hart (2013), "Observational Methods," in The Oxford Handbook of Quantitative Methods, Todd D. Litte, Hrsg., 1. Auflage, Oxford/New York: Oxford University Press, 286-304.

Otchere, Isaac und Matthew Ross (2002), "Do Share Buy Back Announcements Convey Firm-Specific or Industry-Wide Information?: A Test of the Undervaluation Hypothesis," *International Review of Financial Analysis*, 11 (4), 511-531.

Ott, Christine (2011), *Der Informationsgehalt von Credit Ratings am deutschen Aktienmarkt: Eine empirische Untersuchung*. 1. Auflage, Wiesbaden: Gabler.

Oxley, Joanne E., Rachelle C. Sampson, und Brian S. Silverman (2009), "Arms Race or Détente? How Interfirm Alliance Announcements Change the Stock Market Valuation of Rivals," *Management Science*, 55 (8), 1321-1337.

Paronetto, Daniel (2014), "What Is the Difference Between Sponsorship and Endorsement?," (aufgerufen am 06.04.2017), [verfügbar unter https://www.quora.com/What-is-the-difference-between-sponsorship-and-endorsement].

Patell, James M. (1976), "Corporate Forecasts of Earnings per Share and Stock Price Behavior: Empirical Tests," *Journal of Accounting Research*, 14 (2), 246-276.

Patell, James M. und Mare A. Wolfson (1979), "Anticipated Information Releases Reflected in Call Option Prices," *Journal of Accounting and Economics*, 1 (2), 117-140.

Pauser, Stephan H. (2007), *M&A in der Bauindustrie: Werteffekte und Erfolgsdeterminanten*. 1. Auflage, Wiesbaden: Deutscher Universitäts-Verlag.

Peter, J. Paul und Jerry C. Olson (1983), "Is Science Marketing?," *Journal of Marketing*, 47 (4), 111-125.

Petersen, Mitchell A. (2009), "Estimating Standard Errors in Finance Panel Data Sets: Comparing Approaches," *Review of Financial Studies*, 22 (1), 435-480.

Peterson, Pamela P. (1989), "Event Studies: A Review of Issues and Methodology," *Quarterly Journal of Business and Economics*, 28 (3), 36-66.

Petty, Richard E., John T. Cacioppo, und David Schumann (1983), "Central and Peripheral Routes to Advertising Effectiveness: The Moderating Role of Involvement," *Journal of Consumer Research*, 10 (2), 135-146.

Peuser, Martina-Maria (2008), *Kompetenzorientierte Markenkooperation von Energieversorgungsunternehmen im B2B-Kundenbereich*. 1. Auflage, Wiesbaden: Gabler.

Poddig, Thorsten, Hubert Dichtl, und Kerstin Petersmeier (2001), *Statistik, Ökonometrie, Optimierung: Methoden und ihre praktischen Anwendungen in Finanzanalyse und Portfoliomanagement*. 2. Auflage, Bad Soden: Uhlenbruch.

Pólya, George (1920), "Über den zentralen Grenzwertsatz der Wahrscheinlichkeitsrechnung und das Momentenproblem," *Mathematische Zeitschrift*, 8 (3-4), 171-181.

Popescu, Gheorghe H. (2014), "The Economic Value of Celebrity Endorsements: A Literature Review," *Economics, Management and Financial Markets*, 9 (4), 119-124.

Pringle, Harnish (2015), "Stars in Your Ads: What Evidence Is There That Celebrity Sells?", (aufgerufen am 29.08.2016), [verfügbar unter http://www.thedrum.com/opinion/2015/02/02/stars-your-ads-what-evidence-there-celebrity-sells].

Proppe, Dennis (2009), "Endogenität und Instrumentenschätzer," in Methodik der empirischen Forschung, Sönke Albers, Daniel Klapper, Udo Konradt, Achim Walter, und Joachim Wolf, Hrsg., 3., überarbeitete und erweiterte Auflage, Wiesbaden: Gabler, 253-266.

Pruitt, Stephan W., T. Bettina Cornwell, und John M. Clark. (2004), "The NASCAR Phenomenon: Auto Racing Sponsorships and Shareholder Wealth," *Journal of Advertising Research*, 44 (3), 281-296.

Raassens, Néomie, Stefan Wuyts, und Inge Geyskens (2012), "The Market Valuation of Outsourcing New Product Development," *Journal of Marketing Research*, 49 (5), 682-695.

Raithel, Sascha und Sebastian M. Scharf (2011), "Market-based Assets: die Trumpfkarte des Reporting," *Marketing Review St. Gallen*, 28 (3), 54-59.

Ramaswami, Sridhar N., Rajendra K. Srivastava, und Mukesh Bhargava (2009), "Market-Based Capabilities and Financial Performance of Firms: Insights into Marketing's Contribution to Firm Value," *Journal of the Academy of Marketing Science*, 37 (2), 97-116.

Reiser, Matthias (2012), *The Sponsorship Effect: Do Sport Sponsorship Announcements Impact the Firm Value of Sponsoring Firms?*. Dissertation, Deutsche Sporthochschule Köln.

Röder, Klaus (1999), *Kurswirkungen von Meldungen deutscher Aktiengesellschaften*. 1. Auflage, Lohmar: Eul.

Roehm, Michelle L. und Alice M. Tybout (2006), "When Will a Brand Scandal Spill Over, and How Should Competitors Respond?," *Journal of Marketing Research*, 43 (3), 366-373.

Roll, Richard (1977), "A Critique of the Asset Pricing Theory's Tests- Part I: On Past and Potential Testability of the Theory," *Journal of Financial Economics*, 4 (2), 129-176.

Rommelspacher, Marion (2012), *Corporate Social Responsibility aus Konsumentensicht: Zustandekommen der Beurteilung und ausgewählte Erfolgswirkungen*. 1. Auflage, Wiesbaden: Gabler.

Ross, Stephen A. (1976a), "Risk, Return and Arbitrage," in Risk and Return in Finance, Irwin Friend und James L. Bicksler, Hrsg., 1. Auflage, Cambridge: Ballinger,189-218.

Ross, Stephen A. (1976b), "The Arbitrage Theory of Capital Asset Pricing," *Journal of Economic Theory*, 13 (3), 341-360.

Ross, Stephen A., Randolph W. Westerfield, und Jeffrey F. Jaffe (1999), *Corporate Finance*. 5. Auflage, Chicago: Irwin.

Rossiter, John R. und Larry Percy (1997), *Advertising Communications & Promotion Management*. 2. Auflage, New York u.a.: McGraw-Hill.

Russell, Michael, James Mahar, und Betsy Drewniak (2005), "Examination of Stock Market Response to Publicity Surrounding Athletic Endorsers," *Marketing Management Journal*, 15 (2), 67-79.

Rust, Roland T. und Ming-Hui Huang (2012), "Optimizing Service Productivity," *Journal of Marketing*, 76 (2), 47-66.

Rust, Roland T., Tim Ambler, Gregory S. Carpenter, V. Kumar, und Rajendra K. Srivastava (2004), "Measuring Marketing Productivity: Current Knowledge and Future Directions," *Journal of Marketing*, 68 (4), 76-89.

Sachdeva, Sonya, Purnima Singh, und Douglas Medin (2011), "Culture and the Quest for Universal Principles in Moral Reasoning," *International Journal of Psychology*, 46 (3), 161-176.

Sahni, Navdeep S. (2016), "Advertising Spillovers: Evidence from Online Field-Experiments and Implications for Returns on Advertising," *Journal of Marketing Research*, 53 (4), 459-478.

Salas, Jesus Manuel (2008), *Essays in Corporate Finance*. Dissertation University of Oklahoma.

Samitas, Aristeidis, Dimitris Kenourgious, und Peter Zounis (2008), "Athens' Olympic Games 2004 Impact on Sponsors' Stock Returns," *Applied Financial Economics*, 18 (19), 1569-1580.

Sandstede, Christoph (2010), *Verhandlungen unter Unsicherheit auf Industriegütermärkten*. 1. Auflage, Wiesbaden: Gabler.

Sangameshwarana, Prasad (2014), "Teeth for tat," (aufgerufen am 29.08.2016), [verfügbar unter http://www.thehindubusinessline.com/catalyst/teeth-for-tat/article 6173563.ece].

Schaaf, Daniela (2010), *Testimonialwerbung mit Sportprominenz: Eine institutionenökonomische und kommunikationsempirische Analyse*. 1. Auflage, Köln: Halem.

Scherer, Frederic M. und David R. Ross (1990), *Industrial Market Structure and Economic Performance*. 3. Auflage, Boston: Houghton Mifflin.

Schimmelpfennig, Christian und Svend Hollensen (2016), "Significant Decline in Celebrity Usage in Advertising: A Review," *IUP Journal of Marketing Management*, 15 (1), 7-19.

Schimmer, Markus, Anton Levchenko, und Simon Müller (2014), "EventStudyTools (Research Apps)," St.Gallen, (aufgerufen am 22.03.2016), [verfügbar unter http://www.eventstudytools.com].

Schmidlin, Nicolas (2015), *Unternehmensbewertung und Kennzahlenanalyse: Praxisnahe Einführung mit zahlreichen Fallbeispielen börsennotierter Unternehmen*. 2., überarbeitete Auflage, München: Verlag Franz Vahlen.

Scholes, Myron und Joseph Williams (1977), "Estimating Betas from Nonsynchronous Data," *Journal of Financial Economics*, 5 (3), 309-327.

Schweiger, Günter und Gertraud Schrattenecker (2005), *Werbung*. 6., neu bearbeitete Auflage, Stuttgart: Lucius & Lucius.

Scroggs, James R. (1976), "Penalties for Rape as a Function of Victim Provocativeness, Damage, and Resistance," *Journal of Applied Social Psychology*, 6 (4), 360-368.

Seemann, Ralph (2008), *Corporate Reputation Management durch Corporate Communications*, 1. Auflage, Göttingen: Cuvillier.

Seno, Diana und Bryan A. Lukas (2007), "The Equity Effect of Product Endorsement by Celebrities: A Conceptual Framework from a Co-Branding Perspective," *European Journal of Marketing*, 41 (1/2), 121-134.

Sharp, Seena (2009), *Competitive Intelligence Advantage: How to Minimize Risk, Avoid Surprise, and Grow Your Business in a Changing World*. 1. Auflage, Hoboken: John Wiley & Sons.

Sharpe, William F. (1965), "Risk-Aversion in the Stock Market: Some Empirical Evidence," *Journal of Finance*, 20 (3), 416-422.

Sharpe, William F. (1964), "Capital Asset Prices: A Theory of Market Equilibrium under Conditions of Risk," *Journal of Finance*, 19 (3), 425-442.

Sharpe, William F. (1963), "A Simplified Model for Portfolio Analysis," *Management Science*, 9 (2), 277-293.

Sherman, Strathford P. (1985), "When You Wish Upon a Star," *Fortune*, 6 (8), 66-71.

Shrout, Patrick E. und Joseph L. Fleiss (1979), "Intraclass Correlations: Uses in Assessing Rater Reliability," *Psychological Bulletin*, 86 (2), 420-428.

Shultz, Thomas R. und Kevin Wright (1985), "Concepts of Negligence and Intention in the Assignment of Moral Responsibility," *Canadian Journal of Behavioural Science*, 17 (2), 97-108.

Simon, Walter (2008), *Kursbuch Strategieentwicklung: Analyse - Planung - Umsetzung*. 1, Auflage, München: Redline Wirtschaft.

Siomkos, George J., Amalia Triantafillidou, Aikaterini Vassilikopoulou, und Ioannis Tsiamis (2010), "Opportunities and Threats for Competitors in Product-Harm Crises," *Marketing Intelligence and Planning*, 28 (6), 770-791.

Siomkos, George J. und Gary Kurzbard (1994), "The Hidden Crisis in Product-Harm Crisis Management," *European Journal of Marketing*, 28 (2), 30-41.

Siomkos, George J. und Paul Shrivastava (1993), "Responding to Product Liability Crises," *Long Range Planning*, 26 (5), 72-79.

Skiera, Bernd, Emanuel Bayer, und Lisa Schöler (2017), "What Should Be the Dependent Variable in Marketing-Related Event Studies?," *International Journal of Research in Marketing*, [http://dx.doi.org/10.1016/j.ijresmar.2017.01. 002.].

Skowronski, John J. und Donal E. Carlston (1989), "Negativity and Extremity Biases in Impression Formation: A Review of Explanations," *Psychological Bulletin*, 105 (1), 131-142.

Skowronski, John J. und Donal E. Carlston (1987), "Social Judgment and Social Memory: The Role of Cue Diagnosticity in Negativity, Positivity, and Extremity Biases," *Journal of Personality and Social Psychology*, 52 (4), 689-699.

Slade, Margaret E. (2004), "Competing Models of Firm Profitability," *International Journal of Industrial Organization*, 22 (3), 289-308.

Slovin, Myron B., Marie E. Sushka, und Yvette M. Bendeck, (1991), "The Intra-Industry Effects of Going-Private Transactions," *Journal of Finance*, 46 (4), 1537-1550.

Sonenshine, Ralph M. (2011), "Effect of R&D and Market Concentration on Merger Outcomes - An Event Study of US Horizontal Mergers," *International Journal of the Economics of Business*, 18 (3), 419-439.

Song, Moon H. und Ralph A. Walkling (2000), "Abnormal Returns to Rivals of Acquisition Targets: A Test of the Acquisition Probability Hypothesis," *Journal of Financial Economics*, 55 (2), 143-171.

Sood, Ashish und Gerard J. Tellis, (2009), "Do Innovations Really Pay Off? Total Stock Market Returns to Innovation," *Marketing Science*, 28 (3), 442-456.

Sorescu, Alina, Venkatesh Shankar, und Tarun Kushwaha (2007), "New Product Announcements and Shareholder Value: Don't Make Promises You Can't Keep," *Journal of Marketing Research*, 44 (3), 468-489.

Spais, George S. und George N. Filis (2008), "Measuring Stock Market Reaction to Sponsorship Announcements: The Case of Fiat and Juventus," *Journal of Targeting, Measurement and Analysis for Marketing*, 16 (3), 169-180.

Spais, George S. und George N. Filis (2006), "Stock Market Reaction on Olympic Sponsorship Announcement Using Event-Study Method," *Journal of Global Academy of Marketing Science*, 16 (2), 95-108.

Spence, Michael (1973), "Job Market Signaling," *Quarterly Journal of Economics*, 87 (3), 355-374.

Spiegel (2016a), "Nach Lügengeschichte über Raubüberfall: US-Schwimmer Lochte verliert seine Sponsoren," (aufgerufen am 29.08.2016), [verfügbar unter http://www.spiegel.de/sport/sonst/olympia-2016-ryan-lochte-verliert-sponsor-speedo-a-1108960.html].

Spiegel (2016b), "Positiver Dopingtest: Nike setzt Vertrag mit Scharapowa aus," (aufgerufen am 29.08.2016), [verfügbar unter http://www.spiegel.de/sport/sonst/marija-scharapowa-nike-setzt-vertrag-nach-dopinggestaendnis-aus-a-1081153.html].

Srinivasan, M. S., Srinath Srinivasa, und Sunil Thulasidasan (2013), "Exploring Celebrity Dynamics on Twitter," *I-CARE' 13 - Proceedings of the 5th IBM Collaborative Academia Research Exchange Workshop*, Article No. 13.

Srinivasan, Shuba und Dominique M. Hanssens (2009), "Marketing and Firm Value: Metrics, Methods Findings, and Future Directions," *Journal of Marketing Research*, 46 (3), 293-312.

Srivastava, Rajenda K., Tasadduq A. Shervani, und Liam Fahey (1998), "Market-Based Assets and Shareholder Value: A Framework for Analysis," *Journal of Marketing*, 62 (1), 2-18.

Steiner, Manfred und Jochen Kleeberg (1991), "Zum Problem der Indexauswahl im Rahmen der wissenschaftlichen Anwendung des Capital Asset Pricing Model," *Die Betriebswirtschaft*, 51 (2), 171-182.

Stillman, Robert (1983), "Examining Antitrust Policy Towards Horizontal Mergers," *Journal of Financial Economics*, 11 (1-4), 225-240.

Stoetzer, Matthias-W. (2017), *Regressionsanalyse in der empirischen Wirtschafts- und Sozialforschung Band 1: Eine nichtmathematische Einführung mit SPSS und Stata*. 1. Auflage, Berlin: Gabler.

Stone, George, Mathew Joseph, und Michael Jones (2003), "An Exploratory Study on the Use of Sports Celebrities in Advertising: A Content Analysis," *Sport Marketing Quarterly*, 12 (2), 94-102.

Sturm, Hans-Jörg (2011), *Markenfit und Markenwirkung: Theoretische Modellierung, methodische Validierung und empirische Befunde*. 1. Auflage, Wiesbaden: Gabler.

Swaminathan, Vanitha und Christine Moorman (2009), "Marketing Alliances, Firm Networks, and Firm Value Creation," *Journal of Marketing*, 73 (5), 52-69.

Swaminathan, Vanitha, Feisal Murshed, und John Hulland (2008), "Value Creation Following Merger and Acquisition Announcements: The Role of Strategic Emphasis Alignment," *Journal of Marketing Research*, 45 (1), 33-47.

Swerdlow, Robert A. und Marleen R. Swerdlow (2003), "Celebrity Endorsers: Spokesperson Selection Criteria and Case Examples of Fredd," *Academy of Marketing Studies Journal*, 7 (2), 13-26.

Thanos, Ioannis C. und Vassilis M. Papadakis (2012), "Unbundling Acquisition Performance: How Do They Perform and How Can This Be Measured?," in The Handbook of Mergers and Acquisitions, David Faulkner, Satu Teerikangas, und Richard J. Joseph, Hrsg., 1. Auflage, Oxford: Oxford University Press, 114-147.

Thompson, Joel E. (1988), "More Methods That Make Little Difference in Event Studies," *Journal of Business Finance and Accounting*, 15 (1), 77-86.

Thompson, John, B. (2000), *Political Scandal: Power and Visibility in the Media Age*, 1. Auflage, Cambridge: Polity Press.

Thompson, Samuel B. (2011), "Simple Formulas for Standard Errors that Cluster by Both Firm and Time," *Journal of Financial Economics*, 99 (1), 1-10.

Thwaites, Des, Ben Lowe, Lien L. Monkhouse, und Bradley R. Barnes (2012), "The Impact of Negative Publicity on Celebrity Ad Endorsements," *Psychology & Marketing*, 29 (9), 663-673.

Till, Brian D. und Michael Busler (2000), "The Match-Up Hypothesis: Physical Attractiveness, Expertise, and the Role of Fit on Brand Attitude, Purchase Intent and Brand Beliefs," *Journal of Advertising*, 29 (3), 1-13.

Till, Brian D. und Terence A. Shimp (1998), "Endorsers in Advertising: The Case of Negative Celebrity Information," *Journal of Advertising*, 27 (1), 67-82.

Tipton, Martha Myslinski, Sundar G. Bharadwaj, und Diana C. Robertson (2009), "Regulatory Exposure of Deceptive Marketing and Its Impact on Firm Value," *Journal of Marketing*, 73 (6), 227-243.

Tirole, Jean (1996), "A Theory of Collective Reputations (With Applications to the Persistence of Corruption and to Firm Quality)," *Review of Economic Studies*, 63 (1), 1-22.

Tirole, Jean (1988), *The Theory of Industrial Organization*. 1. Auflage, Cambridge: MIT Press.

Tirunillai, Seshadri und Gerard J. Tellis (2012), "Does Chatter Really Matter? Dynamics of User-Generated Content and Stock Performance," *Marketing Science*, 31 (2), 198-215.

Toncar, Mark F. und James M. Munch (2010), "Meaningful Replication: When is a Replication No Longer a Replication? A Rejoinder to Stella and Adam (2008)," *Journal of Marketing Theory and Practice*, 18 (1), 71-80.

Toncar, Mark, Jane S. Reid, und Cynthia E. Anderson (2007), "Effective Spokespersons in a Public Service Announcement: National Celebrities, Local Celebrities and Victims," *Journal of Communication Management*, 11 (3), 258-275.

Tourani Rad, Alireza und Luuk van Beek (1999), "Market Valuation of European Bank Mergers," *European Management Journal*, 17 (5), 532-540.

Tripp, Carolyn, Thomas D. Jensen, und Les Carlson (1994), "The Effects of Multiple Product Endorsements by Celebrities on Consumers' Attitudes and Intentions," *Journal of Consumer Research*, 20 (4), 535-547.

Trostel, Albert O. und Mary Lippitt Nichols (1982), "Privately-Held and Publicly-Held Companies: A Comparison of Strategic Choices and Management Processes," *Academy of Management Journal*, 25 (1), 47-62.

Um, Nam-Hyun (2013), "Celebrity Scandal Fallout: How Attribution Style Can Protect the Sponsor," *Psychology & Marketing*, 30 (6), 529-541.

Um, Nam-Hyun (2011), *Consumers' Response to Negative Information About a Celebrity Endorser*. Dissertation University of Texas at Austin.

United States Cencus Bureau (2017), "Concentration Ratios," (aufgerufen am 13.06.2017), [verfügbar unter https://www.census.gov/econ/concentration.html].

Urban, Dieter und Jochen Mayerl (2008), *Regressionsanalyse: Theorie, Technik und Anwendung*. 3., überarbeitete und erweiterte Auflage, Wiesbaden: VS Verlag für Sozialwissenschaften.

US Department of Justice Antitrust Division (2016), "Concentration and Market Shares," (aufgerufen am 18.03.2016), [verfügbar unter https://www.justice.gov/atr/15-concentration-and-market-shares].

Verhoef, Peter C. und Joost M.E. Pennings (2012), "The Marketing-Finance Interface: An Organizational Perspective," in Handbook of Marketing and Finance, Shankar Ganesan, Hrsg., 1. Auflage, Cheltenham/Northampton: Edward Elgar, 225-243.

Volk, Sarah (2013), *Einfluss der Eigentümerstruktur auf Finanzierungs- und Investitionsentscheidungen in privaten und börsennotierten Unternehmen*. Dissertation Technische Universität München.

Votolato, Nicole L. und H. Rao Unnava (2006), "Spillover of Negative Information on Brand Alliances," *Journal of Consumer Psychology*, 16 (2), 196-202.

Walster, Elaine (1966), "Assignment of Responsibility for an Accident," *Journal of Personality and Social Psychology*, 3 (1), 73-79.

White, Darin W., Lucretia Goddard, und Nick Wilbur (2009), "The Effects of Negative Information Transference in the Celebrity Endorsement Relationship," *Journal of Retail and Distribution Management*, 37 (4), 322-335.

Wieland, Andrea (2014), *Unternehmenspersönlichkeit: Firmenreputation und die Rolle des Managers*. 1. Auflage, Hamburg: Diplomica.

Wilcoxon, Frank (1945), "Individual Comparisons by Ranking Methods," *Biometrics Bulletin*, 1 (6), 80-83.

Wiles, Michael A. und Anna Danielova (2009), "The Worth of Product Placement in Successful Films: An Event Study Analysis," *Journal of Marketing*, 73 (4), 44-63.

Wiles, Michael A., Neil A. Morgan, und Lopo L. Rego (2012), "The Effect of Brand Acquisition and Disposal on Stock Returns," *Journal of Marketing*, 76 (1), 38-58.

Williams, Matt (2011), "When Celebrity Endorsements Go Wrong", (aufgerufen am 29.08.2016), [verfügbar unter https://www.ipsos-mori.com/newsevents/ca/840/When-celebrity-endorsements-go-wrong.aspx].

Winn, Daryl N. und John D. Shoenhair, (1988), "Compensation-Based (Dis)Incentives for Revenue-Maximizing Behavior: A Test of the "Revised" Baumol Hypothesis," *Review of Economics and Statistics*, 70 (1), 154-158.

Wöhe, Günter und Ulrich Döring (2005), *Einführung in die Allgemeine Betriebswirtschaftslehre*. 22., neubearbeitete Auflage, München: Verlag Franz Wahlen.

Wright, Scott A. (2016), "Reinvestigating the Endorser by Product Matchup Hypothesis in Advertising," *Journal of Advertising*, 45 (1), 26-32.

Xie, Wenwen, Boya Yu, Xinyue Zhou, Constantine Sedikides, und Kathleen D. Vohs (2014), "Money, Moral Transgressions, and Blame," *Journal of Consumer Psychology*, 24 (3), 299-306.

Yannopoulos, Peter (2012), "Celebrity Advertising: Literature Review and Propositions," *World Review of Business Research*, 2 (4), 24-36.

Young, Felina C. und Cristobal M. Pagoso (2008), *Principles of Marketing*. 1. Auflage, Manila: Rex Book Store.

Yu, Tieying und Richard H. Lester (2008), "Moving Beyond Firm Boundaries: A Social Network Perspective on Reputation Spillover," *Corporate Reputation Review*, 11 (1), 94-108.

Yu, Tieying, Metin Sengul, und Richard H. Lester (2008), "Misery Loves Company: The Spread of Negative Impacts Resulting from an Organizational Crisis," *Academy of Management Review*, 33 (2), 452-472.

Yu, Xin, Peng Zhang, und Ying Zheng (2015), "Corporate Governance, Political Connections, and Intra-Industry Effects: Evidence from Corporate Scandals in China," *Financial Management*, 44 (1), 49-80.

Zantout, Zaher und Radha Chaganti (1996), "New Product Introductions, Shareholders' Wealth, and First-Mover Advantages," *Journal of Financial and Strategic Decisions*, 9 (3), 49-61.

Zavyalova, Anastasiya, Michael D. Pfarrer, Rhonda K. Reger, und Debra L. Shapiro (2012), "Managing the Message: The Effects of Firm Actions and Industry Spillover on Media Coverage Following Wrongdoing," *Academy of Management Journal*, 55 (5), 1079-1101.

Zhang, Gaiyan (2010), "Emerging from Chapter 11 Bankruptcy: Is It Good News or Bad News for Industry Competitors?," *Financial Management*, 39 (4), 1719-1742.

Zhou, Lianxi und Paul Whitla (2013), "How Negative Celebrity Publicity Influences Consumer Attitudes: The Mediating Role of Moral Reputation," *Journal of Business Research*, 66 (8), 1013-1020.

Zinkhan, George M. und James A. Verbrugge (2000), "The Marketing/Finance Interface: Two Divergent and Complementary Views of the Firm," *Journal of Business Research*, 50 (2), 143-148.

Zucker, Lynne G. (1989), "Combining Institutional Theory and Population Ecology: No Legitimacy, No History," *American Sociological Review*, 54 (4), 542-545.

Zyglidopoulos, Stelios C. und Nelson Phillips (1999), "Responding to Reputational Crises: A Stakeholder Perspective," *Corporate Reputation Review*, 2 (4), 333-350.

EINZELSCHRIFTEN

Christoph Wössner
Wertorientierte Incentivierung – Unter besonderer Berücksichtigung von Steuerungsphilosophie und Gaming-Phänomenen
Lohmar – Köln 2017 • 232 S. • € 60,- (D) • ISBN 978-3-8441-0530-8

Dieter Krimphove
Ökonomische Analyse der Sozialenzykliken der Katholischen Soziallehre
Lohmar – Köln 2017 • 164 S. • € 52,- (D) • ISBN 978-3-8441-0532-2

Anna-Lena Kotzur
Die verlustfreie Bewertung des Bankbuchs – Eine theoretische und umsetzungsorientierte Analyse der aktuellen Regelung
Lohmar – Köln 2017 • 208 S. • € 56,- (D) • ISBN 978-3-8441-0535-3

Matthias Schulz
Hybrid Entrepreneurship
Lohmar – Köln 2018 • 152 S. • € 52,- (D) • ISBN 978-3-8441-0536-0

Hendrik Jacobsen
Entwurf eines Landeshochschulgesetzes 2018 für Baden-Württemberg
Lohmar – Köln 2017 • 132 S. • € 50,- (D) • ISBN 978-3-8441-0539-1

Katrin Hamacher
Möglichkeiten der Verlustverrechnung bei Gruppenbesteuerungssystemen unter der Bedingung der wirtschaftlichen Verlusttragung
Lohmar – Köln 2018 • 316 S. • € 68,- (D) • ISBN 978-3-8441-0540-7

Dominique Hoffmann
Journal Entry Testing im Mittelstand – Effizientes Werkzeug oder notwendiges Übel?
Lohmar – Köln 2018 • 236 S. • € 60,- (D) • ISBN 978-3-8441-0541-4

Nico Friederich
Spillovereffekte von Testimonialskandalen – Empirische Analyse des Einflusses auf Wettbewerber
Siegburg – Köln 2018 • 352 S. • € 72,- (D) • ISBN 978-3-8441-0542-1

JOSEF EUL VERLAG